本书获上海科技专著出版资金资助

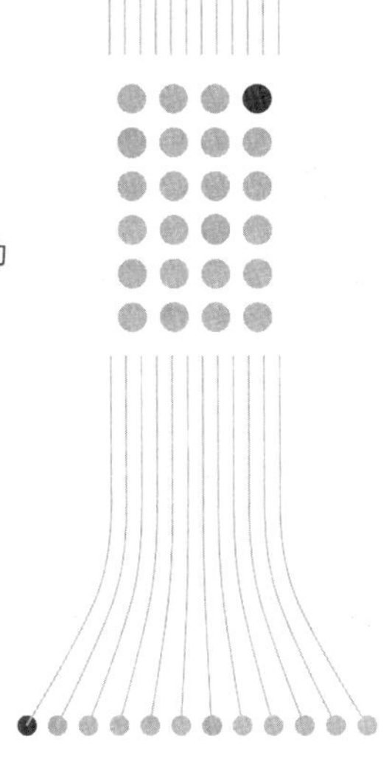

机械平衡及其装备

JI XIE PING HENG JI QI ZHUANG BEI

徐锡林 著

图书在版编目（CIP）数据

机械平衡及其装备 / 徐锡林著．—上海：上海科学技术文献出版社，2014.5
ISBN 978-7-5439-5941-5

Ⅰ．①机… Ⅱ．①徐… Ⅲ．①机械平衡—研究②机械平衡—机械设备—研究 Ⅳ．①TH113.2

中国版本图书馆 CIP 数据核字（2013）第 214499 号

责任编辑：祝静怡
封面设计：周　婧

机械平衡及其装备
徐锡林　著
出版发行：上海科学技术文献出版社
地　　址：上海市长乐路 746 号
邮政编码：200040
经　　销：全国新华书店
印　　刷：常熟市人民印刷厂
开　　本：787×1092　1/16
印　　张：22.5
字　　数：356 000
版　　次：2014 年 5 月第 1 版　2014 年 5 月第 1 次印刷
书　　号：ISBN 978-7-5439-5941-5
定　　价：98.00 元
http://www.sstlp.com

出版说明

科学技术是第一生产力。21世纪，科学技术和生产力必将发生新的革命性突破。

为贯彻落实“科教兴国”和“科教兴市”战略，上海市科学技术委员会和上海市新闻出版局于2000年设立“上海科技专著出版资金”，资助优秀科技著作在上海出版。

本书出版受“上海科技专著出版资金”资助。

上海科技专著出版资金管理委员会

出版说明

推动科技出版事业
提高學术研究水平

為「上海科技专著出版資金」題

徐匡迪

二〇〇〇年十一月十一日

内容简介

本书系有关转子机械平衡的一本专业技术书籍，全面系统地阐述工业转子机械平衡的基本概念、力学原理、平衡方法以及相关的最新技术标准。并详细介绍现代平衡机的测试原理、机械结构、新颖数字测量单元和评定规范及标准等。

撰述内容既有理论，又重实际，理论紧密结合实际，兼具实用性。本书可供从事机械平衡的广大技术人员阅读。也可供机械工程的研究、设计人员和高校相关专业的研究生参阅。

前　言

机械平衡是现代机械制造过程中不可或缺的一项重要技术。各行各业的机械制造业——从轻纺机械制造业到航天航空工业，从仪器仪表工业到大型汽轮机、水轮机、发电机制造业，从汽车制造到造船工业等等——都离不开机械平衡。

凡运转着的机器或机械设备都普遍地存在振动。机械振动在许多场合是有害的，它会影响机械设备的运行状况、工作精度，缩短使用寿命，造成噪声污染，甚至会导致发生机毁人亡的重大事故。因此，从保证机械设备的安全运行、性能及精度，减低能耗，提高效能，保障人身安全和保护环境出发，减小或消除机械振动长期来一直是机电工程界的重要课题。在引发机械振动的诸多原因中，由于机械的旋转零部件（简称转子）质量分布不均衡引起的不平衡离心惯性力是一个重要因素，所以，旨在改善转子质量分布不均衡的机械平衡早就成为减小机械振动的一个关键的技术。随着现代各种机械的转速日趋提高，转子的尺寸日益加长加大，挠性转子在工程上的出现，又使得由转子的质量不均衡而引发的机械振动变得更加复杂，它的机械平衡不仅需要考虑转子本身的动力特性，而且还必须同时考虑支承它的轴承及轴承座，以及它的台架和基础等力学条件。可以说，转子的机械平衡是一个既老又新的课题。

转子的机械平衡是减小机械振动的一种行之有效的技术，作为一种技术，需要不断地赋予它更新的工艺方法及装备，以适应社会进步和发展的需要。

先进的技术需要先进的装备来支撑。伴随着科学技术的进步，尤其是电子计算机技术的普及和数字技术日新月异的迅猛发展，作为转子不平衡量的测试装备——现代平衡机已成为集机械、电子、传感器和计算机于一体的高新技术密集型的高端装备。当今，平衡机顺应技术发展潮流进行数字化转型的战略调整有着极其重要的意义，也是一种必然的选择。

本书将全面系统地阐述转子机械平衡的基本概念，刚性转子和挠性转子两种不同类型转子机械平衡的力学原理、平衡方法以及相关的技术标准，着力培养和提高读者独立分析和解决实际问题的能力和水平。技术离不开装备，本书还详细介绍现代平衡机的类型与构成、测试原理、机械结构，新颖的数字测量单元以及评定的规范和标准等，为它的广大用户在合理选择、正确操作，定期标定等方面提供指南，也可为我国高端平衡装备的创新开发和研制提供有价值的启示。

本书题材贴近生产实际，注重反映和介绍国内外有关的先进技术和装备以及相关的最新技术标准，介绍如何制订和检验转子机械平衡的最终状态——许用剩余不平衡量的允差等级、检验方法和测试手段，以及平衡机性能的标定及规范等标准，以增强书稿的实用性，既有利于读者知识的不断提高和更新，也有利于推动机械制造业的技术进步、设备更新和平衡装备新产品的开发。

本书的撰写力求述理严谨，分析透彻，实例解释，为读者营造一个理论紧密联系实际，深入浅出、学以致用的阅读氛围。

在本书的撰写过程中得到了上海交通大学田社平副教授的大力支持，尤其是他和蔡萍教授在繁忙的教学、科研工作之余，结合他们各自在平衡机测量单元方面新的研究参与了本书第五章的撰写。对此笔者深表谢意。

我国高速动平衡机的设计专家王悦武（研究员级高级工程师）审阅了本书第九章，并提出了宝贵的修改意见。对此笔者深表谢意。

本书的撰写还得到了上海交通大学电子信息与电气工程学院仪器科学与工程系的支持，笔者谨表感谢。

本书的撰写也得到了上海辛克试验机有限公司和上海申克机械有限公司(SCHENCK)的支持，为本书提供了平衡机产品样本资料等，笔者在此谨表谢意。

本书能顺利出版，得益于上海市科技专著出版基金的资助，在此特表谢意。

在本书的整个撰写过程里，王纯之老师，黄建强工程师，郭夏夏、韩天详、武承泽、忻子斌、朱春燕等在有关资料的收集和整理方面也做了不少的工作,在此向他们表示诚挚的感谢。

笔者才疏学浅,敬请读者对书中出现的错误和不妥之处予以批评和指正,笔者不胜感谢。

2014 年元月

目　录

第一篇　刚性转子的机械平衡

第二篇 机械平衡装备

第三篇　挠性转子的机械平衡

第一篇

刚性转子的机械平衡

第一章

[illegible]

第1章
刚性转子平衡的力学原理

1.1 转子及其机械平衡

大至地球、小如儿童陀螺玩具，凡绕其自身某轴线旋转的物体泛称为旋转体。在各种机械设备中，由轴承支承并绕自身轴线旋转的零件或部件通常都简称为转子。例如电机转子、涡轮机转子、机床主轴、内燃机曲轴、陀螺仪转子、叶轮、飞轮、车轮、螺旋桨、机械钟表的摆轮等等。见图1-1。

(a) 汽轮机转子

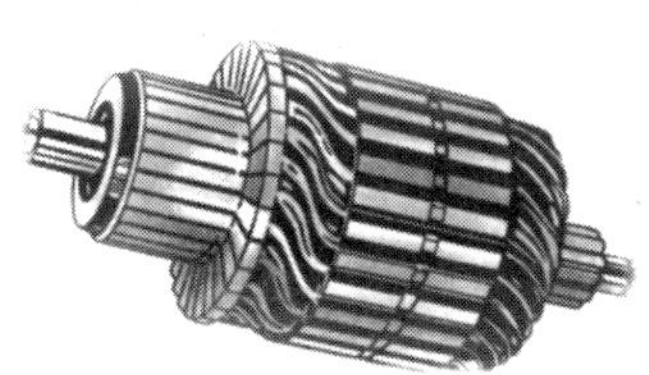

(b) 电机转子

(c) 风电设备叶轮

图1-1 形形式式的转子

日常生活中不难发现，机械振动是一个十分普遍存在的物理现象。振动对于各种机械设备、车辆都是有害的，它会影响机械设备的运行状况和工作精度，给人带来不舒适感和环境的噪声污染，严重的机械振动甚至会酿成机毁人亡的重大事故。各类机械设备在运行时，由于其转子质量分布的不均衡不对称常常是引发振动的重要激励因素。而转子的机械平衡则是旨在调整转子的质量分布，将转子在运转时由原先因质量分布不均衡不对称而引发的轴颈的振动或作用轴承上的动压力减少到技术规定的允许范围内。所以说，转子的机械平衡是旨在减小机械振动，保证机械设备平稳运行的一项必不可少的重要技术措施。

国内外的无数实践都告诉我们，各类工业转子经过机械平衡（当然不是敷衍了事的平衡，而是认真的精细的平衡）以后，通常都会收到十分显著的效果：首先是减小了机器的振动，降低了噪音（见图 1-2），使工人的工作环境和乘客的舒适感会有很大的改善；其次是，机床如磨床、车床的加工精度有所提高、工件的表面粗糙度（光洁度）有所减少；再者是，对提升整台机械的运行效能、工作质量，确保安全生产，延长各种机械产品的寿命，促进机械产品质量升级换代都有着重要意义。

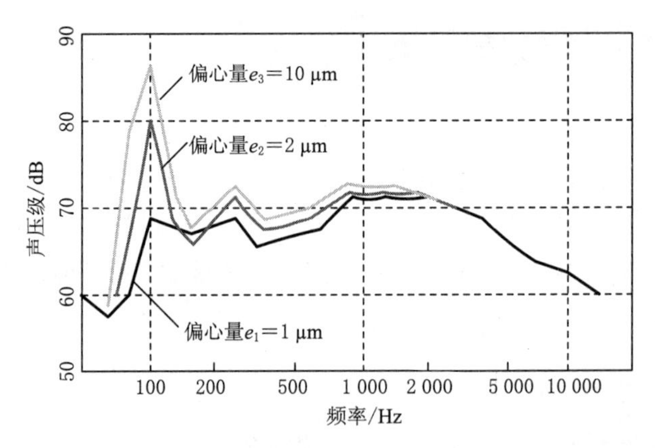

图 1-2　具有不同剩余不平衡量的主轴部件发射空气声波的频谱 *

可以这样说，任何机械制造业——从航天航空工业到汽车制造业，从国防尖端工业到轻纺机械制造业，从动力工业到一般机电制造业——都离不开转子的机械平衡技术。

1.2　转子的不平衡离心力

动力学告诉我们，当物体绕自身某轴线旋转运动时，构成转子的所有质点都会产生离心惯性力。如图 1-3 所示的一圆盘转子，当它绕其旋转中心 O 点以角速度 ω 旋转时，圆盘上任一质点 i 的离心惯性力为

---

* 摘自：杨玉致.机械噪声控制技术.北京：中国农业机械出版社，1983.

$$\boldsymbol{F}_i = m_i\omega^2\boldsymbol{r}_i。\tag{1-1}$$

式中，m_i——质点 i 的质量/kg；

ω——转动角速度/rad · s^{-1}；

$\boldsymbol{r}_i$——质点 i 相对于 O 点的矢径，其模的单位为 m。

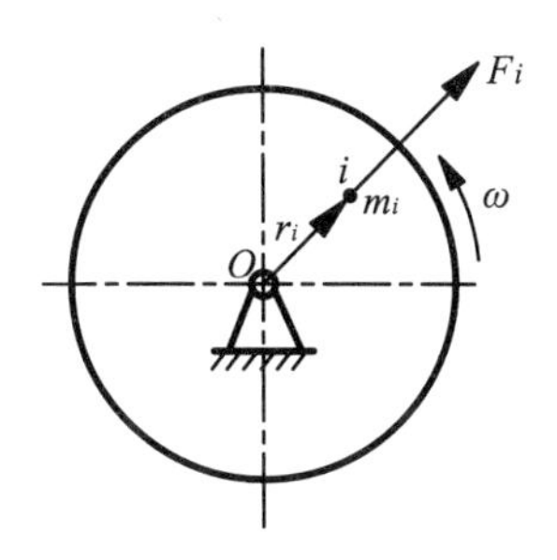

图 1-3　质点的离心惯性力

该力的单位为牛(顿)(N)，其方向与质点 i 所在位置的矢径 $\boldsymbol{r}_i$ 方向相同，即背离旋转中心 O 点向外。因此，此惯性力 $\boldsymbol{F}_i$ 被命名为质点的离心惯性力，一般都简称为质点的离心力。

显然，圆盘上所有质点都会存在这样的离心力，它们的方向也都是自旋转中心向外。由这么多质点离心力所形成的力系为一个平面汇交力系。按照汇交力学的合成原理，构成整个圆盘转子的所有质点离心力的合力 $\boldsymbol{F}$，

$$\boldsymbol{F} = \sum \boldsymbol{F}_i = \sum m_i\omega^2\boldsymbol{r}_i。\tag{1-2}$$

如果组成转子的圆盘及其转轴的材质分布均匀，且其尺寸形状完全对称，圆盘与转轴严格相互垂直，那么，当转子旋转时任何质点 i 的矢径 r_i 和与其相对称的质点 $\boldsymbol{r}_i^*$ 的矢径存在着关系 $\boldsymbol{r}_i^* = -\boldsymbol{r}_i$，则质点 i 的离心力 $\boldsymbol{F}_i$ 和与其相对称的质点 i^* 的离心力 $\boldsymbol{F}_i^*$ 大小相等，方向相反，又都位于过旋转中心 O 点的同一直径上，结果两力相互平衡抵消。这样，构成转子的所有质点的离心力的合力为零，即 $\boldsymbol{F} = \sum \boldsymbol{F}_i = \boldsymbol{0}$。合力为零的力系被称为平衡力系。这时，对于支承转子的轴承而言，不论转子旋转与否，轴承所受到的外力仅仅只是转子的重力，这是一种大小、方向都保持不变的静压力。应该说，这是一种理想的情况。而实际上，圆盘及其转轴的材质不太可能是均衡的，其尺寸形状不可能加工制造得没有丝毫的误差，装配中的同轴度、垂直度也不可能完全

没有偏差，所以，构成转子的所有质点在旋转时的离心力的合力也往往不太可能为零。这种合力不为零的离心力系，其合力称作转子的不平衡离心力，简称转子的离心力。这是在工程上最为常见的普遍现象。

如果把转子的全部质量都集中在它的质心上，则可将式(1-2)改写成

$$\boldsymbol{F}=\sum \boldsymbol{F}_i=\omega^2\sum m_i\boldsymbol{r}_i=M\omega^2\boldsymbol{r}_c\text{。} \tag{1-3}$$

式中，M 为转子的质量；$\boldsymbol{r}_c$ 为转子的质点 c 相对于旋转中心 O 点的矢径，其量值即为转子的质心 c 点偏离于旋转中心 O 点的距离，也称为"质心的偏心距"。式(1-3)和式(1-2)是互相等效的。由此不难发现，转子的离心力具有如下几个特征：

(1) 离心力与转子的质量成正比；

(2) 离心力与转子的质心偏心距成正比；

(3) 离心力与转子的转动角速度的平方成正比；

(4) 离心力的方向始终背离旋转中心而向外，且伴随转子同步旋转变化着，见图 1-4。对于轴承而言，这是一种动压力。

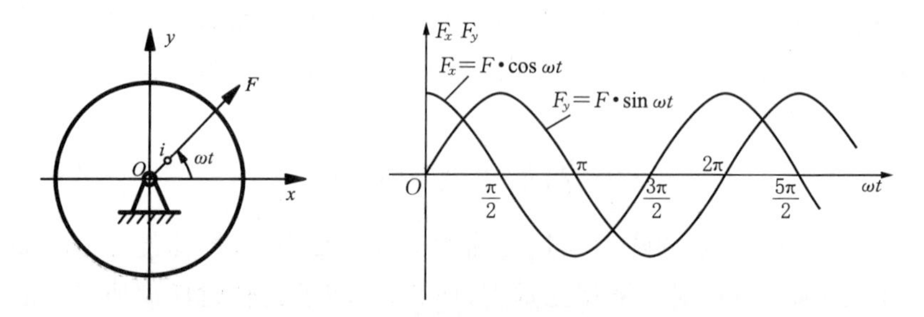

图 1-4　离心力为旋转矢量

现举例某单级涡轮转子，其质量为 30 kg，质心偏心距为 0.1 mm。当它工作在转速为 3 600 r/min 时，该转子的离心力为

$$\boldsymbol{F}=M\boldsymbol{r}_c\omega^2=30\times0.1\times10^{-3}\times\left(3\,600\times\frac{2\pi}{60}\right)^2=426\ \text{N；}$$

当它工作在转速为 7 200 r/min 时，该转子的离心力为

$$\boldsymbol{F}=M\boldsymbol{r}_c\omega^2=30\times0.1\times10^{-3}\times\left(7\,200\times\frac{2\pi}{60}\right)^2=1\,705\ \text{N。}$$

它们分别是转子的重力(294 N)的 1.5 倍和 5.8 倍左右。转子的这种不平衡离心力不但可以超过转子自身重力而且是数倍之多，并且其方向又是不断变化着。正是这种离心力，导致旋转中的转子本身产生挠曲变形和轴颈的振动，同时又构成作用在轴承上的动压力，成为轴承座乃至机架振动的激励源。

1.3　刚性转子质点离心力系的简化

任何一根转子都由无数个质点构成。当转子作匀速转动时，无数个质点的离心力组成了一个转子质点的离心力系。

如果转子的最高工作转速低于它的第一阶临界转速的(50～70)%，而且由它的不平衡离心力引起的挠曲变形很小可忽略，这种转子称作刚性转子。例如机床的主轴、中小型电机转子等等(见图 1-5)。

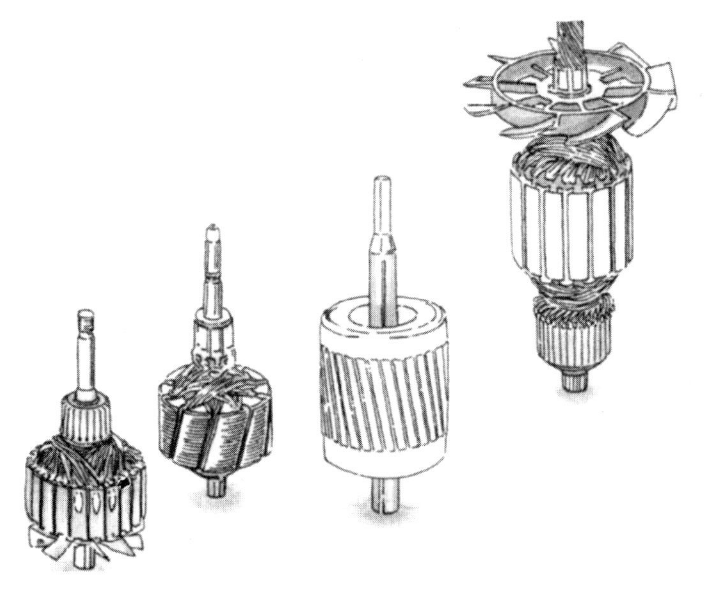

图 1-5　中、小型电机转子

1.3.1　转子质点的离心力系向任意选定的简化中心简化

假设一刚性转子如图 1-6 所示，其质量为 M，以角速度 ω 绕其固定轴线旋转。取轴线上的任意一点 o 为坐标原点，该转轴设为 z 轴，并设参考坐标系 $o\text{-}xyz$ 为固定在转子旋转轴线上且与转子一起旋转的动坐标系，沿坐标轴方向的单位矢量为 $\boldsymbol{i}$，$\boldsymbol{j}$，$\boldsymbol{k}$。

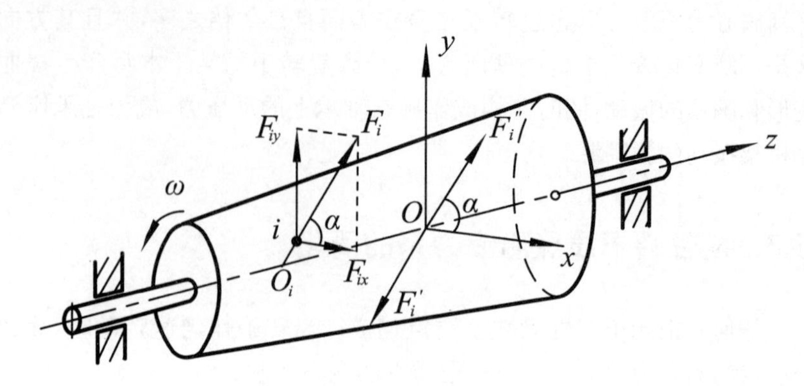

图 1-6　转子质点的离心力系的简化

任取转子上一质点 i，其坐标设为(x_i，y_i，z_i)，转子以角速度 ω 旋转时的质点离心力为

$$\boldsymbol{F}_i = m_i \boldsymbol{r}_i \omega^2 = m_i \omega^2 (x_i \boldsymbol{i} + y_i \boldsymbol{j})。$$

式中，m_i 是质点 i 的质量；$\boldsymbol{r}_i$ 是质点 i 相对于旋转轴线 z 的矢径。
离心力在坐标轴上的投影为

$$\begin{cases} F_{ix} = m_i \omega^2 x_i; \\ F_{iy} = m_i \omega^2 y_i; \\ F_{iz} = 0。 \end{cases}$$

由构成转子的所有质点的离心力形成一个汇交于 z 轴的空间力系。按照“理论力学”，力系在一般情况下可简化成为在任意选定的简化中心上作用的一个力及一个力矩，于是构成转子质点的离心力系可以向任选的简化中心 o 点简化，其结果可得到一个力 $\boldsymbol{F}$ 和一个力矩 $\boldsymbol{M}_\mathrm{O}$，亦称之为“主矢”和“主矩”。其中的一个力 $\boldsymbol{F}$ 等于力系中的所有的各离心力 $\boldsymbol{F}_i$ 的矢量和，即合力为

$$\boldsymbol{F} = \sum F_i = \sum m_i \omega^2 \boldsymbol{r}_i = \sum m_i \omega^2 (x_i \boldsymbol{i} + y_i \boldsymbol{j}) \tag{1-4}$$

倘若将转子的全部质量 M 视为集中在它的质心 c 点上，那么式(1-4)又可写成为

$$\boldsymbol{F} = M\omega^2 \boldsymbol{r}_c = M\omega^2 (x_c \boldsymbol{i} + y_c \boldsymbol{j})。 \tag{1-5}$$

式中，$\boldsymbol{r}_c$ 为质心 c 点相对于旋转轴 z 的矢径；(x_c，y_c，z_c)为质心 c 点

的位置坐标。

由此可见，转子质点的离心力系的合力大小和方向与其质心的离心力相等同；又因为合力 $\boldsymbol{F}$ 和矢径 $\boldsymbol{r}_c$ 平行，所以合力的大小和方向与简化中心点的位置无关。

转子质点的离心力系向任选的简化中心 o 点简化的一个力矩等于力系中的所有各离心力 F_i 对 o 点力矩的矢量和，即合力矩为

$$\boldsymbol{M}_O=\sum M_O(\boldsymbol{F}_i)=M_x\boldsymbol{i}+M_y\boldsymbol{j}+M_z\boldsymbol{k}。\tag{1-6}$$

式中，M_x，M_y 和 M_z 为合力矩 $\boldsymbol{M}_O$ 在坐标轴上的投影，其大小等于力系中的所有的各质点的离心力 $\boldsymbol{F}_i$ 对坐标轴的力矩之和；显然，它们都和简化中心 o 点的位置有关。

此外，

$$\left.\begin{aligned}\boldsymbol{M}_x&=\sum M_x(\boldsymbol{F}_i)=\sum(y_iF_{iz}-z_iF_{iy})=\\&\quad 0-\sum z_im_i\omega^2y_i=-\omega^2\sum m_iy_iz_i=-\omega^2I_{yz}\\\boldsymbol{M}_y&=\sum M_y(\boldsymbol{F}_i)=\sum z_iF_{ix}=\sum z_im_i\omega^2x_i=\omega^2I_{xz}\\\boldsymbol{M}_z&=\sum M_z(\boldsymbol{F}_i)=0\end{aligned}\right\}。\tag{1-7}$$

式中，$I_{yz}=\sum m_iy_iz_i$ 和 $I_{xz}=\sum m_ix_iz_i$ 被称为转子的惯性矩。

惯性矩的大小取决于转子的质量、质量的分布以及坐标轴的位置三个因素。惯性矩表征了转子的质量分布相对于坐标轴平面的对称性的物理量。于是式(1-6)可写成

$$\boldsymbol{M}_O=\sqrt{M_x^2+M_y^2+M_z^2}=\omega^2\sqrt{I_{yz}^2+I_{xz}^2}。\tag{1-8}$$

总而言之，转子质点的离心力系（F_1，F_2，…，F_i，…，F_n）可向任一点简化成为一个力 $\boldsymbol{F}$ 和一个力矩 $\boldsymbol{M}_O$ 的组合：

$$(F_1,\ F_2,\ \cdots,\ F_i,\ \cdots,\ F_n)\Leftrightarrow(\boldsymbol{F},\ \boldsymbol{M}_O)。$$

式中，$\boldsymbol{F}=\sum F_i=\sum m_i\omega^2\boldsymbol{r}_i=\sum m_i\omega^2(x_i\boldsymbol{i}+y_i\boldsymbol{j})$ 为离心力系的合力，即力系的所有离心力 $\boldsymbol{F}_i$ 的矢量和；$M_O=\sum M_O(F_i)=\sqrt{M_x^2+M_y^2}$ 为离心力系对简化中心 o 点的合力矩，即力系的所有的离心力 $\boldsymbol{F}_i$ 对各过简化中心的坐标轴的力矩的矢量和。

不难看出：(1)离心力系的合力和合力矩的量值大小都与转子的质

量、质心的偏心距，以及转子的转动角速度的平方成正比例。尤其是伴随转子转速的升高，它们的量值会急剧增大，其中合力的量值会超过转子的自身重量，甚至高达数倍之多。(2)离心力系的合力和合力矩都伴随转子的旋转而同步旋转，它们都是旋转矢量。

若刚性转子质点的离心力系向任一简化中心简化的结果是合力和合力矩都为零，即

$$\begin{cases}\boldsymbol{F}=\sum m_i\omega^2\boldsymbol{r}_i=M\omega^2\boldsymbol{r}_c=0,\\ \boldsymbol{M}_{\mathrm{o}}=\sum\boldsymbol{M}_{\mathrm{o}}(\boldsymbol{F}_i)=\omega^2\sqrt{I_{xz}^2+I_{yz}^2}=0,\end{cases}\tag{1-9}$$

由于质量 M，及转动角速度 ω 均不为 0，所以

$$\begin{cases}r_c=0;\\ I_{xz}=I_{yz}=0。\end{cases}\tag{1-10}$$

式(1-9)为转子质点的离心力系处于力的平衡状态，亦为刚性转子的离心力力平衡方程式；式(1-10)反映出转子的质量分布是均衡对称的，呈现为平衡分布状态，所以该式为刚性转子的质量分布平衡方程式。

根据理论力学，在式(1-10)中，$r_c=0$ 说明了转子的质心 c 点落在了旋转轴线 z 上；$I_{xz}=I_{yz}=0$ 反映了此时的旋转轴 z 在力学上被称为主惯性轴，通过质心的主惯性轴则又称为中心主惯性轴。所以说，当转子的旋转轴与其中心主惯性轴相重合一致时，则转子的质量分布相对于旋转轴线完全均衡对称，其质量呈平衡分布状态。

总结转子质点的离心力系向任一点简化的结果，不难发现共有五种状况，见表 1-1。其中除了满足式(1-9)为第 5 种状况外，其余四种状况为转子离心系的不平衡状态，它们为转子质量分布的不平衡概念确立了力学基础。

表 1-1　刚性转子的质点离心力系(空间力系)简化结果

合力 $\boldsymbol{F}$	合力矩 $\boldsymbol{M}_O$	$\boldsymbol{M}_O\cdot\boldsymbol{F}$	转子的中心主惯性轴与旋轴线的相对位置
≠0	≠0	≠0	两轴既不相交也不平行
		0	两轴在离质心的轴向距离 $d=\boldsymbol{F}\cdot\boldsymbol{M}_O/F^2$ 点相交
≠0	0	0	两轴平行
0	≠0	0	两轴在质心处相交(质心处在旋转轴上)
0	0	0	两轴重合为一

1.3.2　转子的质量单元的离心力系向左右径向平面简化

我们不妨将刚性转子视为若干个厚度为微小量 dz 的圆盘同轴串联而成，见图 1-7。图中，每个圆盘都为转子的一个质量单元。当转子以角速度 ω 旋转时，每个质量单元都会产生离心力 $F_k(=m_k r_k \omega^2)$。它们的大小、方向以及处在转子的轴向位置 z_k 都不相同，但又都通过并垂直于旋转轴 z。它们也组成了一个沿 z 轴分布的空间力系（$\boldsymbol{F}_1, \boldsymbol{F}_2, \cdots, \boldsymbol{F}_k, \cdots, \boldsymbol{F}_n$）。

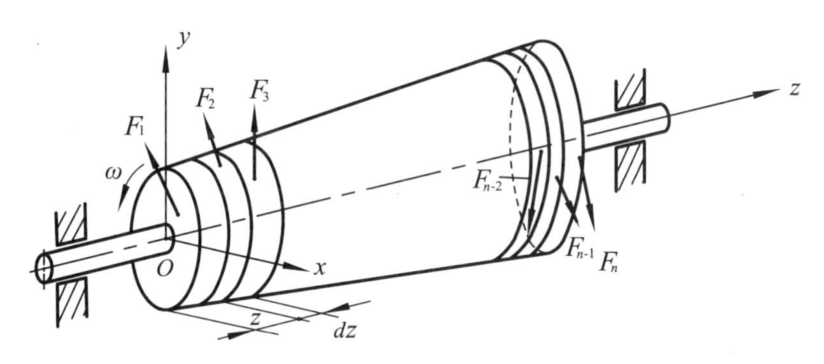

图 1-7　刚性转子视为若干个质量单元圆盘同轴串联而成

在转子的左右两端面附近或在左右两个轴承支承平面上分别设定两个径向平面 P_L 和 P_R。见图 1-8。将每个质量单元即厚度为 dz 的圆盘的离心力 $F_k=m_k r_k \omega^2$ 分解成两个平行分量 F_{kL} 和 F_{kR}，它们分别位于径向平面 P_L 和 P_R 内。

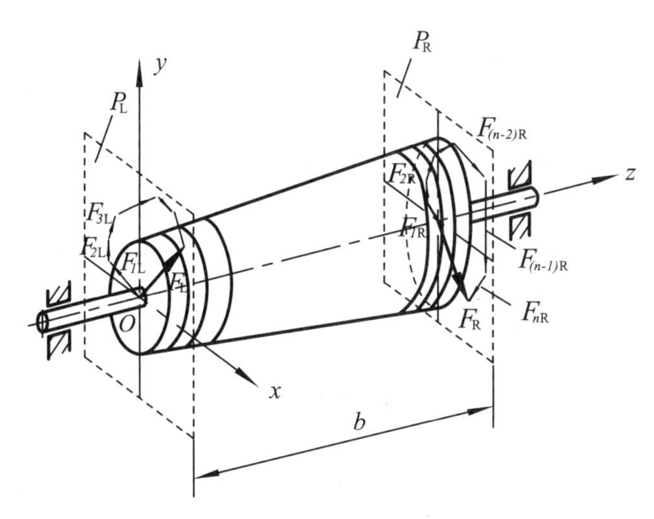

图 1-8　离心力系分解成不同轴向位置上的两个平面内的等效分量 $\boldsymbol{F}_L$ 和 $\boldsymbol{F}_R$

$$\boldsymbol{F}_k = \boldsymbol{F}_{kL} + \boldsymbol{F}_{kR}。 \tag{1-11}$$

式中，

$$\boldsymbol{F}_{kL} = \frac{b_{kR}}{b}\boldsymbol{F}_k ;$$

$$\boldsymbol{F}_{kR} = \frac{b_{kL}}{b}\boldsymbol{F}_k = \left(1 - \frac{b_{kR}}{b}\right)\boldsymbol{F}_k 。$$

式中，b——径向平面 P_L 和 P_R 之间的轴向距离；

b_{kL}，b_{kR}——分别是第 k 个圆盘到平面 P_L 和 P_R 的轴向距离，$b_{kL} + b_{kR} = b$

分解结果在径向平面 P_L 和 P_R 上分别形成一个汇交的平面力系（$\boldsymbol{F}_{1L}$，$\boldsymbol{F}_{2L}$，…，$\boldsymbol{F}_{kL}$，…，$\boldsymbol{F}_{nL}$）和（$\boldsymbol{F}_{1R}$，$\boldsymbol{F}_{2R}$，…，$\boldsymbol{F}_{kR}$，…，$\boldsymbol{F}_{nR}$）。这两个汇交力系又可按力多边形法则得到各自的合力 $\boldsymbol{F}_L$ 和 $\boldsymbol{F}_R$，即

$$\boldsymbol{F}_L = \sum_{k=1}^{n} \boldsymbol{F}_{kL} ;$$

$$\boldsymbol{F}_R = \sum_{k=1}^{n} \boldsymbol{F}_{kR} ;$$

$$\boldsymbol{F} = \sum_{k=1}^{n} m_k r_k \omega^2 = \sum_{k=1}^{n} \boldsymbol{F}_{kL} + \sum_{k=1}^{n} \boldsymbol{F}_{kR} = \boldsymbol{F}_L + \boldsymbol{F}_R 。 \tag{1-12}$$

不妨将 $\boldsymbol{F}_L$ 和 $\boldsymbol{F}_R$ 写成离心力的形式：

$$\boldsymbol{F}_L = m_L \omega^2 \boldsymbol{r}_L ;\ \boldsymbol{F}_R = m_R \omega^2 \boldsymbol{r}_R 。 \tag{1-13}$$

其中，m_L 和 m_R——分别为转子的质量分配到径向平面 P_L 和 P_R 上的部分质量，$m_L + m_R = M$ ；

$\boldsymbol{r}_L$，$\boldsymbol{r}_R$——分别为 m_L 和 m_R 的质心相对于旋转轴线的矢径。

由此我们不难看出，离心力 $\boldsymbol{F}_L$ 和 $\boldsymbol{F}_R$ 与转子的离心力系完全等效。这样，F_L 和 F_R 可称为转子的离心力系在两个指定径向平面上的等效离心力；换而言之，刚性转子的离心力系又可以简化成在左、右两个不同径向平面上的两个等效离心力。

若转子的质量单元的离心力系向左右两径向平面上简化的结果是

$$\boldsymbol{F}_L = 0,\ \boldsymbol{F}_R = 0,$$

则反映了整个转子的离心力为零，转子处在力的平衡状态。

此时，由于 m_L，m_R 以及旋转角速度 ω 不可能为零，所以矢径必为零。即

$$\boldsymbol{r}_{\mathrm{L}}=0,\ \boldsymbol{r}_{\mathrm{R}}=0。$$

此式说明转子的质量沿其轴向相对于轴线完全均衡对称分布，转子的质量也呈平衡分布状态。

按照力矢量的合成和分解原理，我们又可将上述左右两指定的径向平面上的等效离心力 F_{L} 和 F_{R} 各自分解成两个彼此间的同向分量和反向分量。见图 1-9。

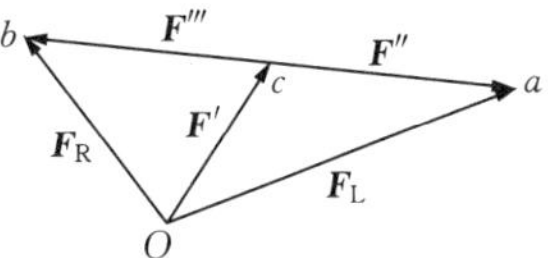

图 1-9　两个离心力的同向分量和反向分量

$\boldsymbol{F}'$为 $\boldsymbol{F}_{\mathrm{L}}$ 和 $\boldsymbol{F}_{\mathrm{R}}$ 的同向分量；

$\boldsymbol{F}''$和$\boldsymbol{F}'''$分别为$\boldsymbol{F}_{\mathrm{L}}$ 和 $\boldsymbol{F}_{\mathrm{R}}$ 的反向分量。它们大小相等，方向相反相距间隔 b，形成一对力偶。

这就是说，若将转子在左右两个指定的径向平面 P_{L} 和 P_{R} 上的等效离心力 $\boldsymbol{F}_{\mathrm{L}}$ 和 $\boldsymbol{F}_{\mathrm{R}}$ 再分解成彼此的同向分量和反向分量，那么整个转子的离心力系的合力为 $\boldsymbol{F}_{\mathrm{L}}$ 和 $\boldsymbol{F}_{\mathrm{R}}$ 的同向分量的两倍；而两者的反向向量由于分别存在于两个径向平面上，且相隔距离为 b，构成一对力偶，亦即为转子的离心力的合力矩 $\boldsymbol{M}_O=\boldsymbol{b}\times\boldsymbol{F}''$。

总而言之，刚性转子的离心力总是可以分解为一个离心力的合力和一个合力矩。欲使转子处于力的平衡状态，则必须使它的离心力的合力和合力矩都为零。此时，转子的质量也必为均衡对称分布，即呈现为平衡分布状态。

上述有关刚性转子的质量单元的离心力系向左右径向平面的简化的结果告诉我们，刚性转子可以在任意选定的左右两个不相重合的径向平面上采取相应的调整质量分布的工艺措施（即后述的平衡校正工艺），使其两个等效离心力减小到技术条件规定的允许范围内，此时整个转子的离心力亦意味着被减小到了技术条件规定的允许值内。这就为刚性转子的双面平衡确立了理论基础，同时也为刚性转子的机械平衡指出了方向。

1.4　刚性转子不平衡量的概念

1.4.1　不平衡概念

通过上节有关转子离心力的分析，我们从中明确了转子旋转时的离心力属动力学范畴，是转子质量的运动属性。当刚性转子旋转时，若构成它的质点的离心力系的合力和合力矩全为零,或者构成它的所有质量单元在两个任意选定径向平面上的等效离心力全为零,则转子处于力平衡状态;不若,转子则处于力的不平衡状态。当转子的离心力处于力的不平衡状态时,转子的离心力必然会引发轴颈的振动或产生作用在轴承上的动压力。

众所周知,转子质量的分布与转子是否旋转无关,一旦它制造或装配完成就存在着,属于转子的静态、常态。一个工业转子由于设计、材质、制造加工、装配、磨损和变形等多方面的原因,质量分布沿轴线方向上相对其旋转轴线不可避免地存在着不均衡不对称,即转子常常是处在质量分布的不平衡状态。它的存在只决定于转子的本身。

转子的质量分布是否为平衡状态与转子旋转时的离心力是否为力平衡状态成为一对因果关系,前者是因,后者是果。当构成转子的质点或质量单元在沿轴线方向上相对于旋转轴线呈均衡对称分布,即转子处于质量分布的平衡状态时,那么它旋转时的离心力必然也处于一个力平衡状态。不若,它的离心力必然是处于力的不平衡状态。由此可知,倘若转子的离心力不处于力的平衡状态,则反映了它的质量分布也必然处于不平衡状态。

由于转子质量分布的不平衡状态很难用常规的度量衡仪器直接测量出来,所以,一般通过对转子旋转时的离心力的动态测试间接测量其质量分布的不平衡状态。工业上,则通过对旋转时转子的离心力所引发轴颈的振动或产生作用在轴承上的动压力,即转子-轴承系统的不平衡振动响应的测试,来检测出转子质量分布的不平衡状态及其程度。

1.4.2 刚性转子的不平衡量

盘状转子的离心力也可以理解为来自完全处于质量分布平衡状态的转子上存在的一个偏离转子旋转轴线的质量(块)所产生的离心力。此偏置的质量(块)通常被称为不平衡质量(块)(unbalance mass)。而转子的质量分布的不平衡程度可以用转子的“不平衡量”(amount of unbalance)描述;其量值一般用该不平衡质量(块)的质量与其质心偏离转子旋转轴线的半径距离的乘积来表示,即 $U=mr$,常用单位为克·毫米[g·mm]。它处在圆周上的方位角即为“不平衡相位角”(angle of unbalance),即为不平衡质量(块)的质心所在的径向平面上,以旋转轴心为坐标原点的极坐标系上相对于某一个角度参考标志的相位角。人们通常用“不平衡量”来描述和定义转子质量分布不平衡的程度大小，即反映出不平衡量的量值大小；又用“不平衡相位角”描述不平衡量所在的圆周角位置。术语“不平衡矢量”(unbalance vector)其模即为不平衡量的量值，方向为不平衡量相位角所构成的矢量。人们平时所说的转子的“不平衡量”一词其实也已含有矢量意义(量值及相位角)，只是在需要特别强调它矢量时才言称“不平衡矢量”。

此外，术语“不平衡度”(specific unbalance)为转子单位质量的不平衡量，自然它也含有矢量的意义。在量值上，“不平衡度”相当于单位质量的偏心距，常用英文字母 e 表示，

$$e = U/M = mr/M。$$

式中：e 为偏心距，其常用单位为克毫米每千克，即g · mm/kg或为微米(μm)，M 为转子质量。

对于非盘状的一般刚性转子的不平衡量，人们习惯上借用单圆盘转子的不平衡量的概念。如果用符号 $\boldsymbol{U}_i = m_i \boldsymbol{r}_i$ 代入转子质点的离心力系的合力和合力矩表达式(1-4)和(1-6)，则：

$$\begin{cases} F = \sum F_i = \sum m_i r_i \omega^2 = \omega^2 \sum U_i \\ M_O = \sum M_{Oi} = \sum m_i r_i z_i \omega^2 = \omega^2 \sum U_i z_i \end{cases}$$

消去 ω^2，得

$$\begin{cases} \boldsymbol{U} = \dfrac{F}{\omega^2} = \sum \boldsymbol{U}_i \\ \boldsymbol{C} = \dfrac{M_o}{\omega^2} = \sum z_i \cdot \boldsymbol{U}_i \end{cases} \tag{1-14}$$

式中，$\boldsymbol{U}$ 表示构成转子质点系的不平衡量的合成总量；$\boldsymbol{C}$ 表示转子质点系的不平衡矩的合成总量。两者均为矢量。

国际标准化组织(ISO)于 2001 年在标准 ISO 1925:2001 Mechanical Vibration—Balancing—Vocabulary 中首次提出采用“合成不平衡量”与“合成不平衡矩”两个新的术语，用以完整地表达刚性转子的质量分布不平衡状态。我国的相关国家标准《GB/T 6444-2008 机械振动　平衡词汇》也采用了这两个术语。现介绍如下：

——**合成不平衡量 resultant unbalance**——沿转子分布的所有不平衡矢量的矢量和。

合成不平衡量可表示为 $\boldsymbol{U}_r = \sum \boldsymbol{U}_k$ (1-15)

式中，$\boldsymbol{U}_r$——合成不平衡矢量，常用单位为克毫米(g·mm)；

$\boldsymbol{U}_k$——第 k 个不平衡矢量，k 为 $1\sim n$。

——**合成不平衡矩 resultant moment(couple) unbalance**——沿转子分布的所有不平衡矢量对合成不平衡量所在(径向)平面的矩矢量和。

合成不平衡矩可表示为

$$\boldsymbol{C}=\sum(\boldsymbol{z}_k-\boldsymbol{z}_r)\boldsymbol{U}_k。\tag{1-16}$$

式中，$\boldsymbol{C}$——合成不平衡矩，单位为克毫米平方($\mathrm{g\cdot mm^2}$)；

$\boldsymbol{U}_k$——第 k 个不平衡矢量，k 为 $1\sim n$；

$\boldsymbol{z}_k$——从坐标原点到 $\boldsymbol{U}_k$ 所在平面的轴向位置的矢量；

$\boldsymbol{z}_r$——从同一个坐标原点到 $\boldsymbol{U}_r$ 所在平面的轴向位置的矢量。

术语"合成不平衡量"的量值及相位角与其具体所在的径向平面的轴向位置无关，而"合成不平衡矩"的量值及相位角取决于合成不平衡量所选择的轴向位置。

通常，转子的合成不平衡量可以用位于两个指定径向平面内的等效不平衡量的算术和表示，而合成不平衡矩可以用存在于两个指定径向平面内的等效不平衡矢量的反向分量(大小相等，方向相反)乘以两平面之距的乘积来表示。

1.4.3 刚性转子的不平衡类型

根据表征刚性转子的质量分布相对于坐标轴平面对称性的有关转子的中心主惯性轴与旋转轴线的相对空间位置，刚性转子的质量分布的不平衡状态共有 4 种类型，即为转子的静不平衡、准静不平衡、偶不平衡和动不平衡。现作简要介绍。

1. 静不平衡(static unbalance)

定义：中心主惯性轴平行于旋转轴线的(转子)不平衡状态。见图 1-10。

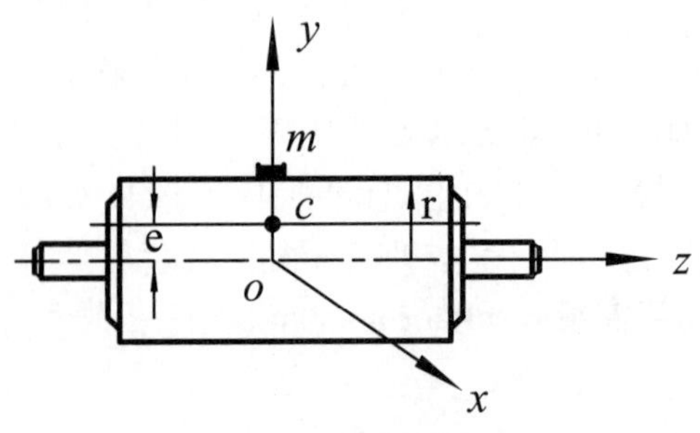

图 1-10 静不平衡

这种不平衡状态(见表1-1)意味着转子的质点离心力系的合力

$$F=\sum m_i \boldsymbol{r}_i\omega^2=\sum M\boldsymbol{r}_i\omega^2\neq 0;$$

而合力矩　$M_O=\sum M_O(F_i)=0$，也即 $I_{xz}=I_{yz}=0$。

转子仅存在合成不平衡量。这种不平衡相当于把一个不平衡质量块 m 加在一根质量为 M，半径为 r 的完全平衡的转子的质心(径向)平面上，如图1-10所示。此时，转子的质心 c 偏离原来的中心 o 点(也为旋转中心)，距离为 $e(e=mr/M)$，其中心主惯性轴和旋转轴线保持平行。

当转子仅存在合成不平衡量时，转子在静力学上处于不平衡状态。可采用静力学的方法加以发现和检测它，故定义为静不平衡。

2. 准静不平衡(quasi-static unbalance)

定义：中心主惯性轴与旋转轴线在质心外的某点相交的(转子)不平衡状态。见图1-11。

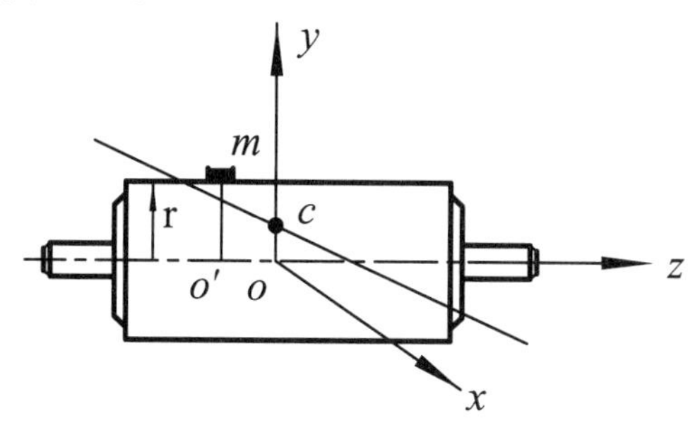

图1-11　准静不平衡

这种不平衡状态(见表1-1)意味着转子的质点离心力系的合力

$$\boldsymbol{F}=\sum m_i r_i\omega^2=\sum Mr_c\omega^2\neq 0$$

及合力矩　$\boldsymbol{M}_o=\sum M_o(F_i)=\sum(m_i r_i\omega^2)z_i\neq 0$。

但是　$\boldsymbol{M}_o\cdot F=0$，

即合力 $\boldsymbol{F}$ 与合力矩 $\boldsymbol{M}_o$ 相互正交，合力 $\boldsymbol{F}$ 的作用线位于合力矩的作用平面上。见图1-12。

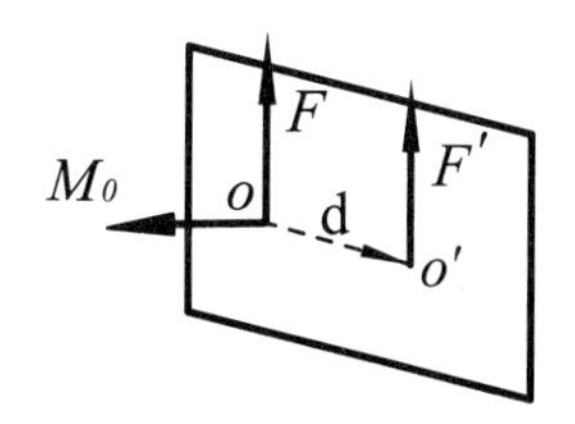

图1-12　合力 F 与合力矩 M_o 相互正交

按照力作用线平移的逆过程，将合力 $\boldsymbol{F}$ 的作用线自 o 点平移至 o'，成为 $\boldsymbol{F}'$，而 o' 点相对于原来的简化中心的距离为

$$d = \boldsymbol{F} \times \boldsymbol{M}_o / F^2,$$

这样处理的结果 $\boldsymbol{F} \times d = -M_o$。此时，转子只在离开质心 c 点的轴向距离为 d 的径向平面上存在一个合成不平衡量，这种不平衡相当于在一个完全平衡的转子上过 o' 点的径向平面上加上了一个不平衡质量块 m，如图 1-11 所示。此时，转子的中心主惯性轴与旋转轴线相交。由于转子的质点离心力系径最终的简化结果仅为一个单独的合力 F，犹如静不平衡那样，但不在质心平面上，所以，这种状态定义为准静不平衡。

3. 偶不平衡(couple unbalance)

定义：中心主惯性轴与旋转轴线在质心相交的(转子)不平衡状态。见图 1-13。

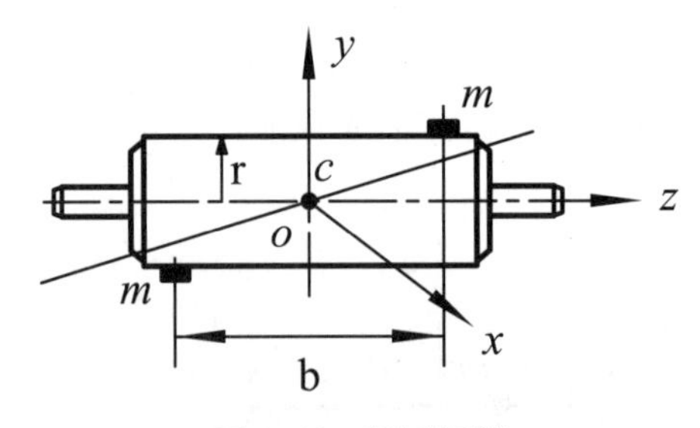

图 1-13　偶不平衡

这种不平衡状态(见表 1-1)意味转子的质点离心力系的合力

$$F = \sum m_i r_i \omega^2 = M r_c \omega^2 = 0,$$

亦即 $r_c = 0$，转子的质心 c 位于旋转轴线上；
而合力矩为

$$\boldsymbol{M}_o = \sum M(F_i) = \sum (m_i r_i \omega^2) \cdot Z \neq 0。$$

此时，转子仅存在一个合成不平衡矩。

合成不平衡矩通常可表示为在一个完全平衡的转子的任意的两个不同的径向平面内的一对大小相等、方向相反的不平衡质量块 m 的偶矩，如图 1-13 所示，转子的中心主惯性轴和旋转轴线相交于质心 c 点。所以定义这种不平衡状况为偶不平衡。

4. 动不平衡(dynamic unbalance)

中心主惯性轴与旋转轴线两者既不相交又不平行的(转子)不平衡

状态。见图 1-14。

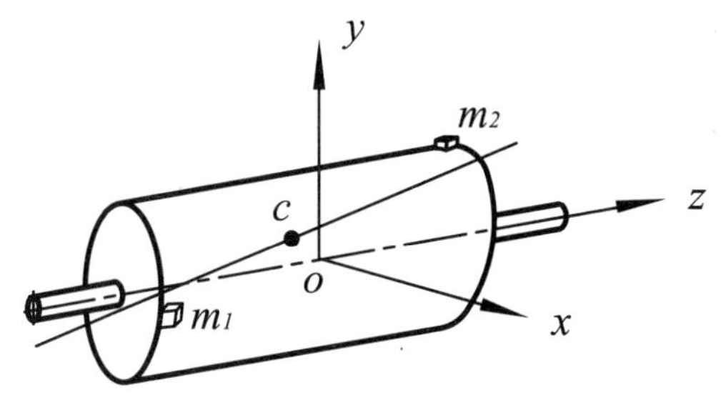

图 1-14　动不平衡

这种不平衡状态(见表 1-1)时转子的质点离心力系的合力不为零,即

$$F=\sum(m_i r_i \omega^2)=M r_c \omega^2 \neq 0,$$

及合力矩不为零

$$M_o=\sum M_o(F_i)=\sum(m_i r_i \omega^2)\cdot z_i \neq 0。$$

又
$$M_o \cdot F \neq 0,$$

此时转子的质心偏心距 $r_c \neq 0$,且惯性积 $I_{xz} \neq 0$, $I_{yz} \neq 0$, $M_o \cdot F \neq 0$。这是一种一般刚性转子最普遍存在质量分布不平衡状态。转子既存在合成不平衡量,同时又存在着合成不平衡矩。这种不平衡相当于在一个完全平衡的转子上,在其两端面上分别加上一个不平衡质量块 m_1 和 $m_2(m_1 \neq m_2)$,如图 1-14 所示。此时,转子的中心主惯性轴和旋转轴线既不相交又不平行。转子这样的不平衡状况被定义为动不平衡。

动不平衡可以由分别位于两个指定的径向平台上的两个等效不平衡量给出。它们能完全表示转子总的不平衡量。

转子的动不平衡必须采用动力学的方法才能发现和检测。

转子的动不平衡是一种最为常见的普遍状态,其余的静不平衡、准静不平衡和偶不平衡都可视为它的特例;同时,静不平衡和偶不平衡是转子的最基本的两种不平衡,而准静不平衡和动不平衡可以由静不平衡和偶不平衡两者合成,派生而出。

1.5 转子不平衡量的表示方式

1.5.1 刚性转子的不平衡矢量的极坐标形式表示

若用 $\boldsymbol{U}_k=m_k\boldsymbol{r}_k$ 代入式(1-12),可得

$$\omega^2\sum\boldsymbol{U}_k=\boldsymbol{F}_{\mathrm{L}}+\boldsymbol{F}_{\mathrm{R}}=\omega^2(\boldsymbol{U}_{\mathrm{L}}+\boldsymbol{U}_{\mathrm{R}})。$$

消去 ω^2 后可得

$$\boldsymbol{U}=\sum\boldsymbol{U}_k=(\boldsymbol{U}_{\mathrm{L}}+\boldsymbol{U}_{\mathrm{R}})。\tag{1-17}$$

式中,$\boldsymbol{U}_k$——转子的质量单元的不平衡矢量;

$\sum\boldsymbol{U}_k$ ——转子总的不平衡矢量;

$\boldsymbol{U}_{\mathrm{L}}$, $\boldsymbol{U}_{\mathrm{R}}$——分别位于两个不同轴向位置上的指定径向平面上的等效不平衡矢量。

式(1-17)告诉我们,刚性转子的总不平衡量可以由两个指定的径向平面上的等效不平衡矢量给出。

转子的不平衡同一种矢量可以用多种不同的方法表示,见图 1-15。图中(a)~(c)为合成不平衡量和合成不平衡矩的不同表示方法,(d)~(f)为动不平衡的不同的双面表示方法。

1.5.2 不平衡矢量按均匀分布的 ϕ 角坐标分量形式表示

一般转子在平衡校正平面内的等效不平衡矢量都采用极坐标形式来表示,即 $\boldsymbol{U}=U\angle\alpha$。其中,$U$ 为不平衡量的量值;$\angle\alpha$ 为不平衡相位角。这种表示方法便于在转子平衡校正平面上的任意一个角度位置均可进行不平衡的试验和校正。然而,诸如曲轴、风扇、鼓风机叶轮、风力发电机转子等类转子,由于其结构上的原因,不平衡量的试验和校正必须限定在某些特定的角度位置上。为此,针对这类转子的平衡校正,有必要将测得的不平衡量 $\boldsymbol{U}$ 按 ϕ 角坐标分量的形式表示。ϕ 角一般常用的有 30°, 45°, 60°, 90°, 120°或按转子的校正平面的几何形状所标定的角度。ϕ 角坐标系的坐标轴通常都在校正平面的整个圆周上呈均匀分布,如 120°角坐标系的坐标轴为 0°, 120°和 240°三根。60°角坐标系的坐标轴为 0°, 60°, 120°, 180°, 240°, 300°六根。

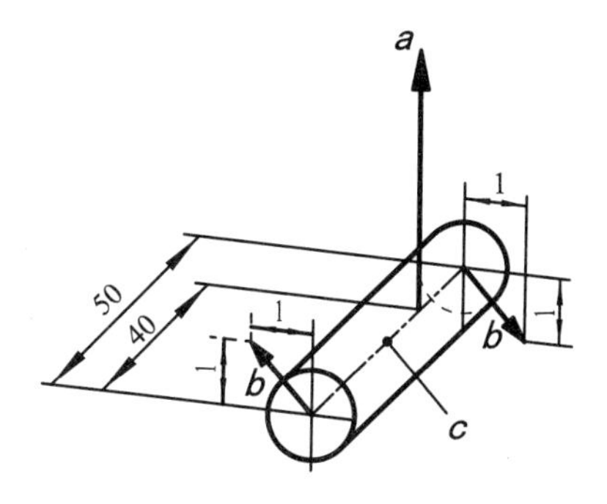

(a) 合成不平衡矢量以及相应的两端面上的偶不平衡量

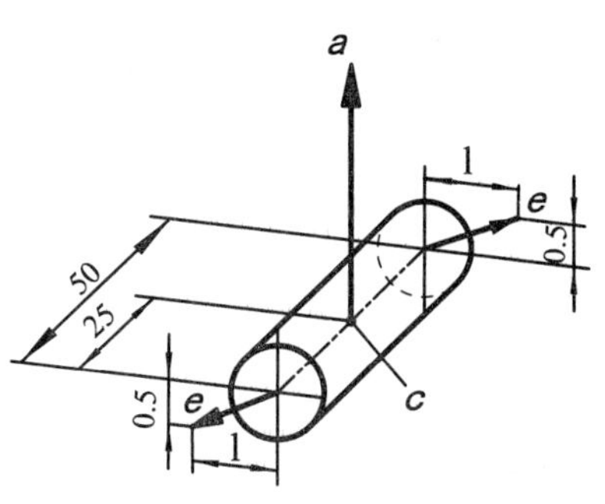

(b) a 的特殊情况，即位于质心 c 上的合成不平衡矢量(静不平衡)以及相应的两端面上的偶不平衡量

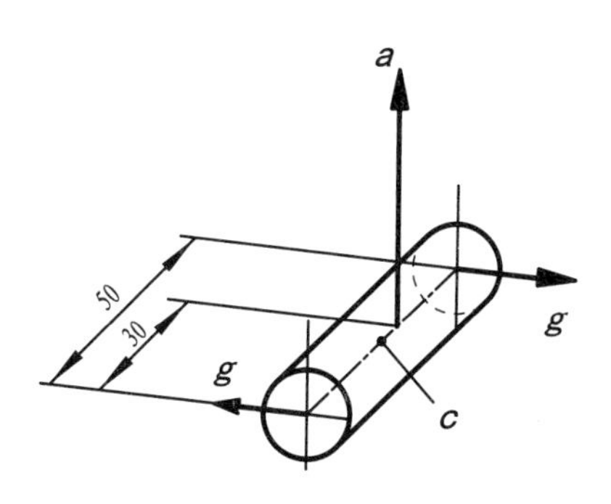

(c) a 的特殊情况，即合成不平衡矢量不在质心 c 上，此时相应的偶不平衡量最小且位于与合成不平衡量正交的平面内

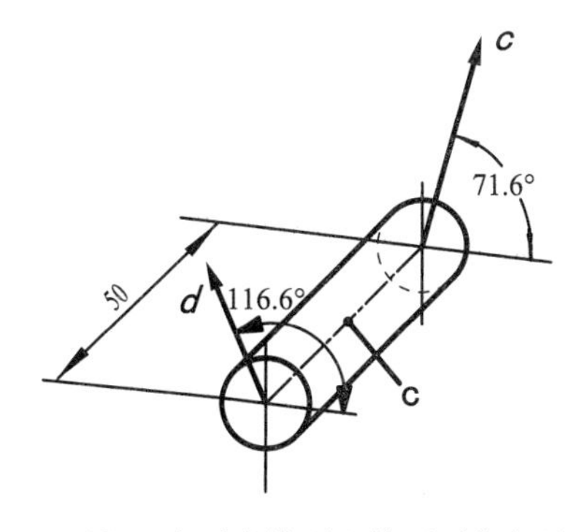

(d) a 在两个端面上的不平衡矢量

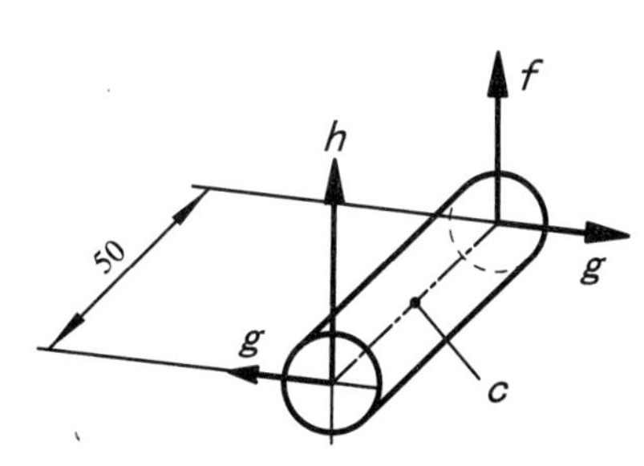

(e) 两端面上两个互成 90°的不平衡分量

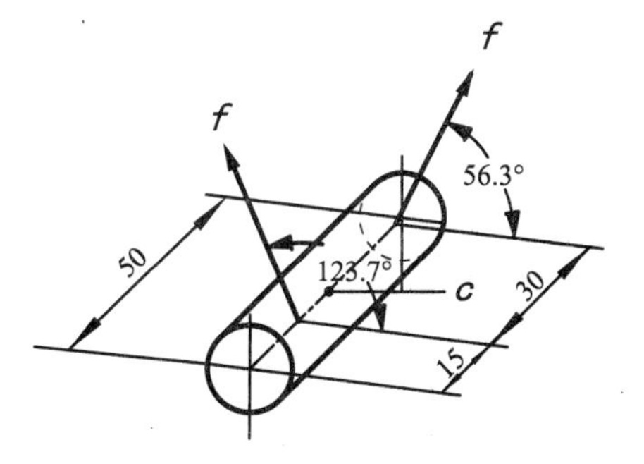

(f) 不在两个端面上的不平衡矢量

图 1-15　刚性转子的同一种不平衡矢量的不同表示方法

a—不平衡量为 5 g · mm；　***b***—不平衡量为 1.41 g · mm；
c—不平衡量为 3.16 g · mm；　***d***—不平衡量为 2.24 g · mm；
e—不平衡量为 1.12 g · mm；　***f***—不平衡量为 3 g · mm；
g—不平衡量为 1 g · mm；　***h***—不平衡量为 2 g · mm。
注：c 为转子质心

以下介绍将极坐标形式的不平衡量 $\boldsymbol{U}$ 换算成按均匀分布的 ϕ 角坐标分量形式表示的计算方法。

如图 1-16 所示，假设不平衡矢量为 $\boldsymbol{U}=U\angle\alpha$，它在任意 ϕ 角度坐标上的在 0°坐标轴的分矢量为 $\boldsymbol{U}_{0^\circ}=U_{0^\circ}\angle 0^\circ$，而在 ϕ 角坐标分矢量为 $\boldsymbol{U}_\phi=U_\phi\angle\phi$。

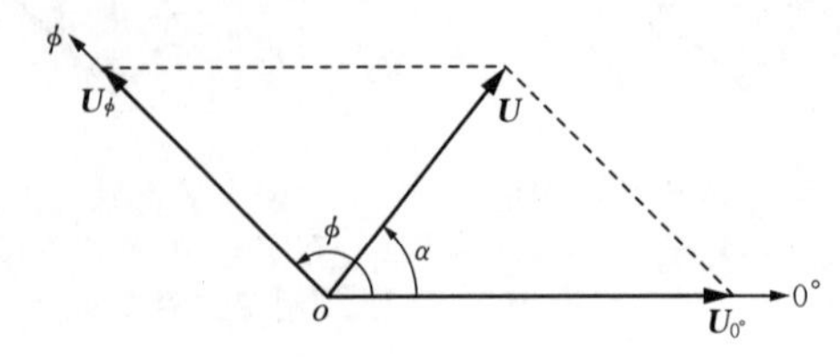

图 1-16　不平衡矢量在任意角 ϕ 角坐标上的分解图

由矢量分解法则，可得

矢量
$$\boldsymbol{U}\angle\alpha=\boldsymbol{U}_{0^\circ}\angle 0^\circ+\boldsymbol{U}_\phi\angle\phi。\tag{1-18}$$

写成复数形式为

$$U\cos\alpha+\mathrm{i}U\sin\alpha=U_{0^\circ}+U_\phi\cos\phi+\mathrm{i}U_\phi\sin\phi。\tag{1-19}$$

式中，i 为虚数。

由上式可得

$$\begin{cases}U\cos\alpha=U_{0^\circ}+U_\phi\cos\phi;\\ U\sin\alpha=U_\phi\sin\phi。\end{cases}\tag{1-20}$$

解得

$$\begin{cases}U_{0^\circ}=U\cos\alpha-U\sin\alpha\cot\phi;\\ U_\phi=U\sin\alpha/\sin\phi。\end{cases}\tag{1-21}$$

由式(1-21)可得出几种常见 ϕ 角坐标系上的不平衡矢量的分解公式，见表 1-2。

表 1-2　常见 ϕ 角坐标系上的不平衡矢量的分解公式

ϕ 角坐标系	矢量分解公式
30°	$\begin{cases}U_{0^\circ}=U\cos\alpha-\sqrt{3}U\sin\alpha\\ U_\phi=2U\sin\alpha\end{cases}$
45°	$\begin{cases}U_{0^\circ}=U\cos\alpha-U\sin\alpha\\ U_\phi=\sqrt{2}U\sin\alpha\end{cases}$

续表

ϕ 角坐标系	矢量分解公式
60°	$\begin{cases} U_{0^\circ} = U\cos\alpha - \dfrac{\sqrt{3}}{3}U\sin\alpha \\ U_\phi = \dfrac{2\sqrt{3}}{3}U\sin\alpha \end{cases}$
90°	$\begin{cases} U_{0^\circ} = U\cos\alpha \\ U_\phi = U\sin\alpha \end{cases}$
120°	$\begin{cases} U_{0^\circ} = U\cos\alpha + \dfrac{\sqrt{3}}{3}U\sin\alpha \\ U_\phi = \dfrac{2\sqrt{3}}{3}U\sin\alpha \end{cases}$

例:假设不平衡矢量 $\boldsymbol{U}=12\angle 20^\circ$ g · mm ,则其在 30°, 45°, 60°, 90°, 120°角坐标系上的分量分别见表 1-3 和图 1-17。

表 1-3　不平衡矢量 $U=12\angle 20^\circ$ g · mm 在各坐标系下的分量

ϕ 角坐标系/°	0°坐标轴分量/g · mm	ϕ 坐标轴分量/g · mm
30	4.12	8.21
45	7.17	5.80
60	8.91	4.74
90	11.28	4.10
120	13.65	4.74

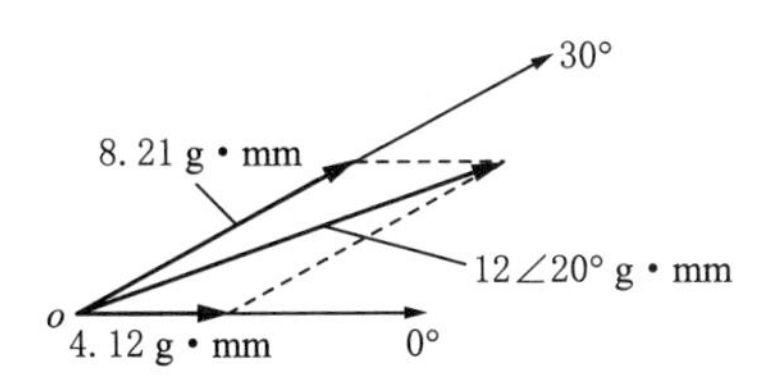

(a) 30°角坐标系上的不平衡矢量分解

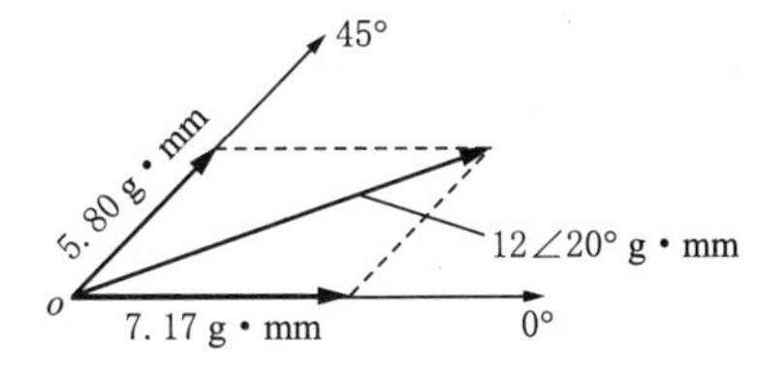

(b) 45°角坐标系上的不平衡矢量分解

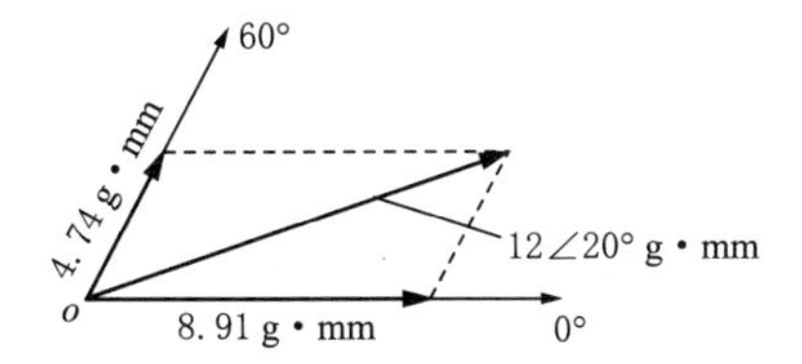

(c) 60°角坐标上的不平衡矢量分解

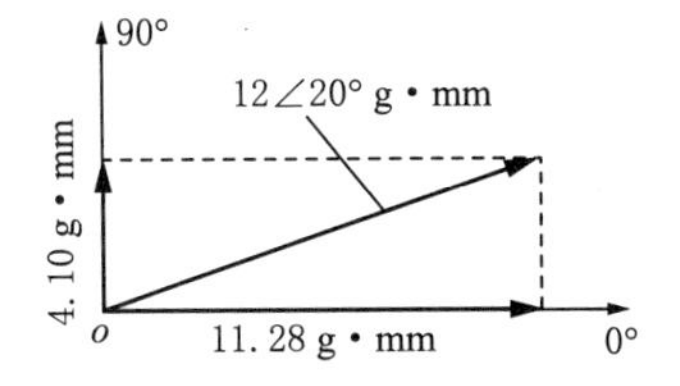

(d) 90°角坐标上的不平衡矢量分解

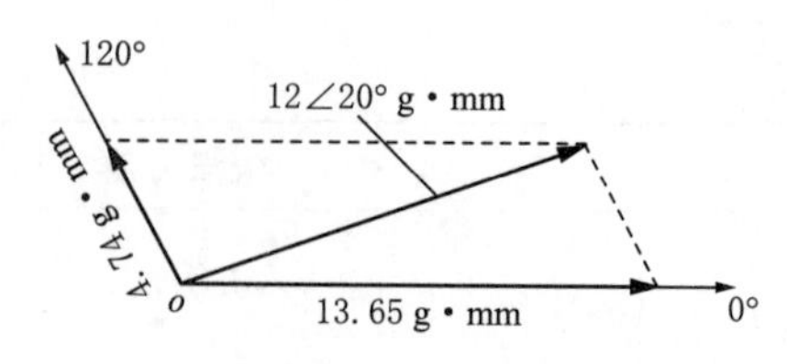

(e) 120°角坐标系上的不平衡矢量分解

图 1-17　不平衡矢量 $U = 12\angle 20°$g · mm 在各 φ 角坐标系上的分解图

由式(1-21)可知，当不平衡矢量 $\boldsymbol{U}$ 的相位角 $\angle\alpha$ 处在[0°, ϕ] 区间内时，则可直接将 $\boldsymbol{U}$ 分解到 0°坐标轴和 ϕ 坐标轴上；当 $\boldsymbol{U}$ 的相位角 $\angle\alpha$ 超出[0°, ϕ]范围时，则需将 $\boldsymbol{U}$ 分解到 ϕ 角坐标系的 $k\phi$、$(k+1)\phi$ 坐标轴上。具体分解方法为：

(a) 首先，判断不平衡矢量 $\boldsymbol{U}$ 所在 ϕ 坐标系中的象限区间，假设它位于象限区间 $[k\phi, (k+1)\phi]$, $k \geqslant 1$;

(b) 然后，将不平衡矢量 $\boldsymbol{U}$ 顺时针旋转 $k\phi$，得到旋转后的不平衡矢量 U'，该矢量则位于 ϕ 坐标系的第一象限区间[0°, ϕ];

(c) 再将 U'按照式(1-21)分解到坐标系的 0°坐标轴和 ϕ 坐标轴上的两个分量；

(d) 最后将该两个分矢量同时逆时针旋转 $k\phi$，即得到了所要求的结果。

例: 假设不平衡矢量 $\boldsymbol{U} = 12\angle 110°$ g · mm，试求其 60°角坐标系下的分量。

解: 显然，$\boldsymbol{U} = 12\angle 110°$ g · mm位于60°坐标系中的第二象限区间，将 $\boldsymbol{U} = 12\angle 110°$ g · mm顺时针旋转 60°，得到 $\boldsymbol{U}' = 12\angle 50°$ g · mm。再将 $\boldsymbol{U}'$ 分解得到 $\boldsymbol{U}'_{0°} = 2.41\angle 0°$ g · mm和 $\boldsymbol{U}'_{60°} = 10.61\angle 60°$ g · mm，最后将该两个分矢量同时逆时针旋转 60°，即得到了 $\boldsymbol{U} = 12\angle 110°$ g · mm的两个分量为 $\boldsymbol{U}_{60°} = 2.41\angle 60°$ g · mm 和 $\boldsymbol{U}_{120°} = 10.61\angle 120°$ g · mm 。见图 1-18。

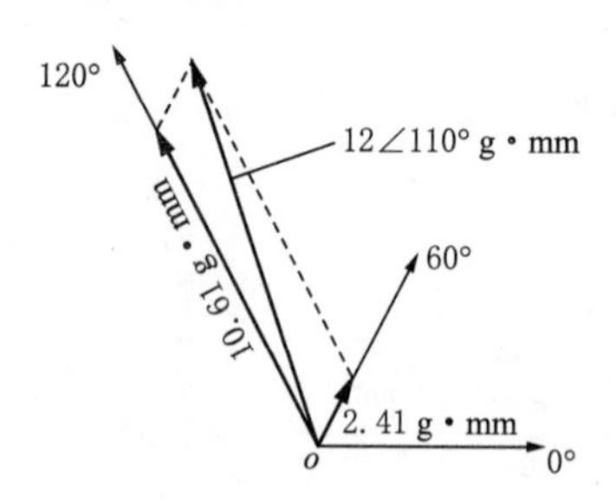

图 1-18　不平衡矢量 $U = 12\angle 110°$ g · mm 的分解

第 2 章
刚性转子的机械平衡

2.1 概 述

转子的机械平衡是一种检测并在必要时调整转子的质量分布，以保证其剩余不平衡量或在其相应的工作转速下的轴颈振动或者作用于轴承上的动压力被限制在技术条件所规定的允差范围内的工艺过程。简而言之，转子的机械平衡就是检测并校正、改善其质量分布不均衡不对称状况的技术。

因质量分布的不均衡不对称，当转子旋转时产生的不平衡离心力和不平衡离心力矩会引起轴颈的振动和轴承的动压力。所以，机械平衡的目的是旨在减小转子通过轴承座传递到机座等周围介质的振动和力。

众所周知，导致转子质量分布不均衡不对称的原因有设计、材料、制造加工和装配等多个因素：在结构设计方面，如结构布置的不对称，键和键槽的不对称，汽轮机叶轮的各叶片之间的差异等；在材料方面，如铸件中的气孔、夹砂，材料组织的疏松，锻件内的夹杂物，焊接件的焊缝不均匀等；在制造加工过程中，零件不可避免存在的几何尺寸及形位误差、热处理后的塑性变形，装配过程中存在间隙，不同轴度、不垂直度等装配误差，以及联轴器的不平衡等。此外，转子运转一段时间后，由于不均匀磨损、温度和工作载荷引起转子零件的永久变形等也会造成转子新的不平衡；在转子的维修过程中，由于更换了零部件使得转子变得不平衡；在运输途中，转子受到撞击或存放不当而引起变形；长期闲置，油污、尘土沉积在转子表面和孔径内，金属表面锈蚀等也都会破坏转子的已有平衡状况。上述诸多因素大多数是无规律存在和发生的，呈随机性质，既无法统计计算又难以避免和杜绝。所以，无论是在转子的设计、加工制造和装配过程中，还是在转子的运转过程以及维修中，甚至在运输的途中，都应高度重视转子的机械平衡问题。

既然转子的质量分布的不均衡不对称现象是机械工程中一个十分普遍的问题，为了减小转子通过轴承座传递到机座等周围介质的振动和力，转子的机械平衡便是一个不可替代也是不可或缺的重要工艺。

2.2　刚性转子的动平衡条件

假设一个刚性转子由若干个很薄的圆盘沿其轴线串联而成，每个圆盘都存在有不平衡量。设三维坐标系 $o\text{-}xyz$，并且用单位矢量 $\boldsymbol{i}$，$\boldsymbol{j}$，$\boldsymbol{k}$ 分别表示坐标轴 x，y，z 的方向。转子的旋转轴线落在 z 轴上，$u(z)$表示构成转子的一系列圆盘存在的不平衡量。于是整个刚性转子的不平衡量将是一条沿 z 轴分布的随机的空间曲线，见图 2-1。

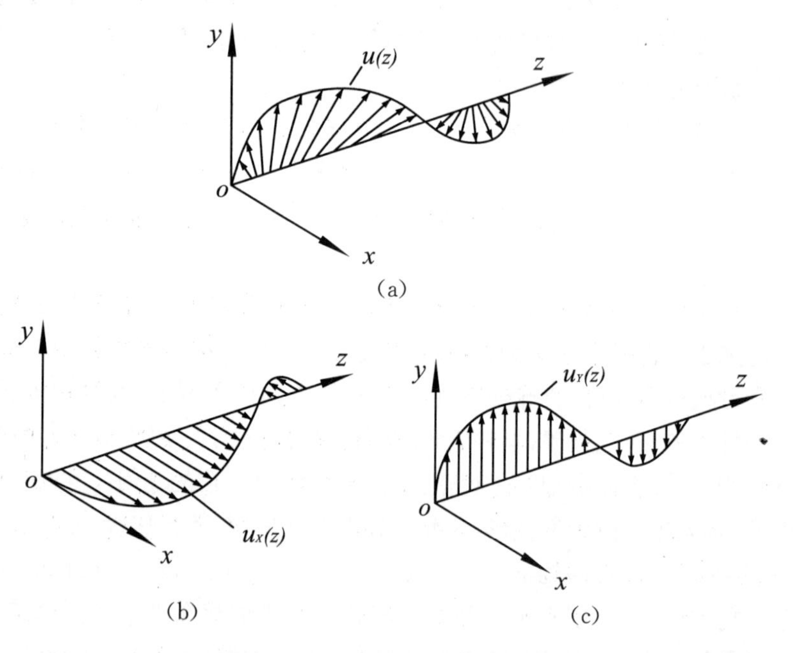

图 2-1　不平衡量是一条空间曲线

将空间矢量 $u(z)$表示成两个平面矢量：

$$u(z)=u_x(z)\boldsymbol{i}+u_y(z)\boldsymbol{j}\text{。} \tag{2-1}$$

$u_x(z)$ 和 $u_y(z)$ 分别位于坐标轴平面(轴向平面)$o\text{-}xz$ 和 $o\text{-}yz$ 内，系 $u(z)$在该两平面上的投影量。若在这两个坐标轴平面上分别加上若干个集中的校正量 W_{xi} 和 W_{yi}，使下列方程组成立：

$$\begin{cases}\int u_x(z)\mathrm{d}z + \sum_{i=1}^{N} W_{xi} = 0, \\ \int u_x(z)z\mathrm{d}z + \sum_{i=1}^{N} W_{xi}z_i = 0;\end{cases} \qquad \begin{cases}\int u_y(z)\mathrm{d}z + \sum_{i=1}^{N} W_{yi} = 0; \\ \int u_y(z)z\mathrm{d}z + \sum_{i=1}^{N} W_{yi}z_i = 0。\end{cases} \tag{2-2}$$

式中，z_i ——集中校正量 W_{xi} 和 W_{yi} 所在的轴向位置；

i ——集中校正量的序数；

N——集中校正量的数量。

不难看出，这两组方程组都只有当 $N=2$ 时才能有唯一解。如果将 W_{xi} 和 W_{yi} 都放置在转子的同一个径向平面内，且 $i=1, 2$，那么，

$$\begin{cases}W_1 = W_{x1}\boldsymbol{i} + W_{y1}\boldsymbol{j}; \\ W_2 = W_{x2}\boldsymbol{i} + W_{y2}\boldsymbol{j}。\end{cases} \tag{2-3}$$

于是两方程组(2-2)经整理可写成

$$\begin{cases}\int u(z)\mathrm{d}z + \sum_{i=1}^{2} W_i = 0; \\ \int u(z)z\mathrm{d}z + \sum_{i=1}^{2} W_i z_i = 0。\end{cases} \tag{2-4}$$

式(2-4)即为刚性转子的动平衡方程式。其中，第一个方程为合成不平衡量的平衡方程式；第二个方程为合成不平衡矩的平衡方程式。方程组同样只有当 $i=2$ 时才有唯一解。

方程组(2-4)告诉我们，不论刚性转子的质量分布如何不均衡不对称，只要有两个集中分布的校正量就能将不均衡不对称减小或消除。这就是刚性转子机械平衡的基本条件。

方程组(2-4)还告诉我们，如果整个转子的不平衡量用存在于两个不同轴向位置的径向平面上的等效不平衡量 U_1 和 U_2 来表示，那么，方程组(2-4)又可改写成

$$\begin{cases}U_1 + W_1 = 0; \\ U_2 + W_2 = 0。\end{cases} \tag{2-5}$$

式中，W_1 和 W_2 表示分别位于 U_1 和 U_2 所在的径向平面的集中校正量，单位为克毫米(g・mm)。

方程组(2-5)同样也表示了刚性转子的动平衡条件。也就是说，刚性转子实现机械平衡的条件是必须要设置沿轴向分布的两个平衡校正平面。其中的校正量 W_1 和 W_2 可以是“+”，也可以“−”。其物理意义是可以用施加也可以用去除转子部分材料的办法对其质量分布进行调整，使得转子的质量分布不均衡不对称的程度得以消除或减小到允许的范围内。

2.3 转子的机械平衡

2.3.1 转子的机械平衡

通常，转子的质量分布不均衡不对称大多数都无法使用一般的度量衡仪器仪表直接检测出来，因而须将转子置于轴承座或平衡机上，并将它驱动至一定的转速下，通过对轴颈的振动测量或作用在轴承上的动压力的测量，间接地检测出转子存在于事先选定的一个或两个径向平面内的等效不平衡量 U_1 和 U_2(包括其量值和相位角)。这样的一个测试过程称为转子的“不平衡量的测试”，简称为“平衡测试”。平衡测试为转子的质量分布不均衡不对称检测出可靠的数据和信息。所用的专门检测转子不平衡量的测试装置或仪器就是平衡(试验)机和动平衡仪。根据平衡测试结果所提供的数据，在转子的事先选择并设置的一个或两个或多个径向平面上，通过施加或去除部分材料质量来调整转子质量分布不均衡不对称的程度，使之满足转子的许用剩余不平衡量的技术要求，这样的径向平面则称为“不平衡量的平衡校正平面”，简称“校正平面”。对转子施加或去除部分材料质量的调整作业，以减小转子的质量分布的不均衡不对称程度到允差范围内，这样的调整作业称之为“不平衡量的校正”，简称为“平衡校正”。

总之，转子的机械平衡包含了两道工序：①平衡测试；②平衡校正。

转子的未经平衡校正而存在的任何形式的不平衡量，叫做“初始不平衡量”；经平衡校正后还存在的任何不平衡量，叫做“剩余不平衡量”。在转子的机械平衡实践过程中，由于不可避免地存在测试误差和校正误差，一个转子往往需要经过“平衡测试→平衡校正→剩余不平衡量的测试→再平衡校正”，直至转子的剩余不平衡量小于技术条件规定的许用剩余不平衡量，转子的机械平衡才告完成。

这样，一个转子的初始不平衡量经过对它的平衡测试和校正，直至被减小到许用剩余不平衡量范围内的整个过程，为转子的机械平衡全过程。

2.3.2　校正平面的选择和设置

根据转子的特点，选择并设置必要数量的校正平面及其合理的轴向位置是实施机械平衡的必要条件。面对欲平衡的转子，首先应分辨它是刚性转子还是挠性转子。

在任意选定的两个校正平面上进行平衡校正后，在直至其最高工作转速的任意转速以及工作支承条件下，其剩余不平衡量无明显变化的转子，在机械平衡中被定义为“刚性转子”；不然，则为“挠性转子”。关于刚性转子和挠性转子的校正平面的选择和设置不完全相同。本章仅讨论刚性转子的校正平面的选择和设置问题。关于挠性转子的校正平面的选择和设置将在本书的第三篇第 8 章中作详细阐述。

在转子作平衡测试和校正之前，甚至还在转子的结构设计阶段，应缜密考虑并确定有关机械平衡所必需的校正平面的数量及其合理的轴向位置；若有需要，还应在校正平面上设计有专用的平衡环槽和校正用的平衡块，以备平衡测试和平衡校正使用。

刚性转子机械平衡所必需的校正平面数量的选择及其合理的轴向位置的设置取决于转子的结构特征、初始不平衡量的分布和大小，以及与用来规定和校核剩余不平衡量大小的平衡允差平面(径向平面)的相对位置等。

1. 只需要单面校正的转子

盘状类转子通常指长径比(长度/直径)较小的刚性转子。在它的两轴承跨距较大，且作为转子本体的圆盘在转动时的轴向跳动又不大的情况下，转子的不平衡主要呈现其合成不平衡量，而它的合成不平衡矩即使在最坏的情况下也可忽略不计，这时转子只需要设置单个校正平面便足以保证经过平衡校正后转子能平稳、安全地运转。

此类转子的校正平面应设置在过转子质心所在的径向平面上。

如果质心所在径向平面不宜进行平衡校正作业，为避免校正质量对质心构成新的合成不平衡矩的影响，应该在质心的左右两侧附近设置两个校正平面 1、2，以取代单个校正平面。见图 2-2。

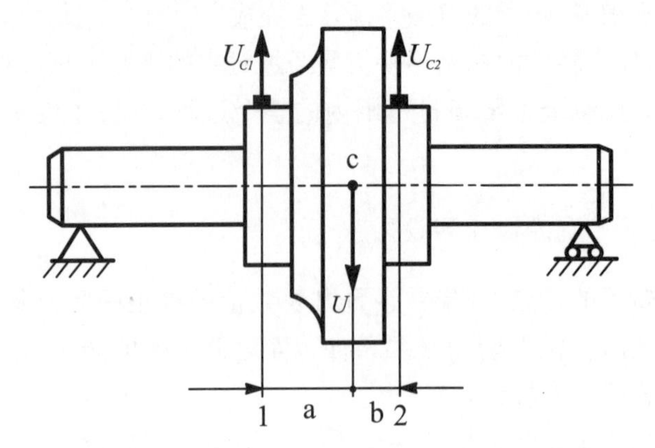

图 2-2　用两个相近于质心的校正平面取代单个校正平面

将平衡测试的结果（合成不平衡量）U 分摊到左、右两个校正平面上，尔后分别加以校正。具体分摊的相关计算如下：

$$\left.\begin{aligned} U_1 &= \frac{b}{a+b}U \\ U_2 &= \frac{a}{a+b}U = U - U_1 \end{aligned}\right\}。\tag{2-6}$$

式中，a、b 分别为质心至左右两侧的校正平面的轴向距离。

这里，虽然设置了两个校正平面，但两个校正量的相位角相同，共同校正的是转子的同一个合成不平衡量，且两校正量的间距通常不大，使之可能形成新的合成不平衡矩较小可以忽略之，所以仍属于仅需要单平面校正的转子。

2. 需要双面校正的转子

对于大多数的刚性转子，其合成不平衡和合成不平衡矩共同构成了转子的动不平衡。这样的动不平衡可以由两个位于不同轴向位置上的等效不平衡量来反映。显然，选择并设置两个校正平面是实现其机械平衡的必要条件。通常，若转子的长度大于或等于其外径的刚性转子，则都需要双面校正。

一般，对于质心位于两支承之间的双轴承转子（亦谓内质心转子）和在两支承外侧都有外悬质量的转子，其两校正平面的轴向位置应尽可能地设置在两支承附近，以求有好的平衡校正效果，而且所需校正的量也小。

3. 需要两个以上校正平面的转子

在理论上，一般刚性转子必须设置两个校正平面才能实现其机械平衡；然而，有些情况下也需要设置两个以上的校正平面。

（1）需要三面校正的转子　在合成不平衡量和合成不平衡矩要求分开校正的情况下，通常在转子的两轴承座跨距的中央段设置一个专供校正合成不平衡量的校正平面，而在转子的两轴承座附近的端面上再设置两个专供校正合成不平衡矩的校正平面，转子共设置 3 个校正平面。

（2）需沿轴向分布的多平面校正的转子　某些转子由于校正平面的设置受到限制（例如多缸曲轴转子，需要在它的多个不同轴向位置的扇形配重块上钻孔作平衡校正），有时又为了保证某些转子的功能和零件的强度，需要沿其轴线方向设置多个校正平面。

2.3.3　平衡测试

平衡测试的功能在于检测出转子在校正平面内的等效不平衡量（包括量值和相位角），为平衡校正提供依据；当然，有时也可用来检测转子最终的剩余不平衡量。平衡测试大多在平衡机上进行，其检测原理将在本书第二篇平衡装备的有关章节中予以详细阐述。

转子的平衡测试一般属于动态检测。在绝大多数的情况下都是把被测转子驱动至一定的转速，通过对其不平衡离心力所引起的轴颈的振动或作用在轴承上的动压力的测试，间接地检测出转子在校正平面内的等效不平衡量，因此也被称之为动平衡测试。只有在极少数的盘状转子作单面平衡校正时，转子可以不必旋转而作平衡检测。但是往往由于灵敏度和准确度不高的缘故，许多只需单面校正的转子也都采用动平衡测试手段。例如汽车、小轿车的轮胎（实际为包括轮毂在内的整个车轮）本是一个单面校正的转子，但是，在全国各地的汽车维修站里都可看到普遍采用轮胎平衡机作动平衡测试，转子的平衡进行得既简便又快捷。

面对刚性转子的动平衡测试，如何合理选择并确定其测试转速是一个经常遇到的实际问题。由于刚性转子在运转中的挠曲变形可以忽略不计，在它直至其最高工作转速的范围内，其不平衡量不随转速的变化而变化，因此，在理论上可以在不超过它的最高工作转速下的任何转速下进行平衡测试。但在实践中，必须要考虑到现有平衡测试装备（如平衡机或平衡仪）规定的测试转速范围，以及电动机及其传动装置的功率和转速调节范围等实际情况。一般地，除了某些特殊要求的转子外，刚性转子通常不要求在它的工作转速进行平衡测试。如果遇到质量重、体积大的转子，为减小对电动机的功率要求，缩短其驱动和制动的时间，宜选择尽可能低的转速进行平衡测试，譬如200～300 r/min，甚至更低。对于一般质量，几何尺寸为中、小型的转子，其测试转速大多数选择在 300～1 200 r/min 的范围内。而对小型精密的转子或平衡要求较高的转子，为了获得较高的测量灵敏度，可选择较高的测试转速，譬如 1 200～2 000 r/min 或更高些。只有某些特殊要求的转子，如陀螺仪转子，则要求在其工作转速下作平衡测试。

2.3.4 平衡校正

平衡校正就是调整转子的质量分布，以保证转子的剩余不平衡量或由不平衡引起的振动或作用在轴承上的动压力减小到技术条件规定的允许范围内的一种作业。一般它通过在转子预先确定的平衡校正平面上施加或去除适量的材料的质量来实现。

平衡校正常用来调整转子的质量分布的具体工艺方法一般有下列 3 种：

1. 施加质量的方法(俗称加重校正)

采用焊接(点焊或堆焊)、锡焊、镶嵌等金属机械加工工艺，根据平衡测试的示值——初始不平衡量的量值大小及所在相位角，在转子相应的圆周角位置(俗称“轻点”)施加上适量的材料质量(块)，以求减小初始不平衡量。

常用的场合有汽车传动轴的平衡校正(堆焊)、微小型电机转子的平衡校正(锡焊)、小轿车轮胎的平衡校正(镶嵌)。见图 2-3。

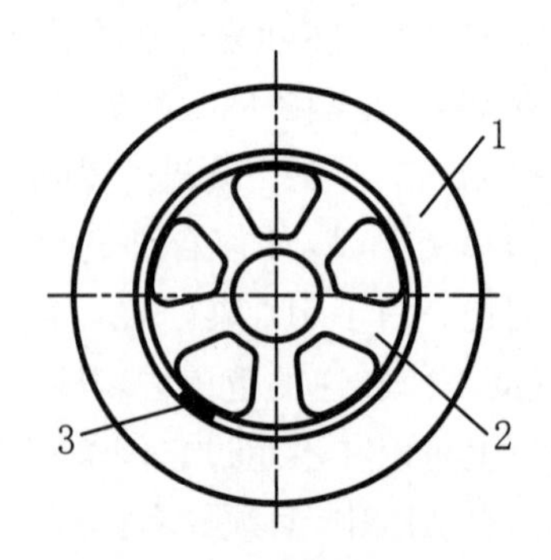

图 2-3 轮胎的镶嵌校正

1—橡胶轮胎；2—轮毂；3—校正质量块

2. 去除质量的方法(俗称去重校正)

采用钻削、铣削、磨削等金属机械加工工艺,根据平衡测试的示值——初始不平衡量的量值大小及所在相位角,在转子相应的圆周角位置(俗称"重点")去除适量的材料质量,以求减小初始不平衡量。见图2-4。

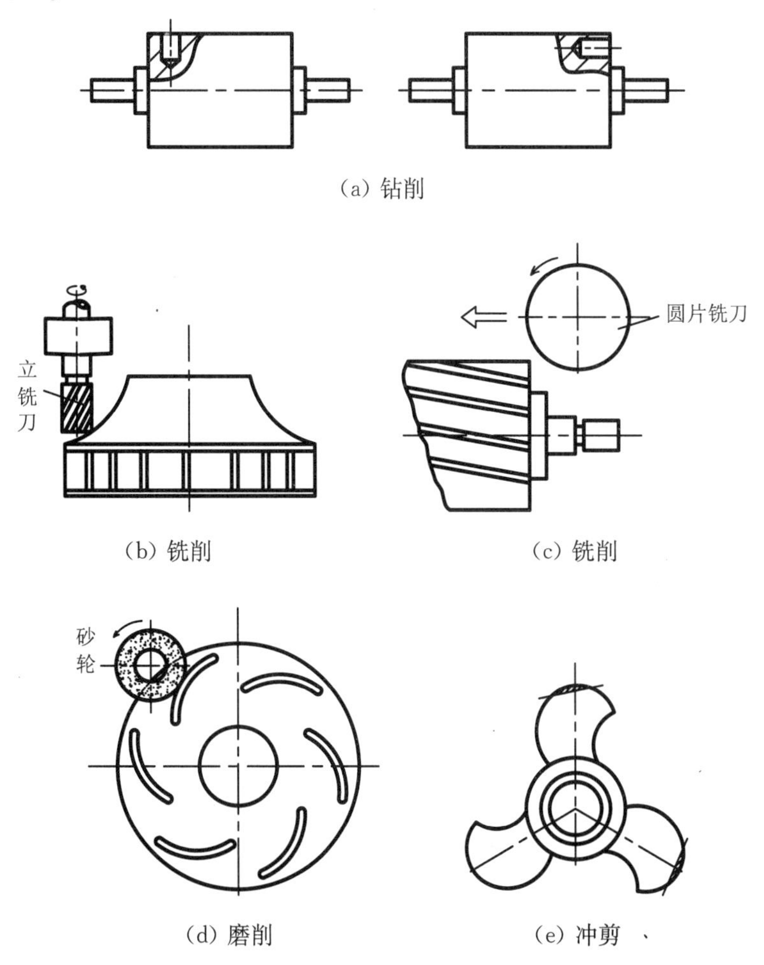

图2-4 去重校正

在机械制造业中,比较多地采用钻削的校正方法。这是因为此方法不仅操作简单快速,去重的相角位置容易掌握,而且便于实现校正的半自动化和全自动化。当选用一定直径的钻头时,钻孔的深度则可根据测试得到的不平衡量的量值大小而加以确定。钻削的校正方法被广泛应用于曲轴、飞轮、中小型电机转子以及陀螺仪转子等的机械平衡场合。

3. 配重块调整法

在加重校正法中，有时用两个几何尺寸形状完全相同的校正质量块（俗称配重块），见图 2-5。两个配重金属块被置于校正平面内的平衡（环）槽内，槽的截面为燕尾形，俗称“燕尾槽”。当配重金属块被置于同一直径的角度位置上时，它们在校正平台面内不构成不平衡量。若调整两配重金属块的圆周位置以及它们之间的相互夹角的大小，则可获得不同量值及不同相位角的校正量的校正效果。

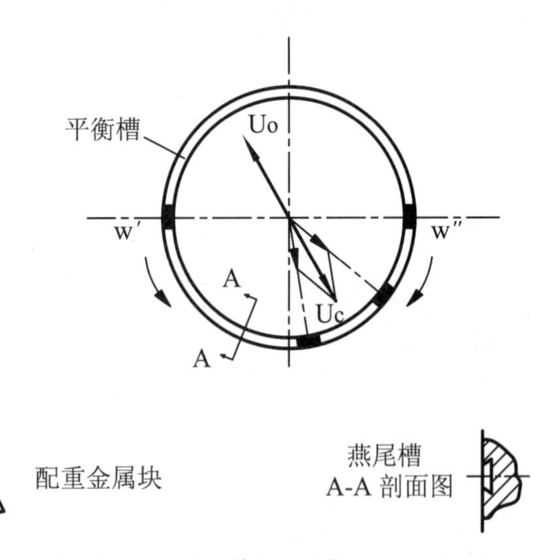

图 2-5　配重块调正法校正

此方法常应用于汽轮机转子和发电机转子的平衡校正。为此，在这些转子本体的两端台上都设计有平衡（环）槽和配重金属块，专供平衡校正用。此外，有些砂轮也采用此法，以便经常性地对砂轮作平衡校正。见图 2-6。

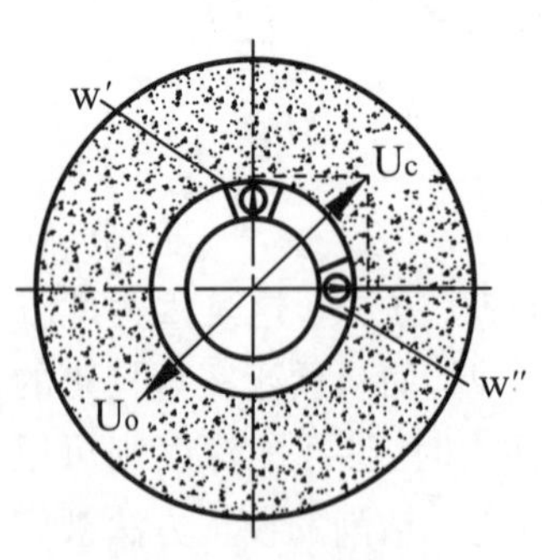

图 2-6　砂轮做平衡校正

此外，按平衡校正的方式，还可以有极坐标校正和分量校正两种：

(1) 极坐标校正　根据平衡测试所得的校正平面内的等效不平衡量（一般它表示为极坐标的形式，即量值/相位角),就在该校正平面的相应圆周角位置上进行平衡校正。譬如汽轮机转子、大中型电机转子、飞轮、汽车传动轴、轮胎等的平衡校正。

(2) 分量校正　某些转子如曲轴、风扇、罗茨泵转子、风力发电机转子等,由于结构原因,允许作平衡校正的圆周角位置被限制在某些特定的角度上,如 60°, 90°, 120°或校正平面几何形状所允许的某些特定的角度位置上,见图 2-7。为此,校正平面内的等效不平衡量需要按特定的 ϕ 角坐标系分量形式来表示,也即将它表示成 ϕ 坐标系两坐标轴上的分量,这样就可在该校正平面的两个相应坐标轴方向上按其分量的大小予以平衡校正之。这就是所谓的分量校正。有些转子如小型交直流电机转子,有时为了操作方便也要求在某些特定的角度位置上按分量校正的办法进行平衡校正。

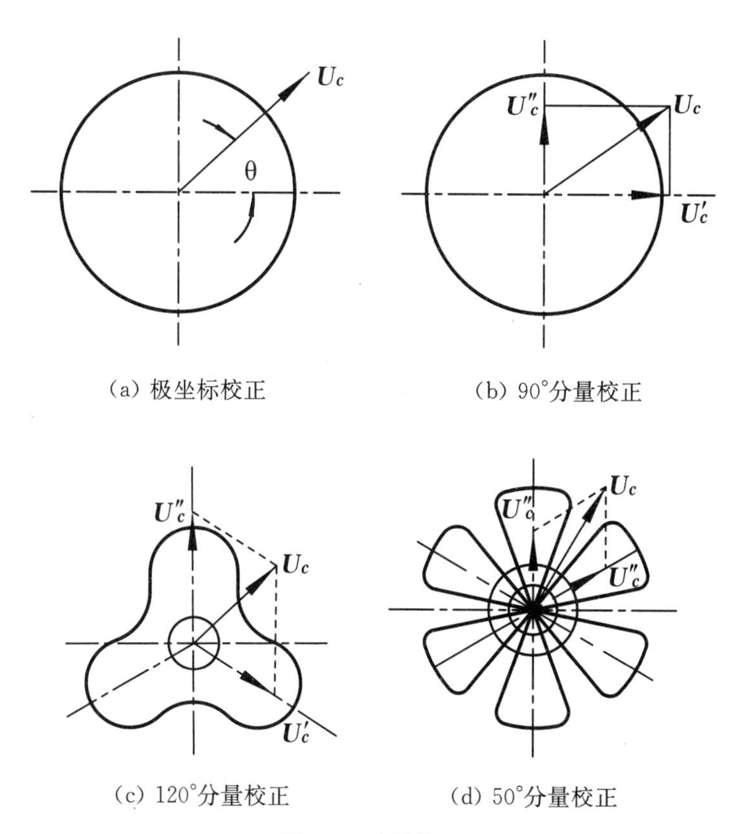

(a) 极坐标校正　　(b) 90°分量校正

(c) 120°分量校正　　(d) 50°分量校正

图 2-7　分量校正

既然转子的机械平衡是在其制造加工、装配过程中的一道必不可少的工艺，如同其他的制造加工工艺一样，它的质量的好坏和生产效率的高低是不可轻视的两大因素，尤其是在大批量生产的场合更显得尤为重要。为此，有关转子的平衡校正的方法的合理选择应引起充分的注意。除了应考虑到转子的结构、工艺要求以及校正平面的形状外，联系转子的生产数量等具体实际尽可能地缩短校正作业所耗费的时间和次数显得格外有意义。例如在汽车传动轴厂，由于属批量生产，数量大，节奏快，事前预制了专门适用于不同直径规格传动轴的大小不等的轴瓦形的平衡校正金属块(呈瓦片状)，专供平衡校正用。工人根据平衡机的测试示值，迅速地选择相应大小的平衡校正金属块，用堆焊工艺方法将它们紧固到设置在左右两校正平面上的“轻点”圆周位置上，平衡校正进行得既快捷又美观、可靠。又如汽车、小轿车轮胎的动平衡，不仅在汽车制造厂里甚至在城乡各地的汽车维修店(站)都需要进行，真可谓量大面广，为此，也在事先预制了大小不等的专用平衡校正金属块，专供车轮的平衡校正使用，并且将它紧固在轮毂边缘，其镶嵌工艺十分简便、快捷。还有，对于内燃机曲轴一类大批量生产的转子，针对它的结构特征，一般采用钻孔校正的方法，专门设计了专用的钻床和专用的钻头，确保平衡校正的快速实施和完成。更有甚者，各种现代化的多工位自动平衡机和自动平衡流水线的出现，不仅使平衡校正的质量得到保证，而且极大地提高了平衡校正的劳动生产效率，大大减轻了工人的劳动强度。近年来，各种高端的自动和半自动平衡装备的不断问世，极大提升了整个转子机械平衡的技术水平。

2.4 刚性转子的单面平衡与双面平衡

2.4.1 单面平衡

在机械工程中，诸如砂轮、飞轮、车轮、单级叶轮、钟表的摆轮等盘状类转子，由于它们的长径比(长度/直径)比较小，在它们转动时的轴向跳动也很小时，其合成不平衡矩往往也很小，可忽略之，因此，此类转子的机械平衡只需要在单个校正平面内调整其质量分布，就能确保其平稳、安全地运转。这样的机械平衡操作叫做单面平衡。这一类的转子就是上述的只需要单面校正的转子。

在单面平衡的操作过程中，转子的(不)平衡测试可以在转子静止状态下作静态测试，也可以在转子旋转下作动态测试。由于测试的灵敏度、准确度不高，静态测试只在单件修配的少数场合才被应用。在多数的场合，都已采用动态测试方法检测转子的不平衡量，亦即在动平衡机上，将转子配上平衡用工艺心轴，在平衡机上驱动至一定的转速下进行平衡测试，尔后予以平衡校正。其中应用得最多的是单面立式平衡机。见图 2-8。

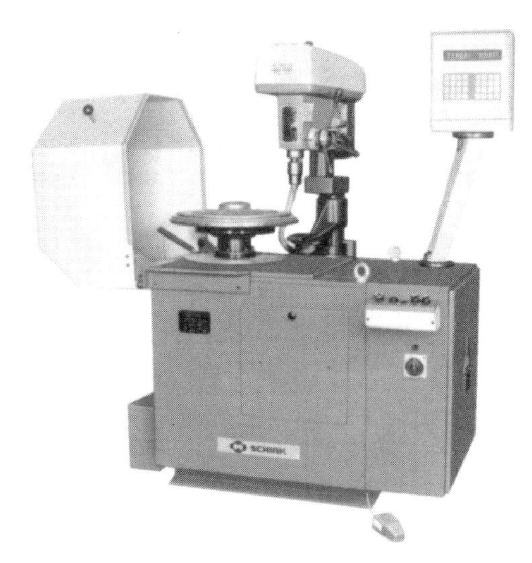

图 2-8 某型号单面立式平衡机外形图

2.4.2 双面平衡

不满足单面平衡条件的刚性转子由于普遍存在合成不平衡量和合成不平衡矩构成的动不平衡，此类转子的机械平衡必须在两个校正平面内调整其质量分布才能确保其平稳、安全地运转。这样的机械平衡称为双面平衡。需双面平衡的刚性转子为上述的双面校正转子。大多数的刚性转子都需要双面平衡。

双面平衡必须将转子安装在动平衡机上，将它驱动至一定的转速下进行平衡测试(见图 2-9)，也可在转子的工作轴承座上进行测试。因此，传统上也叫做转子的动平衡。

图 2-9　双面平衡的刚性转子

根据待平衡转子的质量、最大回转直径、两轴承的跨距以及两轴颈的直径大小、技术条件所规定的许用剩余不平衡量、转子的生产数量等，选择一台合适的动平衡机是转子实现动平衡的首要问题(有关动平衡机的技术规格及性能参数可详细参阅本书第二篇)。其次，在动平衡机上作平衡测试时，驱动转子通常有两种方式，即端面驱动(万向联轴节驱动)和圈带驱动。由于联轴节和传动圈带都将参与转子的平衡测试的全过程，它们会给平衡测试带来误差和干扰，影响测试的结果，因此，合理选择驱动方式及其所用的联轴节和传动圈带又是一个不可忽视的问题。尤其是遇到质量较轻的小型转子，选择合适的平衡驱动方式及其所用的万向联轴节或传动圈带显得格外重要。一般地，轻巧(相对于被驱动的转子而言)的联轴节(见图 2-10)，或轻薄、柔软、无缝的传动圈带，是保证转子尤其是质量较轻小型转子的高精度平衡测试的首选。

图 2-10　万向联轴节

某些特殊的转子。(如航空用涡轮发动机转子)由多级叶轮构成，在它的平衡测试过程中会产生强烈的鼓风现象，严重影响和干扰平衡测试，为此，常常专门设计一个质量轻、强度高的外罩，将转子罩入其中进行平衡测试（见图 2-11），以减小鼓风对测试及其环境的影响和干扰。

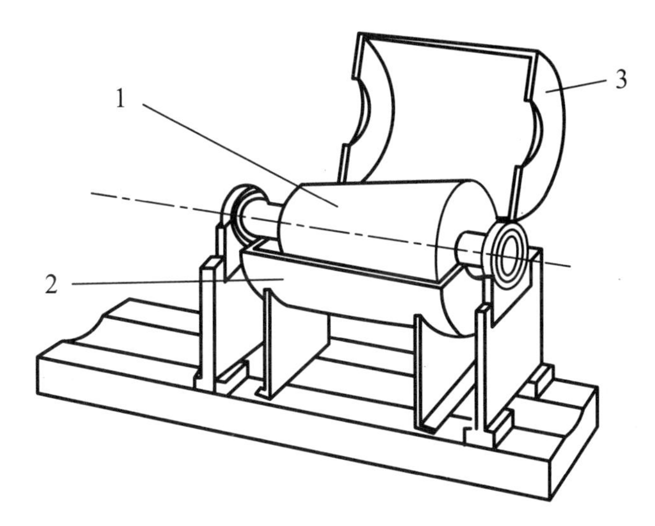

图 2-11　涡轮发动机转子平衡用罩壳

1—转子；2—转子平衡用罩壳；3—转子平衡用外罩壳盖

2.4.3　整体平衡和分体平衡

刚性转子的平衡按其校正平面的数量分为单面平衡、双面平衡和多面平衡。除此之外，对于某些转子（例如组装转子）的平衡还可分为整体平衡和对其组成零部件的分体平衡。整体平衡一般指转子装配结束后所作的双面平衡，而分体平衡则在转子装配之前需要视组装零件的结构特征而定。有些零件如叶轮，可单独作单面平衡，有些则需单独作双面平衡。在对这些组装零件单独作平衡（即分体平衡）时，通常所有的零件都应被平衡至与转子整体平衡要求相同的许用剩余不平衡量。如果需要考虑由于附带的装配误差（如装配间隙和径向跳动等）所产生新的不平衡，每个组装零件的许用剩余不平衡量应小于转子整体的许用剩余不平衡量。

如果通过上述的分体平衡不能达到整体转子规定的平衡允差要求，那么最好的办法是转子在组装完后最终再作一次整体平衡，而分体平衡只作为一种零件受控初始不平衡的工艺措施。

2.5 现场平衡

2.5.1 概 述

现场平衡是转子机械平衡的一个重要内容。它广泛应用于汽轮机、水轮机、离心机、风机、水泵等通用机械及高精密磨床等现场的动平衡，又是新设备在安装、调试过程中，为使设备早日投运，确保转子及其设备平稳、安全地运行的一项不可或缺的关键。

现场平衡是转子在其工作轴承座上而不是在平衡机上进行机械平衡的工艺过程。其目的同样是减小转子由其不平衡所引起的轴颈的振动，或使作用在轴承上的动压力至技术条件规定的允许范围内。

现场平衡仪是实施现场平衡不可缺少的测试工具。现场平衡仪器及装置是主要由传感器(包括振动传感器和光电转速传感器)和具有滤波、转速(或频率)显示、振幅指示及相位角指示等功能组成的检测仪器。自上世纪 90 年代以来，各种型号的智能现场平衡仪不断问世，它们大多内存有计算机辅助平衡(CAB)的软件及振动分析软件，因此，可作实时检测、时域分析、频谱分析、状态判断和数据通信，极大地简便了现场平衡中的动态测试、相关的数据处理及数值计算，便捷又准确，并且数据和平衡结果还可存储或打印输出，把现场平衡技术提升到了一个崭新的技术水平。图 2-12 所示为一种能作多转速、多平面转子平衡的现场平衡仪。

顾名思义，现场平衡是在转子的工作现场进行的。其中的平衡测试以测量转子轴颈的振动或工作轴承座的不平衡振动响应为根据。导致其工作轴承座振动的振源除了与转子的旋转频率相同的不平衡离心力之外，还包括原动机及其传动装置在内的整台机械设备本身存在的振

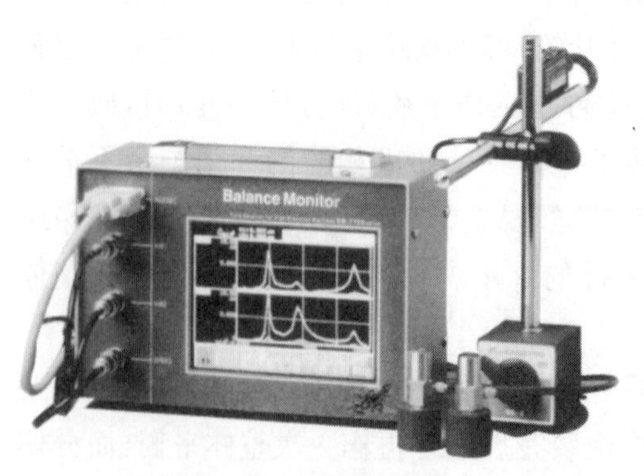

图 2-12 现场平衡仪

动。此外，还有大量的外界振源，例如安装设备的基础框架结构的振动，周围别的机械设备及运输车辆的振动和冲击等。这些有规律的或无规律的振动和冲击，对于平衡测试而言都是严重的干扰，有时甚至可使平衡测试无法正常进行，对于平衡测试简直是一个灾难。这也可以说是现场平衡的一个大问题。它要求我们高度重视现场环境，尤其是各种可能存在的机械振动及干扰；同时，也需对所采用的现场平衡仪所必备的滤波特性作深刻的了解，以便评定仪器能否适用，并合理地加以选择。图 2-13 描述了一般现场平衡仪的三种不同类型的干扰比（干扰信号与转速频率信号的振幅比）与它们的频率之比的关系曲线 A、B、C。每一条曲线代表了一个不同滤波特性的滤波器。其中，曲线 B 在当干扰信号频率在旋转频率的 0.7～1.6 倍之间，具有最为理想的滤波特性；曲线 A 则稍其次；而曲线 C 对所有的干扰信号都有一定的滤波性能，尤其是可滤除转速信号的各奇次谐波信号。

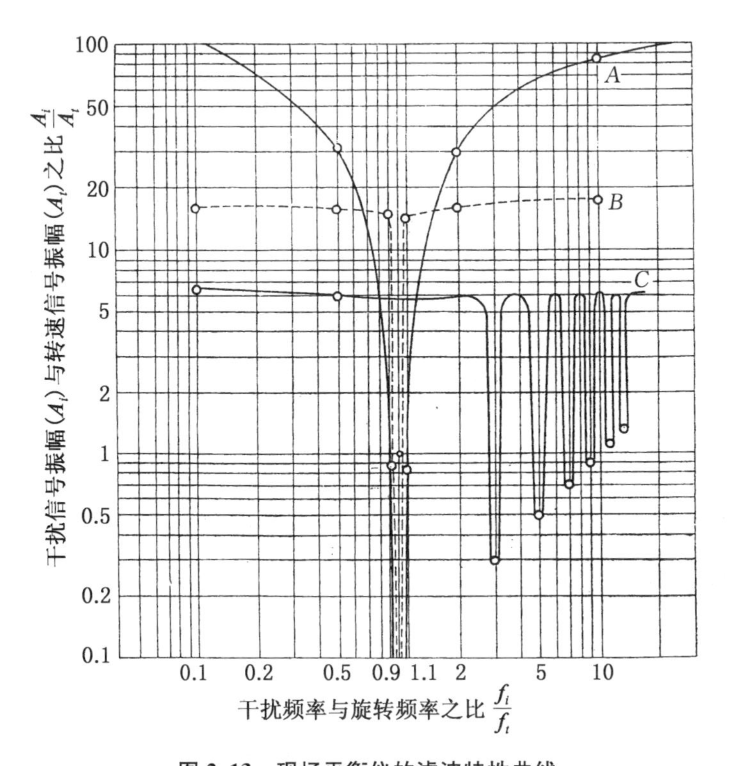

图 2-13　现场平衡仪的滤波特性曲线

现场平衡实践又提醒大家,现场平衡中一般都为多点(振动测点)测量,在测点切换后要求仪器装置能较快地测量并显示新测点的示值。然而,一方面由于现场条件比较简陋,振幅的动态范围大,转速有波动;另一方面,又希望现场平衡仪的通带越窄越好,能滤除更多的干扰信号,但通带越窄其滤波时间常数就越长,这样每个测点所需测量时间就长,且要求机组在较长时间内保持转速稳定。所以,事前熟悉现场平衡仪的各种滤波功能及特性以及计算机辅助平衡(CAB)方法的应用等,以利于现场平衡的顺利进行,也是现场平衡中不可忽视的一个重要方面。

除此之外,在现场平衡中要仔细考虑必要的测点(振动的测量位置)数目及其布置、校正平面的合理选择和设置,否则会给现场平衡增加不利因素和技术难度。还有,要结合现场实际的工作条件,充分考虑驱动转子进行平衡测试所必需的动力及其传动装置、测试转速的调节和控制、现场环境及条件(如动力的波动、外界振动的干扰、环境的温度、磁场等)对测试的可能影响。

2.5.2 基本原理

任何转子质量分布的不平衡状态总会通过其本身轴颈的振动或工作轴承座的不平衡振动响应表现出来,因此,现场平衡也必然要以转子本身轴颈的振动或其轴承座的不平衡振动响应为根据,通过在转子上施加“试验质量(块)”前后两次的不平衡振动响应的动态测试,求出存在于转子事先选定的校正平面上的等效不平衡量(初始不平衡量)的大小及其相位角,继而平衡校正之。

已知刚性转子的不平衡量可用存在于两个不同轴向位置上的等效不平衡量 $\boldsymbol{U}_1$ 和 $\boldsymbol{U}_2$ 来表示,于是,不难列出下列有关的不平衡量 $\boldsymbol{U}_1$ 和 $\boldsymbol{U}_2$ 所引发的支承转子的左右两轴承座的不平衡振动响应 $\boldsymbol{A}_1$ 和 $\boldsymbol{A}_2$ 的关系式。见式(2-7)。式中 $\boldsymbol{A}_1$、$\boldsymbol{A}_2$、$\boldsymbol{U}_1$、$\boldsymbol{U}_2$ 均为矢量。

$$\begin{cases}\boldsymbol{A}_1=\alpha_{11}\boldsymbol{U}_1+\alpha_{12}\boldsymbol{U}_2\\ \boldsymbol{A}_2=\alpha_{21}\boldsymbol{U}_1+\alpha_{22}\boldsymbol{U}_2\end{cases} \tag{2-7}$$

式中,$\boldsymbol{A}_1$ 和 $\boldsymbol{A}_2$——分别为转子的左右两轴承座的不平衡振动响应;

$\boldsymbol{U}_1$ 和 $\boldsymbol{U}_2$——分别为转子存在于两个不同轴向位置的径向平面

内的等效不平衡量；

$\alpha_{ij}(i=1,2;j=1,2)$分别为响应系数，系复数。它表达了转子在第$i(=1,2)$径向平面上的单位不平衡量在轴承座$j(=1,2)$上所引发的不平衡振动响应。

当被测的对象——转子—轴承系统的结构、装配、不平衡振动响应测试时的转子运转条件，以及所采用的测试仪器装置等都维持不变时，那么，响应系数α_{ij}也可以认为是不变的。通常响应系数可以通过实验测试或理论计算得到。

于是，将通过对两轴承座的不平衡振动响应测试所得的$\boldsymbol{A}_1$和$\boldsymbol{A}_2$，以及通过实验得到的响应系数α_{ij}代入式(2-7)，即可反求出转子存在于两个校正平面内的初始不平衡量$\boldsymbol{U}_1$和$\boldsymbol{U}_2$，继而将它们平衡校正之，最终达到现场平衡的要求。

根据现场平衡过程所需设置的平衡校正平面的数目，有单面平衡、双面平衡和多面平衡(轴系的平衡)之分。以下将分别予以阐述。

2.5.3　单面平衡

图2-14所示为鼓风机一类的旋转机械装置，其中的转子的长径比较小，因此可以只考虑转子的合成不平衡量而不考虑它的合成不平衡矩。此类机械设备或装置在作现场平衡时常常采用单面平衡。

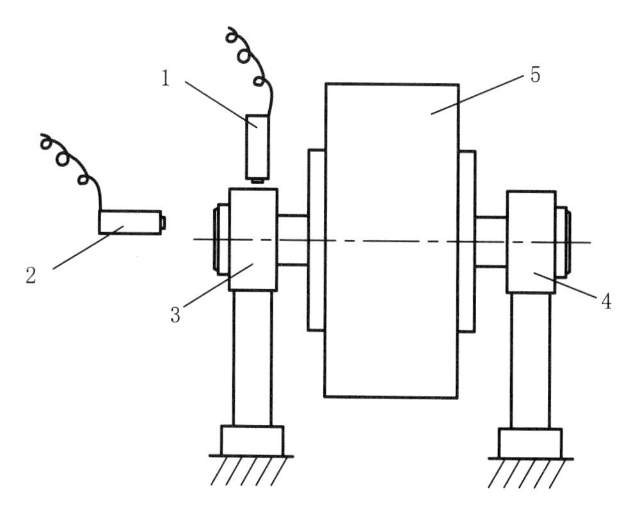

图2-14　风机的现场平衡

1—振动传感器；2—光电转速传感器；3—轴承A；4—轴承B；5—风机

1. 单面平衡的原理

假设机械设备或者装置的转子在其某校正平面上的原始不平衡量为$\boldsymbol{U}_0$(包含其量值及相角位置,未知待解)。驱动转子直至它的工作转速,测量其轴承座的初始不平衡振动响应(测量可以是振动位移,或者振动速度或振动加速度均可)记录为矢量$\overrightarrow{OA}$。尔后,在转子的平衡校正平面P内任意的某一个相位角φ_t位置(相对于一角度参考标志)上施加一个"试验质量块"m_t,由它所构成转子的试验不平衡量为$\boldsymbol{U}_t = m_t \boldsymbol{r}_t$(其中,$\boldsymbol{r}_t$为试验质量块所在位置的矢径,其相位角可记为$\angle\varphi_t$)。再次驱动转子至工作转速,注意与第一次测试时的实际转速相差不要太大。测试其同一轴承座在施加"试验质量块"m_t后的不平衡振动响应,记为$\overrightarrow{OB}$。

作矢量三角形见图 2-15。图中,矢量$\overrightarrow{OA}$表示了轴承座的初始不平衡振动响应;矢量$\overrightarrow{OB}$表示在转子校正平面上加以试验质量块m_t后,在与矢量$\overrightarrow{OA}$相同的转速下和相同测点上的合成不平衡振动响应。显然,矢量$\overrightarrow{AB} = (\overrightarrow{OB} - \overrightarrow{OA})$代表了由试验质量$m_t$所产生的效应矢量。若能将此效应矢量$\overrightarrow{AB}$的方向转过$\theta$角,并将其量值按比例$|\overrightarrow{OA}|/|\overrightarrow{AB}|$进行调整(放大或缩小),使之与矢量$\overrightarrow{OA}$的模$|\overrightarrow{OA}|$等同,则可使初始不平衡振动响应矢量$\overrightarrow{OA}$成为了零。这样,可使轴承座(即测量点)的振动被减小到零或者很小。

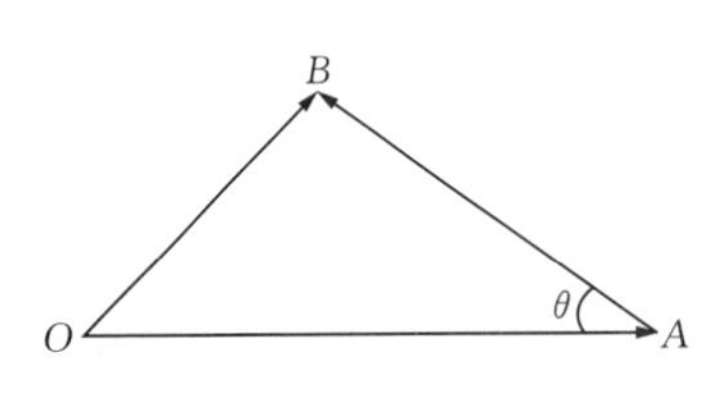

图 2-15 响应矢量三角形

引入响应系数α(复数),则

$$\overrightarrow{OA} = \alpha \boldsymbol{U}_0;$$

$$\overrightarrow{OB} = \alpha(\boldsymbol{U}_0 + \boldsymbol{U}_t);$$

$$\overrightarrow{AB} = \alpha \boldsymbol{U}_t。$$

于是

$$\alpha = \overrightarrow{AB}/U_t。 \tag{2-8}$$

得到原始不平衡量的量值的表达式为

$$|\boldsymbol{U}_0| = \frac{|\overrightarrow{OA}|}{|\overrightarrow{AB}|} \cdot |\boldsymbol{U}_t|。 \tag{2-9}$$

由式(2-9)可求得引发轴承座的初始不平衡振动而存在于平衡校正平面P的原始不平衡量的量值。

又,自试验质量块所在圆周角$\angle\varphi_t$位置转移$180° + \theta$角度,即为原始不平衡量的所在相位角位置。

根据求得的原始不平衡量的量值和相位角，取下试验质量块，即可进行平衡校正，使得轴承座的振动得以减小。

实现式(2-9)计算的具体操作方法有两种：

(1) 矢量作图法

① 选择坐标，按一定的比例尺画矢量三角形 OAB。见图 2-15。

② 求初始不平衡量 $\boldsymbol{U}_0$ 的幅值大小

$$|\boldsymbol{U}_0|=\frac{|\overrightarrow{OA}|}{|\overrightarrow{AB}|}\cdot|\boldsymbol{U}_t|。$$

③ 用量角器度量$\angle OAB$ 的大小，记为 θ。

自试验质量块所在转子的圆周角位置转移 $180°+\theta$ 角，即为转子原始不平衡量 $\boldsymbol{U}_0$ 所在相位角位置。

(2) 解析法　由三角形余弦定理可得

$$|\overrightarrow{AB}|=\sqrt{(|\overrightarrow{OA}|)^2+(|\overrightarrow{OB}|)^2-2|\overrightarrow{OA}||\overrightarrow{OB}|\cdot\cos\angle OAB};$$

$$\theta=\angle OAB=\arccos\frac{(|\overrightarrow{OA}|)^2+(|\overrightarrow{AB}|)^2-(|\overrightarrow{OB}|)^2}{2|\overrightarrow{OA}||\overrightarrow{OB}|};$$

$$|\boldsymbol{U}_0|=\frac{|\overrightarrow{OA}|}{|\overrightarrow{AB}|}\cdot|\boldsymbol{U}_t|。$$

由所求得的$\angle OAB$ 来确定初始不平衡量所在的相位角，即自实验质量 m_t 所在转子的圆周位置 φ_t 转移 $\angle OAB+180°$，则为转子初始不平衡量 $\boldsymbol{U}_0$ 所在相位角。

2. 单面平衡的具体操作方法及步骤

① 在靠近转子叶轮的其中一轴承座上安装上测振传感器(可以是振动位移传感器，或振动速度传感器，或振动加速度传感器等，也可以是非接触的电涡流位移传感器测转子轴颈的振动)，另外，在转子的轴端附近安装一个光电转速传感器用作测量转速，并将此信号处理成相位角参考信号。同时，在转子轴端附近的外圆表面上粘贴一白色的反光薄膜标志线作为0°的相位角参考标记。

完成整个现场平衡仪器装置及其显示记录系统的连接①。

---

①　振动传感器安装在待平衡转子的工作轴承座上，传感器的灵敏轴线位于转子的径向上，且在轴承座刚度最小的直径方位上(通常是在过轴承中心的水平径向上)。

② 启动转子至某一工作转速，测量并记录轴承座的不平衡振动响应（包括其振幅值及其相位角，下同），记为符号为$\overrightarrow{OA}$（幅值/相位角）。

③ 在转子的校正平面 P 上，于某一任意的相位角（相当于相位角参考标记）方向上的半径为 $\boldsymbol{r}_t$ 的圆周表面处，加上一已知质量大小的试验质量块 m_t，由它构成转子的试验不平衡量 $\boldsymbol{U}_t = m_t\boldsymbol{r}_t$，其相位角记为 φ_t①。

④ 再次启动转子至相同的测试转速，测量并记录轴承的不平衡振动的响应，记为符号为 $\overrightarrow{OB}$（幅值/相位角）。

⑤ 计算确定转子的平衡校正量的大小及其相位角，具体原理方法可参见上述作图法或解析法。

⑥ 取下试验质量块 m_t，尔后对转子进行校正作业。

⑦ 再测转子经过平衡校正后剩余不平衡振动响应。若其量值大小已经被减小至该机械设备规定的允许范围之内，则现场平衡就告以完成；若尚未减小到允许值之内，则继续步骤⑤和⑥的计标和校正。此时，将剩余不平衡振动响当作 $\overrightarrow{OA}$ 代入式(2-9)，即可求得剩余不平衡量，对它再加以校正之，直至达到该机械设备规定的允许范围之内。

上述单面平衡原理中的响应矢量三角形及其相关运算，旨在通过施加试验质量块前后两次不平衡振动响应的测量可计算出转子在一个校正平面内的等效初始不平衡量。在本书第 8 章第 2 节挠性转子的机械平衡一节中还将会应用到。

3. 试验质量块量值的选择

(1) 按转子相应的平衡品质等级 G 和最高工作转速，确定其许用的剩余不平衡度 e_{per}（单位：g · mm/kg）（详见第 3 章）。

(2) 确定转子的质量 M（单位：kg）和平衡校正的半径 r_c（单位：mm）。

(3) 计算出最大的许用剩余不平衡质量 m_{mR}

$$m_{mR} = \frac{e_{per}}{r_c}M。$$

(4) 试验质量块的量值取 $(5\sim10)m_{mR}$。

举例：转子重 500 kg，最高工作转速为 3 000 r/min，技术规定的平衡品质等级 G 为 6.3 级。据第 3 章可查得转子的许用剩余不平衡量为 20 g · mm/kg，其校正半径取 100 mm，则

$$m_{mR} = \frac{20}{100} \times 500 = 100\ \text{g}。$$

(5) 试验质量块的量值可为 500～1 000 g。

(6) 对于具有两个校正平面，且质心在两个轴承座之间的刚性转子，通常根据平衡平面到质心的距离，将此试验质量块的量值按比例地分配到两个校正平面上去。对于左右对称的双面平衡转子，则每一个校正平面上的试验质量块的量值为此量的一半。

2.5.4　双面平衡

对于大多数的刚性转子而言，在它现场平衡中大都在两个平衡校正平面上做平衡校正作业，以确保支承它的两个轴承座的振动都控制在整个机械设备规定的允许范围之内。因此，双面平衡也是现场平衡中最为普遍的平衡作业。

根据被测对象的性能和平衡要求，熟悉现场的条件和环境，选择好合适的现场平衡仪，设置两个振动传感器和一个光电转速传感器，并完成连接线的连接。

现场平衡中的双面平衡的基本原理可简述如下：

假设刚性转子在其两个校正平面 P_L 和 P_R 内的等效不平衡量分别为 $\boldsymbol{U}_1$ 和 $\boldsymbol{U}_2$(均为未知，待求)。当启动转子至工作转速下时，测量并记录其两轴承座 A，B 的初始不平衡振动响应分别为矢量 $\boldsymbol{A}_0$ 和 $\boldsymbol{B}_0$(包括其量值大小和相位角)，则

$$\begin{cases}\boldsymbol{A}_0=\alpha_{11}\cdot\boldsymbol{U}_1+\alpha_{12}\cdot\boldsymbol{U}_2;\\ \boldsymbol{B}_0=\alpha_{21}\cdot\boldsymbol{U}_1+\alpha_{22}\cdot\boldsymbol{U}_2。\end{cases}\tag{2-10}$$

式中，α_{11}，α_{12}，α_{21}，α_{22} ——响应系数(复数)。

在转子的校正平面 P_L 任意一已知的相位角 φ_{t1}(相对于转子上的角度参考标志，下同)方向上的半径 $\boldsymbol{r}_{t1}$ 处试加上一个试验质量块 m_{t1}，则由 m_{t1} 构成转子的不平衡量为 $\boldsymbol{U}_{t1}=m_{t1}\boldsymbol{r}_{t1}$(其相位角为 φ_{t1})。启动转子至同样的工作转速下，测量并记录两轴承座 A，B 的不平衡振动响应为 $\boldsymbol{A}_{01}$ 和 $\boldsymbol{B}_{01}$，则

$$\begin{cases}\boldsymbol{A}_{01}=\alpha_{11}(\boldsymbol{U}_1+\boldsymbol{U}_{t1})+\alpha_{12}\boldsymbol{U}_2;\\ \boldsymbol{B}_{01}=\alpha_{21}(\boldsymbol{U}_1+\boldsymbol{U}_{t1})+\alpha_{22}\boldsymbol{U}_2。\end{cases}\tag{2-11}$$

取下所加的试验质量块 m_{t1}，在转子的另一个校正平面 P_R 任意一已知的相位角 φ_{t2} 方向上的半径 $\boldsymbol{r}_{t2}$ 处施加一个试验质量块 m_{t2}，它构成转子的不平衡量记为 $\boldsymbol{U}_{t2}=m_{t2}\boldsymbol{r}_{t2}$ (其相位角为 φ_{t2})。启动转子至同样

的工作转速下，测量并记录两轴承座 A，B 的不平衡振动响应为 $\boldsymbol{A}_{02}$ 和 $\boldsymbol{B}_{02}$，则

$$\begin{cases}\boldsymbol{A}_{02}=\alpha_{11}\boldsymbol{U}_1+\alpha_{12}(\boldsymbol{U}_2+\boldsymbol{U}_{t2});\\ \boldsymbol{B}_{02}=\alpha_{21}\boldsymbol{U}_1+\alpha_{22}(\boldsymbol{U}_2+\boldsymbol{U}_{t2})。\end{cases}\tag{2-12}$$

由式(2-10)，(2-11)，(2-12)三个方程组可求解出由试验质量块 m_{t1} 和 m_{t2} 分别引起的两轴承座 A 和 B 的振动响应及其响应系数 α_{ij}：

$$\left.\begin{aligned}\boldsymbol{A}_1=\boldsymbol{A}_{01}-\boldsymbol{A}_0=\alpha_{11}\boldsymbol{U}_{t1} \quad&\Rightarrow\quad \alpha_{11}=\boldsymbol{A}_1/\boldsymbol{U}_{t1}\\ \boldsymbol{A}_2=\boldsymbol{A}_{02}-\boldsymbol{A}_0=\alpha_{12}\boldsymbol{U}_{t2} \quad&\Rightarrow\quad \alpha_{12}=\boldsymbol{A}_2/\boldsymbol{U}_{t2}\\ \boldsymbol{B}_1=\boldsymbol{B}_{01}-\boldsymbol{B}_0=\alpha_{21}\boldsymbol{U}_{t1} \quad&\Rightarrow\quad \alpha_{21}=\boldsymbol{B}_1/\boldsymbol{U}_{t1}\\ \boldsymbol{B}_2=\boldsymbol{B}_{02}-\boldsymbol{B}_0=\alpha_{22}\boldsymbol{U}_{t2} \quad&\Rightarrow\quad \alpha_{22}=\boldsymbol{B}_2/\boldsymbol{U}_{t2}\end{aligned}\right\}。\tag{2-13}$$

将上述 α_{ij} 代入式(2-10)，则

$$\begin{cases}\boldsymbol{U}_1=\dfrac{\boldsymbol{A}_0\cdot\alpha_{22}-\boldsymbol{B}_0\cdot\alpha_{21}}{\boldsymbol{\alpha}_{11}\cdot\alpha_{22}-\boldsymbol{\alpha}_{12}\cdot\alpha_{21}}=\dfrac{\boldsymbol{A}_0\dfrac{\boldsymbol{B}_0}{\boldsymbol{U}_{t2}}-\boldsymbol{B}_0\dfrac{\boldsymbol{A}_2}{\boldsymbol{U}_{t2}}}{\dfrac{\boldsymbol{A}_1}{\boldsymbol{U}_{t1}}\cdot\dfrac{\boldsymbol{B}_0}{\boldsymbol{U}_{t2}}-\dfrac{\boldsymbol{A}_0}{\boldsymbol{U}_{t2}}\cdot\dfrac{\boldsymbol{B}_1}{\boldsymbol{U}_{t1}}}=\dfrac{\boldsymbol{A}_0-\boldsymbol{B}_0\dfrac{\boldsymbol{A}_0}{\boldsymbol{B}_2}}{\boldsymbol{A}_1-\boldsymbol{B}_1\dfrac{\boldsymbol{A}_2}{\boldsymbol{B}_2}}\cdot\boldsymbol{U}_{t1};\\[3ex] \boldsymbol{U}_2=\dfrac{\boldsymbol{B}_0\cdot\alpha_{11}-\boldsymbol{B}_0\cdot\alpha_{12}}{\boldsymbol{\alpha}_{11}\cdot\alpha_{22}-\boldsymbol{\alpha}_{12}\cdot\alpha_{21}}=\dfrac{\boldsymbol{B}_0-\boldsymbol{A}_0\dfrac{\boldsymbol{B}_1}{\boldsymbol{A}_1}}{\boldsymbol{B}_2-\boldsymbol{A}_2\cdot\dfrac{\boldsymbol{B}_1}{\boldsymbol{A}_1}}\cdot\boldsymbol{U}_{t2}。\end{cases}\tag{2-14}$$

于是，可以求得转子存在于校正平面 P_L 和 P_R 上的等效的初始不平衡量 $\boldsymbol{U}_1$ 和 $\boldsymbol{U}_2$。待在转子上取下试验质量块后，分别根据 $\boldsymbol{U}_1$ 和 $\boldsymbol{U}_2$ 的量值大小和相位角予以平衡校正之，最终可将机械设备的轴承座振动减小到技术规定的允许范围内。

上述有关的矢量计算完全可以编写成相应的计算机软件，只需将测得的轴承座的不平衡振动响应数据以及试验质量的不平衡量 $\boldsymbol{U}_{t1}$ 和 $\boldsymbol{U}_{t2}$ 馈入计标机，便可精确、快速地获得 $\boldsymbol{U}_1$ 和 $\boldsymbol{U}_2$ 的量值大小及相角位置。

在上述的整个测试过程中，由于具体操作（包括转速的调控）和现场平衡仪器等不可避免地存在各种误差以及外界的干扰，常常不能只通过一次平衡校正就将两轴承座的振动减小至允许范围之内。此时，可将经过平衡校正后的两轴承座的残留振动视为第一次平衡操作所测

得初始不平衡量的振动响应 $\boldsymbol{A}_0$ 和 $\boldsymbol{B}_0$，再利用已测得的响应系数 α_{11}，α_{21}，α_{12} 和 α_{22} 代入式(2-14)，再次求解得转子在平衡校正平面 P_L 和 P_R 上的残余不平衡量 $\boldsymbol{U}_1$ 和 $\boldsymbol{U}_2$ 的量值大小及相角位置，并将它们校正之，直至将转子两轴承座的不平衡振动都被减小至机械设备的允许范围之内。

双面平衡的具体操作方法及步骤如下：

① 在转子的两轴承座上安装上振动传感器(可以是振动位移传感器、振动速度传感器，也可以是振动的加速度传感器等)。另外，在转子的轴端附近安装一光电转速传感器，用以产生测量转速并为相位角的参考信号；同时在转子表面上粘贴上反光的标志线。

完成整个平衡测量显示及记录系统的导线的连接①。

② 启动转子至某工作转速，测量并记录轴承座的初始不平衡振动响应，记录为 $\boldsymbol{A}_0$ 和 $\boldsymbol{B}_0$。

③ 在转子左侧的平衡校正平面 P_L 上施加一试验质量块 m_{t1}，并记录它的不平衡矢量为 $\boldsymbol{U}_{t1}=m_{t1}\boldsymbol{r}_{t1}$ (其量值为 $m_{t1}|\boldsymbol{r}_{t1}|$)。其中，$\boldsymbol{r}_{t1}$ 为施加的半径；相位角 φ_{t1} 为试验质量块 m_{t1} 所加在相对于转子的角度参考标志的圆周角位置(下同)。注意：m_{t1} 的大小以能使 $\boldsymbol{A}_0$ 和 $\boldsymbol{B}_0$ 的示值有明显的变化为宜②。

④ 启动转子至步骤②的同一工作转速，测量并记录两轴承座的不平衡振动响应，记录为 $\boldsymbol{A}_{01}$ 和 $\boldsymbol{B}_{01}$。

⑤ 取下试验质量块 m_{t1}，在转子的右侧的平衡校正平面 P_R 上施加一试验质量块 m_{t2}，并记录成它的不平衡矢量 $\boldsymbol{U}_{t2}=m_{t2}\boldsymbol{r}_{t2}$ (其量值为 $m_{t2}|\boldsymbol{r}_{t2}|$)。其中，$\boldsymbol{r}_{t2}$ 为施加的半径；相位角 φ_{t2} 为试验质量块 m_{t2} 所在的转子圆周角位置)。注意：m_{t2} 的大小以能使 $\boldsymbol{A}_0$ 和 $\boldsymbol{B}_0$ 的示值有明显的变化为宜。

⑥ 启动转子至步骤②的同一转速，测量记录两轴承的不平衡振动响应记录为 $\boldsymbol{A}_{02}$ 和 $\boldsymbol{B}_{02}$。

⑦ 按式(2-12)，(2-13)和(2-14)计算，求出转子存在于平衡校正平面 P_L 和 P_R 内的初始不平衡量 $\boldsymbol{U}_1$ 和 $\boldsymbol{U}_2$。

⑧ 取下试验质量块 m_{t2}，对转子进行平衡校正，再测转子经过平衡校正后两轴承座的振动：若其量值大小已经被减小至该机械设备规定的允许值之内，则现场平衡就告以完成；若尚未减小到允许值之内，则可将两轴承座的剩余不平衡振动响应视为 $\boldsymbol{A}_0$ 和 $\boldsymbol{B}_0$，利用已有的响应

系数 α_{ij}，重复上述步骤⑦作计算，而后再次对转子进行平衡校正，直至两轴承座的振动减小至机械设备规定的允许范围内，转子的现场平衡方告完成。

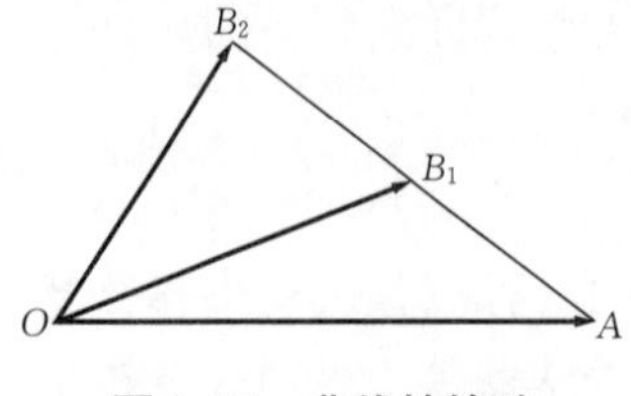

图 2-16　非线性检验

注意：在现场平衡过程中，有时需要检验测试装置及系统是否线性，则可在加试验质量块的位置上试加上两倍的试验质量块的量值，然后，画出矢量三角形图来加以检验。见图 2-16。

若测试装置及系统处于线性状态下，则矢量$\overrightarrow{AB_1}$为试验质量块的量值未加倍前的响应矢量，而矢量$\overrightarrow{AB_2}$为加倍后的响应矢量，且$\overrightarrow{AB_2}=2\overrightarrow{AB_1}$，即方向相同，量值也加倍。见图 2-16。倘若矢量$\overrightarrow{AB_2}$与矢量$\overrightarrow{AB_1}$的方向不相同或者$\overrightarrow{AB_2}\neq 2\overrightarrow{AB_1}$，即不为图 2-16 所示，则反映了检测系统存在明显的非线性。

2.5.5　轴系的平衡

1. 概述

在现代旋转机械装备或装置当中，由两个或两个以上的转子通过联轴节串联而成的转子系统通常称为机组的轴系。例如现代大型汽轮发电机组往往是由高压、中压、低压汽轮机转子和发电机转子等通过联轴节连接，且由若干个轴承座支承，构成一个大型的轴系。整个轴系长达 30～40 m，重量可达 100～200 t，长期运行在固定转速 3 000 r/min 或 3 600 r/min。图 2-17 为大型汽轮发电机组轴系的简示图。还有如化工流程中的工业汽轮机—离心压缩机组，其工作转速可高达 25 000 r/min，一般也达到 10 000～15 000 r/min。面对如此功率大小、转速高低不等、结构及构成又各异的各种各样的旋转机械设备或装置，确保其轴系转子的平稳，安全地运行自然是整个机组的首要条件和技术关键。

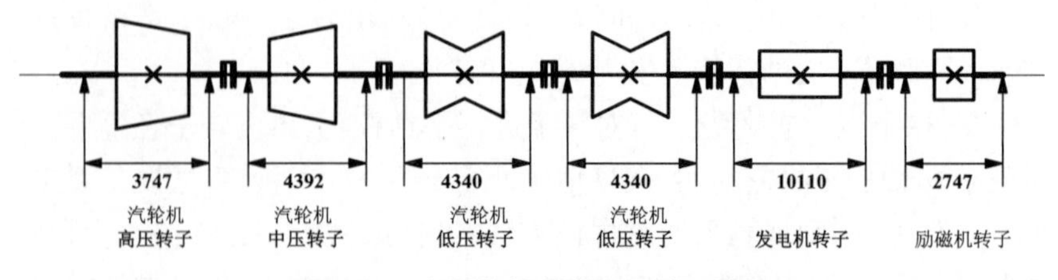

图 2-17　大型汽轮发电机组轴系简图

然而，导致产生机组振动的诱因有许多。联轴器接合面与旋转轴的不垂直，旋转中心的不重合，因高温引起转子可能产生的热翘曲，轴承油膜的失稳，工作介质激励失稳，以及基础共振等等，都会引起轴系转子的振动；但是机组振动的重要原因常常又都是由转子的不平衡所致。所以，每当在现场遇到机组振动过大时，不论是新机组的安装调试，还是旧机组的保养维修，人们首先想到的是轴系转子的现场动平衡。轴系转子现场平衡的目的是使轴系转子平稳、安全地运行，确保整个机组的机械振动控制在允许的范围之内。

一个轴系由多个转子及其多个轴承座构成。轴系转子的平衡需要通过在若干多个平衡校正平面上施加校正量，将其所有轴承座的不平衡振动响应减小到允许范围之内。为此，不妨将轴系假设为一线性系统，亦即转子的不平衡量与其轴承座的不平衡振动之间存在有线性关系。利用力学中的影响系数概念和一些数据处理技术，求得校正平面上的最佳校正量，人们称这种平衡方法为影响系数（平衡）法。影响系数法不仅可用于刚性转子的平衡，也可用于挠性转子的平衡，还广泛用于机组轴系转子的现场平衡。随着计算机的普及和各色计算机辅助平衡（CAB）软件包的推广应用，便捷、快速、准确的数据处理能力使得此方法在轴系转子的现场平衡中更显独有的魅力。

2. 影响系数的概念

如图 2-18 所示，若在轴的纵向坐标 z_j 处的径向平面上作用有一径向力 P_j，它将引起整根轴的弹性变形。设在轴向位置 z_i 处沿 y 坐标轴方向上的相应变形为 y_i，则力和变形之间的关系为

$$\frac{y_i}{P_j}=\alpha_{ij},$$

或写成

$$y_i=\alpha_{ij}\cdot P_j$$

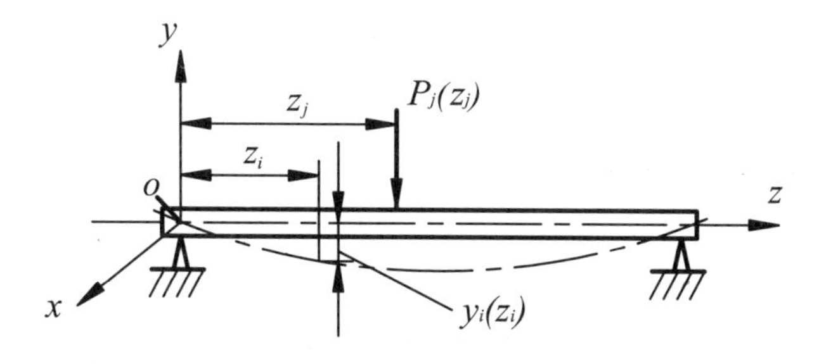

图 2-18　简支梁的作用力 $P_j(z_j)$ 及其挠曲变形 $y_i(z_i)$ 示意图

式中，α_{ij} 即为 $\boldsymbol{j}$ 平面上的力对 $\boldsymbol{i}$ 平面上的位移的影响系数。这里，若为静态状况下的影响系数，它只是一个标量；若在动态的情况下的影响系数，例如在轴的 z_j 处有一个不平衡量 U_j，当轴旋转在某一转速时，在轴向位置 z_i 处可测得不平衡振动响应 A_i，此时，U_j 和 A_i 之间仍可以认为存在有线性关系，即

$$\boldsymbol{A}_i = \alpha_{ij}\boldsymbol{U}_j。$$

这时的影响系数 α_{ij} 是一个复数，可用复数形式表示：

$$\alpha_{ij} = \alpha_{ijx} + \mathrm{i}\alpha_{ijy}。$$

式中，$\mathrm{i}=\sqrt{-1}$ 为虚数。

影响系数还具有对称性，即

$$\alpha_{ij} = \alpha_{ji}。$$

影响系数 α_{ij} 可以用计算法或实验法求得。在轴系转子现场平衡中，大多数采用实验法求得，即如前述响应系数那样，用施加试验质量块的方法求得影响系数。其具体方法如下：

(1) 启动转子至某一转速(现场平衡常选为工作转速)，测量轴系转子的不平衡振动响应 A_{i0}；

(2) 在轴系转子的 j 校正平面上施加一个的试验质量块 m_{t}(其构成转子的不平衡量记为 $\boldsymbol{U}_{\mathrm{t}j} = m_{\mathrm{t}j}\boldsymbol{r}_{\mathrm{t}j}$)，其中 $\boldsymbol{r}_{\mathrm{t}j}$ 为试验质量所在转子的半径，其相位角为相对于角度参考志标的圆周角 $\varphi_{\mathrm{t}j}$；

(3) 再次启动转子至与(1)同样的转速，测量轴系转子的不平衡振动响应 A_{i1}；

(4) 据测得的矢量 A_{i0} 和 A_{i1} 画矢量三角形，见图 2-19。

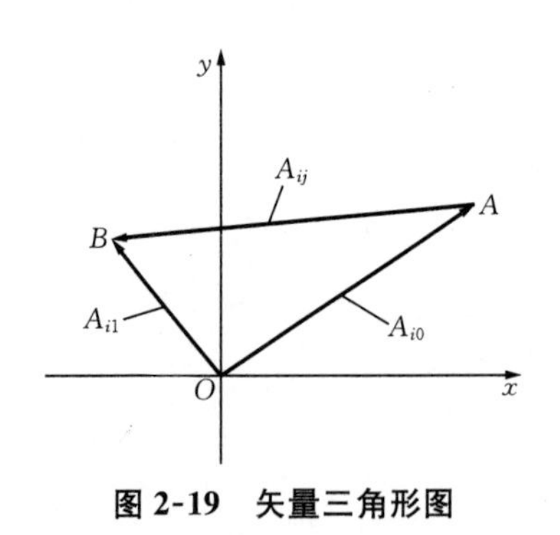

图 2-19　矢量三角形图

图中，

$$\boldsymbol{A}_{i0} + \boldsymbol{A}_{ij} = \boldsymbol{A}_{i1}；$$
$$\boldsymbol{A}_{ij} = \boldsymbol{A}_{i1} - \boldsymbol{A}_{i0}。$$

所以

$$\alpha_{ij} = \frac{\boldsymbol{A}_{i1} - \boldsymbol{A}_{i0}}{\boldsymbol{U}_{\mathrm{t}j}}。$$

必须指出，这里用实验法求得的影响系数将是测试转速的函数；换言

之，在不同转速下，同样两平面之间的影响系数是不相同的。所以当测试某一转速下的影响系数时，必须保证 A_{i0} 和 A_{i1} 是在同样的转速下测得的振动响应值。

3. 轴系的平衡方程

假设轴系转子上共选定 m 个校正平面，在这些平面上存在未知的初始等效不平衡量共有 $\boldsymbol{U}_{j0}(j=1, 2, \cdots, m)$，$\boldsymbol{U}_{j0}$ 组成一个列矩阵 $\{\boldsymbol{U}_{j0}\}$。当转子驱动至平衡测试转速时，由这些初始的等效不平衡量在轴系的 n 个测量点测得的不平衡振动响应 $\boldsymbol{A}_{i0}(i=1, 2, \cdots, n)$，$\boldsymbol{A}_{i0}$ 亦即组成一个列矩阵 $\{\boldsymbol{A}_{i0}\}$。它们与初始的等效不平衡 $\boldsymbol{U}_{10}$，$\boldsymbol{U}_{20}$，$\cdots$，$\boldsymbol{U}_{m0}$ 之间的关系式为

$$\begin{Bmatrix} \boldsymbol{A}_{10} \\ \boldsymbol{A}_{20} \\ \vdots \\ \boldsymbol{A}_{i0} \\ \vdots \\ \boldsymbol{A}_{n0} \end{Bmatrix} = \begin{bmatrix} \alpha_{11} & \alpha_{12} & \cdots & \alpha_{1j} & \cdots & \alpha_{1m} \\ \alpha_{21} & \alpha_{22} & \cdots & \alpha_{2j} & \cdots & \alpha_{2m} \\ \vdots & \vdots & & \vdots & & \vdots \\ \alpha_{i1} & \alpha_{i2} & \cdots & \alpha_{ij} & \cdots & \alpha_{im} \\ \vdots & \vdots & & \vdots & & \vdots \\ \alpha_{n1} & \alpha_{n2} & \cdots & \alpha_{nj} & \cdots & \alpha_{nm} \end{bmatrix} \begin{Bmatrix} \boldsymbol{U}_{10} \\ \boldsymbol{U}_{20} \\ \vdots \\ \boldsymbol{U}_{j0} \\ \vdots \\ \boldsymbol{U}_{m0} \end{Bmatrix}, \tag{2-15}$$

可简写成

$$\{\boldsymbol{A}_{i0}\} = [\alpha]\{\boldsymbol{U}_{j0}\} \quad \begin{pmatrix} i=1, 2, \cdots, n \\ j=1, 2, \cdots, m \end{pmatrix}。 \tag{2-16}$$

当用实验方法求得影响系数 α_{ij} 后，那么，由下式(2-17)可以求出需要在 m 个校正平面上施加的不平衡的校正量 $\boldsymbol{U}_j(j=1, 2, \cdots, m)$。

$$\begin{bmatrix} \alpha_{11} & \alpha_{12} & \cdots & \alpha_{1j} & \cdots & \alpha_{1m} \\ \alpha_{21} & \alpha_{22} & \cdots & \alpha_{2j} & \cdots & \alpha_{2m} \\ \vdots & \vdots & & \vdots & & \vdots \\ \alpha_{i1} & \alpha_{i2} & \cdots & \alpha_{ij} & \cdots & \alpha_{im} \\ \vdots & \vdots & & \vdots & & \vdots \\ \alpha_{n1} & \alpha_{n2} & \cdots & \alpha_{nj} & \cdots & \alpha_{nm} \end{bmatrix} \begin{Bmatrix} \boldsymbol{U}_1 \\ \boldsymbol{U}_2 \\ \vdots \\ \boldsymbol{U}_j \\ \vdots \\ \boldsymbol{U}_m \end{Bmatrix} + \begin{Bmatrix} \boldsymbol{A}_{10} \\ \boldsymbol{A}_{20} \\ \vdots \\ \boldsymbol{A}_{i0} \\ \vdots \\ \boldsymbol{A}_{n0} \end{Bmatrix} = 0。 \tag{2-17}$$

可简写成

$$[\alpha]\{\boldsymbol{U}_j\} + \{\boldsymbol{A}_{i0}\} = 0。 \tag{2-18}$$

这就是影响系数的线性平衡方程式。

由于振动响应 $\boldsymbol{A}_i$ 和不平衡量 $\boldsymbol{U}_j$ 都是矢量，所以也可表示成复数

形式：

$$\boldsymbol{A}_i = A_{xi} + \mathrm{i}A_{yi};\ \boldsymbol{A}_{i0} = A_{xi0} + \mathrm{i}A_{yi0}。$$

$$\boldsymbol{U}_j = U_{xj} + \mathrm{i}U_{yi};\ \boldsymbol{U}_0 = U_{xj0} + \mathrm{i}U_{yj0}。$$

又，影响系数：$\alpha_{ij} = \alpha_{xij} + \mathrm{i}\alpha_{yij}$；

$$\alpha_{xij} = \frac{U_{xj}(A_{xi} - A_{xi0}) + U_{yj}(A_{yi} - A_{yi0})}{|\boldsymbol{U}_j|^2};$$

$$\alpha_{yij} = \frac{U_{xj}(A_{yi} - A_{yi0}) - U_{yj}(A_{xi} - A_{xi0})}{|\boldsymbol{U}_j|^2}。$$

式中，$\mathrm{i} = \sqrt{-1}$ 为虚数；字母右下标 x，y 分别表示矢量的复数形式的实部和虚部。

式(2-17)写成代数式为

$$\begin{bmatrix} \alpha_{x11} & \alpha_{x12} & \cdots & \alpha_{x1m} & -\alpha_{y11} & -\alpha_{y12} & \cdots & -\alpha_{y1m} \\ \alpha_{x21} & \alpha_{x22} & \cdots & \alpha_{x2m} & -\alpha_{y21} & -\alpha_{y22} & \cdots & -\alpha_{y2m} \\ \vdots & \vdots & & \vdots & \vdots & \vdots & & \vdots \\ \alpha_{xn1} & \alpha_{xn2} & \cdots & \alpha_{xnm} & -\alpha_{yn1} & -\alpha_{yn2} & \cdots & -\alpha_{ynm} \\ \alpha_{y11} & \alpha_{y12} & \cdots & \alpha_{y1m} & \alpha_{x11} & \alpha_{x12} & \cdots & \alpha_{x1m} \\ \alpha_{y21} & \alpha_{y22} & \cdots & \alpha_{y2m} & \alpha_{x21} & \alpha_{x22} & \cdots & \alpha_{x2m} \\ \vdots & \vdots & & \vdots & \vdots & \vdots & & \vdots \\ \alpha_{yn1} & \alpha_{yn2} & \cdots & \alpha_{ynm} & \alpha_{xn1} & \alpha_{xn2} & \cdots & \alpha_{xnm} \end{bmatrix} \begin{Bmatrix} U_{x1} \\ U_{x2} \\ \vdots \\ U_{xm} \\ U_{y1} \\ U_{y2} \\ \vdots \\ U_{ym} \end{Bmatrix} + \begin{Bmatrix} A_{x10} \\ A_{x20} \\ \vdots \\ A_{xn0} \\ A_{y10} \\ A_{y20} \\ \vdots \\ A_{yn0} \end{Bmatrix} = 0。\tag{2-19}$$

可简写成

$$\begin{bmatrix} \alpha_x & -\alpha_y \\ \alpha_y & \alpha_x \end{bmatrix} \begin{Bmatrix} U_x \\ U_y \end{Bmatrix} + \begin{Bmatrix} A_{x0} \\ A_{y0} \end{Bmatrix} = 0。\tag{2-20}$$

显然，当轴系转子上校正平衡的数目与不平衡振动响应的测点数相等，即 $m = n$ 时，上述平衡方程式(2-17)有精确解，亦即方程有唯一组 $\{\boldsymbol{U}_j\}$ 的解，从而可计算出各校正平面上应加的不平衡校正量 $\boldsymbol{U}_j(j = 1, 2, \cdots, m)$。

4. 最佳校正量的选择

在工程实践中常常会遇到轴系转子上的校正平面的数目与不平衡振动响应的测量点的数目不相等，即 $m \neq n$，这时就有一个最佳校正量的选择及优化的问题。例如，当 $m > n$ 时，方程式(2-17)有无穷多组解，如何选择其中最佳的一组解，便需要进一步结合具体研究对象的其他各种工况条件和情形加以分析研究，决定取舍。

然而，在实践中，较多遇到的是 $m < n$ 的情况。例如，机组基于安全的要求，规定在几个不同转速下的 n 个振动测点的振动值都要控制在允许的范围内，这样 n 个测点测得的振动值 $\boldsymbol{A}_i$ 的数目为 n 的数倍。此时，平衡方程式(2-17)成了矛盾方程，由于校正平面的数目 m 少于测量点的振动值的数目，不能求解得到一组$\{\boldsymbol{U}_j\}$使得每一个振动响应值$\{A_i\}$同时都为零或最小，而只能选择一组最佳的近似解。目前常用的方法有“最小二乘法”。

(1) 最小二乘法　当方程式(2-17)中的 $m < n$ 时，方程式成为矛盾方程。如果将一组$\{\boldsymbol{U}_j\}$代入则不能满足式(2-17)中的所有方程式，各个测量值会出现残余振动响应 $\{\boldsymbol{\Delta}_i\}$，$\boldsymbol{\Delta}_i = \Delta_x + \mathrm{i}\Delta_y$。于是方程式可表示为

$$[\alpha]\{\boldsymbol{U}_j\} + \{\boldsymbol{A}_0\} = \{\boldsymbol{\Delta}_i\}, \tag{2-21}$$

亦可写成代数式

$$\begin{bmatrix} \alpha_x & -\alpha_y \\ \alpha_y & \alpha_x \end{bmatrix} \begin{Bmatrix} U_{xj} \\ U_{yj} \end{Bmatrix} + \begin{Bmatrix} A_{x0} \\ A_{y0} \end{Bmatrix} = \begin{Bmatrix} \Delta_{xi} \\ \Delta_{yi} \end{Bmatrix}。 \tag{2-22}$$

式中的 Δ_{xi} 和 Δ_{yi} 可写成

$$\left.\begin{aligned} \Delta_{xi} &= A_{xi0} + \sum_{j=1}^{m} (\alpha_{xij} U_{xj} - \alpha_{yij} U_{yj}) \\ \Delta_{yi} &= A_{yi0} + \sum_{j=1}^{m} (\alpha_{yij} U_{xj} + \alpha_{xij} U_{yj}) \end{aligned}\right\}。 \tag{2-23}$$

式中，$i = 1, 2, \cdots, n$。

最小二乘法的目标在于寻求一组不平衡的校正量$\{\boldsymbol{U}_j\}$，使得残余振动 $\boldsymbol{\Delta}_i$ 的振幅平方和为最小，即

$$\Delta^2 = \sum_{i=1}^{n} (\Delta_{xi}^2 + \Delta_{yi}^2) \rightarrow \min。 \tag{2-24}$$

Δ_{xi}，Δ_{yi} 均为 U_{x1}，U_{y1}，$\cdots$，U_{xm}，U_{ym} 的函数。于是，可根据求函数极值的方法，欲使 Δ_i 的绝对值最小，需满足

$$\frac{\partial \Delta^2}{\partial U_{x1}} = \frac{\partial \Delta^2}{\partial U_{y1}} = \frac{\partial \Delta^2}{\partial U_{x2}} = \frac{\partial \Delta^2}{\partial U_{y2}} = \cdots = \frac{\partial \Delta^2}{\partial U_{xm}} = \frac{\partial \Delta^2}{\partial U_{ym}} = 0。$$

把式(2-23)代入，得

$$\left.\begin{aligned}\frac{\partial\Delta^2}{\partial U_{xk}}&=2\sum_{i=1}^{n}\{\alpha_{xik}[A_{xi0}+\sum_{j=1}^{m}(\alpha_{xij}U_{xj}-\alpha_{yij}U_{yj})\}\\&\quad+\alpha_{yik}[A_{yi0}+\sum_{j=1}^{m}(\alpha_{yij}U_{xj}+\alpha_{xij}U_{yj})]\}=0\\\frac{\partial\Delta^2}{\partial U_{yk}}&=2\sum_{i=1}^{n}\{-\alpha_{yik}[A_{xi0}+\sum_{j=1}^{m}(\alpha_{xij}U_{xj}-\alpha_{yij}U_{yj})]\\&\quad+\alpha_{xik}[A_{yi0}+\sum_{j=1}^{m}(\alpha_{yij}U_{xj}+\alpha_{xij}U_{yj})]\}=0\end{aligned}\right\}\tag{2-25}$$

式中,$k=1, 2, \cdots, n$。

这 $2n$ 个方程也可写成矩阵的形式

$$[\tilde{\alpha}][A_0]+[\tilde{\alpha}]^{T}[\alpha][U]=0。\tag{2-26}$$

式中,$[\tilde{\alpha}]$ 为 $[\alpha]$ 的共轭矩阵,$[\tilde{\alpha}]^{T}$ 为 $[\tilde{\alpha}]$ 的转置矩阵。

从方程式(2-25)中可以求出一组 $\{\boldsymbol{U}_j\}$,即不平衡的校正量;尔后再由式(2-22),求出在这最小二乘法意义下的振动响应值 $\{\boldsymbol{A}_i\}$。

此时,从理论上,解方程式(2-25)所得的一组 $\{\boldsymbol{U}_j\}$ 可使 $\sum_{i=1}^{n}|\Delta_i^2|$ 最小;但在实践中,它不能保证每个测点的残余振动都能满足规定的要求。为弥补这个缺陷,使得残余振动得以均匀化,还需采用加权最小二乘法。

(2) 加权迭代法　为了使整个轴系所有的残余振动得以均匀化,避免出现较大的残余振动测量值,可采用加权迭代法来实现。

处理实验数据中,对同一物理量采用不同的方法或实验员所得不同的实验数据 $x_1, x_2, \cdots, x_n$ 时,可在计算它们的平均值时对比较可靠的数据予以加权平均,得加权平均值:

$$\bar{x}=\frac{\lambda_1x_1+\lambda_2x_2+\cdots+\lambda_nx_n}{\lambda_1+\lambda_2+\cdots+\lambda_n}=\frac{\sum_{i=1}^{n}\lambda_ix_i}{\sum_{i=1}^{n}\lambda_i}。$$

式中,$\lambda_1, \lambda_2, \cdots, \lambda_n$ ——代表与各实验数据 x_i 对应的权,叫加权因子。

在此处理平衡时,若用最小二乘法求得的校正量 $\{\boldsymbol{U}_j\}$ 代入式(2-22)后,其中得到的某些残余振动响应会过大,则对该方程乘以较大的加权因子;而残余振动响应小的则乘以小的加权因子,使加权后求出的结果达到这样的目标

$$(\sum_{i=1}^{n}\lambda_i\Delta_i^2)\rightarrow\min。$$

加权因子的大小可以这样来确定：先求出所有残余振动响应的均方根

$$R=\sqrt{\frac{1}{n}\sum_{i=1}^{n}(\Delta_i)^2}\,,\qquad (2\text{-}27)$$

然后求出加权因子 λ_i

$$\lambda_i=\sqrt{\frac{|\Delta_i|}{R}}。\qquad (2\text{-}28)$$

式中，$i=1,2,\cdots,n$。

用 λ_i 分别乘式(2-22)，可求得一次加权后的校正量 $\{\boldsymbol{U}_j\}_{\mathrm{I}}$；将 $\{\boldsymbol{U}_j\}_{\mathrm{I}}$ 再代入式(2-22)又可得一次加权后的残余振动响应 $\{\boldsymbol{\Delta}_i\}_{\mathrm{I}}$。如果仍还达不到要求，则可按此方法进行第二次加权。但是，第二次加权时，加权因子为 λ_i 与 $\lambda_{i\mathrm{II}}$ 的乘积即 $\lambda_i\cdot\lambda_{i\mathrm{II}}$，因为第二次加权是在第一次加权基础上继续加权。

必须指出，随着线性规划及非线性规划数学理论在工程技术上的应用和推广，尚有其他优化计算方法可用来处理有关的平衡检测数据，使轴系的残余振动量值控制在技术规定的允许范围内，确保机组平稳、安全、可靠地运行。笔者乐见我国的广大工程技术人员为机组轴系平衡中的“最佳校正量的选择”有所新的实践和突破。

5. 实验法求轴系平衡的影响系数

在机组轴系的现场平衡中，如校正平面的数目 m 和不平衡振动监控点亦即不平衡振动响应的测量点的数目 n 已经确定，这就是说要用 m 个平衡校正量来减小 n 个测振点的振动响应值。为此，首先要确定 $m\times n$ 个影响系数 α。当知道了影响系数 α 之后，方能通过平衡方程式(2-20)或式(2-22)的计算或作有关的数据处理，求得最佳的一组平衡校正量 $\{\boldsymbol{U}_j\}$，最终将轴系转子平衡到允许的范围内。

通常，轴系现场平衡的影响系数都通过实验求得。以下介绍实验法求现场平衡影响系数的具体方法及步骤。

(1) 驱动轴系转子到预定的平衡转速(通常选定为工作转速)，测量并记录各测振点的原始振动响应值 $\boldsymbol{A}_{10},\boldsymbol{A}_{20},\cdots,\boldsymbol{A}_{i0},\cdots,\boldsymbol{A}_{n0}$(包括其振幅及相位角，下同)。根据轴系转子不平衡振动响应与转子存在于校正平面内的原始等效不平衡量，$\boldsymbol{U}_{10},\boldsymbol{U}_{20},\cdots,\boldsymbol{U}_{j0},\cdots,\boldsymbol{U}_{m0}$ 之间存在线性关系的假设，即

$$\begin{Bmatrix} \boldsymbol{A}_{10} \\ \boldsymbol{A}_{20} \\ \vdots \\ \boldsymbol{A}_{i0} \\ \vdots \\ \boldsymbol{A}_{n0} \end{Bmatrix} = \begin{bmatrix} \alpha_{11} & \alpha_{12} & \cdots & \alpha_{1j} & \cdots & \alpha_{1m} \\ \alpha_{21} & \alpha_{22} & \cdots & \alpha_{2j} & \cdots & \alpha_{2m} \\ \vdots & \vdots & & \vdots & & \vdots \\ \alpha_{i1} & \alpha_{i2} & \cdots & \alpha_{ij} & \cdots & \alpha_{im} \\ \vdots & \vdots & & \vdots & & \vdots \\ \alpha_{n1} & \alpha_{n2} & \cdots & \alpha_{nj} & \cdots & \alpha_{nm} \end{bmatrix} \begin{Bmatrix} \boldsymbol{U}_{10} \\ \boldsymbol{U}_{20} \\ \vdots \\ \boldsymbol{U}_{j0} \\ \vdots \\ \boldsymbol{U}_{m0} \end{Bmatrix}。 \tag{2-29}$$

(2) 在轴系转子的平衡校正平面 $j=1$ 上施加一个试验质量块 m_{t1}，由它形成转子的不平衡矢量为 $\boldsymbol{U}_{\mathrm{t1}}$（其模 $|\boldsymbol{U}_{\mathrm{t1}}| = m_{\mathrm{t1}} r_{\mathrm{t1}}$，$r_{\mathrm{t1}}$ 为质量块所加处的转子半径，其相位角为质量块所加处相对于转子角度参考标志的圆周相位角，下同）。

(3) 再次驱动转子到步骤(1) 相同的平衡测试转速，测量并记录各测量点的振动响应值 $\boldsymbol{A}_{11}$，$\boldsymbol{A}_{21}$，…，$\boldsymbol{A}_{i1}$，…，$\boldsymbol{A}_{n1}$。此时

$$\begin{Bmatrix} \boldsymbol{A}_{11} \\ \boldsymbol{A}_{21} \\ \vdots \\ \boldsymbol{A}_{i1} \\ \vdots \\ \boldsymbol{A}_{n1} \end{Bmatrix} = \begin{bmatrix} \alpha_{11} & \alpha_{12} & \cdots & \alpha_{1j} & \cdots & \alpha_{1m} \\ \alpha_{21} & \alpha_{22} & \cdots & \alpha_{2j} & \cdots & \alpha_{2m} \\ \vdots & \vdots & & \vdots & & \vdots \\ \alpha_{i1} & \alpha_{i2} & \cdots & \alpha_{ij} & \cdots & \alpha_{im} \\ \vdots & \vdots & & \vdots & & \vdots \\ \alpha_{n1} & \alpha_{n2} & \cdots & \alpha_{nj} & \cdots & \alpha_{nm} \end{bmatrix} \begin{Bmatrix} \boldsymbol{U}_{10} + \boldsymbol{U}_{\mathrm{t1}} \\ \boldsymbol{U}_{20} \\ \vdots \\ \boldsymbol{U}_{j0} \\ \vdots \\ \boldsymbol{U}_{m0} \end{Bmatrix}。 \tag{2-30}$$

将式(2-30)中减去式(2-29)可得

$$\begin{Bmatrix} \boldsymbol{A}_{11} - \boldsymbol{A}_{10} \\ \boldsymbol{A}_{21} - \boldsymbol{A}_{20} \\ \vdots \\ \boldsymbol{A}_{i1} - \boldsymbol{A}_{i0} \\ \vdots \\ \boldsymbol{A}_{n1} - \boldsymbol{A}_{n0} \end{Bmatrix} = \begin{bmatrix} \alpha_{11} & \alpha_{12} & \cdots & \alpha_{1j} & \cdots & \alpha_{1m} \\ \alpha_{21} & \alpha_{22} & \cdots & \alpha_{2j} & \cdots & \alpha_{2m} \\ \vdots & \vdots & & \vdots & & \vdots \\ \alpha_{i1} & \alpha_{i2} & \cdots & \alpha_{ij} & \cdots & \alpha_{im} \\ \vdots & \vdots & & \vdots & & \vdots \\ \alpha_{n1} & \alpha_{n2} & \cdots & \alpha_{nj} & \cdots & \alpha_{nm} \end{bmatrix} \begin{Bmatrix} \boldsymbol{U}_{\mathrm{t1}} \\ 0 \\ \vdots \\ 0 \\ \vdots \\ 0 \end{Bmatrix}。$$

由此可得

$$\begin{aligned} \alpha_{11} &= \frac{A_{11} - A_{10}}{U_{\mathrm{t1}}}; \\ \alpha_{21} &= \frac{A_{21} - A_{20}}{U_{\mathrm{t1}}}; \\ &\vdots \\ \alpha_{n1} &= \frac{A_{n1} - A_{n0}}{U_{\mathrm{t1}}}。 \end{aligned} \tag{2-31}$$

(4) 同样地，依次在平衡校正平面 $j=2, 3, \cdots, m$ 上，施加一个试验质量块 m_{tj}，由它形成转子的不平衡量为 $\boldsymbol{U}_{tj}$，驱动转子至步骤(1)相同的平衡测试转速，测量并记录各测振点的振动响应值 $\boldsymbol{A}_{ij}$，尔后逐一求解出所有的影响系数 α_{ij}。

不难明白，影响系数平衡法的精度有赖于各影响系数 α_{ij} 的准确与否，为此必须尽可能地减小实验法中的测量误差。然而，由于具体所采用的现场平衡仪及整个测试装置不可能没有误差，再加上每次的平衡测试转速的波动以及外界环境的干扰，都会给影响系数的实验法测试带来一定的误差。具体表现在施加试验质量块 m_{tj} 前后各测量点的振动响应值 $\boldsymbol{A}_{i0}$ 和 $\boldsymbol{A}_{ij}$ 总会存在误差，它包括幅值误差和相位角误差。这种误差可用图 2-20 中的两个误差圆表示。这样，试验质量块 m_{tj} 的效应矢量 $\boldsymbol{A}_{tj}$ 可以是该两误差圆内的任意的两点间所连成的一个矢量，从中可以发现影响系数 α_{ij} 的测量误差及其程度。

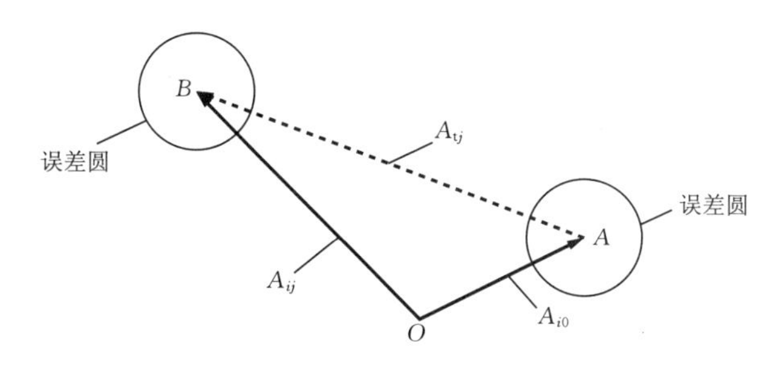

图 2-20　由误差圆构成的矢量三角形

现假设测得的不平衡振动响应 $\boldsymbol{A}_{i0}$ 和 $\boldsymbol{A}_{ij}$ 的测量误差分别为 $\Delta\boldsymbol{A}_{i0}$ 和 $\Delta\boldsymbol{A}_{ij}$，则

$$\alpha_{ij}=\frac{(\boldsymbol{A}_{ij}+\Delta\boldsymbol{A}_{ij})-(\boldsymbol{A}_{i0}+\Delta\boldsymbol{A}_{i0})}{\boldsymbol{U}_{tj}}。\tag{2-32}$$

若在该校正平面上，将 $\boldsymbol{U}_{tj}$ 从原来的相位角处转移 180°到原来圆周方向的相反方向上，此时 $\boldsymbol{U}'_{tj}=-\boldsymbol{U}_{tj}$，再测由 $\boldsymbol{U}'_{tj}$ 所引发的不平衡振动响应值 $\boldsymbol{A}'_{ij}$。于是，

$$\alpha_{ij}=\frac{(\boldsymbol{A}'_{ij}+\Delta\boldsymbol{A}'_{ij})-(\boldsymbol{A}_{i0}+\Delta\boldsymbol{A}_{i0})}{\boldsymbol{U}'_{tj}}。\tag{2-33}$$

由上两式(2-32)和(2-33)可得

$$(\boldsymbol{A}_{i0}+\Delta\boldsymbol{A}_{i0})=\frac{1}{2}[(\boldsymbol{A}_{ij}+\Delta\boldsymbol{A}_{ij})+(\boldsymbol{A}'_{ij}+\Delta\boldsymbol{A}'_{ij})]。$$

假设两误差相等，即 $\Delta \boldsymbol{A}'_{ij}=\Delta \boldsymbol{A}_{ij}$，则

$$\alpha_{ij}=\frac{1}{2\boldsymbol{U}_{tj}}[(\boldsymbol{A}_{ij}+\Delta \boldsymbol{A}_{ij})-(\boldsymbol{A}'_{ij}+\Delta \boldsymbol{A}'_{ij})]=\frac{\boldsymbol{A}_{ij}-\boldsymbol{A}'_{ij}}{2\boldsymbol{U}_{tj}}。\tag{2-34}$$

这样，通过上述两次测量，按式(2-34)算出的影响系数极大地减小了测量误差，而且 $\boldsymbol{A}_{i0}$ 也可用上述两次测量值的平均值计算出精确度更高的原始不平衡振动响应值。

自然，通过两次测试，影响系数的精确度无疑有了较大提高；然而轴系转子的试验启动次数也增加一倍，而且在机组的安装现场，欲将轴系诸转子启动一次所要耗费的能源、人力和物力往往不是一件小事。所以，寻求尽可能地减少平衡测试过程中的轴系的启动次数，又能精确地求得影响系数，具有重要的实际意义，有待我们不断探索。

6. 影响系数矩阵的一般形式

轴系转子现场平衡中的影响系数 α_{ij} 随转子的平衡测试转速而变化，同时，它还随机组的工况条件的变化而变化。因此，当转子要求在几个不同转速、工况条件下进行平衡时，影响系数平衡法的线性平衡方程式可写成下列一般形式：

$$\begin{bmatrix} \alpha_{11}^{(1)} & \alpha_{12}^{(1)} & \cdots & \alpha_{1m}^{(1)} \\ \alpha_{21}^{(1)} & \alpha_{22}^{(1)} & \cdots & \alpha_{2m}^{(1)} \\ \vdots & \vdots & & \vdots \\ \alpha_{n1}^{(1)} & \alpha_{n2}^{(1)} & \cdots & \alpha_{nm}^{(1)} \\ \alpha_{11}^{(2)} & \alpha_{12}^{(2)} & \cdots & \alpha_{12}^{(2)} \\ \alpha_{21}^{(2)} & \alpha_{22}^{(2)} & \cdots & \alpha_{2m}^{(2)} \\ \vdots & \vdots & & \vdots \\ \alpha_{n1}^{(2)} & \alpha_{n2}^{(2)} & \cdots & \alpha_{nm}^{(2)} \\ \vdots & \vdots & & \vdots \\ \alpha_{11}^{(k)} & \alpha_{12}^{(k)} & \cdots & \alpha_{1m}^{(k)} \\ \alpha_{21}^{(k)} & \alpha_{22}^{(k)} & \cdots & \alpha_{2m}^{(k)} \\ \vdots & \vdots & & \vdots \\ \alpha_{n1}^{(k)} & \alpha_{n2}^{(k)} & \cdots & \alpha_{nm}^{(k)} \end{bmatrix} \cdot \begin{Bmatrix} \boldsymbol{U}_1 \\ \boldsymbol{U}_2 \\ \vdots \\ \vdots \\ \vdots \\ \vdots \\ \vdots \\ \vdots \\ \vdots \\ \vdots \\ \vdots \\ \vdots \\ \boldsymbol{U}_m \end{Bmatrix} + \begin{Bmatrix} \boldsymbol{A}_{10}^{(1)} \\ \boldsymbol{A}_{20}^{(1)} \\ \vdots \\ \boldsymbol{A}_{n0}^{(1)} \\ \boldsymbol{A}_{10}^{(2)} \\ \boldsymbol{A}_{20}^{(2)} \\ \vdots \\ \boldsymbol{A}_{n0}^{(2)} \\ \vdots \\ \boldsymbol{A}_{10}^{(k)} \\ \boldsymbol{A}_{20}^{(k)} \\ \vdots \\ \boldsymbol{A}_{n0}^{(k)} \end{Bmatrix} = 0。\tag{2-35}$$

或简写成

$$[\alpha_{ij}^{(k)}]\{\boldsymbol{U}_j\}+\{\boldsymbol{A}_0^{(k)}\}=0。\tag{2-36}$$

式中，字母右上标(k)表示转速数或工况条件数目；$[\alpha_{ij}^{(k)}]$为 $n\times k$ 行 m 列的矩阵，$\{\boldsymbol{A}_n^{(k)}\}$ 为 $n\times k$ 的列矩阵，$\{\boldsymbol{U}_m\}$ 为 m 列矩阵。

2.6 平衡校正误差分析

2.6.1 概 述

根据平衡机对转子不平衡量测试结果显示的数据，在对转子实施平衡校正作业的过程中，往往会产生误差。这种在校正作业过程中产生的误差，我们称之为校正误差。由于它的存在，使得经一次平衡校正后转子不平衡量的减少率大大降低，常常造成一次的校正不能得到满意的结果，还需要进行第二、三乃至若干次的校正。通常，校正误差可分为校正角度误差、校正量值误差和校正平面误差等。

习惯上，人们对于用来测试转子不平衡量的平衡机性能指标的高低比较重视，认为它是转子达到平衡品质等级的技术保证；然而，这仅仅是问题的一半，而问题的另一半则是必须对平衡校正作业过程中普遍存在的校正误差也应给以足够的重视。笔者认为，高度重视并尽可能地减小可能产生的校正误差，与重视平衡测试过程中存在的误差有同等重要的意义，两者不可偏颇。因此，重视对校正误差的分析和研究，对保证转子高质量地达到其技术条件所规定的平衡品质等级，缩短转子的校正作业时间，提高平衡生产效率是一个不可忽视的课题。

转子的机械平衡包括平衡测试与校正两道工序。本节有关校正误差的分析仅阐述在平衡校正作业过程中可能产生和存在的误差，不涉及平衡测试过程中的误差，而校正误差中的角度误差、量值误差和校正平面误差等很少单独出现，通常是相互间有联系地表现出来。

2.6.2 角度误差

在校正作业中，若实际施加的或去除的校正质量块的质心所在圆周角位置与平衡测试所得的相位角位置不一致，此时所产生的误差为角度误差。角度误差是平衡校正过程中最容易产生的一种校正误差。由于角度误差的存在，即使校正质量块的量值没有误差，但校正后还会残留着剩余不平衡量。

根据平衡测试所得的示值，转子在其某校正平面内的不平衡量为 $\boldsymbol{U}_0$。校正时由于存在角度误差，施加上去的校正质量块 $\boldsymbol{U}_c$（令 $|\boldsymbol{U}_c|=$

$|\boldsymbol{U}_0|$)不处在 $\boldsymbol{U}_0$ 的反方向延长线上，而是偏斜了一个 $\Delta\theta$（见图 2-21），结果非但没有完全消除原有所测出的不平衡量 $\boldsymbol{U}_0$，而且根据矢量合成可知，转子还残留了一个剩余不平衡量 $\boldsymbol{U}_r$，且

$$|\boldsymbol{U}_r| = 2|\boldsymbol{U}_0| \cdot \sin\frac{\Delta\theta}{2}。$$

在这里我们引入一个校正后的剩余不平衡量 $\boldsymbol{U}_r$，它与初始不平衡 $\boldsymbol{U}_0$ 的百分比，命名为平衡校正误差率 δ，即

$$\delta = \frac{|\boldsymbol{U}_0 - \boldsymbol{U}_c|}{|\boldsymbol{U}_0|} = \frac{|\boldsymbol{U}_r|}{|\boldsymbol{U}_0|} = 2\sin\frac{\Delta\theta}{2}(\%)。\tag{2-37}$$

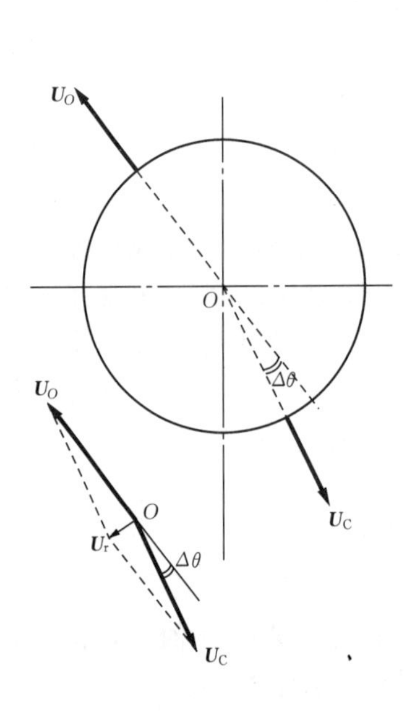

图 2-21　角度误差

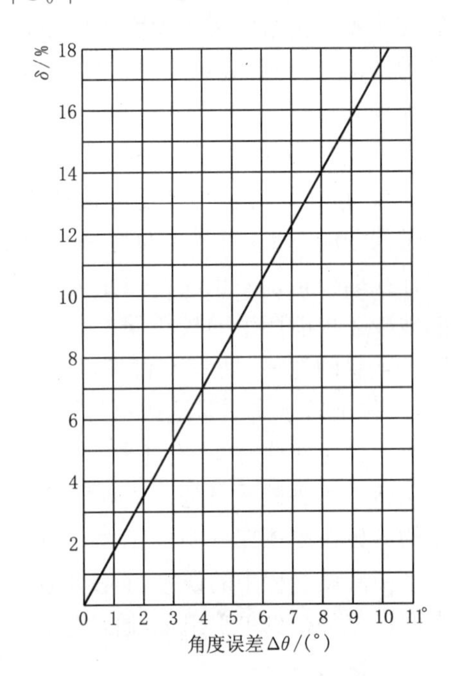

图 2-22　δ 与 Δθ 的关系曲线

不难看出，平衡校正误差率 δ 与 $\Delta\theta$ 之间有着一定的函数关系，$\Delta\theta$ 越小，自然 δ 也小。在 $\Delta\theta$ 不太大的情况下，δ 与 $\Delta\theta$ 近似于线性关系，可详见表 2-1 和图 2-22。

表 2-1　δ 与 Δθ 的关系

$\Delta\theta$/(°)	1	2	3	4	5	6	7	8
δ/%	1.7	3.4	5.2	6.9	8.7	10.5	12.2	13.9

由表2-1可看出，欲使平衡校正误差率$\delta \leqslant 5\%$，角度误差$\Delta\theta$必须控制在$\pm 3°$以内。另外，不难看出，如果校正后的剩余不平衡量$|\boldsymbol{U}_r|$与初始不平衡$|\boldsymbol{U}_0|$大约相差90°时，说明校正量准确而且角度误差很小；又若$\Delta\theta = 60°$，则$\delta = 100\%$，说明此时的校正已不再具有减小初始不平衡量的校正效果了。

角度误差是平衡校正作业过程中最容易产生的误差。产生和引起角度误差的原因有很多，除了操作者因凭借自己的目测来确定转子上的相位角而引发的误差外，还由于校正质量块位置的偏差。即：当转子的初始不平衡量较大时，往往需要用数个校正质量块（加重校正）或钻数个孔（去重校正）加以校正，此时，总的校正质量块的质心不易准确地落在初始不平衡的所在相位角位置上；也可能由于转子的结构限制，在该校正的相位角位置上无法实施校正，此时只能分在两个相邻的圆周角度位置上作分量校正，致使校正质量块的合成矢量偏离准确的相位角而造成角度误差。见图2-23。

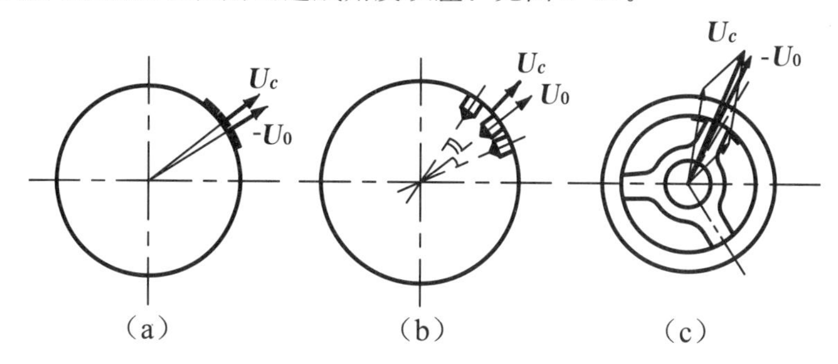

图2-23　引起角度误差原因的实例

由于角度误差（包括平衡测试中存在的角度误差）的存在，会导致转子在每次校正后残留的剩余不平衡的大小及其相位角不断地改变。见图2-24。例如在“去重”钻孔校正的场合，在转子的某一校正平面（径向平面）内沿整个圆周表面上作第二、三、四次校正，最终造成了钻有多个校正孔的痕迹。

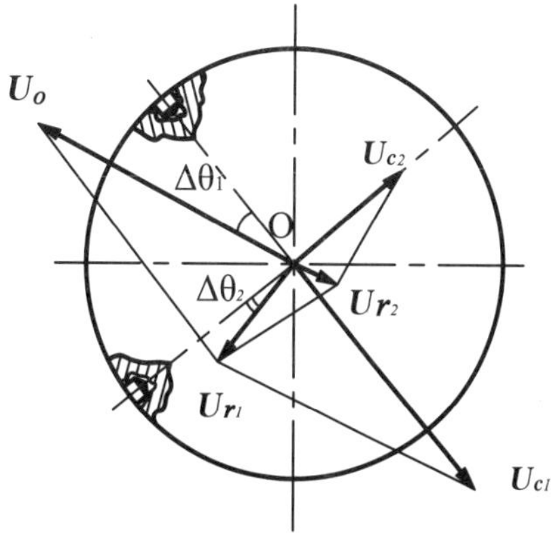

图2-24　角度误差造成多个钻孔

2.6.3 量值误差

在作平衡校正时,因施加上的或去除的校正量的量值不等于所测得的不平衡量的量值而产生的误差为量值误差。量值误差大多发生在校正质量块需沿转子外圆表面分布角度较大的场合,也可能因实际的校正半径与原来设定的半径不等而产生。量值误差对其剩余不平衡量的角度位置不会产生影响。

如图 2-25(a)所示,当校正质量块在转子外圆表面上的包角度较大时,其质量中心虽然位于所测得的初始不平衡量 $\boldsymbol{U}_0$ 的方向上而无角度误差,但就其中的部分质量的校正量 $\boldsymbol{u}(=m\boldsymbol{r})$ 而言,其矢径方向与 $\boldsymbol{U}_0$ 的方向相差一个 θ 角,因而作用在 $\boldsymbol{U}_0$ 方向上的有效分量应为 $\boldsymbol{u}'=\boldsymbol{u}\cos\theta$,可见 $|u'|<|u|$,所以在 $\boldsymbol{U}_0$ 方向上的整个校正质量块的有效量值不等于 $|\boldsymbol{U}_0|$,而是小于 $|\boldsymbol{U}_0|$。

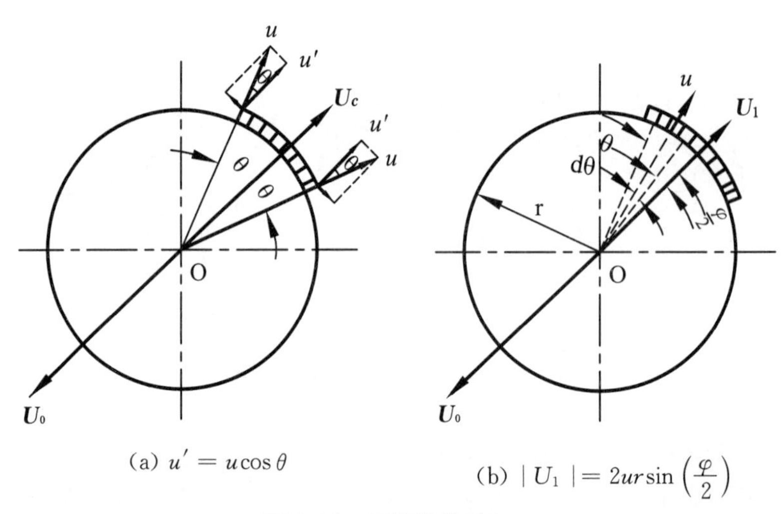

(a) $u'=u\cos\theta$　　(b) $|U_1|=2ur\sin\left(\frac{\varphi}{2}\right)$

图 2-25　量值误差图之一

设施加在转子外圆表面上单位圆弧长上的校正量为 $\boldsymbol{u}(=mr$, r 为校正半径);θ 为 $\boldsymbol{u}$ 的矢径与 $\boldsymbol{U}_0$ 方向的夹角, $\mathrm{d}\theta$ 为 $\boldsymbol{u}$ 所对应的中心角;φ 为整个校正质量块沿圆周的包角;$\boldsymbol{U}_0$ 为所测得的初始不平衡量,其绝对量值为 $|\boldsymbol{U}_0|$。如图 2-25(b)所示。若不考虑包角的影响,则校正质量块所产生的校正不平衡量值 $|\boldsymbol{U}_c|$ 为

$$|\boldsymbol{U}_c|=|\boldsymbol{U}_0|=2\int_0^{\varphi/2} ru\,\mathrm{d}\theta=2ur(\varphi/2)。$$

然而，这里校正质量块呈弧线分布，$\boldsymbol{u}$ 在 $\boldsymbol{U}_0$ 方向上的有效校正量值$|\boldsymbol{U}_1|$为

$$|\boldsymbol{U}_1|=2\int_0^{\varphi/2} ru\cos\theta\,\mathrm{d}\theta=2ur\sin\left(\frac{\varphi}{2}\right)。$$

在数学上，当角度 α 不太大的前提条件下，可用 $\sin\alpha=\left(\alpha-\frac{\alpha^3}{3!}\right)$。关系式来描述正弦函数值与角度的关系。譬如，当 α 不大于 40°时，两者相差值不超过 1×10^{-3}。所以，上式可写成

$$|\boldsymbol{U}_1|=2ur\cdot\sin(\varphi/2)=2ur\left[\varphi/2-\frac{(\varphi/2)^3}{3!}\right]。$$

所以平衡校正误差率为

$$\delta=\frac{|\boldsymbol{U}_0|-|\boldsymbol{U}_1|}{|\boldsymbol{U}_0|}=\frac{(\varphi/2)^2}{3!}=\varphi^2/24。\qquad(2\text{-}38)$$

由此式可以得知，平衡校正误差率 δ 随包角 φ 的增大而成平方增加；但在 φ 不大于 40°时其绝对值增加并不明显。

如果测得的不平衡量较大，无法在一个集中的角度位置上施加一个较大的校正质量块或只能钻一个浅孔进行平衡校正，而是要采用几个校正块或钻两三个浅孔作校正，此时也会产生量值误差。如图 2-26 所示，用三个相同的校正质量块作校正。假设所测得的初始不平衡量 $\boldsymbol{U}_0$ 在校正半径 r 处的不平衡质量为 m，而施加三个相同的预制校正质量块的质量的总和也等于 m，即

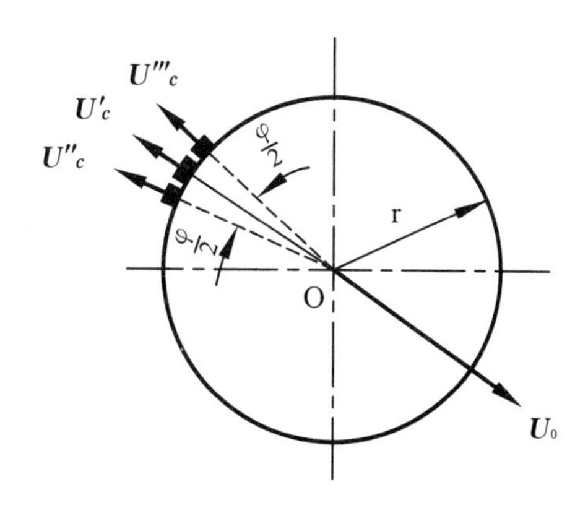

图 2-26　量值误差图之二

$$m'_c+m''_c+m'''_c=m,\qquad m'_c=m''_c=m'''_c=\frac{1}{3}m。$$

但由于 m''_c和 m'''_c 偏离 $\boldsymbol{U}_0$ 方向 $\varphi/2$ 角度，由它们产生的不平衡量 $\boldsymbol{U}''_c$和 $\boldsymbol{U}'''_c$ 在 $\boldsymbol{U}_0$ 方向上的有效分量为 $\boldsymbol{U}''_c\cos(\varphi/2)$和 $\boldsymbol{U}''_c\cos(\varphi/2)$，均小

于1,这时的平衡校正误差率为

$$\delta=\frac{|\boldsymbol{U}_0|-|\boldsymbol{U}_1|}{|\boldsymbol{U}_0|}=1-\frac{1}{3}\left[1+2\cos\left(\frac{\varphi}{2}\right)\right]=\frac{2}{3}\left(1-\cos\frac{\varphi}{2}\right)。\tag{2-39}$$

如采用两块相同的预制校正质量块作校正,则它们分别位于$\boldsymbol{U}_0$方向的两侧,夹角也为$\varphi/2$,且$m_c'+m_c''=m$,$m_c'=m_c''=\frac{1}{2}m$,则平衡校正误差率为

$$\delta=\frac{|\boldsymbol{U}_0|-|\boldsymbol{U}_1|}{|\boldsymbol{U}_0|}=1-\cos\left(\frac{\varphi}{2}\right)。\tag{2-40}$$

量值误差还会产生在这样一种情况下,即实际施加的校正质量块质心的半径位置相对于原来设定的校正半径有偏差,有人称之为校正半径误差。这是因为实际测的不平衡量量值为$\boldsymbol{U}=mr$,且校正半径是事先设定了的,在此半径处的不平衡质量则用克(g)为单位作为平衡机的示值。如图2-27(a)所示,当采用沿径向钻孔作平衡校正时,实际有效的校正半径$(r-\Delta r)$随钻孔的深度的增加而变小,校正量的有效值也随钻孔深度的增加而变小。又如图2-27(b)所示,当采用加重校正时,在事先设定的半径r处测得应加的校正质量块为m,这时因校正质量快的质心位于$r+\Delta r$处,所以实际的校正不平衡量为$m(r+\Delta r)$而不是mr,从而便产生了量值误差。

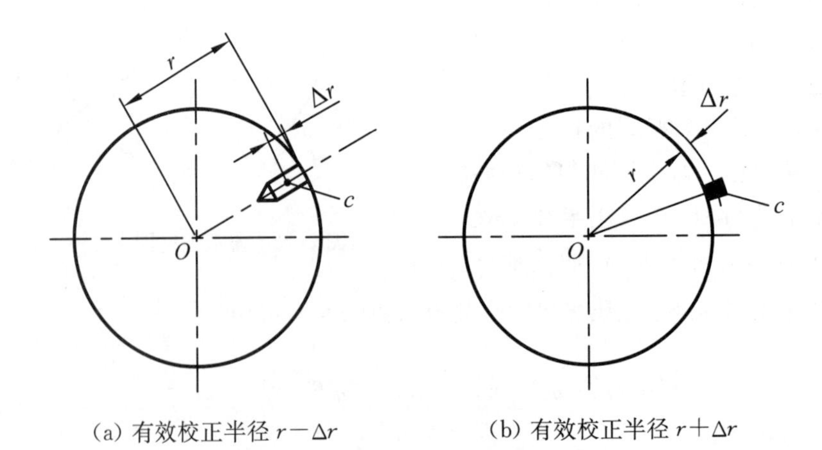

(a) 有效校正半径 $r-\Delta r$　　(b) 有效校正半径 $r+\Delta r$

图2-27　校正半径误差

c—校正质量块的质心

2.6.4　校正平面误差

转子的动不平衡可以而且必须在预先设置的两个校正平面上作平衡测试和校正。由第1章已知，如转子的两个校正平面的相对位置发生变化，那么，校正平面上的等效不平衡量亦随之而变化。如果已经设定好了两个校正平面，并已测得了各校正平面上存在的等效不平衡量，当实际进行平衡的校正平面的位置与设定的校正平面有偏差，即使在两个校正平面上实施校正的量值大小及其圆周角位置都不存在误差，也会产生误差而残留下剩余不平衡量，这就叫做校正平面误差。

图2-28中，设在左、右两校正平面上测得的不平衡量分别为$\boldsymbol{U}_{\mathrm{L}}$和$\boldsymbol{U}_{\mathrm{R}}$。现假设在$P_{\mathrm{R}}$平面上的圆周角位置处施加上$\boldsymbol{U}_{\mathrm{RC}}$，无误差地平衡消除了$\boldsymbol{U}_{\mathrm{R}}$，即$\boldsymbol{U}_{\mathrm{RC}}-\boldsymbol{U}_{\mathrm{R}}=0$，而在$P_{\mathrm{L}}$平面的内侧偏离其轴向距离$\Delta l$的位置处一径向平面上施加上$\boldsymbol{U}_{\mathrm{LC}}$（$|\boldsymbol{U}_{\mathrm{LC}}|=|\boldsymbol{U}_{\mathrm{L}}|$），结果未能平衡消除$\boldsymbol{U}_{\mathrm{L}}$。此时，可将所施加的$\boldsymbol{U}_{\mathrm{LC}}$分解到左、右两个校正平面$P_{\mathrm{L}}$和$P_{\mathrm{R}}$上去：

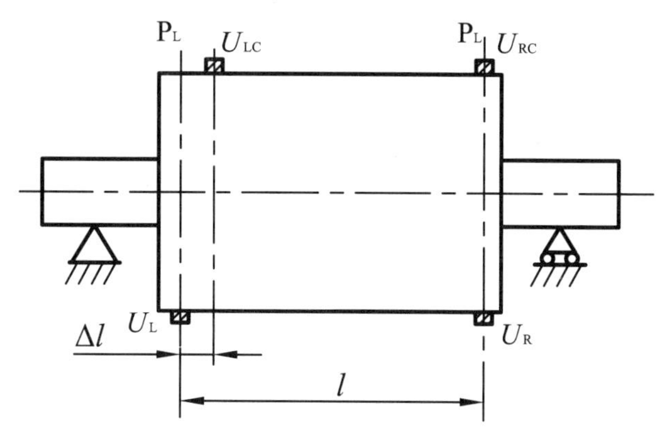

图2-28　校正平面误差

$\boldsymbol{U}_{\mathrm{LC}}$在$P_{\mathrm{L}}$平面上的分量为$\boldsymbol{U}'_{\mathrm{LC}}=\left(1-\dfrac{\Delta l}{l}\right)\boldsymbol{U}_{\mathrm{LC}}=\left(1-\dfrac{\Delta l}{l}\right)U_{\mathrm{L}}$；

$\boldsymbol{U}_{\mathrm{LC}}$在$P_{\mathrm{R}}$平面上的分量为$\boldsymbol{U}'_{\mathrm{RC}}=\dfrac{\Delta l}{l}\boldsymbol{U}_{\mathrm{L}}$。

因此，在平面P_{R}上施加有校正量总共有$\boldsymbol{U}''_{\mathrm{RC}}=\boldsymbol{U}_{\mathrm{RC}}+\dfrac{\Delta l}{l}\boldsymbol{U}_{\mathrm{L}}$。

于是，平面P_{L}上的剩余不平衡量为

$$\boldsymbol{U}_{\mathrm{Lr}}=\boldsymbol{U}'_{\mathrm{LC}}-\boldsymbol{U}_{\mathrm{L}}=-\frac{\Delta l}{l}\boldsymbol{U}_{\mathrm{L}};$$

P_R 平面上的剩余不平衡量为

$$\boldsymbol{U}_{Rr}=\boldsymbol{U}''_{RC}-\boldsymbol{U}_R=\frac{\Delta l}{l}\boldsymbol{U}_L。$$

由此可以看出最终的结果，在左、右校正平面上的剩余不平衡量大小相等，方向相反，构成一个偶不平衡。这就是说，在对转子进行平衡校正作业的过程中，如果不在事先设定的两个校正平面上进行校正，就会在两个校正平面上带来新的不平衡量，且两者构成一个偶不平衡，不仅使得施行错误校正的一个校正平面上产生误差，也使得施行正确校正的一个校正平面上产生新的不平衡量。而且，在一般的 $\boldsymbol{U}_L$ 和 $\boldsymbol{U}_R$ 的相位角不相同的情况下，施行正确校正的一个校正平面上所产生的新不平衡量的相位角与最初的被校正的原始不平衡量的相位角不相同。从这里我们可以得出这样一种认识：如在原本已经施行了正确校正的某一校正平面上产生了预料不到的新的不平衡量（也可视它为剩余不平衡量），其原因大多数是由于校正平面误差所造成的。

由上面校正平面误差的表达式可以看出，Δl 越大或两校正平面的间距 l 越小，误差就越大。因此，在选择并设置转子的两个平衡校正平面时，应尽量使得两个校正平面的间距大些，同时尽可能选用不易产生 Δl 的校正方法，譬如在转子断面沿其轴向打深孔或在转子的外圆表面上沿轴向施加长度较长的狭长条形校正质量块。

以上分别讨论分析了校正误差中的三种典型的误差——角度误差、量值误差和校正平面误差。实际上，这三种误差往往是同时出现在转子的平衡校正作业过程中。尤其是角度误差和量值误差同时并存的场合极为普遍。然而，两者所构成最终的校正误差也并非“旗鼓相当”，其中角度误差导致校正误差的影响尤为显著，例如当角度误差 $\Delta\theta=10°$ 时，由它导致产生的平衡校正误差率 $\delta=17.4\%$。所以，对于平衡校正中的角度误差应当引起平衡作业者的高度重视，并尽可能地减小之。

2.7 内燃机曲轴的机械平衡

2.7.1 概　述

往复式发动机如内燃发动机和往复式压气机，由于其中作往复运动的零部件如活塞和连杆的质量引起的惯性力给曲轴带来了力和力矩,因而即使曲轴连同一起的飞轮处于力的平衡状态,轴承仍受有交变载荷并引发振动。但是,对于气缸数为四缸和六缸的内燃发动机,由于气缸及连杆的合理布置,由作往复运动的零部件所引起的惯性力和惯性力矩中与转速同频率的分量都会在整机内部得以平衡而消除,因此,如同一般的转子那样,单独对曲轴作机械平衡即可满足要求。

然而,与一般转子不一样的是曲轴上允许作平衡校正的圆周角位置受其结构的限制。通常,曲轴的不平衡是通过在它的若干个扇形配重块上采用沿半径方向钻孔去重的方法进行校正,而每个扇形配重块仅处于一个限定的相位角度范围内,并且这个限定的角度范围又随扇形配重块不同的轴向位置而不同,因此,一根曲轴的机械平衡需要采用不同于一般刚性转子的特殊方法,即定角度位置和多平面校正。

2.7.2 四缸曲轴的平衡原理

图 2-29 所示为四缸曲轴的结构示意图。在曲轴的两端和中间主轴两侧的连杆轴颈对面共设置有四个扇形配重块,用作平衡校正平面(图中标示为 1, 2, 3, 4 面)。其中,中间的两个平面 2, 3 间距小,且方向相同,但它们与左右两端的平面 1, 4 方向相反;左右两端的平面 1, 4 既是校正平面,又被选择为平衡测量平面 L, R,测得的不平衡量记为 $\boldsymbol{U}_{\mathrm{L}}$, $\boldsymbol{U}_{\mathrm{R}}$。

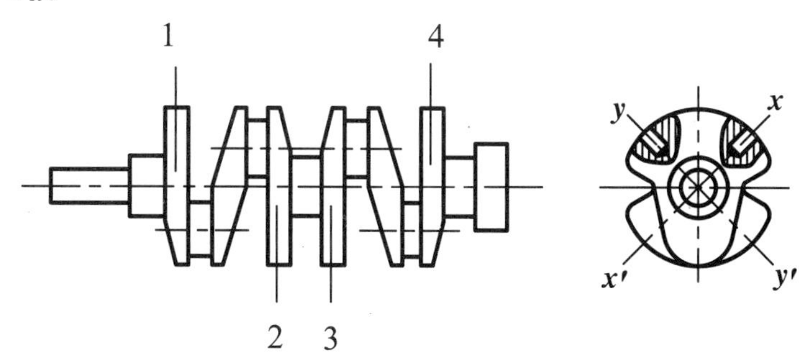

图 2-29 四缸内燃机曲轴结构示意图

四缸曲轴的平衡通常要求在每个扇形配重块上采用沿 x(x'为其反向)和 y(y'为其反向)两个坐标轴方向进行钻孔去重校正。为了钻孔去重校正的方便,由平衡机测得的曲轴在其两个测量平面上的不平衡量应采用分量形式(x 和 y 坐标轴可互成 90°,也可不为 90°)来显示,即表示成$\boldsymbol{U}_{L-x}$，$\boldsymbol{U}_{L-y}$，$\boldsymbol{U}_{R-x}$ 和$\boldsymbol{U}_{R-y}$。如果测量所得的$\boldsymbol{U}_L$ 和$\boldsymbol{U}_R$ 的各自两个在x，y 坐标轴上的分量全为正，则就可以在平面1，4 上沿坐标轴x，y 方向上采取钻孔去重方法，予以平衡校正；如果测量所得的$\boldsymbol{U}_L$ 和$\boldsymbol{U}_R$ 的各自两个分量中有一个负值出现，那么，负值分量无法在平面1，4 上加以校正，必须将负值分量转换到其余的三个平面上去，以便能将它们在坐标轴x'或y'方向上采用钻孔去重方法，予以平衡校正。

具体转换的原理和方法如下：

由于四缸曲轴的四个扇形配重块的轴向位置相对于中间主轴颈是左右对称的，并且中间的两个扇形配重块与两侧的两个扇形配重块的方向相反，所以在四个平面1，2，3，4 的同一坐标轴方向上分别同时加上绝对值相等的不平衡量，不会改变曲轴整体的不平衡状态。

若测得L 平面的不平衡分量为$\boldsymbol{U}_{L-x}$ 为负值，其绝对值为$|\boldsymbol{U}|$，显然它意味着处于x'坐标轴方向上，无法在平面1 上得到校正。利用上述的原理，在平面1，4 的x 坐标轴方向和平面2，3 上的x'坐标轴方向上，分别同时加上绝对值为$|\boldsymbol{U}|$的不平衡量，它们不会改变曲轴整体的不平衡状态。于是，平面1 上的原有的负值不平衡分量被抵消，而在平面2，3 的x'坐标轴方向上和平面4 的x 坐标轴方向上却各出现了绝对值为$|\boldsymbol{U}|$新的不平衡分量。这样，

$$\boldsymbol{U}_{1-x} = \boldsymbol{U}_{L-x} + |\boldsymbol{U}| = 0;$$
$$\boldsymbol{U}_{2-x'} = \boldsymbol{U}_{3-x'} = +|\boldsymbol{U}|;$$
$$\boldsymbol{U}_{4-x} = \boldsymbol{U}_{R-x} + |\boldsymbol{U}|。$$

于是，对负值的不平衡分量$\boldsymbol{U}_{L-x}$ 的平衡校正可以通过对上述$\boldsymbol{U}_{2-x'}$，$\boldsymbol{U}_{3-x'}$ 和$\boldsymbol{U}_{4-x}$ 的平衡校正来替代之。

现举例说明：假设测量所得的$\boldsymbol{U}_{L-x}$ 为－3，见图2-30(a)。这时可在平面1，4 和2，3 上对应的x 和x'坐标轴方向上都加上3。于是，1 平面上的$\boldsymbol{U}_{L-x}$（负值）被抵消了，而在平面2，3 的x'坐标轴方向和平面4 的x 坐标轴方向上，各增加了一个绝对值均为3 的值。这样转换算的结果，转换成平面2，3，4 上的不平衡量均可采用钻孔去重的方法予以校正。

同样，当测量所得的$\boldsymbol{U}_L$ 和$\boldsymbol{U}_R$，其中$\boldsymbol{U}_{L-y}$或$\boldsymbol{U}_{R-x}$或$\boldsymbol{U}_{R-y}$也出现有负值时，均可参照此原理及其方法加以转换成其余3 个平面上的对应坐标轴方向上的不平衡量，尔后予以平衡校正。

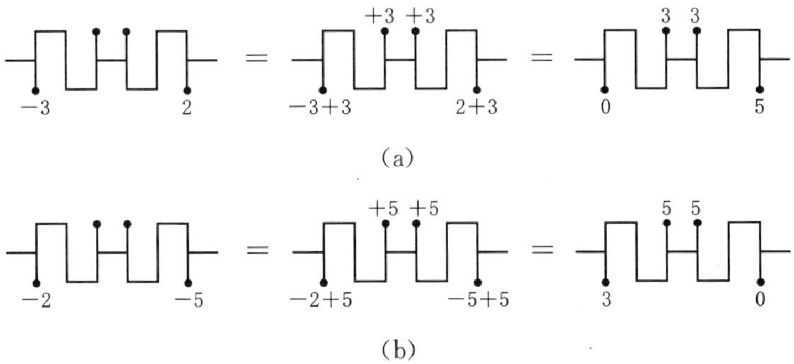

+3 +3　　3 3
−3　2 = −3+3　2+3 = 0　5

(a)

+5 +5　　5 5
−2　−5 = −2+5　−5+5 = 3　0

(b)

图 2-30　四缸曲轴上的不平衡量的转换计算

如果测量所得的 $\boldsymbol{U}_{\rm L}$ 和 $\boldsymbol{U}_{\rm R}$ 的分量中有两个相同坐标轴方向上的分量同时为负值,则可取其中绝对值大的分量值,将该绝对值加到平面 1，4 上的对应的 x 或 y 坐标轴方向上和校正平面 2，3 上的对应的 x'或 y'坐标轴方向上。该绝对值与 $\boldsymbol{U}_{\rm L}$ 和 $\boldsymbol{U}_{\rm R}$ 的同坐标轴方向上的原有的测量分值之和便成为校正平面 1，4 上在对应 x 或 y 坐标轴方向上的所需的校正量值,原来的其中一个绝对值大的平面上的校正量此时抵消为零,小的那个平面上的校正量此时就成为正值了。该绝对值同时也成为平面 2 和 3 上在对应 x'或 y'坐标轴方向上的校正量。见图 2-30(b)。

曲轴专用平衡机的测量单元中都设计有自动进行上述转换运算的功能电路或计算编程软件,会自动显示出换算的结果,供平衡操作人员校正作业用。

2.7.3　六缸曲轴的平衡原理

图 2-31 为内燃发动机六缸曲轴的结构示意图。曲轴的六个连杆轴颈 1，2，3，4，5，6 互成 120°角,并沿轴向呈对称分布。其平衡校正通常要求采用在六个连杆轴颈的侧面上进行钻孔去重校正,且去重钻孔的轴线与曲轴轴线之间有一个不大的倾角。图中的箭头表示出了钻孔去重的位置和方向。因此,六缸曲轴的机械平衡一般采用六个校正面,且钻孔去重校正的相位角的位置相邻两面相差 120°。

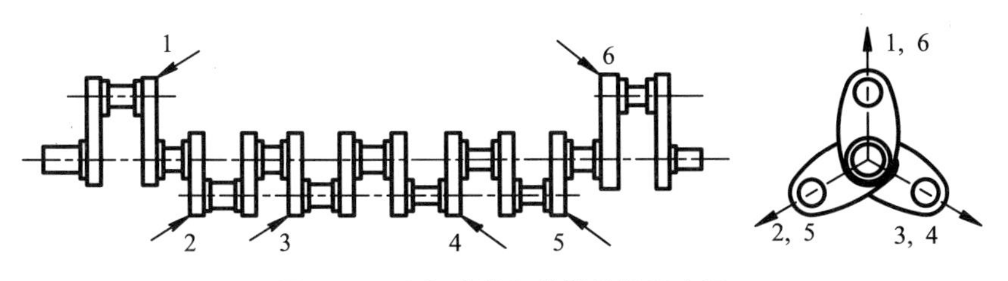

图 2-31　六缸内燃机曲轴结构示意图

为便于讲述平衡原理，图中设轴颈 1，6 的中心处于相位角 0°位置，轴颈 2，5 的中心处于相位角位置 120°位置，轴颈 3，4 的中心处于相位角 240°位置。其钻孔校正的相位角也分别在这几个位置上。假设六个校正面上对应的等效不平衡量分别记作 $\boldsymbol{U}_{1-0^\circ}$，$\boldsymbol{U}_{2-120^\circ}$，$\boldsymbol{U}_{3-240^\circ}$，$\boldsymbol{U}_{4-240^\circ}$，$\boldsymbol{U}_{5-120^\circ}$ 和 $\boldsymbol{U}_{6-0^\circ}$。

六缸曲轴可以采用六面 0°～120°角坐标系和六面 0°～120°～240°角坐标系两种方法进行机械平衡。现就其原理介绍如下。

1. 0°～120°角坐标系分量校正平衡原理

我们选取径向平面 2，5 为测量平面。若将测量平面 L(校正面 2)和 R(校正面 5)上所测得的极坐标形式的不平衡量 $\boldsymbol{U}_{\mathrm{L}}$ 和 $\boldsymbol{U}_{\mathrm{R}}$ 按 0°～120°角坐标系的两个坐标轴方向分解成 0°和 120°的分量，分别用 L 和 R 标注，即 $\boldsymbol{U}_{\mathrm{L}-0^\circ}$，$\boldsymbol{U}_{\mathrm{L}-120^\circ}$ 和 $\boldsymbol{U}_{\mathrm{R}-0^\circ}$，$\boldsymbol{U}_{\mathrm{R}-120^\circ}$，也就是说，一次测得 $\boldsymbol{U}_{\mathrm{L}-0^\circ}$，$\boldsymbol{U}_{\mathrm{L}-120^\circ}$，$\boldsymbol{U}_{\mathrm{R}-0^\circ}$ 和 $\boldsymbol{U}_{\mathrm{R}-120^\circ}$ 4 个不平衡分量。其中 $\boldsymbol{U}_{\mathrm{L}-120^\circ}$ 和 $\boldsymbol{U}_{\mathrm{R}-120^\circ}$ 能直接在各自的校正面 2，5 上进行钻孔去重校正，而 $\boldsymbol{U}_{\mathrm{L}-0^\circ}$ 和 $\boldsymbol{U}_{\mathrm{R}-0^\circ}$ 则必须转换到校正面 1，6 上去才能进行钻孔去重校正。为此，按照平行力分解原理进行换算。见图 2-32。

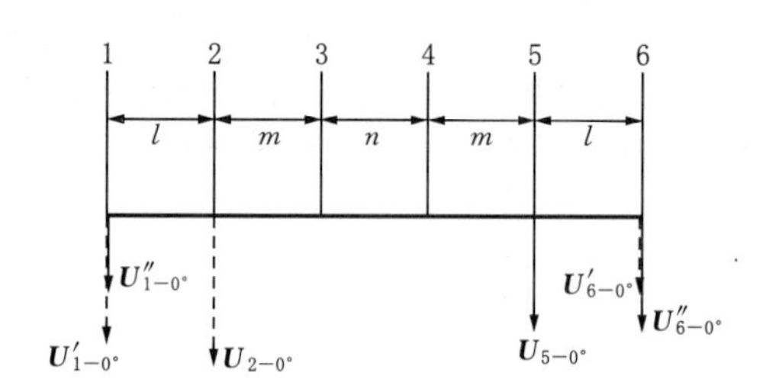

图 2-32　不平衡量按力的分解原理换算图

$$\boldsymbol{U}'_{1-0^\circ}=\frac{l+2m+n}{2l+2m+n}\cdot\boldsymbol{U}_{\mathrm{L}-0^\circ}=k'\cdot\boldsymbol{U}_{\mathrm{L}-0^\circ};$$

$$\boldsymbol{U}'_{6-0^\circ}=\frac{l}{2l+2m+n}\cdot\boldsymbol{U}_{\mathrm{L}-0^\circ}=k''\cdot\boldsymbol{U}_{\mathrm{L}-0^\circ}。$$

同理，

$$\boldsymbol{U}''_{1-0^\circ}=\frac{l}{2l+2m+n}\cdot\boldsymbol{U}_{\mathrm{R}-0^\circ}=k''\cdot\boldsymbol{U}_{\mathrm{R}-0^\circ},$$

$$\boldsymbol{U}''_{6-0^\circ}=\frac{l+2m+n}{2l+2m+n}\cdot\boldsymbol{U}_{\mathrm{R}-0^\circ}=k'\cdot\boldsymbol{U}_{\mathrm{R}-0^\circ}。$$

因此，由测量平面 2，5 上的 0°方向上的所测得的不平衡量 $\boldsymbol{U}_{\mathrm{L}-0^\circ}$ 和

$\boldsymbol{U}_{R-0°}$ 换算到校正面 1，6 上的 0°方向上的不平衡量量值为

校正面 1　　$k' \cdot \boldsymbol{U}_{L-0°} + k'' \cdot \boldsymbol{U}_{R-0°} = \boldsymbol{U}_{1-0°}$；

校正面 6　　$k' \cdot \boldsymbol{U}_{R-0°} + k'' \cdot \boldsymbol{U}_{L-0°} = \boldsymbol{U}_{6-0°}$。

对于一个整体的曲轴而言，由于它的各尺寸已定，所以式中的各系数也都是定数。这样就得到了分别在校正面 1，6 和 2，5 上的 0°和 120°坐标轴方向上的校正量 $U_{1-0°}$，$U_{2-120°}$，$U_{5-120°}$ 和 $U_{6-0°}$。

倘若这 4 个分量都为正值，随即就可以直接在校正面 1，2，5，6 上进行钻孔去重校正之。此时，曲轴只需 4 个校正面 1，2，5，6 即可予以平衡校正。

如若其中的某一个分量出现为负值，则必须将负值转换到其余校正面上去。这里由于六缸曲轴各校正面相对于中央的主轴轴颈是对称排列，且各校正面上的钻孔去重校正方向相隔 120°，呈等间隔分布，所以若在六个校正面上的钻孔相位角位置上(即 0°，120°，240°)同时加上绝对值相等的不平衡量，曲轴整体的质量分布不平衡状态无论是静不平衡还是偶不平衡都不会发生任何变化。因此，现假设其中的 $\boldsymbol{U}_{L-120°}$ 出现为负值，其量值为绝对值 $|\boldsymbol{U}|$。它无法在校正面 2 上的 120°位置加以校正，为此，需将该不平衡量的绝对值同时加到六个校正面上的钻孔相位角位置上去。于是，原来 $\boldsymbol{U}_{2-120°}$ 就被抵消了，而在校正面 1，6 的 0°坐标轴方向上和校正面 3，4 的 240°坐标轴方向上，以及校正面 5 的 120°各增加了一个量值为 $|\boldsymbol{U}|$ 的不平衡量。这样，它们都可以在各自的校正面上采用钻孔去重的方法加以平衡校正。同样地，如若被测到的其余三个不平衡分量 $\boldsymbol{U}_{L-0°}$，$\boldsymbol{U}_{R-0°}$ 和 $\boldsymbol{U}_{R-120°}$ 中的某个分量也为负值时，包括遇到 $\boldsymbol{U}_{L-0°}$ 或 $\boldsymbol{U}_{R-0°}$ 为负值时，应将负值的 $\boldsymbol{U}_{L-0°}$ 或 $\boldsymbol{U}_{R-0°}$ 也转换到校正面 1 或 6 上去，然后可以照上述方法，将负值的绝对值加到其余各面上去予以平衡校正。

如若其中有两个以上的负值(包括转换到校正面 1 和 6 上的分量值)，那么，可将负值中绝对值最大的一个分量值叠加到各校正面上去，结果一个面上的校正量抵消为 0，而其余五个面上的校正量都成为了正值，能采用钻孔去重校正了。

综上所述可以写出六个校正面上的不平衡量计算公式如下：

校正面 1　　$\boldsymbol{U}_{1-0°} = k' \cdot \boldsymbol{U}_{L-0°} + k'' \cdot \boldsymbol{U}_{R-0°} + |\boldsymbol{U}|$；

校正面 2　　$\boldsymbol{U}_{2-120°} = \boldsymbol{U}_{L-120°} + |\boldsymbol{U}|$；

校正面 3　　$\boldsymbol{U}_{3-240°} = |\boldsymbol{U}|$；

校正面 4　　$\boldsymbol{U}_{4-240°} = |\boldsymbol{U}|$；

校正面 5　　$\boldsymbol{U}_{5-120^\circ}=\boldsymbol{U}_{R-120^\circ}+|\boldsymbol{U}|$；

校正面 6　　$\boldsymbol{U}_{6-0^\circ}=k'\cdot\boldsymbol{U}_{R-0^\circ}+k''\boldsymbol{U}_{L-0^\circ}+|\boldsymbol{U}|$。

式中，$|\boldsymbol{U}|$为测得的四个不平衡分量$\boldsymbol{U}_{L-0^\circ}$，$\boldsymbol{U}_{L-120^\circ}$，$\boldsymbol{U}_{R-0^\circ}$和$\boldsymbol{U}_{R-120^\circ}$中的负值的绝对值最大值。

此时，曲轴需六个校正面予以平衡校正。实际上，由于其中的一个校正面上的不平衡量待加上$|\boldsymbol{U}|$后必为 0，所以曲轴只在五个校正面上进行平衡校正。

2. 0°～120°～240°角坐标系分量校正平衡原理

对于图 2-31 所示的六缸曲轴，若将测量平面 L(校正面 2)和 R(校正面 5)上所测得的极坐标形式的不平衡量$\boldsymbol{U}_L$和$\boldsymbol{U}_R$按 0°～120°～240°角坐标系的三个坐标轴方向分解成互成 120°的分量，即$\boldsymbol{U}_{L-0^\circ}$，$\boldsymbol{U}_{L-120^\circ}$，$\boldsymbol{U}_{L-240^\circ}$和$\boldsymbol{U}_{R-0^\circ}$，$\boldsymbol{U}_{R-120^\circ}$，$\boldsymbol{U}_{R-240^\circ}$，这样分解的结果具有一个特点，就是每个测得的不平衡量不论它处在 0°～360°的哪个角度都只有两个分量。换句话说，一个矢量在 0°～120°～240°角坐标系三个坐标轴方向上被分解成互成 120°的分量，其中的三个分量中必有一个分量为 0，另两个分量一定与坐标轴方向相同，也即这两个分量都为正值，见图 2-33。

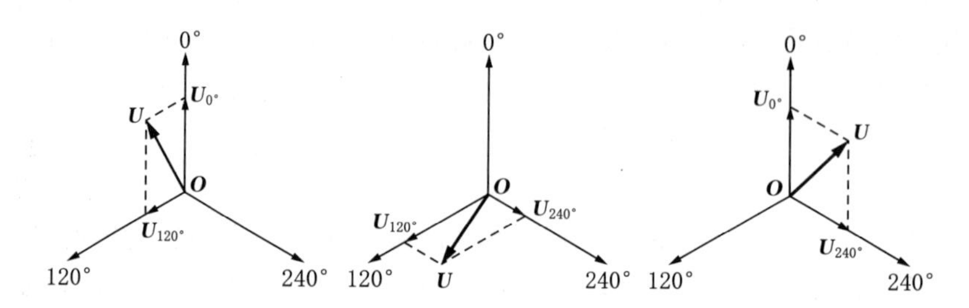

图 2-33　各不平衡分量均为正值

在曲轴专用平衡机的测量单元中，通过按均匀分布的 ϕ 角坐标系分量计算法(参见本书第 1 章 1.5“转子不平衡量表示方法”一节)的相关计算编程(软件)或相关的相敏检波电路，可将测得的极坐标形式的$\boldsymbol{U}_L$和$\boldsymbol{U}_R$显示成测量平面上的 0°，120°，240°方向上的分量，一共有四个分量。其中在校正面 2，5 上的分量$\boldsymbol{U}_{L-120^\circ}$和$\boldsymbol{U}_{R-120^\circ}$即可直接采用钻孔去重办法，予以平衡校正，而$\boldsymbol{U}_{L-0^\circ}$和$\boldsymbol{U}_{R-0^\circ}$，$\boldsymbol{U}_{L-240^\circ}$和$\boldsymbol{U}_{R-240^\circ}$则需分别转换到校正面 1、3、4 和 6 上去。其转换原理如下：

(1) 将测得的$\boldsymbol{U}_{L-0^\circ}$和$\boldsymbol{U}_{R-0^\circ}$从校正面 2，5 上分别转换到校正面 1，6 上。见图 2-34(a)。根据平行力的分解原理可得

$$U'_{1-0^\circ}=\frac{l+2m+n}{2l+2m+n}\cdot U_{L-0^\circ}=k'_{0^\circ}\cdot U_{L-0^\circ};$$

$$U'_{6-0^\circ}=\frac{l}{2l+2m+n}\cdot U_{L-0^\circ}=k''_{0^\circ}\cdot U_{L-0^\circ}。$$

同理，

$$U''_{1-0^\circ}=\frac{l}{2l+2m+n}\cdot U_{R-0^\circ}=k''_{0^\circ}\cdot U_{R-0^\circ};$$

$$U''_{6-0^\circ}=\frac{l+2m+n}{2l+2m+n}\cdot U_{R-0^\circ}=k'_{0^\circ}\cdot U_{R-0^\circ}。$$

所以，由校正面 2，5 上的所测得的 0°方向上的不平衡量 U_{L-0° 和 U_{R-0° 转换算到校正面 1，6 上的量值为

校正面 1　　$k'_{0^\circ}\cdot U_{L-0^\circ}+k''_{0^\circ}\cdot U_{R-0^\circ}$；

校正面 6　　$k'_{0^\circ}\cdot U_{R-0^\circ}+k''_{0^\circ}\cdot U_{L-0^\circ}$。

(2) 将测得的 U_{L-240° 和 U_{R-240° 从校正面 2，5 分别换算到校正面 3，4 上的 240°方向上和校正面 2，5 上的 240°负方向即 60°方向。见图 2-34(b)。同样，根据平行力的分解原理可得

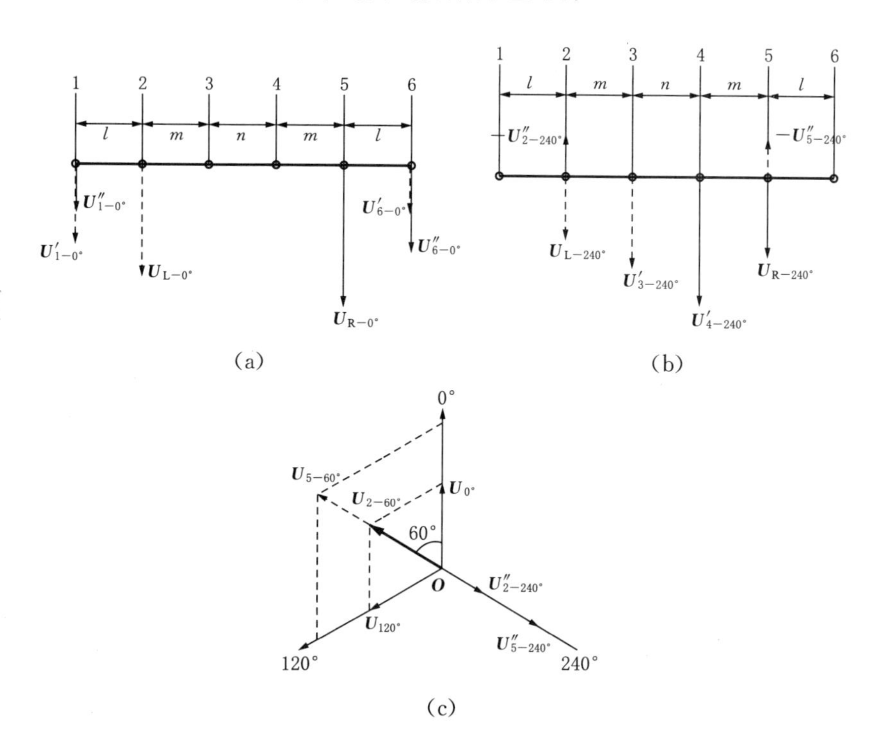

图 2-34　不平衡量的换算图

$$\boldsymbol{U}'_{3-240^\circ}=\frac{2m+n}{m+n}\cdot\boldsymbol{U}_{L-240^\circ}=k'_{240^\circ}\cdot\boldsymbol{U}_{L-240^\circ};$$

$$-\boldsymbol{U}''_{5-240^\circ}=\frac{m}{m+n}\cdot\boldsymbol{U}_{L-240^\circ}=k''_{240^\circ}\cdot\boldsymbol{U}_{L-240^\circ}。$$

同理可得

$$\boldsymbol{U}'_{4-240^\circ}=\frac{2m+n}{m+n}\cdot\boldsymbol{U}_{R-240^\circ}=k'_{240^\circ}\cdot\boldsymbol{U}_{R-240^\circ};$$

$$-\boldsymbol{U}''_{2-240^\circ}=\frac{m}{m+n}\cdot\boldsymbol{U}_{R-240^\circ}=k''_{240^\circ}\cdot\boldsymbol{U}_{R-240^\circ}。$$

于是,校正面 2，5 上的 240°方向的分量 U_{L-240°，U_{R-240° 经换算后成为

校正面 3　$\boldsymbol{U}_{3-240^\circ}=\boldsymbol{U}'_{3-240^\circ}=k'_{240^\circ}\boldsymbol{U}_{L-240^\circ}$；

校正面 4　$\boldsymbol{U}_{4-240^\circ}=\boldsymbol{U}'_{4-240^\circ}=k'_{240^\circ}\boldsymbol{U}_{R-240^\circ}$；

校正面 2　$-\boldsymbol{U}''_{2-240^\circ}=\boldsymbol{U}_{2-60^\circ}=k''_{240^\circ}\cdot\boldsymbol{U}_{R-240^\circ}$；

校正面 5　$-\boldsymbol{U}''_{5-240^\circ}=\boldsymbol{U}_{5-60^\circ}=k''_{240^\circ}\cdot\boldsymbol{U}_{L-240^\circ}$。

由于校正面 2，5 上 60°方向的分量 $\boldsymbol{U}_{2-60^\circ}$，$\boldsymbol{U}_{5-60^\circ}$ 仍然无法采用钻孔去重,所以需要再进一步将它们按照力的平行四边形法则分解到 0°，120°方向上去,见图 2-33(c)。又不难看出,它们各自在 0°和 120°方向上的分量等于它们自身的量值。于是,它们各自在 120°方向上的分量为

校正面 2　$\boldsymbol{U}'_{2-120^\circ}=k''_{240^\circ}\cdot\boldsymbol{U}_{R-240^\circ}$；

校正面 5　$\boldsymbol{U}'_{5-120^\circ}=k''_{240^\circ}\cdot\boldsymbol{U}_{L-240^\circ}$。

而在 0°方向上的分量又应转换算到校正面 1，6 上去,参照上述(1)的计算方法,其值为

校正面 1　$\boldsymbol{U}'_{1-0^\circ}=k'_{0^\circ}\cdot\boldsymbol{U}_{2-60^\circ}+k''_{0^\circ}\cdot\boldsymbol{U}_{5-60^\circ}=k'_{0^\circ}\cdot k''_{240^\circ}\cdot\boldsymbol{U}_{R-240^\circ}+k''_{0^\circ}\cdot k''_{240^\circ}\cdot\boldsymbol{U}_{L-240^\circ}$；

校正面 6　$\boldsymbol{U}'_{6-0^\circ}=k'_{0^\circ}\cdot\boldsymbol{U}_{5-60^\circ}+k''_{0^\circ}\cdot\boldsymbol{U}_{2-60^\circ}=k'_{0^\circ}\cdot k''_{240^\circ}\cdot\boldsymbol{U}_{L-240^\circ}+k''_{0^\circ}\cdot k''_{240^\circ}\cdot\boldsymbol{U}_{R-240^\circ}$。

综上,则可得出相应于六个校正面上的等效不平衡量转换公式:

校正面 1　$\boldsymbol{U}'_{1-0^\circ}=k'_{0^\circ}\cdot\boldsymbol{U}_{L-0^\circ}+k''_{0^\circ}\cdot\boldsymbol{U}_{R-0^\circ}+k'_{0^\circ}\cdot k''_{240^\circ}\cdot\boldsymbol{U}_{R-240^\circ}+k''_{0^\circ}\cdot k''_{240^\circ}\cdot\boldsymbol{U}_{L-240^\circ}$；

校正面 2　$\boldsymbol{U}_{2-120^\circ}=\boldsymbol{U}_{L-120^\circ}+k''_{240^\circ}\cdot\boldsymbol{U}_{R-240^\circ}$；

校正面 3　$\boldsymbol{U}_{3-240^\circ}=k'_{240^\circ}\boldsymbol{U}_{L-240^\circ}$；

校正面 4　$\boldsymbol{U}_{4-240^\circ}=k'_{240^\circ}\boldsymbol{U}_{R-240^\circ}$；

校正面 5　$\boldsymbol{U}_{5-120^\circ}=\boldsymbol{U}_{R-120^\circ}+k''_{240^\circ}\cdot\boldsymbol{U}_{L-240^\circ}$；

校正面 6　　$U_{6-0^\circ}=k'_{0^\circ}U_{R-0^\circ}+k''_{0^\circ}\cdot U_{L-0^\circ}+k'_{0^\circ}\cdot k''_{240^\circ}\cdot U_{L-240^\circ}+k''_{0^\circ}\cdot k''_{240^\circ}\cdot U_{R-240^\circ}$。

式中，系数 k'_{0°，k''_{0°，k'_{240° 和 k''_{240° 均取决于测量平面与各校正面之间的距离。对于一个具体的曲轴，当测量平面和校正面的位置确定之后，各系数均为定值。

曲轴专用动平衡机上的两个支承座上的振动传感器将曲轴左、右轴承的不平衡振动响应转换成电信号，经平面分离运算和放大后，再馈入相敏检测电路；或经 A/D 模/数转换成数字量后，将极坐标形式的不平衡量按 0°～120°～240°角坐标系三个坐标轴方向计算成分量形式(参见本书第 1 章 1.5 节)，最后得到两个测量平面上的 0°，120°，240°角坐标轴方向上的不平衡分量值，即 U_{L-0°，U_{L-120°，U_{L-240°，U_{R-0°，U_{R-120° 和 U_{R-240°，实际上只有四个分量值，再经过上述相关的转换算便得到了相应的六个校正面上的等效不平衡量 U_{1-0°，U_{2-120°，U_{3-240°，U_{4-240°，U_{5-120° 和 U_{6-0°。根据这些显示的数据，最后经过人工的方式或自动、半自动的方式，在规定的校正面及其相位角处采用钻孔去重的工艺手段，将曲轴平衡之。

通常，转子经过平衡校正后，需再次测试转子校正后的剩余不平衡量，评定其是否已经达到了规定的平衡允差要求；不若，还得作第二、三、…次的测量和校正，直至剩余不平衡量小于规定的平衡允差的量值。

内燃机曲轴作机械平衡时，一般都在专用的曲轴动平衡机上进行测试，并由平衡机完成上述相关运算。图 2-35 为曲轴专用动平衡机的外观图。图 2-36 为半自动曲轴专用动平衡机的外观图。全自动的曲轴专用动平衡机可参见本书第 4 章的图 4-49。

图 2-35　曲轴专用动平衡机外观图

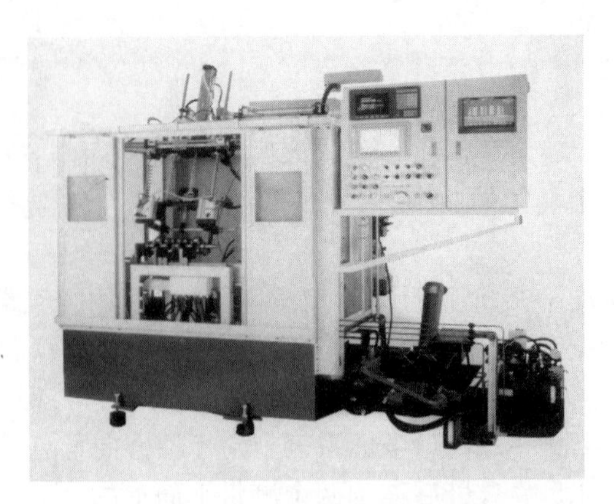

图 2-36　半自动曲轴专用动平衡机外观图

2.8　汽车传动轴的机械平衡

汽车传动轴通常由空心的钢管制成，两端带有十字联轴节。它不同于一般的转子，除了结构细长外，其工作转速变化不定，随着汽车的车速而变，从每分钟几转到高达五六千转。虽然不一定超过它的第一阶挠曲临界转速，但常常运转在该一阶临界转速的60%～80%。此时，传动轴已不能再视为刚性转子。它会因自身的质量分布不均衡而产生不平衡离心惯性力，从而使本身产生很大的内力矩（弯矩），并且随着转速的升高弯矩会急剧增大，以致传动轴产生很大的挠曲变形。对于这种在旋转中产生挠曲变形的非刚性转子的机械平衡，已不能再采用前述的刚性转子的平衡方法。此外，汽车部件的生产都为大批量生产，传动轴要求其机械平衡既快又简便，以适应其规模生产的要求。于是，寻求既能适应传动轴结构特征，又能满足其大批量生产要求的特殊的平衡方法的任务便提出来了。

转子的原始不平衡量的分布是各种各样的，也是未知的。然而，结合具体的对象——传动轴的实际可以发现，最易引起传动轴挠曲变形的是一种不平衡量沿其轴线方向呈均匀分布且又处于同一相位角的状况。自然，这种情况也表现在它的两端联轴节处常常具有相同相位角的不平衡振动。为此，针对传动轴的这种不平衡量分布状况作如下分析。

图2-37所示的传动轴，设其单位轴长上的分布不平衡量为$u(z)$，对于沿轴向均匀分布的不平衡量的状况，可设$u(z)=u_0$。现不妨将这种沿轴向均匀分布的不平衡量按转轴的振型展开。

根据传动轴的结构特点，可以认为其两端为简支端，且质量及抗弯刚度都系均衡的一根转轴，因而它的挠曲振型函数可用 $\sin\frac{n\pi z}{l}$ 来表示。于是，它的分布不平衡量 $u(z)$ 可用转轴的挠曲振型函数描述：

$$u(z)=u_0=\sum_{n=1}^{\infty}C_n\sin\frac{n\pi z}{l} \tag{2-41}$$

式中，系数为

$$C_n=\frac{\int_0^l u(z)\sin\left(\frac{n\pi z}{l}\right)dz}{\int_0^l \sin^2\left(\frac{n\pi z}{l}\right)dz}=\begin{cases}\frac{4}{n\pi}u_0, & n=1,3,5,\cdots;\\ 0, & n=2,4,6,\cdots。\end{cases} \tag{2-42}$$

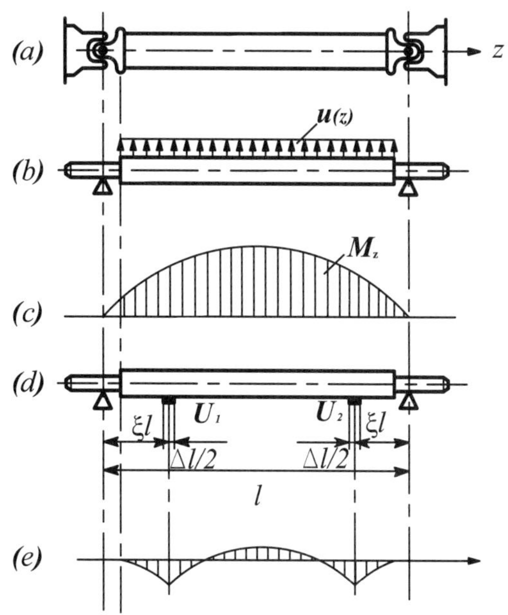

图 2-37　传动轴的离心力及弯矩图

与此同时，假设在距离传动轴两端为 ξl 的两个校正平面上加有两个使传动轴得以平衡的校正量 $\boldsymbol{U}_1=\boldsymbol{U}_2=u_0\cdot\Delta l$。若同样地将此两校正量按上述振型函数展开，则其中的系数为

$$C_n=\frac{\int_{\xi l-\Delta l/2}^{\xi l+\Delta l/2}u_1\sin\left(\frac{n\pi z}{l}\right)dz+\int_{l-\xi l-\Delta l/2}^{l-\xi l+\Delta l/2}u_1\sin\left(\frac{n\pi z}{l}\right)dz}{\int_0^l \sin^2\left(\frac{n\pi z}{l}\right)dz}。 \tag{2-43}$$

式(2-43)在具体的计算中,由于 $\frac{\Delta l}{l} \ll 1$,所以可取

$$\sin\left(\frac{n\pi}{2} \cdot \frac{\Delta l}{l}\right) \approx \frac{n\pi}{2} \cdot \frac{\Delta l}{l}。$$

又将 $U_1 = u_0 \cdot \Delta l$ 代入其中,则可得

$$C_n = \begin{cases} \frac{4}{l}\sin(\xi n\pi) \cdot \boldsymbol{U}_1, & n = 1, 3, 5, \cdots \\ 0, & n = 2, 4, 6, \cdots \end{cases} \tag{2-44}$$

对于传动轴而言,只需考虑其第一阶挠曲临界转速即可,所以上述展开的振型中,取 $n=1$。同时,式(2-42)和(2-44)应相等,所以

$$\frac{4}{\pi}u_0 = \frac{4}{l}\sin(\xi\pi) \cdot U_1 \tag{2-45}$$

而为了平衡

$$\boldsymbol{U}_1 + \boldsymbol{U}_2 = 2\boldsymbol{U}_1 = u_0 \cdot l。 \tag{2-46}$$

于是可得

$$\sin(\xi\pi) = \frac{2}{\pi} \tag{2-47}$$

$$\xi = 0.2197 \approx 0.22。$$

由以上的分析可知,考虑了最易产生传动轴挠曲变形的其不平衡量沿轴向同相位均匀分布的实际情况,可将两个校正平面设置在转子距其两端为全长的22%的位置处,此时传动轴可按刚性转子的双面平衡方法进行机械平衡。其结果不仅如图2-37(e)所示那样转子的内力矩(弯矩)大大减小,从而也大大减小了传动轴的一阶振型挠曲变形,而且又达到了快速便捷平衡的双重目的。

空心钢管的初始不平衡分布除了沿轴向均匀分布的情况外,还经常会遇到如图2-38(a)所示的情况。此时,可将它视为该图中的(b)和(c)两者的迭加。图中的(b)不会引发一阶振型的挠曲变形,只有图中的(c)才会引发一阶振型的挠曲变形,它即是上述分析的一种不平衡分布状况,所以,上述的分析理论及结果同样成立。

由于汽车传动轴属于大批量生产的产品,其平衡的生产效率是一个极为重要的考虑因素,上述这样一个可按刚性转子的双面校正的平衡方法,既保证了传动轴在低速下作平衡运转测试,又为它的平衡创造

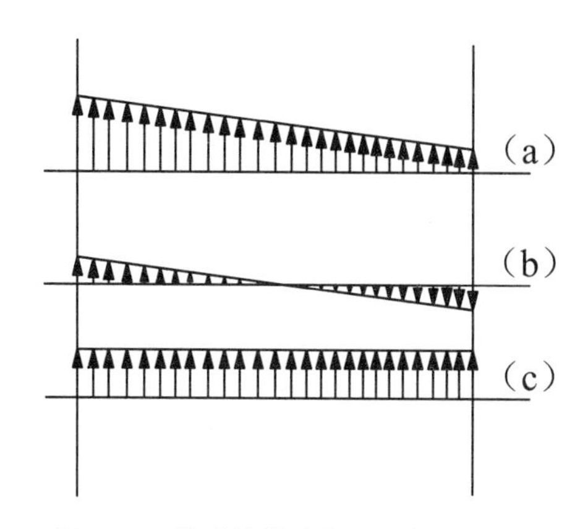

图 2-38　传动轴的分布不平衡量的分析

了一个快捷简便途径。

考虑传动轴的结构特点，通常都选择在传动轴专用平衡机上进行平衡。这种平衡机附设有堆焊机，可将预制好的不同质量大小的瓦片状校正用金属块堆焊在传动轴外圆表面上，实现平衡校正。图 2-39 为专用的传动轴平衡机外观图。

图 2-39　传动轴专用平衡机外观图

2.9　由机械平衡谈转子设计

转子的机械平衡能否顺利地达到目的，不仅与采用的平衡测试设备及平衡校正工艺相关，还与操作工人的技术熟练程度密切相关，除此之外，与转子的设计也有着很大的关系。为了使所设计的整个旋转机械设备及其转子的性能充分发挥，达到预期的目的，在转子的设计时必须对其不可缺少的机械平衡给予足够的重视和充分的考虑。

2.9.1 尽可能地减少原始不平衡量

在转子的设计和加工制造过程中，尽可能地减少和控制其原始不平衡量。例如转子的几何形状应尽量做到中心对称，键槽、叶轮的锁口等应对称分布或成套地配置。又如内燃机曲轴，由于毛坯的原始不平衡量很大而常常影响其后续的机械平衡，为此可采用质量定心技术在曲轴毛坯的惯性主轴上打出两个工艺中心孔，使得曲轴的惯性主轴与旋转轴线尽可能地靠近，以控制曲轴毛坯的原始不平衡量，提高毛坯加工的成品率。再如套装转子，最好在它装配之前先将各组装的零部件(如叶轮、转轴等)分别单独作平衡，以减少和控制组装后转子的不平衡量，也可采用边装配边平衡的工艺流程，从而使得平衡更加合理，更加准确。还有，某些原始不平衡量较大的转子，旋转时会产生很大的离心惯性力，危及安全，可以采取先在低转速下进行粗平衡，然后再在常规转速下进行精平衡的工艺流程。

总而言之，在结构设计和加工制造过程中，采取有效技术措施减少和控制转子的原始不平衡量，对于确保转子最后有良好的平衡效果，具有明显的技术效果和经济效益。

2.9.2 正确选择和设置平衡校正面

转子平衡校正面的数量及其轴向位置的设置是牵连到转子平衡成效的重要因素。一般地讲，大多数的刚性转子都需作双面校正，所以，设计转子时预留有两个平衡校正平面是保证实施刚性转子进行机械平衡的必要条件。不仅如此，其两个校正平面应尽可能地设置在接近左右两个轴承座旁，这不仅有利于减小转子的不平衡校正量，而且在同样的剩余不平衡量的情况下轴承所受的动压力也会小些。

2.9.3 减小用工艺芯轴平衡造成的误差

许多要平衡的零部件(如皮带轮，飞轮，螺旋桨)平衡时它本身不带有旋转轴，需要配置专用的工艺芯轴。这时，由工艺芯轴与平衡对象的配合间隙和形位误差造成的径向和轴向跳动，势必会给平衡带来不可避免的平衡误差。例如由于不垂直引起的偏角 α(见图 2-40)导致产生的偶不平衡量 U_C，

$$U_C = \alpha(I_z - I_x)。 \tag{2-48}$$

式中，α——不垂直度而引起的偏角；

I_z——转子绕旋转轴线的转动惯量；

I_x——转子绕垂直于旋转轴线的转动惯量。

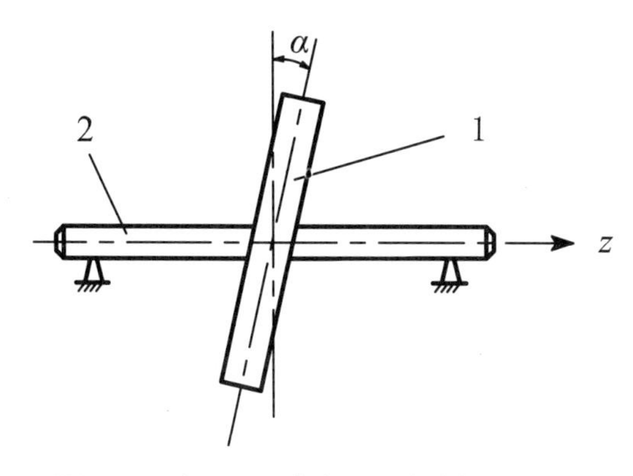

图 2-40　由于不垂直度而引发的偶不平衡量

1—被平衡圆盘状转子；2—平衡用工艺芯轴

因此，当采用工艺芯轴进行机械平衡时，对由此产生的平衡误差应予以足够的重视，并采取有效的措施将它减小到最低的程度。如可采用转位 180°的平衡方法，以减小和消除工艺芯轴等带来的误差；又如用圆锥配合替代圆柱配合，以消除配合间隙造成的平衡误差。

2.9.4　在设计图纸中明确平衡技术需求

在转子的有关设计图纸和技术条件中应标注清楚相关的平衡技术要求，例如转子的平衡品质等级，转子的质量、最高工作转速等，或者直接标注转子在每个校正平面上许用的剩余不平衡量（即平衡允差）等。如有必要，对转子所采用的机械平衡工艺也应有详细的规定和说明。包括所采用的平衡装备中的平衡机型号，转子在平衡机上的支承位置和轴承型式；平衡测试的转速及驱动方式，转子校正平面的具体位置、校正方法，专用的平衡校正质量块的设计；遇到有气动效应的转子的风罩等等。

第3章
刚性转子的平衡规范与平衡允差

3.1 概　述

如上所述，转子的平衡是一种测试并在必要时调整其质量分布的工艺过程，以保证在它相应的工作转速范围内，转子的剩余不平衡量或轴颈的振动或轴承座的振动被限制在技术规定的允许范围内。换言之，一个工业转子经过平衡校正后，仍然残留有一定量的剩余不平衡量，只是减小到了一个规定的允许范围内，而并不是已被完全消除了。转子经过平衡校正后残留的不平衡量称为剩余不平衡量。于是，采用什么样的标准来确定各种不同种类转子许用的剩余不平衡量，成为继转子的平衡测试和校正之后又一个需面对的实际问题。

刚性转子机械平衡的目的是减小通过轴承座传递到周围介质的振动和力。然而，在机器运转的条件下通常很难判断出转子的不平衡量与机器的振动两者之间的定量关系，所以也不太可能根据任何已有的关于评定机器振动状况的资料来得出转子的许用剩余不平衡量。另外，与转子转速同频率的振动幅值又受转子、机器结构和基础的动力学特性以及工作转速频率与各固有频率的接近程度等的影响。在绝大多数情况下，转子的不平衡只是引发机械振动的其中一个重要原因。

虽然，当今的机械平衡技术以及包括现代平衡装备的能力可将转子的剩余不平衡量减小到很微小的程度，然而，过分的平衡要求及其规定势必会推高技术成本，在经济上显然不尽合理，在技术上也无必要。因而全面地综合考虑最佳的经济和技术效果，合理地规定刚性转子的许用剩余不平衡量，是转子的机械平衡中的一个不可回避的问题。总之，合理的平衡规范与平衡允差将有利于促进平衡技术的不断进步和发展。

3.2　许用剩余不平衡量

3.2.1　许用剩余不平衡量 U_{per}

刚性转子的许用剩余不平衡量 U_{per} 被定义为在转子某径向平面(质心平面、平衡允差平面、测量平面或校正平面)上规定允许的最大剩余不平衡量。如它小于该量值时,转子的不平衡状态认为是合格的;否则为不合格。转子的许用剩余不平衡量也常被称为平衡允差。

对于轴向长度较短的内质心转子(其质心处在两支承之间的双轴承转子)而言,若其合成不平衡矩可以忽略不计,那么,它的不平衡状态可以用单一个不平衡量 U 来表示。为使转子平稳、安全地运转,其剩余不平衡量值不得大于规定的许用值 U_{per},即

$$U \leqslant U_{per}。 \tag{3-1}$$

式中,U_{per} 的常用的单位是 g·mm。式(3-1)适用于各类刚性转子。

这里,U_{per} 被定义为刚性转子在其质心平面上的总的许用剩余不平衡量。对于所有的双面平衡转子,它总的许用剩余不平衡量必须合理地分配到两个平衡允差平面上去。

3.2.2　许用剩余不平衡量与转子质量的关系

一般地,相同类型的刚性转子,其许用剩余不平衡量 U_{per} 与转子的质量 M 成正比,即

$$U_{per} \propto M。$$

若采用许用剩余不平衡度 e_{per},它可由下式得到:

$$e_{per} = U_{per}/M。 \tag{3-2}$$

许用剩余不平衡度 e_{per} 的常用单位为克毫米每千克(g·mm/kg)或为微米(μm)。

对于仅存在合成不平衡量的盘状类转子,其许用剩余不平衡度 e_{per} 可理解为转子质心偏离旋转轴线的许用剩余偏心距。对于存在有两种不平衡量(合成不平衡量和合成不平衡矩)的一般转子,则 e_{per} 是一种人为的量,它包含了合成不平衡及合成不平衡矩产生的综合影响,因此,它不能简单地在转子上直接显示出来。

3.2.3　许用剩余不平衡度与工作转速的关系

经验表明,对于相同类型的刚性转子,其许用剩余不平衡度 e_{per} 通

常与工作转速成反比。即

$$e_{per} \propto 1/n。$$

式中，n 为转子的工作转速，r/min。

同时，对于几何形状相似的刚性转子，当它们以相同的圆周速度运转时，转子的应力和由不平衡引起的轴承的载荷比应当相等同。基于这样一个认识，e_{per}与转速的关系如下：

$$e_{per} \cdot \Omega = 常量。\quad (3\text{-}3)$$

式中，Ω——转子在最高工作转速 n 时的角速度，$\Omega = n/10$，单位为弧度每秒(rad/s)。

3.3 平衡允差规范

3.3.1 确定刚性转子平衡允差的方法

刚性转子的平衡允差可以通过下列 5 种方法来加以确定：

(1) 根据世界各国的实际经验而提出的平衡品质等级 G；

(2) 根据实验评估确定平衡允差；

(3) 根据支承力的允许值确定平衡允差；

(4) 根据振动的允许值确定平衡公差；

(5) 根据已有的经验确定平衡公差。

3.3.2 刚性转子的平衡品质等级 G

根据各国的实际经验以及上一节中的许用剩余不平衡度与转子质量及工作转速的关系，国际标准化组织(ISO)在借鉴了德国工程师协会的相关标准 VDI—2060 的基础上，于 1986 年 9 月首次提出并公布了国际标准 ISO 1940/I-1986(E)"Mechanical vibration-balance quality requirements of rigid rotors"。其后我国也制定并公布了与之相等效的国家标准 GB 9239—1988"刚性转子的平衡品质——许用不平衡量的确定"。后经修改，成为现在的国家标准 GB/T 9239.1-2006/ISO 1940—1:2003:"恒态(刚性)转子平衡品质要求"。标准针对各种典型的工业转子的平衡要求，对转子的平衡品质作了分级，并按不同等级规定了不同的许用剩余不平衡度 e_{per}。

表 3-1 为标准中提出的"恒态(刚性)转子的平衡品质等级指南"。

表 3-1　恒态(刚性)转子平衡品质等级指南

机械类型:一般示例	平衡品质级别 G	量值 $e_{per} \cdot \Omega / mm \cdot s^{-1}$
固有不平衡的大型低速船用柴油机(活塞速度<9 m/s)的曲轴驱动装置	G 4 000	4 000
固有平衡的大型低速船用柴油机(活塞速度<9 m/s)的曲轴驱动装置	G 1 600	1 600
弹性安装的固有不平衡的曲轴驱动装置	G 630	630
刚性安装的固有不平衡的曲轴驱动装置	G 250	250
汽车、卡车和机车用的往复式发动机整机	G 100	100
汽车车轮、轮箍、车轮总成、传动轴、弹性安装的固有平衡的曲轴驱动装置	G 40	40
农业机械 刚性安装的固有平衡的曲轴驱动装置 粉碎机 驱动轴(万向传动轴、螺桨轴)	G 16	16
航空燃气轮机 离心机(分离机、倾注洗涤器) 最高额定转速达 950 r/min 的电动机和发电机(轴中心高不低于 80 mm) 轴中心高<80 mm 的电动机 风机 齿轮 通用机械 机床 造纸机 流程工业机器 泵 透平增压机 水轮机	G 6.3	6.3
压缩机 计算机驱动装置 最高额定转速>950 r/min 的电动机和发电机(轴中心高不低于 80 mm) 燃轮机和蒸汽轮机 机床驱动装置 纺织机械	G 2.5	2.5
声音、图像设备 磨床驱动装置	G 1	1
陀螺仪 高精密系统的主轴和驱动件	G 0.4	0.4

* 此表引自 GB/T 9239.1—2006/ISO 1940.1:2003

可以根据转子所属机械类型，找到它应具备的平衡品质等级 G 和相应的 $e_{per} \cdot \Omega$ 的量值，由此，我们可以按照此标准的规定，对欲平衡的转子提出和制订相应的具体技术要求。

表中的平衡品质级别 G 是根据 $e_{per} \cdot \Omega$ 积的量值来划分的，其单位为(mm/s)。例如：若 $e_{per} \cdot \Omega = 6.3$ mm/s，则平衡品质的等级就以 6.3 为相应的级别标记，并冠以 G(德文 Gütestufen 一词的冠字母)。

平衡品质级别之间以公比 2.5 划分；如果遇到要求更为精细的分级，则细分的公比不能小于 1.6。

各个平衡品质等级在不同的工作转速时，其相应的平衡允差 U_{per} 可按下式计算而得出：

$$U_{per} = 1\,000 \frac{(e_{per} \cdot \Omega) \cdot M}{\Omega}。 \tag{3-4}$$

式中，U_{per}——不同平衡品质等级的平衡允差，单位为(g · mm)；

$(e_{per} \cdot \Omega)$——转子的平衡品质等级的标记值，单位为(mm/s)；

M——转子的质量，单位为千克(kg)；

Ω——转子工作转速的角速度，单位为(rad/s)，$\Omega = n/10$，n 为转子的工作转速，单位为(r/min)。

转子的平衡允差 U_{per} 也可由图 3-1 查得 e_{per}，则

$$U_{per} = e_{per} \cdot M。 \tag{3-5}$$

必须指出，平衡允差 U_{per} 为转子在其质心平面内的总平衡允差，对于双面平衡的刚性转子，则必须将它分配到两平衡允差平面上去。

图 3-1 为国家标准中根据平衡品质等级 G 和工作转速 n 来确定平衡允差即许用剩余不平衡度 e_{per} 的曲线图。

3.3.3 根据实验评估确定平衡允差

在大量生产的场合，经常要对转子的平衡品质进行实验评估。实验一般在现场进行，通过在每个校正平面上依次施加不同的试验质量块，按照最有代表性的判断依据(例如由不平衡引起的振动、力、噪声)来确定平衡允差。

在双面平衡中，如果没有采用平衡允差平面，那么应考虑相位角相同的不平衡量与相位角差 180°的不平衡量所产生的不同效应。

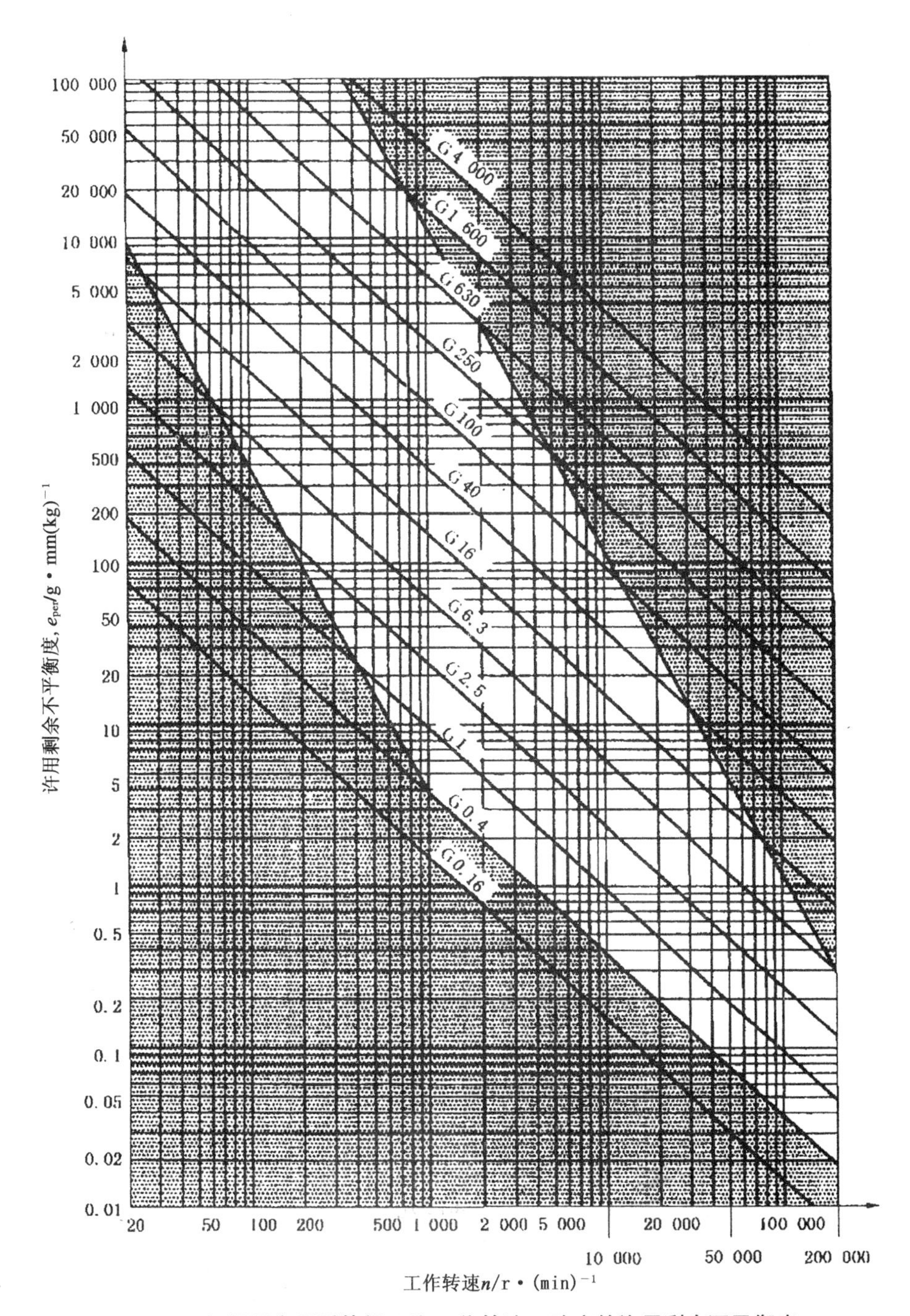

图 3-1　根据平衡品质等级 G 和工作转速 n 确定的许用剩余不平衡度

注：基于一般经验，白色区域是通常使用的区域。

引自 GB/T 9239.1-2006/ISO 1940.1：2003

3.3.4 根据支承力的限制值确定平衡允差

若主要目的为限制由不平衡引起的支承力，应根据支承力的限制值来确定转子的平衡允差。对于刚度足够大的轴承座而言，即可应用离心力的相关公式来换算出平衡允差：

$$U_{perA}=F_{A}/\Omega^{2};\qquad U_{perB}=F_{B}/\Omega^{2}。\tag{3-6}$$

式中，U_{perA}——轴承座A上的许用剩余不平衡量；

U_{perB}——轴承座B上的许用剩余不平衡量；

F_{A}——由转子不平衡所引起作用在轴承座A上的允许支承力；

F_{B}——由转子不平衡所引起作用在轴承座B上的允许支承力；

Ω——转子在工作转速时角速度，$\Omega=n/10$。

［例］ 一汽轮机转子，工作转速 $n=3\ 000\ r/min$，规定由它的不平衡而产生的最大的允许支承力为：

轴承座A的允许支承力 $F_{A}=1\ 200\ N$

轴承座B的允许支承力 $F_{B}=2\ 000\ N$。

则转子在两个轴承座A，B的径向平面上的许用剩余不平衡量分别为

$$U_{perA}=F_{A}/\Omega^{2}=1\ 200/(300)^{2}=13.3\times10^{-3}\ kg\cdot m=13.3\times10^{3}\ g\cdot mm;$$

$$U_{perB}=F_{B}/\Omega^{2}=2\ 000/(300)^{2}=22.2\times10^{-3}\ kg\cdot m=22.2\times10^{3}\ g\cdot mm。$$

3.3.5 根据振动的允许值确定平衡允差

此方法即为根据转子特定平面上的振动允许值来导出平衡允差。

3.3.6 根据已有的经验确定平衡允差

如果已经取得足够的有据可查的经验资料和数据，可用来评定产品转子的平衡允差，则可以充分利用这些经验。这里有两种情况需作不同处理。

1. 规格几乎相同的转子

如果一种新的规格的转子与已经成功平衡好的其他转子的规格几

乎相同，则可采用相同的平衡允差。即在轴向位置相似的平衡允差平面上，采用相同的平衡允差。

2. 规格相似的转子

如果一个新规格的转子与已经成功平衡好的其他转子的规格相似，则其平衡允差可通过下列两种不同方法求得。

(1) 内插法　图3-2表示了已有的转子的平衡允差与转子的规格(直径、质量、功率)的关系曲线。从图中采用内插法可找到适合于新的规格相似转子所需的平衡允差。

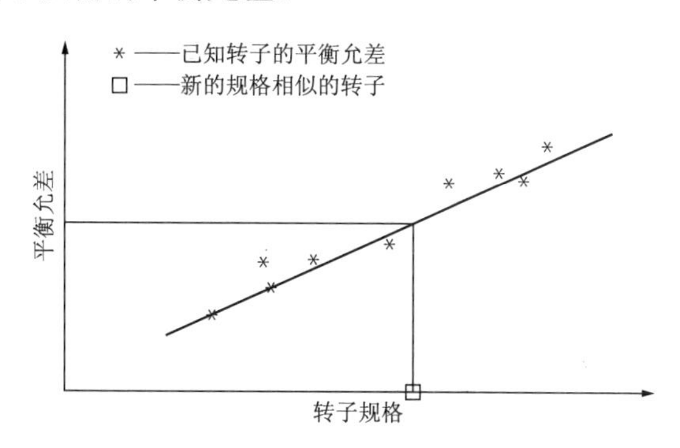

图3-2　确定新规格转子平衡允差的内插法

(2) 计算法　对于相同型式的系列转子，根据刚性转子的平衡允差U_{per}与转子的质量M成正比，与工作转速n成反比的关系，由已知转子的参数值计算出新的规格转子的平衡允差：

$$U_{per}=U_{per}^{*}\cdot\frac{M}{M^{*}}\cdot\frac{n^{*}}{n}。\tag{3-7}$$

式中，U_{per}^{*}——已知转子的许用剩余不平衡量(g·mm)；

M^{*}——已知转子的质量(kg)；

n^{*}——已知转子的工作转速(r/min)；

M——新的规格转子的质量(kg)；

n——新的规格转子的工作转速(r/min)

如果转子在其平衡允差平面上的平衡允差已知，则可同样地用式(3-7)计算新的规格转子在相对应的平衡允差平面上的平衡允差。

3.4　许用剩余不平衡量的分配

大家知道，刚性转子质量分布的不平衡状态一般可以用其在一个或两个径向平面上的合成不平衡矢量来表示。为更好地实现刚性转子的平衡目的——减小通过轴承座传递到周围介质的振动和力，最好的办法是选择转子的两个支承平面为参考平面，并规定转子在该两平面上的剩余不平衡量必须小于各自的允许值。转子的最终剩余不平衡量的检验也在该两平面上测试。该两参考平面被定义为平衡允差平面。一般地，平衡允差平面常常等同于支承平面。

换言之，反映刚性转子最终不平衡状态的最好方法是衡量其在平衡允差平面上的剩余不平衡量。所以，新的国家标准极力推荐使用转子在平衡允差平面上的许用剩余不平衡量。这样做显得更合适。此外，除了采用实验评估的方法可以直接得到每个校正平面上的平衡允差外，根据平衡品质等级，或根据支承力或振动，或根据已有的经验来确定的平衡允差，都建立在支承平面的基础上。

在平衡实践中，如何合理地将转子由平衡品质等级 G 及工作转速确定的总的许用剩余不平衡量 U_{per}，并将它分配到有关的校正平面上去？由于不同的平衡方法所选择的校正平面也不同，通常，校正平面上的许用剩余不平衡量应该是由与之邻近的平衡允差平面上的平衡允差给出。

下面将详细介绍将转子总的许用剩余不平衡量 U_{per} 向平衡允差平面分配和再向校正平面转换的有关法则及规定，以供在实践中应用和推广。

3.4.1 许用剩余不平衡向平衡允差平面的分配

有关转子的由平衡品质等级 G 及工作转速确定的许用剩余不平衡量 U_{per} 向平衡允差平面分配且不计其相位角在何位置上，具体分配法则及规定如下。

1. 单面平衡转子

对于单面平衡转子，其许用剩余不平衡量 U_{per} 的全部集中在该转子的质心平面上。

2. 双面平衡转子

对于双面平衡的转子，它的两支承平面 A 和 B 为平衡允差平面（见图 3-3 和图 3-4），其总的许用剩余不平衡量 U_{per} 可按质心 c 到两侧平衡允差平面的距离的比例进行分配。

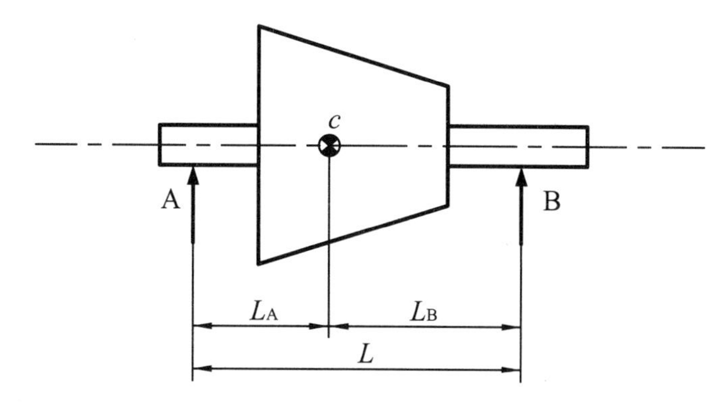

图 3-3　质心不对称分布的内质心转子

注：A、B 为平衡允差平面；c 为质心。

平衡允差平面 A 和 B 上的许用剩余不平衡量：

$$U_{\text{perA}}=\frac{L_{\text{B}}}{L}U_{\text{per}};$$

$$U_{\text{perB}}=\frac{L_{\text{A}}}{L}U_{\text{per}}。\tag{3-8}$$

式中，U_{perA}——平衡允差平面 A 上的许用剩余不平衡量；

U_{perB}——平衡允差平面 B 上的许用剩余不平衡量；

U_{per}——转子(总的)许用剩余不平衡量(在质心平面上)；

L_{A}——从质心平面到平衡允差平面 A 的距离(平衡允差平面＝支承平面)；

L_{B}——从质心平面到平衡允差平面 B 的距离(平衡允差平面＝支承平面)；

L——两支承的跨距。

与此同时，

(1) 对于内质心转子(见图 3-3)，倘然其质心靠近某一支承平面，以致在该一支承平面(平衡允差平面)上计算出的有关平衡允差很大(接近于 U_{per} 的值)，而另一支出承平面(允差平面)上的平衡允差就变得很小(接近于 0)。为了避免出现的极端状态。标准规定：

——较大的平衡允差值不宜大于 $0.7U_{\text{per}}$；

——较小的平衡允差值不宜小于 $0.3U_{\text{per}}$。

(2) 对于外质心转子(见图 3-4)，同样为了避免上述有关计算式(3-8)可能出现极端情况，标准规定：

——较大的平衡允差值不宜大于 $1.3U_{\text{per}}$；

——较小的平衡允差值不宜小于 $0.3U_{\text{per}}$。

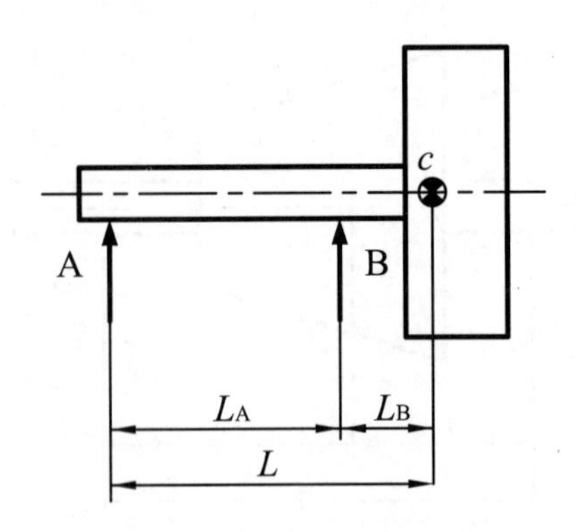

图 3-4　质心位于外悬位置的外质心转子

注：A、B 为平衡允差平面；c 为质心。

3.4.2　许用剩余不平衡量由允差平面向校正平面的转换

由于不同的平衡校正方法选择的校正平面也不同，因此，转子采用由平衡品质等级 G 及工作转速所确定的许用剩余不平衡量 U_{per}，或者根据已有的经验确定的平衡允差 U_{per}。首先应将 U_{per} 分配到平衡允差平面上，然后再由它向附近的校正平面上转换。有关许用剩余不平衡量由平衡允差平面向校正平面转换的法则如下：

1. 单面平衡转子

对于单个校正平面的转子，在该平面上的许用剩余不平衡量 U_{per} 等于转子的总的平衡允差。

2. 双面平衡转子

若校正平面 1 和 2 在 A 和 B 平衡允差平面的附近，则平衡允差的转换系数为 1，即采用邻近平衡允差平面上的许用剩余不平衡量。

具体的换算如下：

(1) 当转子的两个校正平面位于两平衡允差平面的内侧　如图 3-5 所示，若校正平面 1 和 2 分别位于平衡公差平面 A 和 B 附近的内侧，则采用邻近平衡公差平面上的公差值。即

$$U_{per1} = U_{perA}; \tag{3-9a}$$

$$U_{per2} = U_{perB}。 \tag{3-9b}$$

式中，U_{per1}——校正平面 1 上的许用剩余不平衡量；

U_{per2}——校正平面 2 上的许用剩余不平衡量；

U_{perA}——平衡允差平面 A 上的允差值；

U_{perB}——平衡公差平面 B 上的允差值。

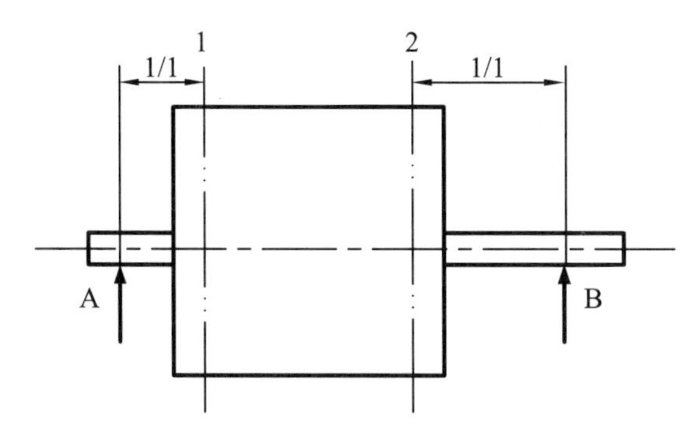

图 3-5　平衡允差向支承内的校正平面上转换

注：*A*、*B* 为平衡允差平面；1、2 为校正平面。

（2）当转子的两个校正平面位于两平衡允差平面的外侧　如图 3-6 所示，若两个校正平面Ⅰ和Ⅱ都处于两个平衡公差平面 *A* 和 *B* 的外侧，则按两支承的跨距与两校正平面的间距之比成比例地缩小平衡允差。即

$$U_{\mathrm{per\,I}} = \frac{L}{b} U_{\mathrm{perA}}; \tag{3-10a}$$

$$U_{\mathrm{per\,II}} = \frac{L}{b} U_{\mathrm{perB}}。 \tag{3-10b}$$

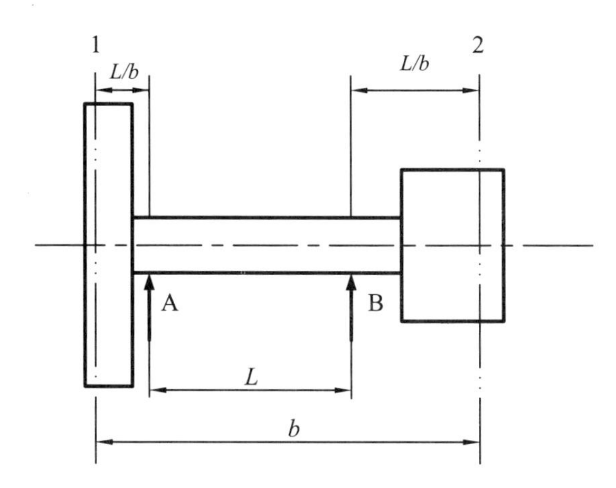

图 3-6　平衡允差向支承外的校正平面上转换

注：*A*、*B* 为平衡允差平面；1、2 为校正平面。

式中，$U_{\mathrm{per\,1}}$——校正平面 1 上的许用剩余不平衡量；

$U_{\mathrm{per\,2}}$——校正平面 2 上的许用剩余不平衡量；

U_{perA}——平衡公差平面 *A* 上的平衡允差；

U_{perB}——平衡公差平面 *B* 上的平衡允差；

L——平衡公差平面 A 和 B 的间距；

b——校正平面 1 和 2 的间距。

3. 结构更为复杂的转子

对于形状结构更为复杂的转子，不能给出简单的转换法则。建议先在其支承平面即平衡允差平面上确定许用剩余不平衡量，然后再作仔细分析和研究。

3.4.3 示　例

根据平衡品质等级 G 确定许用剩余不平衡量，及其向平衡允差平面分配的示例如下。

1. 转子参数

设涡轮机转子的参数为质量 $M = 3\ 600$ kg；工作转速 $n = 3\ 000$ r/min。

其余几何尺寸见图 3-7。

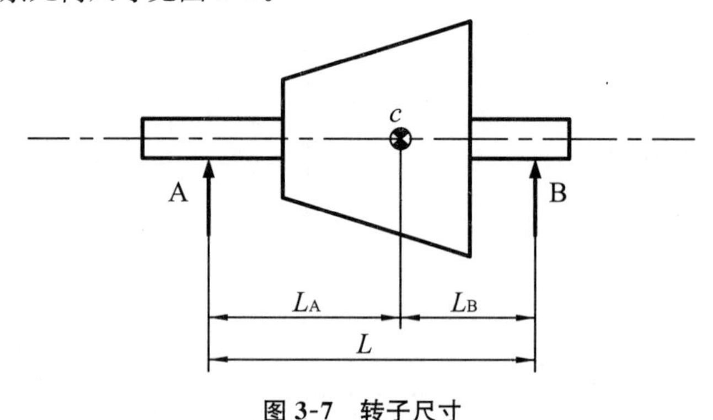

图 3-7　转子尺寸

注：A、B 为平衡允差平面；c 为质心。

图中，$L_A = 1\ 500$ mm；$L_B = 900$ mm；$L = 2\ 400$ mm。

2. 转子的平衡品质等级的确定

由表 3-1，选取其平衡品质等级为 G2.5 级。

3. 计算

$$\Omega = n/10 = 300 \text{ rad/s}。$$

4. 确定 U_{per}

由式(3-4)计算得

$$U_{per} = 1\ 000\,\frac{(e_{per}\cdot\Omega)\cdot M}{\Omega} = 1\ 000 \times \frac{2.5\times 3\ 600}{300} = 30\times 10^3 \text{ g}\cdot\text{mm}。$$

式中：U_{per}——许用剩余不平衡量，g·mm；

$(e_{per} \cdot \Omega)$——选择的平衡品质等级的标记值，mm/s；

M——转子质量，kg；

Ω——工作转速 n 所对应的角速度，rad/s，$\Omega = n/10$。

U_{per}亦可利用图 3-1 查得。详见图 3-8。据 $n = 3\ 000$ 由横坐标相应点向上找到 G2.5 斜线的交点，尔后再沿水平线找到纵坐标对应点的值，$e_{per} = 8.3$ mm/kg左右。于是，

$$U_{per} = e_{per} \cdot M = 8.3 \times 3\ 600 = 30 \times 10^3\ \text{g} \cdot \text{mm}$$

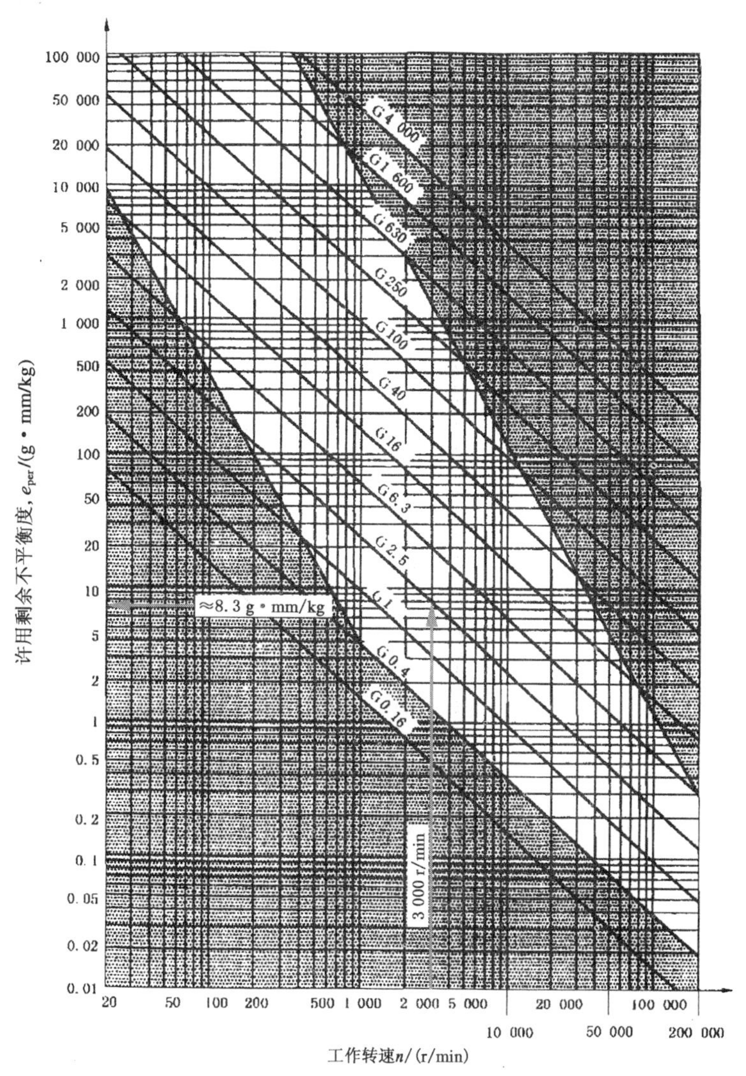

图 3-8　利用图 3-1 确定 e_{per}的示例

注：基于一般经验，白色区域是通常使用的区域。

5. 许用剩余不平衡量向平衡允差平面(支承平面)分配

根据许用剩余不平衡量向平衡允差平面分配的法则及规定。对于内质心转子

$$U_{perA}=\frac{L_B}{L}U_{per}=\frac{900}{2\,400}\times 30.0\times 10^3=11.25\times 10^3\ g\cdot mm;$$

$$U_{perB}=\frac{L_A}{L}U_{per}=\frac{1\,500}{2\,400}\times 30.0\times 10^3=18.75\times 10^3\ g\cdot mm。$$

6. 允差值的限制检查及结果

较大值不宜大于 $0.7U_{per}$,即 $U_{per\ max}\leqslant 21.0\times 10^3\ g\cdot mm$;

较小值不宜小于 $0.3U_{per}$,即 $U_{per\ min}\leqslant 9.0\times 10^3\ g\cdot mm$。

检查结果:

$$\begin{cases}U_{perA}>U_{per\ min};\\U_{perB}<U_{per\ max}。\end{cases}$$

均保持在两个限止值之内,表明上述分配的 U_{perA} 和 U_{perB} 是合适的。

3.5 平衡误差的评定

3.5.1 平衡误差

凡是检测都会存在有误差。由于不平衡量的检测是一种动态测量,因此引起测量的误差不仅来自平衡机及其辅助设备和平衡操作过程,还会来自平衡测试对象——转子,例如压缩机转子叶片的松动、沾染上的油污和尘土等液体或固体物、热效应和风阻效应的作用、滚动轴承的倾斜、键和键槽的装配不合理、驱动用联轴节的连接误差影响;甚至润滑不良等也会造成不平衡量的测量误差。由这些与不平衡检测有关的诸多误差源所产生的误差,被统称为平衡误差。

由于反映和代表刚性转子不平衡状态的等效不平衡量都为一个或两个径向平面上的合成不平衡矢量,因此,平衡误差也就有量值误差(也称幅值误差)和相位角误差。在评定有关剩余不平衡量的检验中,通常比较多的着重于其中的量值误差。

深入分析平衡误差中的各误差源及误差性质时,可发现误差有:①系统误差,即误差的量值及其相位角能通过统计计算或实验测量进行评定;②随机误差,即误差的量值及其相位角的变化是随机的,不可预见的,因而无法通过计算或测量加以评定;③标量误差,即只能评价

或估算误差的最大量值而无法评定其相位角。

系统误差源举例：①平衡机驱动轴的固有不平衡量；②传动轴的径向和轴向跳动；③转子轴颈与支承面间的不同心度；④平衡机滚轮支承的滚动轴承的径向和轴向跳动；⑤键与键槽装配不合理；⑥平衡设备及平衡仪表的误差。

随机误差源举例：①零、部件松动；②沾染的油污和尘土；③热效应引起的畸变；④风阻(气阻)效应；等等。

标量误差源举例：①万向联轴节间隙过大；②心轴与主轴的间隙过大；③设计和制造公差；④平衡机支承转子的滚轮直径与转子的轴颈相同或两者成整数倍率而引起滚轮跳动；等等。

有关误差示例及减少和评价误差的方法，读者可详细参阅国家标准 GB/T 9239.2-2006/ISO 1940-2:1997《机械振动　恒态(刚性)转子平衡品质要求　第二部分：平衡误差》。

3.5.2　误差的评价

1. 系统误差的试验评定

在有关的平衡误差当中，大多数的系统误差可以通过实际测量加以评定，亦即将转子安置在平衡机上，相对于驱动用万向联轴节或工艺心轴转位 180°，测量并记录转位前后的若干次测得的不平衡矢量，即可评定系统误差。如果图 3-9 所示，设$\overrightarrow{OA}$和$\overrightarrow{OB}$分别代表安装转子在 0°和 180°位置的剩余不平衡矢量，这时因为实验测量系统仅仅是转子作了 180°的转位，也即转子本身的不平衡量值并未变化，只是位置方向变换了 180°。C 点是距离 A，B 两点的中点，矢量$\overrightarrow{OC}$自然反映了整个包括转子在内的实验测量系统所造成的系统误差。

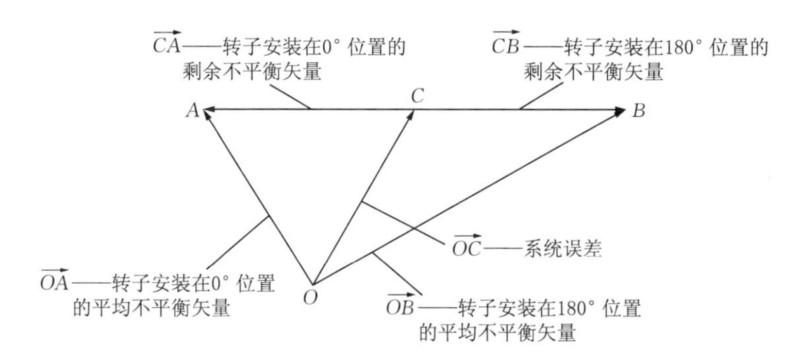

图 3-9　系统误差的标绘图

既然系统误差一般可以通过统计计算或实验测量进行评定，因此也就可以采取加以补偿或修正的方法，使它不影响测量结果。

2. 综合误差的评价

在有关的平衡误差当中，有些系统误差无法或不能对其进行补偿和修正，再加上随机误差和标量误差更无法或不可能加以补偿和修正，对此，只能采取一个折衷的办法，即给予一个最安全的误差评价，这就是所谓的综合误差的评价。

假设 ΔU 为一个综合误差的量值，评价 ΔU 有两个方法：

方法之一　在最不利的误差合成的条件下，综合误差为诸误差的算术和：

$$\Delta U=\sum_{i=1}^{n}|\Delta \boldsymbol{U}_i|。\tag{3-11}$$

式中，ΔU_i 为由任意误差源引入的一个未修正的误差量值。

上式是基于全部的未修正误差的角度方向相同，并且又是在它们的绝对值相加这样最不利的假设条件下建立的。

方法之二　一个较为实际的评价方法，即

$$\Delta U=\sqrt{\sum_{i=1}^{n}|\Delta \boldsymbol{U}_i|^2}。\tag{3-12}$$

此方法是在考虑了各种误差的相位角度不可能相同的情况下，其综合误差 ΔU 可用诸误差 ΔU_i 的“平方和的开方”的方法进行评价。

综合误差量值可以在适当的条件下，通过测量有代表性的转子样本来对它进行评定。它代表了以相同的方法制造和组装的相似转子的误差。

3.5.3　剩余不平衡量的确认

对于刚性转子在每一个平衡允差平面上经修正后的实际剩余不平衡量为

$$U_{\rm rm}\leqslant U_{\rm per.p}-\Delta U\tag{3-13}$$

式中，$U_{\rm rm}$——已对其系统误差进行了补偿或修正后，转子在平衡允差平面上的实际剩余不平衡量；

$U_{\rm per.p}$——根据转子的平衡品质等级 G 和工作转速 n 确定的许用剩余不平衡测量 $U_{\rm per}$ 分配到平衡允差平面上的剩余不

平衡量；

ΔU——上述的综合误差量值。当 $\Delta U < U_{per.p} \times 5\%$ 时可将其忽略不计。

3.6　剩余不平衡量的检验

3.6.1　原　则

转子剩余不平衡量的检验是指在平衡允差平面上的剩余不平衡量，而不是在校正平面上的剩余不平衡量。

任何测量都包含有误差。转子的剩余不平衡量的检验平衡误差不能被忽略。

3.6.2　方　法

1. 在平衡机上的检验

剩余不平衡量在平衡机上检验时，可以直接测量显示出校正平面上的剩余不平衡量。

但检验要求该平衡机性能参数的不平衡减少率(URR)和最小可达剩余不平衡(U_{mar})都必须满足国标 GB/T 4201-2006/ISO 2953:1999的要求。

2. 不在平衡机上的检验

剩余不平衡量也可以不在平衡机上检验，例如可在转子工作现场并在工作转速下进行，但须使用能够测量转子在工作转速时的不平衡振动幅值和相位角的测振仪器进行检验。

具体测试程序如下：

(1) 测试并记录转子的轴承座的初始不平衡振动(包括幅值和相位角下同)；

(2) 在平面1上施加上一个试验质量块，测试并记录轴承座的不平衡振动；

(3) 取下平面1上的试验质量块，在另一个平面2上施加试验质量块，测试并记录轴承座的不平衡振动；

(4) 用响应系数法[参见式(2-7)]或其他等效的方法计算并评定转子在两个平面上的剩余不平衡量。

在测试程序的执行过程中应注意：

（1）每一次测试时的转子转速必须相同或十分接近；

（2）试验质量块的大小应以能引起振动示值有明显变化为宜；

（3）如果怀疑测试的准确度，特别是线性度，可采用 n 块量值不同的试验质量块，每次施加在同一平面上的同一角度位置，多次重复测试并记录响应的不平衡振动，以此来评定其线性度等。

不在平衡机上检验剩余不平衡量示例见表 3-2。

表 3-2　不在平衡机上检验剩余不平衡量示例

轴承座	不加试验质量块		在平面 1 上加试验质量块 30 000 g·mm/0°		在平面 2 上加试验质量块 20 000 g·mm/0°	
	幅值	相位角/(°)	幅值	相位角/(°)	幅值	相位角/(°)
A	1.50	0	3.10	60	2.11	320
B	2.10	130	1.90	250	2.09	90

注：① 经计算所得的剩余不平衡量为

平面 1：6 500 g·mm(213°)；平面 2：18 900 g·mm(108°)。

② 剩余不平衡量的相位角通常无需参与平衡品质的评定。

第二篇

机械平衡装备

第4章 平衡机的机械构成及测试原理

4.1 平衡机及其分类

转子机械平衡装备的核心设备是平衡机。它是专门用来检测转子存在于校正平面内的等效不平衡量大小及其相位角的测试装置，为转子的平衡校正提供数据及信息。现代平衡机系集机械、电子、传感器及计算机于一体的技术密集型工艺装备，也是国家装备制造业中的一个门类。

由于各种各样转子的结构、形状、质量、几何尺寸、工作转速及其性能要求千差万别，它们对机械平衡的要求也各不相同，自然，为之而设计的平衡机的类型、结构以及技术参数也多种多样。从适用于质量达二三百吨的大型核电站、火电站的汽轮机、发电机转子的高速平衡机到适用于质量仅为数克的微电机转子平衡的微小型平衡机；从适用于直径达二三十米的水轮发电机转子的特种平衡机到直径仅为数毫米的钟表摆轮平衡机；从转速高达每分钟数万转的陀螺电机转子的精密动平衡机到转速仅为每分钟数转的人造卫星平衡机；从年产数十万个微电机转子和内燃机曲轴的多工位自动平衡机到遍及城乡、公路旁的汽车维修站的汽车轮胎平衡机。林林总总的平衡机已成为确保各种机电设备和产品的减振降噪、安全运行的关键工艺装备。图4-1为现代平衡机的外观图。

现代平衡机的种类有很多，一般可按其工作原理和被测试对象来分类。见表4-1。按照其工作原理分类，有重力式和离心式平衡机两大类。在无需驱动转子旋转的静止状态下，根据重力作用原理即能检测出转子(仅指盘状类转子)的静不平衡量的大小及其相位角的检测装置，被称为重力式平衡机，通常也称为静平衡机。必须驱动转子至一定的转速下，根据对转子的不平衡离心力所引发的轴颈的振动或作用在

图 4-1 现代平衡机的外观图

表 4-1 平衡机的分类

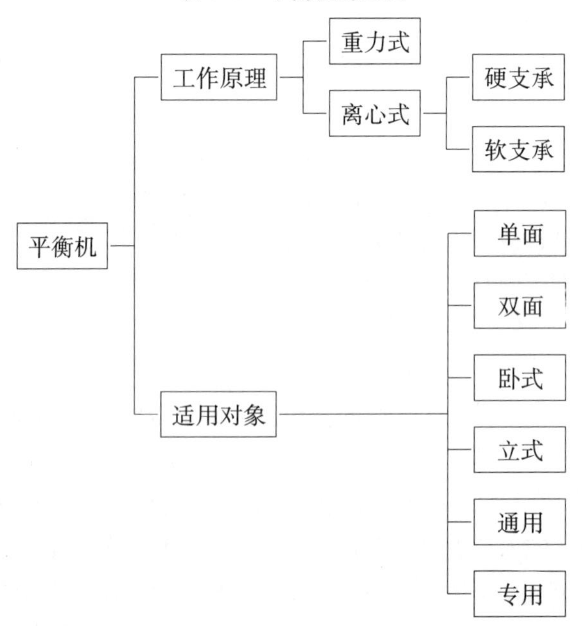

轴承上的动压力的测量，从而间接测试出转子存在于校正平面上的等效不平衡量大小及其相位角的检测装置，被称为离心式平衡机，通常简称为动平衡机。

动平衡机又可按其支承座轴承架的支承刚度的软、硬，进一步区分为软支承平衡机和硬支承平衡机。硬支承平衡机是上世纪六七十年代问世的一种动平衡机(见图 4-2)，它操作简便，测量显示稳定，调整便捷，最小剩余不平衡量可达 0.1～0.5 微米(μm)，能满足绝大部分大、中、小型各类刚性转子的平衡要求，且适用于单件生产，或多品种小批量生产，或各种批量生产的转子的机械平衡，因而作为一种后起之秀的动平衡机迅速得到市场的青睐，很快获得了广泛的应用和推广，成为当今平衡机市场上的主打产品。软支承平衡机则是由早先的一种纯机械的谐振式平衡机进化而来，对于一些质量轻、转速高、平衡要求特别高的轻、微、小型转子，例如陀螺仪马达转子的精密平衡，仍然有着它独有的魅力。见图 4-3。

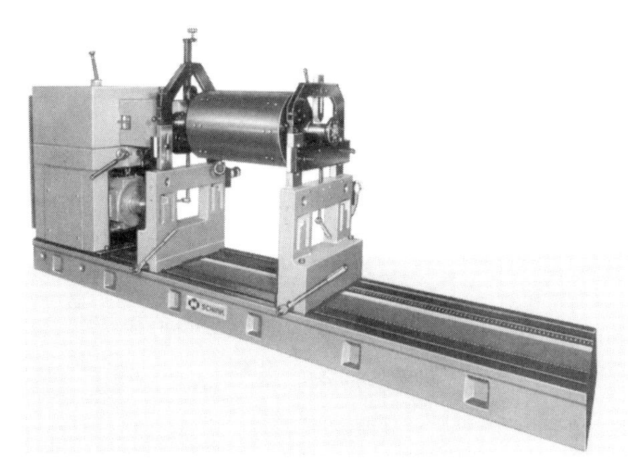

图 4-2 硬支承动平衡机

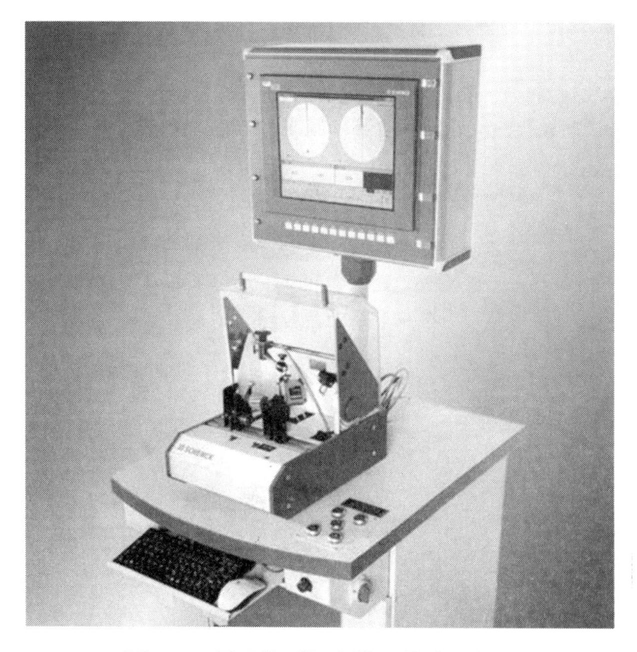

图 4-3 用于特别轻小转子的动平衡机

按照被测对象分类，亦即按照转子的有关平衡的特征分类，动平衡机有单面(校正平面)和双面(校正平面)平衡机、卧式和立式平衡机、通用和专用平衡机之分。能够同时测量显示转子存在于单个或两个校正平面内的等效不平衡量大小及相位角的平衡机，分别为单面动平衡机或双面动平衡机。按照被测转子旋转轴线在平衡机上作平衡测试时呈水平状态或铅垂状态，平衡机设计有卧式平衡机和立式平衡机。图 4-4 所示为立式单面动平衡机外观图。

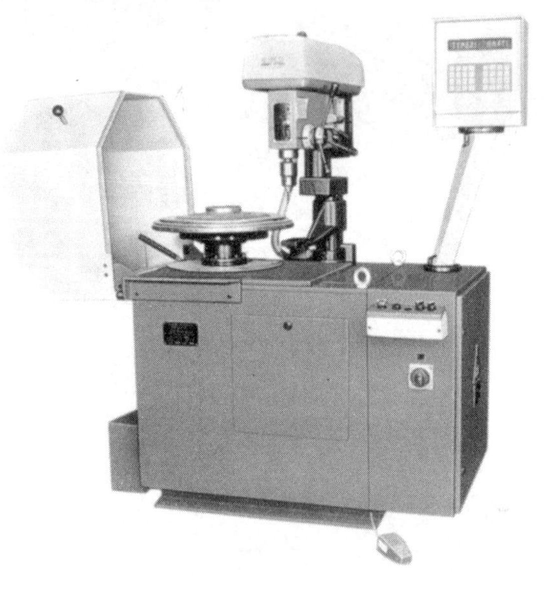

图 4-4　立式单面动平衡机

图 4-5　刀具专用动平衡机

通用平衡机为适用转子的质量、几何尺寸、平衡转速都有一定的范围，因此适用于多种不同类型、质量、几何尺寸和转速的转子的不平衡量的检测。表 4-2 和表 4-3 所列分别为某系列卧式和立式通用平衡机产品的技术参数。

专用平衡机对适用转子的质量、几何尺寸、平衡转速等都有专门的规定和限制，仅适合于某些特定转子的不平衡量检测，譬如曲轴平衡机、传动轴平衡机，刀具平衡机，陀螺仪马达转子平衡机等。图 4-5 为刀具专用平衡机外形图。

表 4-2　某系列卧式通用硬支承平衡机产品的技术规格参数表

主要技术参数 ＼ 型号	××-0.5	××-1	××-10	××-2	××-20	××-3	××-30	××-4	××-40	××-40 w	××-5	××-50	××-6	××-60	××-7	××-70	××-8	××-80	××-9	××-90	××-100	××-110
转子最大质量/kg 滚轮支承	5	10	16	40	100	200	440	1 000	2 000	3 000	4 400	7 500	9 000	18 000		28 000		40 000	50 000	85 000	85 000	85 000
转子最大直径/mm	250	360		800		1 260		1 600		2 100	1 600	2 100	V:2 100 U:3 000	2 400	2 500	2 900	3 200	3 500	4 000	4 000	5 000	5 000
两支承间距/mm（可根据要求选配） 万向节传动 最小间距				40		70		70				200	300			330						
两支承间距/mm（可根据要求选配） 万向节传动 传动发兰至右支承最大距离				720		1 560		2 050		3 050	2 340	2 150	4 250			7 000			7 750	7 750	9 250	9 250
两支承间距/mm（可根据要求选配） 圈带传动	55～400	36～450		80～630		100～1 320		140～1 760			170～3 300	280～3 300	460～4 200			660～4 320						
床身长度/mm 标准床身长度/mm	500	500		750		U:2 500 B:1 500		U:3 000 B:2 000		4000	3500		4500			U:5 250+2 250 B:5 250						
床身长度/mm 选配	/	950		1 500/3 000		500/3 000		4 000		2 000/3 000	2 000/5 000		5 500		3 750		/					
轴径范围/mm 滚轮支承 标准型	6～42	5～22	6～30	8～50	9～70	9～70	10～80	12～100	15～120	15～120	18～140	25～180	40～180	50～200		60～250		65～360	125～500	125～900		
轴径范围/mm 滚轮支承 拓展型（选配）	/	22～50	30～70	50～100	70～140	70～140	80～160	100～200	120～240	120～240 200～300	140～280	180～380	180～320	200～400		250～500		360～560	500～900			
圈带传动处直径范围/mm	15～95	10～150		B:20～300 B:20～200		20～450		30～600			7.5 kW:30～600 15 kW:50～800		50～1 000									
平衡转速/r·(min)$^{-1}$ 万向节传动				0～2 880*		600/1 250 无级变速		600/1 250 无级变速		600/1 250 无级变速	230/390/685/1 090/1 680 带齿轮箱				190/330/550/900/1 350/1 660 带齿轮箱			125/190/260/355/480/650/890/1 210/1 660 带齿轮箱	××-9～××-110 具体技术参数由技术协议决定			
平衡转速/r·(min)$^{-1}$ 圈带传动（被拖动工件处直径 100 mm 时）	868/1 260	0～1 650*		0～1 540*		0～1 840*		0～1 820*			7.5 kW:1 120/2 210/2 880 15 kW:1 267/1 728/2 592		2 500/3 420/5 130/6 500				2 500/3 420/5 130					
万向节转矩/N·m 随机提供				30		80	250	250	700				2 250		5 000			7 800				
万向节转矩/N·m 选配				—	80	30	80	80	250				700		2 250			2 250/5 000/12 500				
电动机功率/kW 万向节传动				1.1		1.1	2.2	4	7.5	7.5	15		22*	37*	55**/75**	55/75/90	55	110/132				
电动机功率/kW 圈带传动	0.12	0.2		0.75		2.2		2.2	4	4	7.5*		37**									
限制值 un^2/kg·(min^{-2})	8×10^6	5×10^6		27×10^6		170×10^6		260×10^6			700×10^6	910×10^6	1 640×10^6		1 740×10^6		3 302×10^6	4 127.5×10^6				
校验转子质量/kg	1.6	5		5	16	50		160	500		500	1 600	3 000	具体技术参数由技术协议决定								
最小可达剩余不平衡度 e_{per}/g·mm(kg)$^{-1}$ 万向节	—					0.5				1									××-9～××-110 具体技术参数由技术协议决定			
最小可达剩余不平衡度 e_{per}/g·mm(kg)$^{-1}$ 圈带	0.24	0.1		0.5	0.24	0.1		0.5		0.5												
不平衡量减少率 URR/% 万向节	—					95		95		90												
不平衡量减少率 URR/% 圈带	90	95		90				95		90												

U——万向节传动。
B——圈带传动。

表 4-3　某系列立式通用平衡机产品的技术规格参数表

技术规格＼型号	XX-L1-C	XX-L1-D	XX-L1-E	XX-L2-C	XX-L2-D	XX-L2-E	XX-LR-A	XX-LR-B	XX-LR-C	XX-LR-D	XX-LR-E	XX-LR-F
转子最大质量(包括夹具)/kg	10	30	100	10	30	100	0.5	3	10	30	100	300
转子最大直径/mm	400	1 000	1 000	400	850	850	150	250	400	1 000	1 000	1 400
提供安全罩的转子最大直径/mm	400	600	600	400	540	540	150	250	400	600	600	按用户协议
平衡转速/r·(min)$^{-1}$	1 200	800	530	1 200	800	530	2 500	2 400	1 200	800	530	260
电动机功率/kW	0.55	1.5	2.2	0.55	1.5	2.2	0.09	0.25	0.55	1.5	2.2	7.5
最小可达剩余不平衡量 e/g·mmkg^{-1}	2	2	2	4	4	4	2	2	2	2	2	3
不平衡量减少率(*URR*)/%	≥90	≥90	≥90	≥90	≥90	≥90	≥90	≥90	≥90	≥90	≥90	≥90
测量平面数	1	1	1	2	2	2	1	1	1	1	1	1

注：××-L1 系列为硬支承单面立式平衡机。
××-L2 系列为硬支承双面立式平衡机。
××-LR 系列为软支承单面立式平衡机。

平衡机还可以按照其转子在整个机械平衡过程中的自动化程度，分为自动或半自动平衡机。这类平衡机整个装置除了平衡机外，还附设有平衡校正的工艺设备如钻床、铣床、堆焊机以及工件装卸料装置等，能自动或半自动地在平衡测试后紧接着作相应的平衡校正，直至转子的剩余不平衡量减小至规定的允差范围内。此类平衡机被称为自动平衡机或半自动平衡机。图 4-6 为一种多工位自动平衡机的外观图。

我国的平衡机制造业已经走过了 70 多年的历程，早在 20 世纪 40 年代末已开始仿制美国的火花式 45.4 kg(100 磅)动平衡机，专用于当时的中、小型电机的维修和制造。20 世纪 60 年代中期，由上海交通大学与上海第九棉纺织厂静电纺纱车间厂校结合，为解决高速纺纱锭子的平衡，率先联合设计并研制成功“2J-1 精密动平衡机”(见图 4-7)。这是一种附设有电子真空管及闪光灯的电子测量单元的软支承动平衡机，获得了上海市“四新”(新材料、新技术、新工艺、新设备)成果优秀奖。在上海市人民政府的“把获奖展品变成为产品”的指示下，用了不到一年的时间，与原上海试验机厂一起开发成功“SD-5 闪光式动平衡机”产品，开始供应用户，该产品直至 20 世纪 90 年代还在生产。与此

（a）用于批量生产不带轴颈的盘类转子的不平衡测量和校正（单面平衡）的自动校正立式平衡机

（b）全自动轮胎总成动平衡机

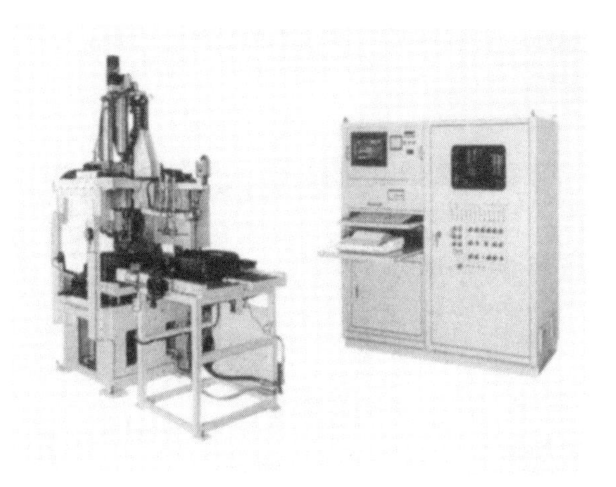

（c）全自动轮胎动平衡机

图 4-6　多工位自动平衡机的外观图

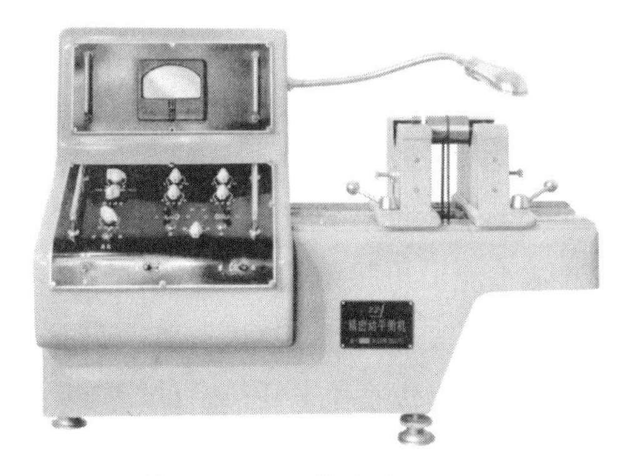

图 4-7　2J-1 精密动平衡机

同时，国内有关高等院校、研究所及有关工厂也相继研制成功了相敏检波式、光电矢量瓦特表式的动平衡机，极大地提升了国产动平衡机的科技含量和技术水平。从此，我国动平衡机产品由纯机械的火花式平衡机发展步入了附设有电子测量单元的现代动平衡机行列，彻底改变了我国平衡机产品的落后面貌，为我国的军工生产和机械制造业的发展作出了应有的贡献。

20 世纪 70 年代后期，鉴于国外硬支承动平衡机的出现，国内有关单位和工厂先后开发出 100 kg 硬支承平衡机的样机，填补了国产硬支承动平衡机的空缺，并迅速形成了硬支承动平衡机的系列产品，装备我国的机械制造业。20 世纪 80 年代末和 90 年代初，伴随着微电脑的迅猛发展和广泛应用，国产的微电脑动平衡机电测箱相继研制成功，缩短了我国与国外动平衡机产品先进技术的差距，图 4-8 所示为 CAB-910 微电脑动平衡机电测箱。

图 4-8　CAB-910 微电脑动平衡机电测箱

在我国的动平衡机发展进程中，值得一提的是 20 世纪 70 年代，在周恩来总理有关自力更生设计和建设国产核电站的指示下，为确保我国自行设计的核电站汽轮发电机组安全、平稳、可靠地运行，由上海市机电工业主管部门召集了有关高校、设计院、平衡机专业制造厂和用户等单位，组成了“三结合”的高速动平衡机会战小组，专攻大型汽轮机、发电机组转子的高速动平衡机的关键核心技术，设计并研制国产大型高速动平衡机。历经 8 年时间，通过对一吨的挠性转子的模拟试验与研究，终于掌握了挠性转子高速动平衡的理论、方法及高速平衡机支承座的结构型式及相关重要设计参数的论证和设计计算，成功研制出我国自行设计的 DG-200 t 高速动平衡机装备，至今仍在继续为我国核电站和大型火电站的汽轮机转子的机械平衡服务，成为我国平衡机发展史上的一个里程碑。图 4-9 为 DG-200 t 高速动平衡机的支承座外观图，图 4-10 为 DG-200 t 高速动平衡机在高速动平衡、超速试验室防爆真空洞体内的全貌图。

图 4-9　DG-200 t 高速动平衡机支承座

图 4-10　DG-200 t 高速动平衡机在高速动平衡、超速试验室防爆真空洞体内的全貌图

4.2　重力式平衡机

在被测转子不旋转的静止状态下，根据物体受重力作用的原理，便能检测出转子质心偏离其几何中心的静不平衡量的大小及其相角位置的平衡机，即为重力式平衡机。此类平衡机只能检测转子的静不平衡量，因此通常亦被称为静平衡机。重力式平衡机主要适用于盘状类型的刚性转子的机械平衡，如飞轮、风扇、螺旋桨等。

早先的重力式平衡机极为简单。见图 4-11。它由两根刀口支承构成，两刀口支承相互平行且调整处在水平状态。由于盘状类转子在作平衡检测时常常不带有工作轴，故必须为其配置一平衡用工艺心轴(图 4-11中 1 为转子，2 为平衡用工艺心轴)。当被测转子连同平衡用工艺心轴的轴颈搁置在两刀口支承上后，由于重力作用，其质心 c 点受到重力作用而使得转子滚动，最终总会停留在质心处于最低的圆周位置上，由此可以确定转子质心所在的圆周位置。然后，一般在质心所在圆周位置的相反方向上试加上橡皮泥，通过试凑的办法，将其不平衡量的大小逐渐地加以校正(减小)，直至转子在刀口支承上能随遇平衡而不再自行滚动为止。以后，这种结构的平衡机又改用两个滚轮来替代刀口支承，成为如图 4-12 所示那样。由于在这种形式的重力式平衡机上作不平衡量检测操作十分麻烦而费时，且检测的精度很低，因此现在只是偶尔使用。

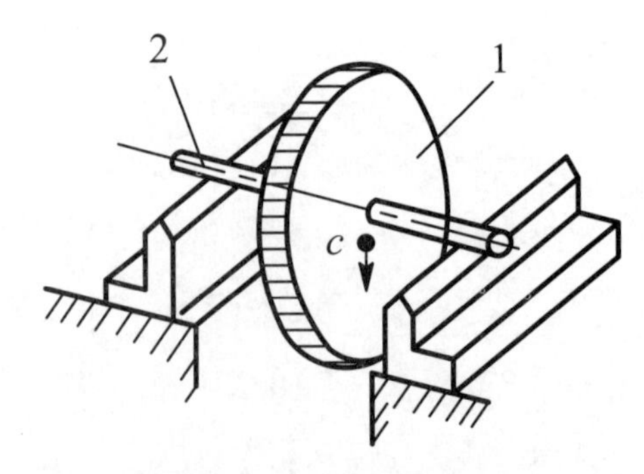

图 4-11　刀口支承静平衡架

1—被测转子；2—平衡用工艺芯轴

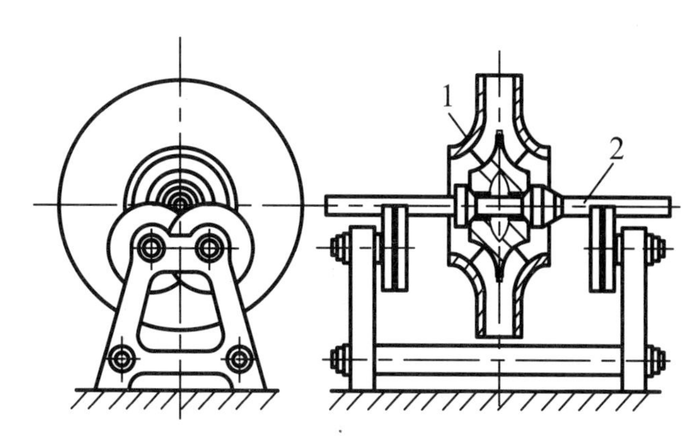

图 4-12 滚轮式静平衡架

1—被测转子;2—平衡用工艺芯轴

伴随着传感器技术和微型计算机的广泛应用,一种全新的现代重力式平衡机已经问世。见图 4-13。在其测试平台的底下,设置有 3 个秤重传感器,它们同处在一个圆周上,且相隔 120°分布。当被测转子(盘状类转子)放置在测试平台上,并经精确地定中心后,如果转子存在不平衡,由于其质心并不处在平台的几何中心,3 个秤重传感器所感受的压力必然不相等,于是通过平衡机的测量单元(内设有微型计算机)的检测及相关计算,即可测量并显示出转子质心的偏心距大小及其所在的圆周位置,亦即转子的静不平衡量的大小及相位角,既快又准确。表 4-4 为该类型(重力式)平衡机的不同型号规格的主要技术参数。

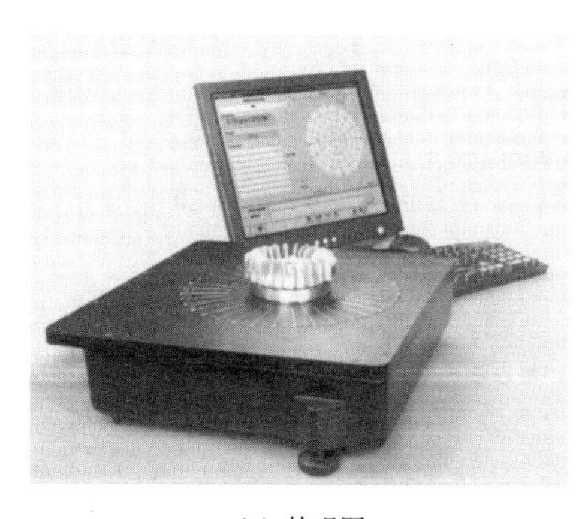

(a) 外观图

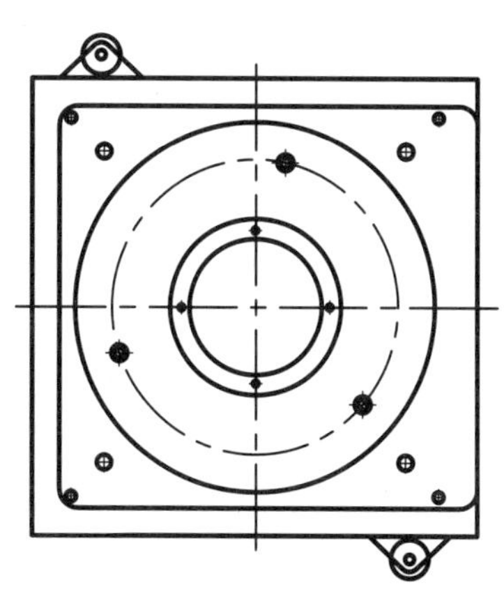

(b) 原理图

图 4-13 现代重力式平衡机

表 4-4　某型号重力式平衡机的主要技术参数表

参　　数	××-A	××-B	××-C	××-D	××-E	××-F
转子质量/kg	<1	1～3	3～6	6～20	20～60	60～200
转子最大直径/mm	250	250	500	1 000	1 000	1 500
最大可测不平衡量/kg·mm	7	10	14	25	100	330
测量误差/g·mm	0.5	3	5	15	40	80
测量周期/s	2～5					

这种现代重力式平衡机的一次测量时间仅为 2～5 s,而且允许转子在安装的测试平台上进行平衡校正作业,校正后随即又能复测转子的剩余的不平衡量,直至把剩余不平衡量校正减小至规定的允差范围内。这种静平衡机操作便捷,在检测过程中不受外力的影响,又可同时确定转子的不平衡量和转子的质量;无需驱动装置,因而也无需安全防护装置。

4.3　离心式平衡机

4.3.1　动平衡机的构成及其功能

离心式平衡机是必须驱动被测转子至一定的转速,即在转子旋转的动态条件下,通过测量由转子的不平衡量所引发的平衡机支承座的振动或作用在支承座上的动压力,从而检测出转子存在于校正平面内的等效不平衡量的大小及其相位角的测试装置,也常被称为动平衡机。它主要应用于大、中、小型电机转子及各种涡轮机转子、内燃机的曲轴、汽车传动轴、造纸机滚筒、纺纱锭子等大多数刚性转子的机械平衡测试。

动平衡机主要用于检测刚性转子的动不平衡量,自然,它意味着也可检测刚性转子的静不平衡量。因此,动平衡机测量显示的可以是两个校正平面内的等效不平衡量,也可以是单个校正平面内(通常是转子质心所在的径向平面)的不平衡量,即转子的静不平衡量。所以,动平衡机有双面和单面之分。另外,根据被测转子旋转轴线在测试时所处的水平或垂直两种不同姿态,动平衡机又有卧式和立式两种不同结构型式，人们常常分别称为卧式和立式动平衡机两种。见图 4-14。

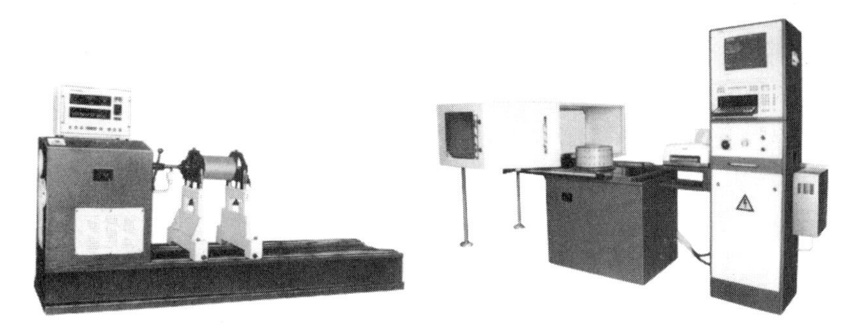

(a) 卧式动平衡机　　　　(b) 立式动平衡机

图 4-14　卧式和立式动平衡机

这里重点介绍卧式动平衡机的构成及其功能：

图 4-15 为卧式动平衡机的构成，它一般由驱动电机 1，主轴变速箱 2，万向联轴节 5，左、右支承座 7、8，床身 9，以及图中未画出的传感器和测量单元等构成。被测转子安装在左、右两个支承座上，由电动机通过主轴变速箱和万向联轴节将转子驱动到一定的平衡转速下作不平衡检测。由于转子的不平衡量的存在，旋转时产生的不平衡离心力导致作用在两支承座轴承架上的动压力，从而引发轴承架的振动。该振动再由传感器转换成电信号，馈入测量单元，信号经放大、滤波、运算等处理后最终显示出转子在校正平面上的等效不平衡量的大小及其相位角，为平衡校正提供数据。

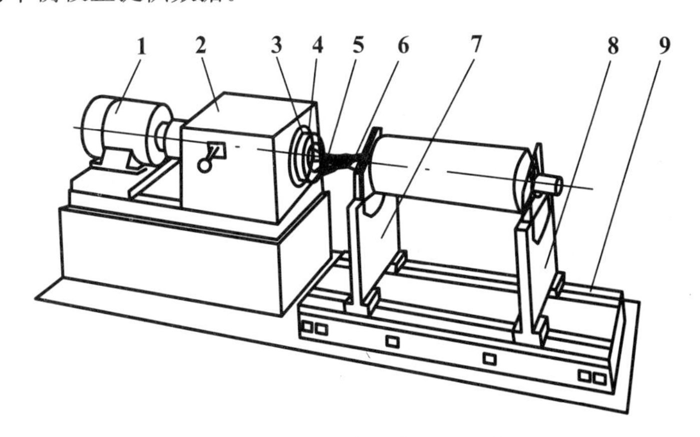

图 4-15　卧式动平衡机的构成

1—电动机；2—变速箱；3—分度盘；4—转位标记；5—万向联轴节；6—联轴器；7、8—左、右支承座；9—床身

动平衡机一般都可划分成四大板块，即驱动装置、支承座、包括传感器在内的测量单元、防护装置及机座。此外，有些动平衡机还附有校正装置，给被检测转子进行去重或加重校正提供方便。

1. 驱动装置

欲将被检测转子驱动到达所要求的平衡测试转速，对于动平衡机而言，驱动装置是不可缺少的。通常有万向联轴节驱动(亦称端面驱动)、圈带驱动、摩擦轮驱动、电磁感应驱动、压缩空气驱动和自驱动等多种方式。

(1) 万向联轴节驱动　图 4-15 中所示的为万向联轴节驱动方式。通常它包括电动机、变速箱(传动装置)、制动装置、主轴及万向联轴节。在主轴附近一般都安装有一个光电转速传感器，产生一个与主轴旋转同频率的脉冲电信号，供作转速测量和角度参考信号。在主轴的外伸端处安装有角度刻度圆盘，用来指示测得的不平衡相位角在被检测转子上的相应圆周位置。万向联轴节的一端与主轴的伸出端相连接，另一端通过一个联轴器与被测转子的转轴相连接，实现转子的驱动。

采用万向联轴节驱动可用来传递较大的转矩和功率，但它会给转子的不平衡量测量带来较大的测量误差。

(2) 圈带驱动　圈带驱动由电动机通过圈带直接带动被检测转子至一定的转速。图 4-16 所示即为动平衡机常用的圈带驱动的两种不

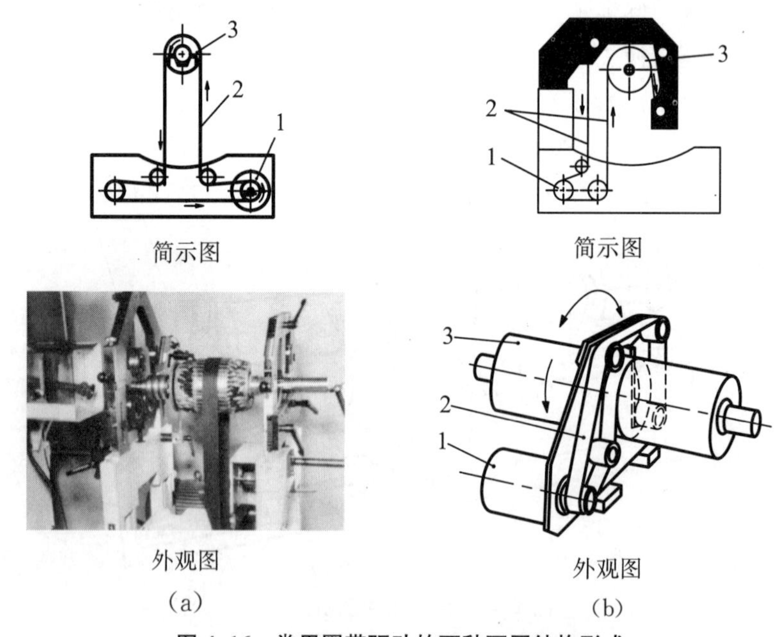

图 4-16　常用圈带驱动的两种不同结构形式

1—电动机；2—圈带；3—转子

同结构型式。由于这种型式圈带的框架上有两个张紧轮，圈带经张紧轮环绕被检测转子半周，有较大的包角，传递的转矩较大。另外，圈带的张紧轮框架开合简便，给转子的装卸创造了十分方便的条件。

此外，圈带驱动还有所谓的单切式和双切式结构型式。图4-17为单切式圈带驱动示意图。图4-17(a)为上切式，杠杆两端有张紧轮，圈带环绕其上，传动时杠杆放下并固定，使圈带下半边与转子外圆表面相接触，依靠摩擦而带动转子旋转，测试结束后杠杆转至图示虚线位置，便于装卸转子；图4-17中的(b)所示为下切式，圈带的摩擦力借助于被检测转子的重量而产生，转子装卸时圈带无需移开十分方便。单切式圈带驱动由于圈带对转子的包角很小，传递的转矩也小，仅适用在小型转子平衡测试的场合。图4-18为双切式圈带驱动示意图，圈带与转子外圆的两侧都相切并产生摩擦力，传动可靠，传递转矩较大，便于自动装卸转子，适用于自动平衡机。

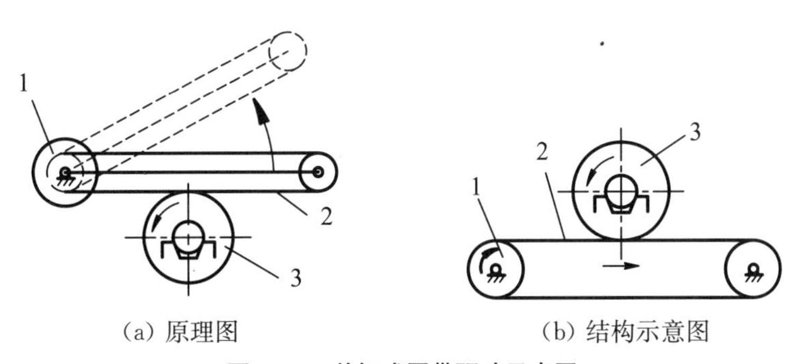

(a) 原理图　　(b) 结构示意图

图4-17　单切式圈带驱动示意图

1—电动机；2—圈带；3—转子

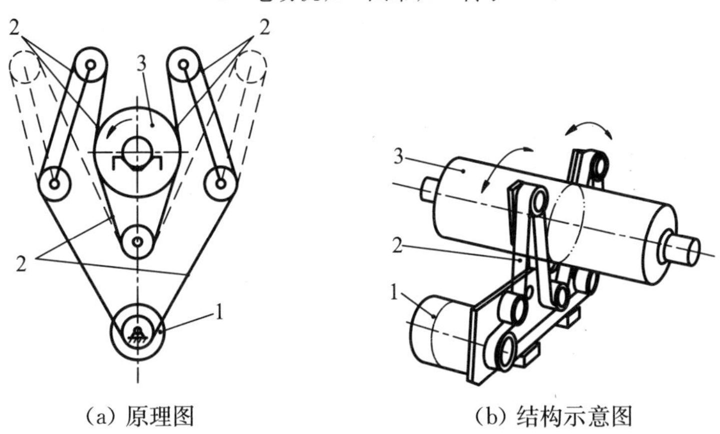

(a) 原理图　　(b) 结构示意图

图4-18　双切式圈带驱动示意图

1—电动机；2—圈带；3—转子

在采用圈带驱动的场合，特别要注意圈带本身的厚薄不均，传动过程中的跳动都会给转子的不平衡检测带来误差，甚至造成测试的不稳定。

(3) 其他驱动方式　除了上述两种常见的万向联轴节驱动和圈带驱动，还有摩擦驱动(见图 4-19)电磁感应驱动(见图 4-20)、压缩空气驱动(见图 4-21)和自驱动(见图 4-22)等型式。它们只应用于某些特殊场合，如压缩空气驱动适用于气动陀螺转子的专用动平衡机。

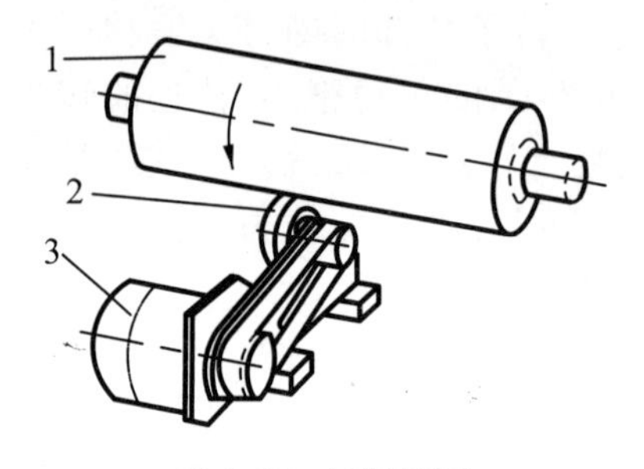

图 4-19　摩擦驱动

1—转子；2—摩擦轮；3—电动机及驱动轮

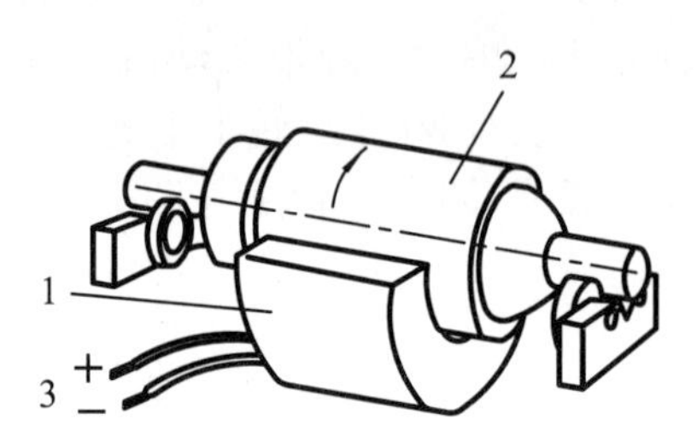

图 4-20　电磁感应驱动

1—定子；2—转子；3—电源

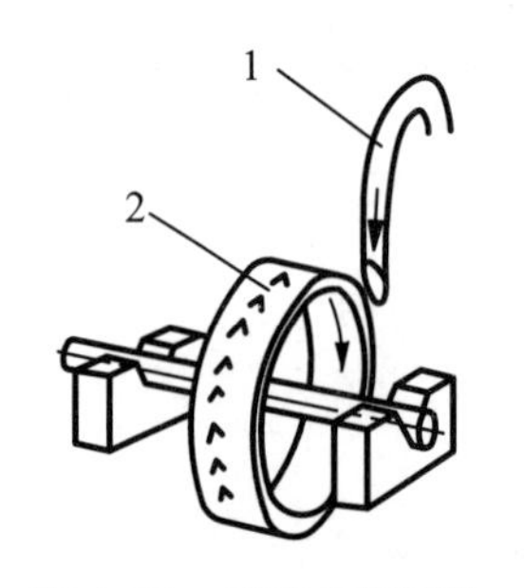

图 4-21　压缩空气驱动

1—空气喷嘴；2—转子叶轮

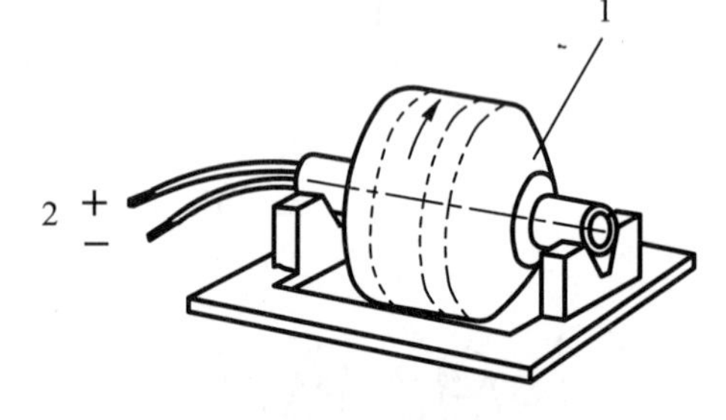

图 4-22　自驱动

1—转子及电动机总成；2—电源

有关动平衡机驱动装置的选择，应结合被测对象——刚性转子的结构、质量、几何尺寸、平衡转速以及平衡品质等级要求，确定采用万向联轴节驱动或圈带传动或其他驱动方式；同时还应分析不同驱动方式对转子的平衡测试所带来的影响。总之，驱动装置要保证被测转子在测试过程中有稳定不变的转速，或转速的波动能控制在一定限值内，避免驱动装置在测试过程中对被测转子的不平衡振动响应产生不良影响，至少应把这种影响减小到最低程度。

2. 支承座

卧式动平衡机一般都设置有两个完全对称相同的支承座，可视被测转子的两轴颈的位置及跨距大小在平衡机床身上沿导轨作移动调整，尔后紧固在床身上。它们既负有支承被测转子运转的功能，更为重要的是为转子的不平衡量测试创造了一个稳定可靠的动力学条件，因而它又是决定动平衡机主要性能指标参数的核心部件。

图 4-23 为卧式动平衡机支承座的一般结构示意图。支承座通常由防护架 1、轴承组件 2、传感器 3、支承弹簧 4、底座 5、轴承架 6 和移动手轮 7 等组成。

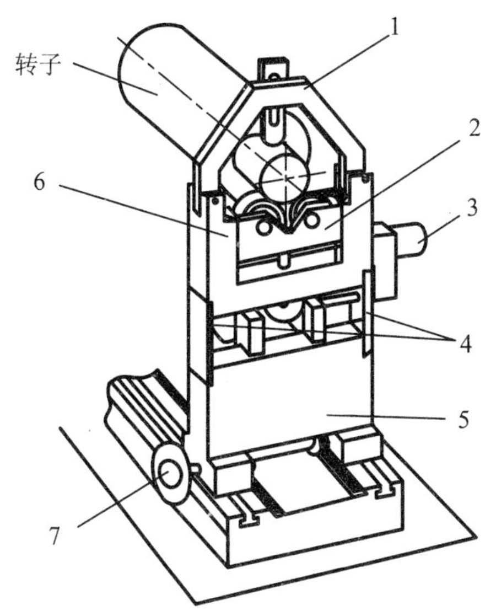

图 4-23　卧式动平衡机支承座的一般结构示意图

1—防护架；2—轴承组件；3—传感器；4—支承弹簧；5—底座；6—轴承架；7—移动手轮

(1) 防护架　防护架主要用于防止转子在不平衡测试运转过程中因不平衡量过大等原因而飞出，酿成安全事故的发生。当被测转子在支承座上安装或卸下时，整个防护架可翻转作开启或关闭。见图 4-24。防护架上面设有挡块，可视转子轴颈的粗细而作上、下调节。

除了防护架防止转子飞出外，在支承座的外侧面还设置有轴向挡块机构。见图 4-25。挡块可在导轨中作轴向移动调节，以阻止转子在测试运转过程中可能发生的轴向窜动，影响检测的正常进行。它主要应用于圈带传动的卧式动平衡机上。

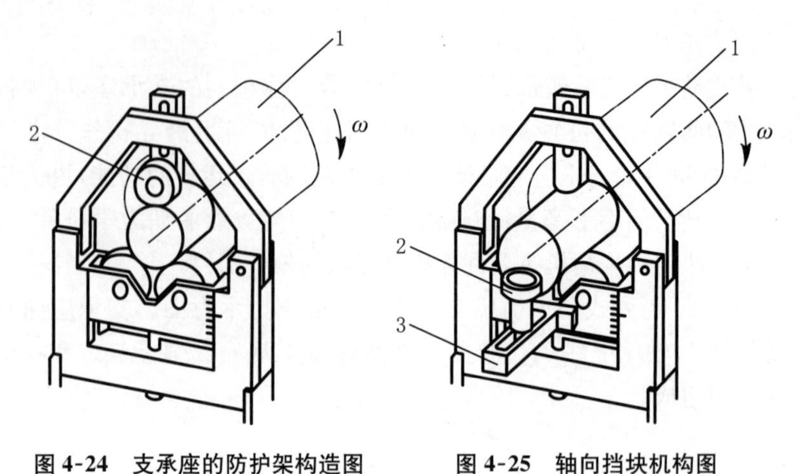

图 4-24 支承座的防护架构造图

1—转子;2—挡块(滚轮)

图 4-25 轴向挡块机构图

1—转子;2—挡块(滚轮);3—导轨

(2) 轴承组件　所谓支承座的轴承组件即用来搁置被测转子并承受其载荷,保证转子在其上能平稳地作测试运转的组合构件。轴承组件一般可沿其垂直导轨作上下移动调节。常见的结构有如下几种:

① 滚轮架　滚轮架如图 4-26 所示。被测转子的轴颈直接搁置在一对滚轮上。当遇到转子的两个轴颈粗细不等时,为保持被测转子旋转轴线的水平状态,可转动升降螺母,调整滚轮架的高低。滚轮被套装在滚动轴承的外环上,滚轮的外圆表面被磨削成光滑的圆弧状,这样的结构可减小转子测试运转时的阻力矩,且当转子因偶不平衡而产生摆动时,滚轮外表面的圆弧面不会构成对转子的摆动限制。

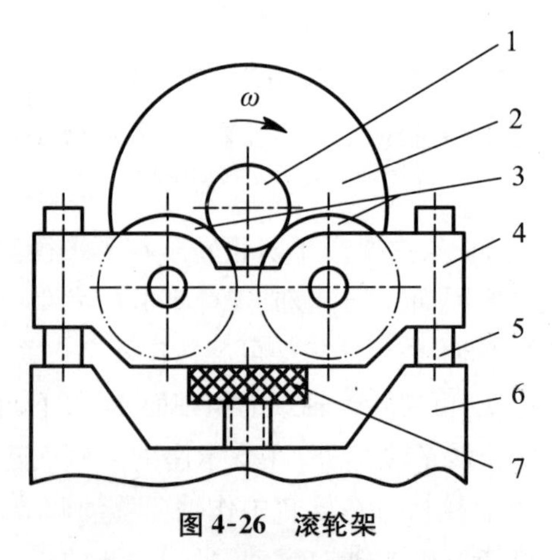

图 4-26 滚轮架

1—转子轴颈;2—转子;3—滚轮;4—轴承组件;
5—立柱导轨;6—轴承架;7—升降螺母

由于同一对滚轮架所适用的转子轴颈的直径范围较大，且使用十分方便，所以这种结构的轴承组件在平衡机上应用得最为广泛。

平衡机操作使用者必须注意被测转子的轴颈切忌与滚轮的外径相同和接近，这是因为会引起难以消除的同频干扰，它将严重干扰和影响平衡机对转子不平衡量的检测。

② V形块　小型通用平衡机常用V形块作为转子的支承。见图4-27(a)。转子的轴颈被搁置在V形块的凹槽内。V形块一般采用尼龙或酚醛树脂等合成树脂制成。为了不构成对转子的摆动限制，V形块凹槽的工作表面常常加工成圆柱面；若V形块厚度不大，则V形块的凹槽工作表面可以是平面。V形槽也可用两个斜装的滚柱构成，见图4-27b。

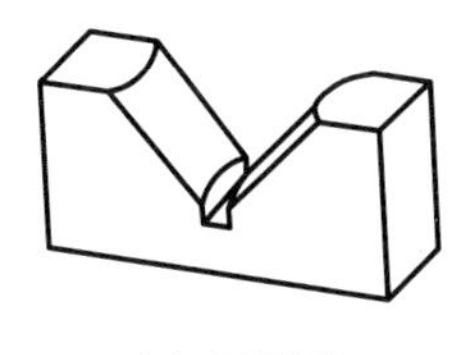

(a) V形块

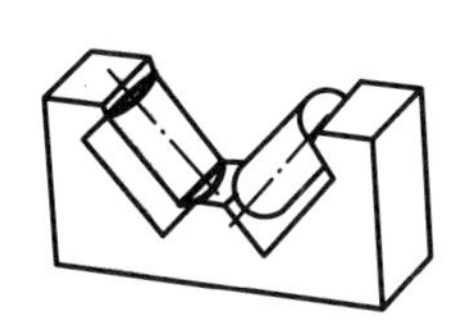

(b) 滚柱式V形块

图4-27　V型块

V形块结构简单，噪音小，没有滚轮架中滚动轴承的噪音干扰，且具有吸收冲击的性能等优点，但耐磨性较差，不能承载较重的转子。

③ 滑动轴承　为克服滚轮架和V形块接触应力大的缺点，一些大型、重型动平衡机必须采用滑动轴承来支承被测转子。滑动轴承的结构与普通常用的结构基本相同。见图4-28(只用了滑动轴承的下半部)。轴承托架内表面与轴承衬套之间为球面接触，以便被测转子两轴承中心的自动对中，又不构成对转子的摆动的限制。轴瓦内表面镀以耐磨合金，并必须保证有足够的强度和润滑性。

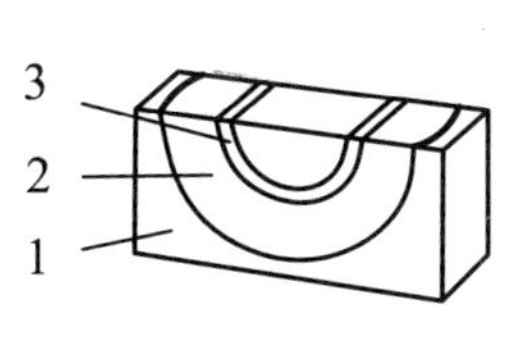

(a) 半圆滑动轴承

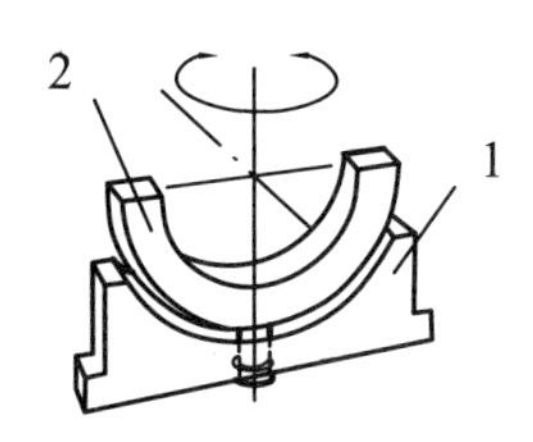

(b) 鞍形滑动轴承

图4-28　滑动轴承

1—轴承托架；2—轴承衬套；3—轴瓦

轴承衬套和轴瓦必须按被测转子的轴颈大小单独配制，当遇到不同轴颈的被测转子时，滑动轴承的衬底和轴瓦必须专门设计加工，而且滑动轴承的相关加工精度和表面粗糙度要求都很高，这成为滑动轴承应用的一个不利因素。在转子作不平衡测试运转过程中，还必须视平衡转速的高低采取相应的润滑措施及其相应润滑装置。

在不平衡测试中，滑动轴承的支承方式相对于滚轮支承方式带给检测的干扰要小得多，因而能获得相对较高的平衡精度。

（3）振动传感器　振动传感器的主要功能在于将被测转子及其轴承系统的不平衡振动响应转换成电信号，馈入测量单元，信号经放大、滤波、运算等处理，最终显示出所测得的转子存在于校正平面内的等效不平衡量的大小及相位角。目前，动平衡机常用的振动传感器主要有磁电式振动速度传感器和压电式力传感器两种类型。

（4）支承弹簧　支承弹簧除了承载被测转子及其轴承架外，更为重要的功能在于提供被测转子及其轴承架等在沿振动测量方向上有一个稳定的支承刚度值。支承弹簧在振动测量方向上支承刚度值的取值大小不同，导致动平衡机的不平衡检测原理也有所不同。

（5）底座　支承座的底座整个坐落在平衡机的床身上，可以根据被测转子两轴颈的间距和位置，通过手轮及齿轮齿条机构（也有用链轮链条机构替代）在床身上沿导轨作移动调节，尔后紧固在床身上。

（6）轴承架　支承座的轴承架一般下由支承弹簧、上由轴承组件和防护架组成。轴承组件可沿其导轨作上、下移动调节，并予以紧固。轴承架的侧面则安装有振动传感器，实现将机械振动的转换成电信号，以供测量单元的测量和显示。

3. 测量单元

来自振动传感器的反映被测转子及其轴承系统的机械振动的电信号，其中除了含有反映被测转子不平衡量的有用信号外，还含有大量其他各种频率的杂音信号，它们不仅对有用信号的测量无益，更有甚者，还会严重地干扰有用信号的测量和显示。随着转子不平衡量逐渐被校正而减小，有用信号的幅值也由大逐渐变小，为此，需要对来自传感器的电信号作滤波、放大处理。再者，来自振动传感器的有用电信号反映了转子及其轴承系统的不平衡机械振动，而我们要求显示的结果是被测转子存在于校正平面内的等效不平衡量的大小及相位角，为此，需要对左、右两支承座的振动信号作相关的平面分离运算处理。

这些有关信号的放大、滤波和运算等处理乃是平衡机测量单元的基本功能。

除了上述的信号的放大，滤波和运算处理外，根据平衡机操作的需要，应对测量显示的模式(如单面显示、双面显示)，显示的方式(如模拟显示，数字显示)以及测量结果的储存、传输、判别等功能进行选择，这些也是测量单元所必备的功能。图 4-29 和 4-30 为动平衡机的测量单元的外观图，俗称测量电箱和测量电柜。

图 4-29　动平衡机的测量显示单元(箱式)

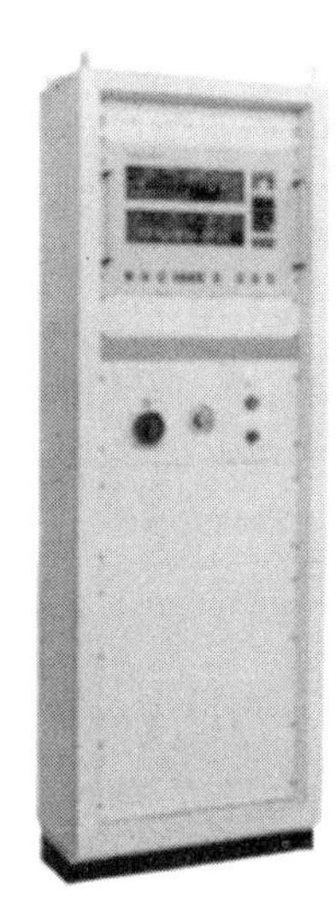

图 4-30　动平衡机的测量显示单元(柜式)

4. 动平衡机的防护装置

转子的动平衡测试时被测转子必须被驱动至一定的平衡转速下进行动态检测。转子及其驱动装置都运转在每分钟几百转甚至一二千转的状态下，存在稍有不慎便会有转子及其部件飞出来的危险性。从“安全第一”的劳动防护出发，在动平衡机的床身周围有必要设置安全防护装置，以保护人员的生命安全和财产安全。图 4-31 所示为动平衡机的防护装置，操作人员可在两扇移门开启后，进行转子的装卸或校正作业。

图 4-31　动平衡机的防护装置

4.4 动平衡机支承座的工作原理

4.4.1 动平衡机的测量系统

动平衡机作为一种转子动不平衡量的检测装置，根据其被测信号的流程，整个测量系统框图见图 4-32。

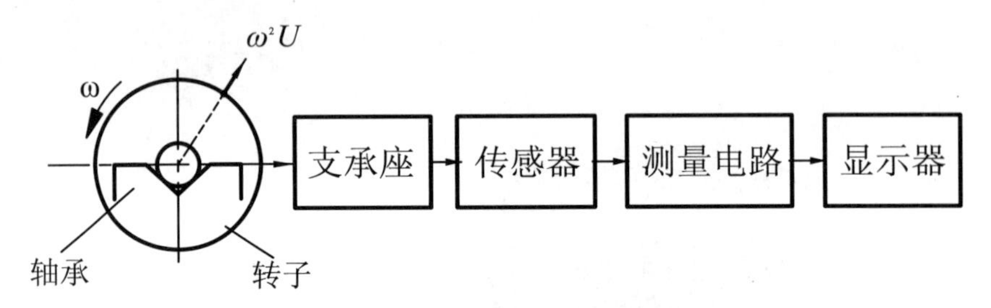

图 4-32 动平衡机的检测系统框图

动平衡机支承座的轴承架直接感受转子不平衡量而引发的动压力，由此轴承架及其支承系统产生相应的不平衡振动响应。该振动响应经振动传感器变换成相应的电信号，并馈入测量电路，经过相应的信号处理(放大、滤波、运算等)，最后显示出转子存在于校正平面上的等效不平衡量的大小及其相位角。由于转子不平衡量的检测属于动态测试，所以，研究和分析包括支承座在内的整个测量系统的动态特性显得至关重要。下面我们将着重分析有关动平衡机测量系统中的首个环节——支承座轴承架的动态特性，它是决定整个动平衡机技术参数和性能指标优劣的关键。测量系统的其余环节将在第 5 章“平衡机的测量单元”里作详细阐述。

动平衡机支承座的工作原理完全建立在机械振动学的基础理论之上，为此有必要从讨论刚性转子在弹性支承上的不平衡振动开始，深刻剖析动平衡机支承座的动力学特征参数，从而为动平衡机的合理设计、正确使用和创新开发奠定理论基础。

作为动平衡机测量系统的首个子系统——支承座，由于它工作在动态测量的条件下，因此，它的动态特性要根据被测量的特性和测量的要求进行合理的设计选择。

4.4.2　刚性转子在弹性支承上的不平衡振动

卧式动平衡机都设有两个完全对称的支承座，用以支承被测转子的平衡检测运转。为了能可靠而灵敏地检测出转子的不平衡量，动平衡机左、右两支承座采用了完全不同于一般轴承座的结构。它采用的是一种各向异性结构的弹性支承结构，即支承座的轴承架在过其轴承中心沿其水平直径方向上的支承刚度与沿着垂直直径方向上的支承刚度，两者相差悬殊。其结构示意见图 4-33。支承座的轴承架由弹簧片悬挂着或由弹簧杆支撑着，这种特殊结构的支承座在沿其水平方向（即图中所示的坐标轴 x 方向）亦即不平衡振动的测量方向上的支承刚度要相对沿其垂直方向（即图中所示的坐标 y 方向）上的支承刚度要小得多。

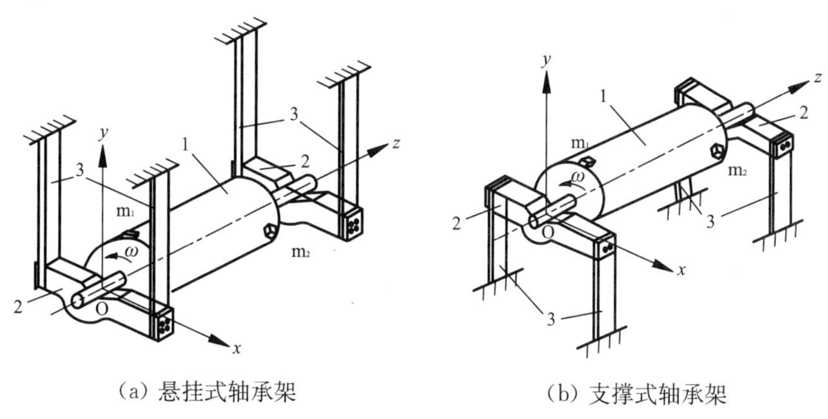

图 4-33　动平衡机支承座的结构示意简图

1—转子；2—轴承架；3—支承弹簧

对于一个被测刚性转子而言，在过其旋转轴线的水平面 xoz 内，完全可以视作转子处在一对弹性支承上面。于是，当被测转子被驱动至某一转速 ω 旋转时，转子连同两个轴承架在过其轴线的水平面（亦即为坐标轴平面 xoz ）内构成一个刚性转子-弹性支承振动系统。其力学模型见图 4-34。假设转子的质量为 M，在其右端面上设有一个集中分布的不平衡量 U，其离心力 $F_u=\omega^2U$。两轴承架沿其坐标 x 轴线方向上的弹簧刚度分别为 k_1 和 k_2。根据动力学原理，刚性转子在支承上的运动，除了绕 z 轴旋转外，转子在坐标轴平面 xoz 上同时作随质心 c 点的平动和绕其质心 c 点的摆动。因此，转子-弹性支承系统在坐标轴平面

xoz 上可简化成两个自由度的线性振动系统。

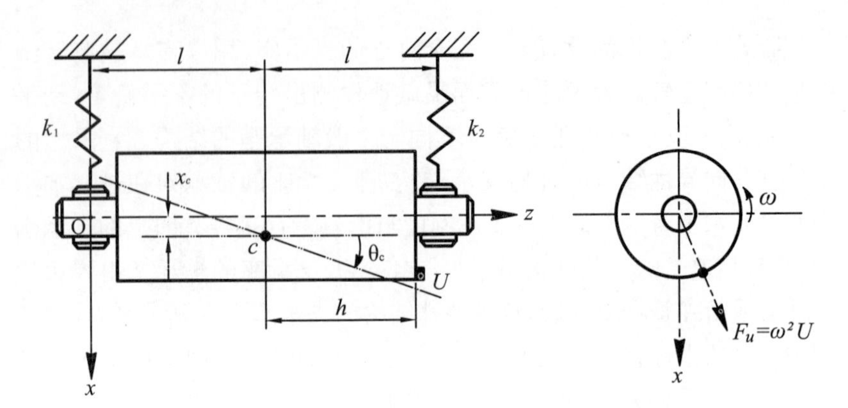

图 4-34　刚性转子-弹性支承振动系统力学模型图

取转子质心 c 点的位移为 x_c 和绕质心 c 点的转角 θ_c 为两个广义坐标，我们就可以用拉格朗日方程式推导出这个系统的运动方程。

拉格朗日方程为

$$\frac{\mathrm{d}}{\mathrm{d}t}\left(\frac{\partial E}{\partial \dot{q}_i}\right)-\frac{\partial E}{\partial q_i}=F_i。\tag{4-1}$$

式中，E 为系统的动能；q_i 为第 i 个广义坐标；F_i 为对广义坐标 q_i 的广义力。

已知本力学模型，$q_1=x_c$，$q_2=\theta_c$。因此，系统的动能为

$$E=\frac{1}{2}(M\cdot\dot{x}_c^2+J_c\cdot\dot{\theta}_c^2)。$$

式中，J_c——转子绕穿过其质心 c 并垂直于水平面 xoz 轴线的转动惯量。于是，

$$\frac{\partial E}{\partial \dot{x}_c}=M\dot{x}_c；\ \frac{\partial E}{\partial \dot{\theta}_c}=J_c\dot{\theta}_c；\ \frac{\partial E}{\partial x_c}=\frac{\partial E}{\partial \theta_c}=0。$$

支承的弹簧力为

$$F_{k1}=-k_1(x_c-l_1\theta_c)；$$
$$F_{k2}=-k_2(x_c+l_2\theta_c)。$$

转子的不平衡力为

$$F_u = \omega^2 U。$$

式中，U 为转子上相对质心 c 沿 z 轴方向距离为 h 的径向平面上的一个集中不平衡量。由于它相对转子质量 M 不是很大，因而不计它对转子转动惯量等系统参数的影响。

于是系统的运动方程为

$$\begin{cases} \dfrac{\mathrm{d}(M\dot{x}_c)}{\mathrm{d}t} = F_{k1} + F_{k2} + F_u \sin(\omega t); \\ \dfrac{\mathrm{d}(J\dot{\theta}_c)}{\mathrm{d}t} = -F_{k1} \cdot l_1 + F_{k2} \cdot l_2 + F_u h \cdot \sin(\omega t)。 \end{cases}$$

将 F_{k1}，F_{k2}，F_u 代入上式并整理，得

$$\begin{cases} M\ddot{x}_c + (k_1 + k_2)x_c - (k_1 l_1 - k_2 l_2)\theta_c = \omega^2 U\sin(\omega t); \\ J_c\ddot{\theta}_c + (k_1 l_1^2 + k_2 l_2^2)\theta_c - (k_1 l_1 - k_2 l_2)x_c = \omega^2 hU\sin(\omega t)。 \end{cases}$$

当转子结构为对称时，即 $k_1 = k_2 = k$，$l_1 = l_2 = l$，则上述运动方程可简化为

$$\begin{cases} M\ddot{x}_c + 2kx_c = \omega^2 U\sin(\omega t); \\ J_c\ddot{\theta}_c + 2kl^2\theta_c = \omega^2 Uh\sin(\omega t)。 \end{cases}$$

方程组的特解为

$$\begin{cases} x_c = \dfrac{\omega^2 U}{2k - M\omega^2}\sin(\omega t); \\ \theta_c = \dfrac{h\omega^2 U}{2kl^2 - J_c\omega^2}\sin(\omega t)。 \end{cases} \tag{4-2}$$

式中：

$\omega_{x0} = \sqrt{\dfrac{2k}{M}}$ ——转子-弹性支承系统在水平坐标轴平面 xoz 上沿 x 轴向作平动的固有频率；

$\omega_{\theta 0} = \sqrt{\dfrac{2kl^2}{J_c}}$ ——转子-弹性支承系统在水平坐标轴平面 xoz 上绕质心 c 点作摆动的固有频率。

方程组的特解又可写成

$$\begin{cases} x_c = \dfrac{\omega^2 U}{M(\omega_{x0}^2 - \omega^2)}\sin(\omega t); \\ \theta_c = \dfrac{\omega^2 Uh}{J_c(\omega_{\theta 0}^2 - \omega^2)}\sin(\omega t)。 \end{cases} \tag{4-3}$$

由式(4-3)可以看出，转子一弹性支承系统在转子不平衡离心力的作用下的振动具有如下特点：

(1) 振动的幅值和转子的不平衡量 U 的大小成正比；

(2) 振动由平动和摆动组合而成。当转子的旋转频率 $\omega=\omega_{x0}=\sqrt{\dfrac{2k}{M}}$ 或 $\omega=\omega_{\theta 0}=\sqrt{\dfrac{2kl}{J_c}}$ 时，系统发生共振，振动幅值急剧增大。

4.4.3 支承座轴承架及其支承系统的振动分析

通常，一台动平衡机的左右两个支承座力学参数完全相同，又各自独立，相互分离，因而可将其中的一个支承座单独作为研究对象，分析其在转子的不平衡离心力的激励下，支承座的轴承架及其支承系统在沿其轴承直径水平方向即坐标轴 x 方向上所作的运动及其规律。

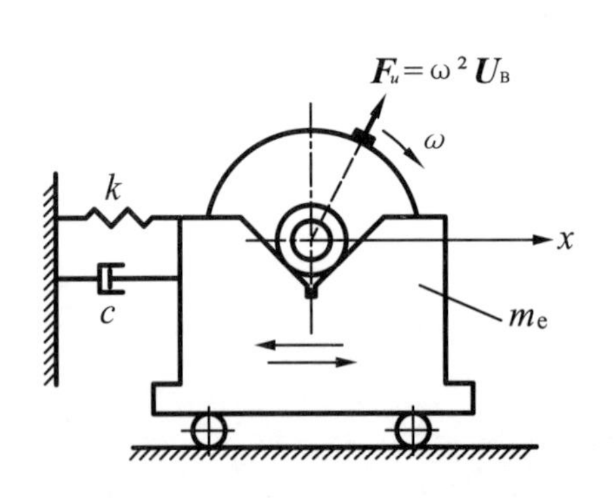

图 4-35 单个支承座的力学模型

这里，我们不妨将单个支承座的轴承架及其支承系统在沿其坐标轴 x 方向简化成一个单自由度的由质量、阻尼、弹簧构成的振动系统。其力学模型见图 4-35。

由上节刚性转子在弹性支承的不平衡振动可以看出，当转子仅在过其质心所在的径向平面内存在一个不平衡量 $U=Me$(其中 M 为转子质量，e 为质心偏心距)的时候，刚性转子在动平衡机的两个支承座上的不平衡振动便成为平动。如此假设并不妨碍对单个支承座轴承架及其支承系统的动力分析。这样，刚性转子的不平衡离心力 $F_u=\omega^2 U$ 所引发作用在两个支承轴承架的动压力正处于过轴承中心的径向平面内。对于轴承架而言，此动压力表现为一个与转子的转速频率 ω 相同的旋转力矢量，它在坐标轴 x 方向上的投影是一个按正弦规律变化的交变力。在此交变力的激励下。转子连同轴承架在沿其轴承直径水平方向即坐标轴 x 方向作

受迫振动，其运动方程式可写成

$$m_{e}\ddot{x}+c\dot{x}+kx=\omega^{2}U_{B}\sin(\omega t)\text{。} \tag{4-4}$$

式中，m_e——轴承架的参振质量，它应包括轴承架身的质量以及折算到单个轴承架上的部分转子的质量(一种简单近似的折算方法常把转子质量的一半折算成为单个支承座轴承架上的转子的参振质量)；

c——轴承架的黏滞阻尼系数；

k——支承弹簧的沿坐标轴 x 方向上的支承刚度；

U_B——转子在单个支承座轴承平面的等效不平衡量，通常假设 $U_B=U/2$，其中 U 为整个转子的不平衡量。

不难看出，上式中轴承架的惯性力与运动的加速度成正比；黏滞阻尼力与运动转速成正比；弹簧力与运动的位移成正比；离心力(动压力)与转子的不平衡量 U 成正比，与转子的旋转频率 ω 的平方成正比。

运动方程式(4-4)可改写为

$$\ddot{x}+2\xi\dot{x}+\omega_{0}^{2}x=\frac{U_{B}}{m_{e}}\omega^{2}\sin(\omega t)\text{。} \tag{4-5}$$

式中，$\omega_0=\sqrt{k/m_e}$ ——单个支承座轴承架及其支承系统的固有频率；

$\xi=\dfrac{c}{2m_e\omega_0}=\dfrac{c}{c_r}$ ——单个支承座轴承架及其支承系统相对阻尼比，$c_r=2m_e\cdot\omega_0=2\sqrt{m_e\cdot k}$ 为轴承架及其支承系统的临界黏滞阻尼系数。

这是一个二阶常系数线性非齐次微分方程式。方程的特解为轴承架的受迫振动表达式：

$$x=\frac{(\omega/\omega_{0})^{2}}{\sqrt{[1-(\omega/\omega_{0})^{2}]^{2}+[2\xi(\omega/\omega_{0})]^{2}}}\frac{U_{B}}{m_{e}}\sin(\omega t-\phi)\text{。} \tag{4-6}$$

其中，

$$\phi=\arctan\frac{2\xi(\omega/\omega_{0})}{1-(\omega/\omega_{0})^{2}}\text{。} \tag{4-7}$$

由式(4-6)和式(4-7)可以看出，在刚性转子的不平衡量离心力的激励下，支承座的轴承架及其支承系统将作受迫振动，其振幅除了与不

平衡量 U_B 成正比，与轴承的参振质量 m_e 成反比外，其振幅和相位差角 ϕ 还与频率比 ω/ω_0 和系统的阻尼比 ξ 有密切关系。

若将式(4-6)中的系数写成为

$$A(\omega)=\frac{(\omega/\omega_e)^2}{\sqrt{[1-(\omega/\omega_0)^2]^2+[2\xi(\omega/\omega_0)]^2}} \tag{4-8}$$

则此式表达了轴承架及其支承系统的振幅-频率特性。

图 4-36 和图 4-37 分别由式(4-8)和式(4-7)绘制成的曲线图，它们为单自由度质量、阻尼、弹簧系统作受迫振动的振幅-频率特性曲线和相位角-频率特性曲线。从中可以看出，支承座轴承及其支承系统在不平衡离心力激励下的振动响应，其振幅和相位角都是频率比和阻尼比的函数。

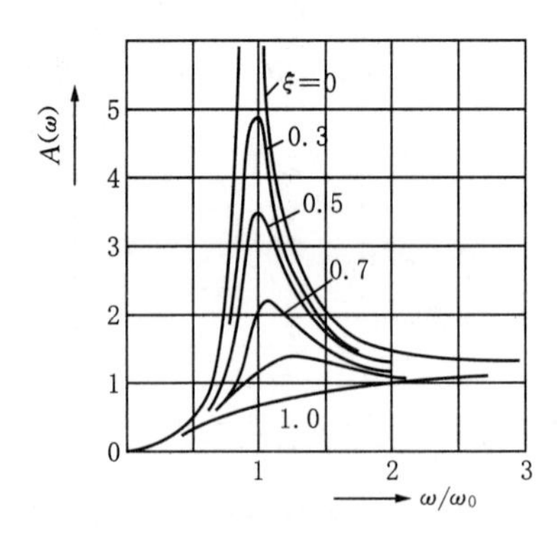

图 4-36 振幅-频率特性曲线

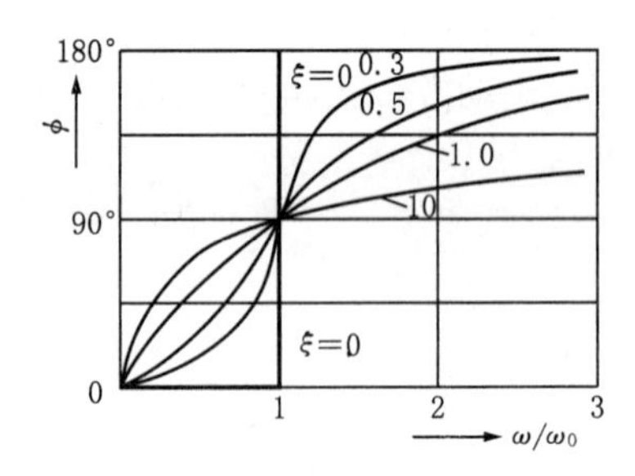

图 4-37 相位-频率特性曲线

为了清晰起见，把支承座轴承架及其支承系统视作一个测量子系统，被测转子不平衡离心力 ω^2U 为输入(亦称激励)，而轴承架及其支承系统由此而产生的振动响应 $x=A(\omega)\dfrac{U_B}{m_e}\sin[\omega t-\phi(\omega)]$ 为输出(亦称响应)。这样，可将它们描绘成

$$\xrightarrow[\frac{\omega^2U_B}{m_e}\sin(\omega t)]{\text{输入(激励)}}\boxed{\overset{\text{支承座}}{A(\omega)/\phi(\omega)}}\xrightarrow[A(\omega)\frac{U_B}{m_e}\sin[\omega t-\phi(\omega)]]{\text{输出(响应)}}$$。

其中，$A(\omega)$和 $\phi(\omega)$就反映了支承座的动态特性，它们都是转子的旋转频率与系统固有频率之比 ω/ω_0 的函数。

通过上述对支承座的动力学分析，可以看出：

(1) 当动平衡机支承座的轴承架的支承刚度 k 取不同值时，轴承架及其支承系统的固有频率也不同。在相同的激励下，因频率比 ω/ω_0 的改变而使其响应的振幅和相位差角也有所变化。

(2) 当动平衡机支承座的轴承架及其支承系统的阻尼比 ξ 发生变化时，同样也会在相同的激励下，因其阻尼比 ξ 的改变而使其响应的振幅和相位角有所变化。不过，可以看出，在无阻尼或阻尼很小的情况下，又当 $\omega/\omega_0 \ll 1$ 和 $\omega/\omega_0 \gg 1$ 时，阻尼的变化对振幅和相位差角的影响不大，可以忽略不计影响。

根据“刚性支承”和“柔性支承”的基本概念，如果在振动的测量方向上机器及其支承系统组合的固有频率高于激振频率 $\left(一般为\dfrac{\omega}{\omega_0} < 0.25\right)$，则该支承系统在其测量方向上可以看做“刚性支承”，俗称为“硬支承”，其他的支承系统都可看作是“柔性支承”，俗称为“软支承”。以下就动平衡机支承座的 3 种不同的支承分别阐述各自不同的工作原理。

(1) 硬支承　当动平衡机支承座的轴承架及其支承系统的支承刚度 k 设计得较大，从而使得系统的固有频率 ω_0 远高于转子的平衡测试的旋转频率 ω，即 $\omega/\omega_0 \ll 1$，且在无阻尼或小阻尼的情况下，式(4-8)和式(4-7)可写成

$$A(\omega) = (\omega/\omega_0)^2;$$

$$\phi = 0^{\circ}。$$

于是，式(4-6)可改写成为

$$x = (\omega/\omega_0)^2 \frac{U_B}{m_e}\sin(\omega t) = \frac{1}{k}\omega^2 U_B \sin(\omega t)。\qquad (4\text{-}9)$$

由此可知，当动平衡机支承座的轴承架及其支承系统的固有频率 ω_0 远高于转子平衡测试的旋转频率 ω 时，在无阻尼或小阻尼的情况下，轴承架的振动位移与转子的离心力 $\omega^2 U_B$ 成正比，且振动位移与离心力两者之间的相位角差为 $\phi = 0^{\circ}$，即振动位移与离心力同相位。这就是硬支承动平衡机支承座的工作原理及其硬支承动平衡机名称的由来。

由于轴承架的振动位移与转子作用在轴承架的动压力即离心力成正比，通过对轴承架的振动位移的测量即可间接地测出转子的离心力。所以硬支承动平衡机又称为测力型动平衡机。

从式(4-9)还可以看出，对于一台具体的平衡机的支承座而言，它的轴承架的支承弹簧刚度 k 已经是一个定值，如果在平衡机的测量电路里，设法将反映轴承架振动位移的电信号中的旋转频率 ω 因子予以消去，则平衡机的示值仅仅反映不平衡量 U_{B}。换句话说，对于额定的转子质量和平衡转速范围内的任何转子，平衡机经一次永久性标定后，其显示器的标定将保持不变。硬支承平衡可以进行一次永久性标定的特点，摒弃了软支承平衡机在操作过程中须进行平面分离和标定试运转的麻烦操作，极大地简便了使用者的操作，减轻了劳动强度，又提高了效率，深受用户的欢迎。

(2) 谐振式支承　当动平衡机支承座的轴承架及其支承系统的支承刚度 k 设计比较小，从而使得系统的固有频率 ω_0 等于或接近于转子的平衡测试的旋转频率 ω，即 $\omega/\omega_0=1$ 或近似于 1，此时，式(4-8)和(4-7)为

$$A(\omega)=\frac{1}{2\xi}$$

$$\phi=90^{\circ}$$

于是式(4-6)可改写成为

$$x=\frac{1}{2\xi}\frac{U_{\mathrm{B}}}{m_{\mathrm{e}}}\cdot\sin(\omega t-90^{\circ})=\frac{1}{2\xi}\frac{U_{\mathrm{B}}}{m_{\mathrm{e}}}\cdot\cos(\omega t)。\tag{4-10}$$

一般，动平衡机支承座轴承架及其支承系统的阻尼比 ξ 都不大，即 $\xi<1$，此时的轴承架的振动位移会急剧增大，出现强烈的共振现象。

当动平衡机轴承座轴承架及其支承系统的固定频率 ω_0 等于转子的平衡测试转速频率 ω 时，轴承架的振动位移明显地增大，且与离心力的相位差角 $\phi=90^{\circ}$，即相互垂直。这就是谐振式动平衡机支承座的工作原理及其谐振式动平衡机名称的由来。上世纪四五十年代的火花式动平衡机就属于这种谐振式动平衡机。

当被测转子的平衡测试的旋转频率 ω 由低到高，或由高到低通过转子-轴承系统的固有频率 ω_0 时，转子连同轴承架一起发生共振，其振动位移急剧增大，转子的金属表面因此而碰擦预设好的电极(金属丝)，爆出电火花，并在转子表面留下黑色的印记。又据共振发生时离心力与轴承架的振动位移的相位差角为 90°，因此，由电火花留下的黑色印记沿转子的圆周表面相隔 90°的圆周位置即为转子的质心偏离旋转中心所在的相位角位置，从而测得了转子不平衡量的相位角，不平衡量的

大小则由作为电极的金属丝离开转子静止状态下的旋转轴心的径向距离的大小而定。

(3) 软支承　当动平衡机支承座的轴承架及其支承系统的支承刚度 k 设计得很小，从而使得系统的固有频率 ω_0 远小于转子的平衡测试的旋转频率 ω，且 $\omega/\omega_0 \gg 1$ 时，式(4-8)和(4-7)可写成

$$A(\omega) \approx 1;$$
$$\phi = 180°。$$

于是式(4-6)可改写成为

$$x = -\frac{U_B}{m_e}\sin(\omega t)。\qquad (4-10)$$

由此可知，当动平衡机支承座轴承架及其支承系统的固有频率 ω_0 远低于转子的平衡测试的旋转频率 ω 时，轴承架的振动位移与 $\frac{U_B}{m_e}$ 成正比。如果轴承架的质量相对于转子的质量 M 而言很小的话，则 $\frac{U_B}{m_e} \approx \frac{U_B}{M/2} = \frac{U}{M} = e$（$e$ 为转子质心的偏心距），此时轴承架的振动位移与转子偏心距 e 成正比，且两者之间相位差 $\phi = 180°$，即振动位移与偏心距反相。这就是软支承动平衡机支承座的工作原理及其软支承动平衡机名称的由来。

在工业上，为了让动平衡机的支承座轴承架及其支承系统具有良好的振幅-频率特性曲线和相位-频率特性，又确保动平衡机对转子不平衡量的检测的可靠性和稳定性，动平衡的设计者在设计硬支承座时，通常取 $\omega/\omega_0 \ll 0.20$，且采用小阻尼的整体结构型式，而在设计软支承座时一般取 $\omega/\omega_0 \gg (2.5 \sim 3)$。图 4-38 和 4-39 分别示意了平衡机的硬、软支承座的幅频特性曲线。

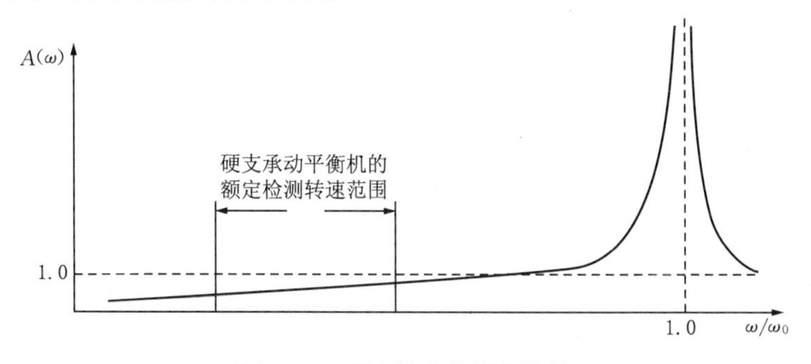

图 4-38　硬支承座的幅频特性

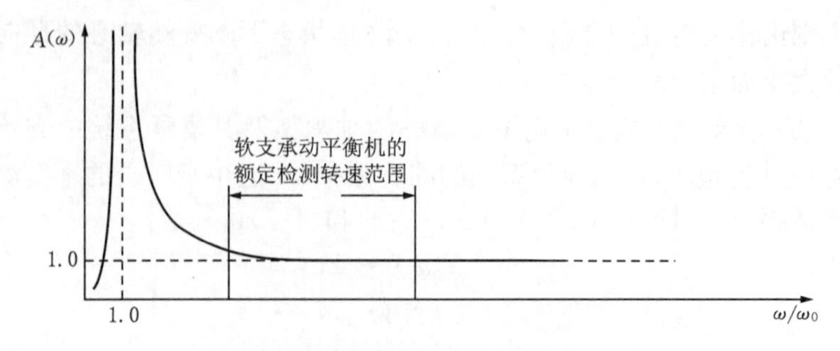

图 4-39 软支承座的幅频特性

4.5 动平衡机支承座的结构形式

通过上述对支承座轴承架及其支承系统的振动分析，不仅阐明了动平衡机不同支承座的工作原理，同时也为支承座的支承刚度的设计取值奠定了基础。动平衡机作为转子动不平衡的检测装置，它的发展历程主要在于支承座刚度的变化——从最早的谐振式结构到软支承结构，再发展到硬支承结构；与此同时，伴随着电子测量技术的快速发展，动平衡机引入了不同年代的电子测量技术，使动平衡机的技术含量得到了长足的提升。

4.5.1 软支承座的结构形式及其特征

为使轴承架及其支承系统具有很小的固有频率 ω_0，在平衡机设计时，通常支承弹簧的横向抗弯刚度 k 值取得很小，因而，轴承架及其支承系统的支承弹簧表现得很软。所以，有人称这样的轴承架为摇摆架，也简称摆架。图 4-40 为软支承座的结构示意图。其中轴承架由前后两弹簧片(或弹簧杆)悬挂或支撑。图 4-41(a)所示为常见的支承弹簧片；4-41(b)所示为支承弹簧杆，其一端固定在支承座的基座上，另一端则连接轴承架。

为了保证轴承架工作在它的线性范围内，即由转子不平衡离心力而引起作用在轴承上的动压力与轴承架的相应振动位移呈线性关系的范围内，通常软支承座设有限幅机构。一旦遇到转子的不平衡量过大，使轴承架的振动位移超出其线性工作范围，这时，不仅会给平衡测量带来非线性误差，甚至会损坏整个轴承架。

对于软支承座，在被测转子驱动到平衡转速的升速过程中，都会通

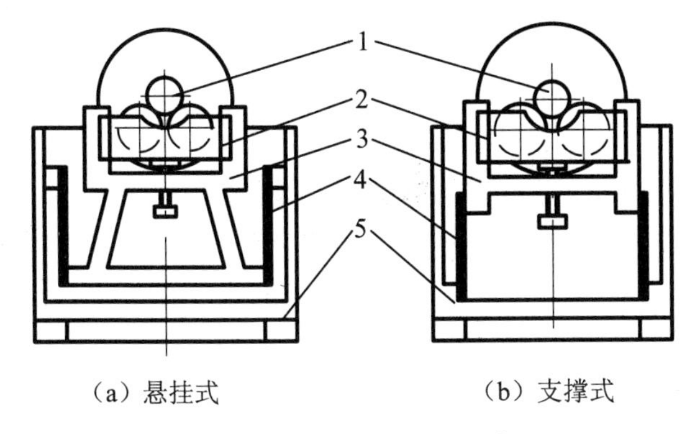

图 4-40　软支承座的结构示意图

1—转子轴颈；2—轴承组件；3—支承架；4—支承弹簧片(杆)；5—底座

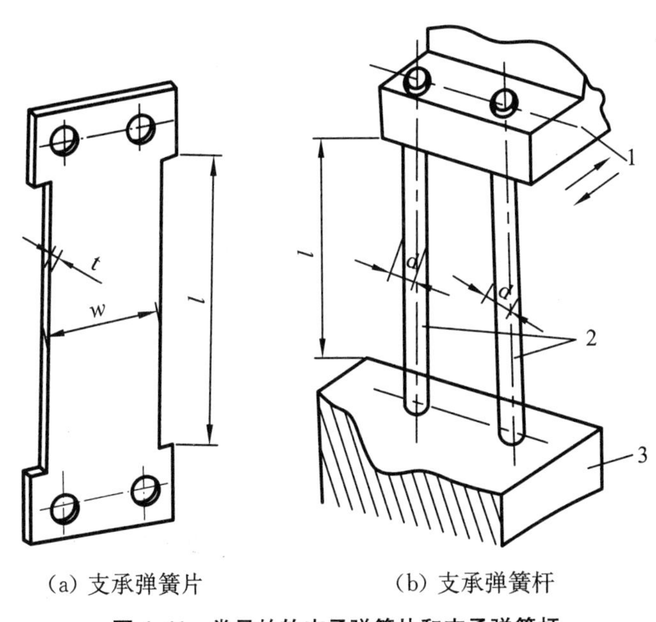

图 4-41　常见的软支承弹簧片和支承弹簧杆

1—轴承架；2—支撑杆(支承弹簧杆)；3—底座

过轴承架及其支承系统的固有频率而发生共振现象，轴承架的振动会突然变得十分剧烈。为此，软支承座还必须设置有锁紧装置。在转子的升速过程和降速过程中，必须先将整个轴承架及其支承系统锁紧固定，待转子的转速稳定并开始不平衡量检测时方能松开锁紧装置；待检测结束后，再将它锁紧后才能停车、降速或制动。

顺便指出，为了保护好软支承动平衡机的支承座，在平时不工作时或在运输过程中都必须将其两个轴承架及其支承系统锁紧固定。切记做好维护工作。

4.5.2 硬支承座的结构形式及其特征

图 4-42 为硬支承的结构示意图。

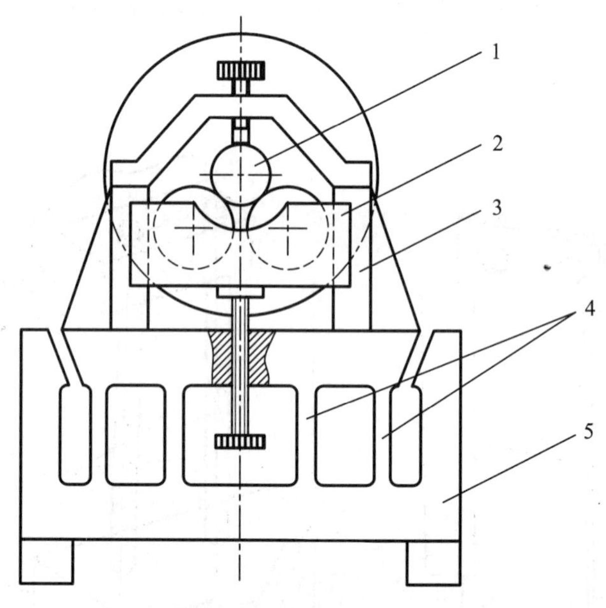

图 4-42 硬支承座的结构示意图

1—转子轴颈；2—轴承组件；3—轴承架；4—支承弹簧；5—底座

为使轴承架及其支承系统具有较高的固有频率 ω_0，在平衡机设计时，支承弹簧的横向抗弯刚度 k 取值较大。另外，如若仍沿用软支承座那样的结构，在轴承架与支承弹簧间采用螺栓连接的话，一方面会增大系统的振动阻尼，另一方面还会降低系统的支承刚度值，影响整个支承座的频率特性。为此，硬支承座一般都采用整体结构设计方案，即采用铸造、焊接，或由整块钢板切割而成的制造加工工艺，使轴承架、支承弹簧、底座成为一个整体，从机构上保证了整个支承座具有可靠的较高的固有频率和较小的阻尼。图4-43为硬支承座的支承弹簧结构图。

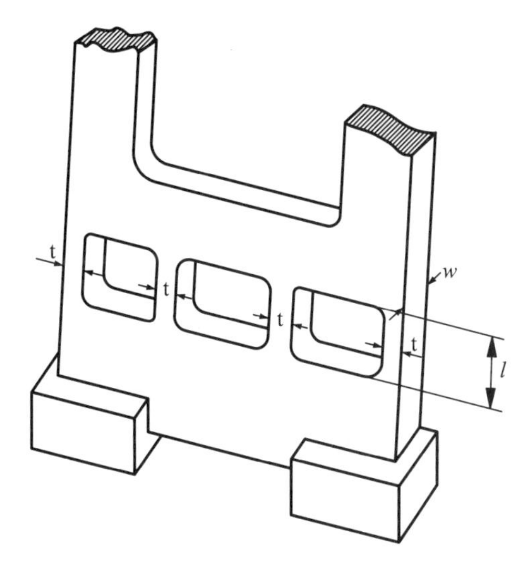

图4-43　硬支承座的支承弹簧的结构示意图

由于硬支承座的上述结构很坚固，其轴承架在不平衡检测过程中的振动位移一般都很少，所以不再需要设置限幅机构和锁紧装置，从而使得整个支承座的结构显得十分简约。

4.5.3　立式动平衡机支承座征的结构型式及其特征

以上介绍了卧式动平衡机的两种不同支承座的结构型式及其特点，下面将介绍立式动平衡机的两种不同支承座的结构型式及其特征。

1. 立式单面动平衡机支承座的结构型式及其特征

立式单面动平衡机的支承结构型式见图4-44。轴承架由两块弹簧板呈悬臂状支承，轴承架的主轴线处于铅垂状态，被测转子（盘状转子）固定在与主轴线垂直的旋转工作台面上。两支承弹簧的两侧薄中间厚（见图4-44b）以保证其沿坐标轴 x 方向上的抗弯刚度较小，又有较大的绕坐标轴 y 的扭转刚度。当被测转子的不平衡离心力引起轴承架及其支承弹簧系统沿 x 轴方向作受迫振动（系为平动）时，基本上仅有 x

方向上的振动位移,而扭摆很小,从而通过振动传感器将振动位移转换成电信号,馈入测量显示单元检测出转子的静不平衡量,为平衡校正提供数据。

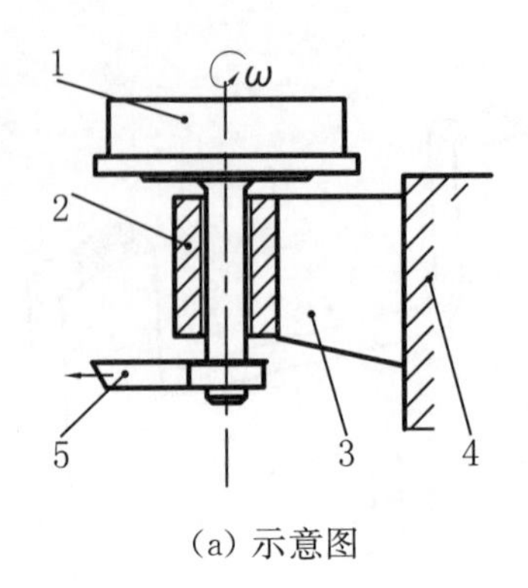

(a) 示意图

1—转子及平衡机主轴;2—轴承架;3—支承弹簧;4—底座;5—传动带

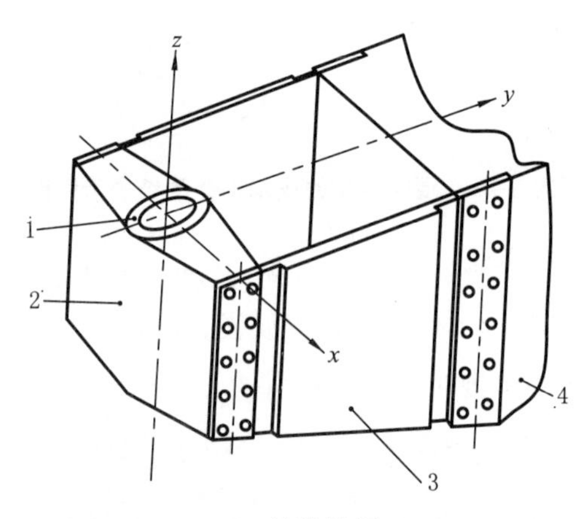

(b) 结构简图

1—平衡机主轴孔;2—轴承架;3—支承弹簧;4—底座

图 4-44　立式单面动平衡的支承结构形式

2. 立式双面动平衡机支承座结构型式及其特征

立式双面动平衡机支承座结构见图 4-45。被测转子 1 固定在旋转工作平台 2 上,旋转平台 2 既可以绕其自身的主轴线旋转,同时又可随横梁 4 做水平运动,还可绕铰链 3 作摆动。横梁 4 由支承弹簧 5 支撑,只能沿水平方向作往复平动。位移传感 7 能转换旋转平台绕铰链 3 摆动的振动位移为其输出电势 E_1。位移传感器 8 将转换横梁 4 沿水平方向上的振动位移为其输出电势 E_2。当转子 1 联连同旋转平台 2 一起以平衡测试的旋转频率 ω 旋转时，转子 1 与旋转平台 2 既可以一起绕铰链 3 摆动，同时又连同横梁 4 一起作水平往复平动。于是，传感器 7 的输出电势 E_1 和传感器 8 的输出电势 E_2 分别可表示为

$$\begin{cases} E_1 = \dfrac{\omega^2}{C}[U_1(A+B) - U_2 A]; \\ E_2 = \omega^2(U_1 - U_2)。\end{cases} \tag{4-11}$$

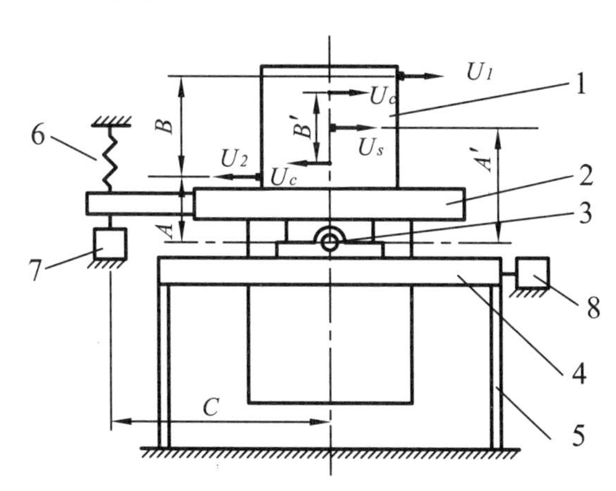

图 4-45　立式双面动平衡机支承座结构示意图

1—被测转子；2—旋转平台；3—铰链；4—横梁；5—支承弹簧；6—支承弹簧；7，8—振动位移传感器

由此不难求得

$$\begin{cases} U_1 = \dfrac{1}{\omega^2 B}(CE_1 - AE_2); \\ U_2 = \dfrac{1}{\omega^2 B}[CE_1 - (A+B)E_2]。\end{cases} \tag{4-12}$$

相应的静不平衡 U_s 和偶不平衡 U_c 分别为

$$\begin{cases} U_s = \dfrac{E_2}{\omega^2}; \\ U_c = \dfrac{1}{\omega^2 B'}(CE_1 - A'E_2)。\end{cases} \tag{4-13}$$

这样，由动平衡机的测量显示单元根据两传感器的输出电势 E_1 和 E_2，并通过上述相关的运算，即可测量显示转子存在两个校正平面上的

等效不平衡量 U_1 和 U_2，亦可显示存在于转子质心所在径向平台内的静不平衡量 U_s 以及相应的偶不平衡量 U_c。

当横梁 4 及其支承弹簧 5 所构成的平动系统的固有频率 ω_0' 和由旋转平台 2 及其支承弹簧 6 所构成的绕铰链 3 作摆动系统的固有频率 ω_0'' 均高于转子 1 作平衡测试的旋转频率 ω，且满足 $\frac{\omega}{\omega_0'} \ll (0.20)$ 和 $\frac{\omega}{\omega_0''} \ll (0.20)$ 时，即成为一台立式双面硬支承动平衡机，可应用于各类刚性转子的平衡检测，特别适用于导弹、炮弹的平衡检测。

4.6 硬支承平衡机的测量误差及其控制

运动方程式(4-5)描述了在不平衡离心力作用下，转子连同轴承架及其支承系统的振动。由于硬支承座的阻尼一般都很小，可予以忽略，因而运动方程式(4-5)又可写成

$$m_e\ddot{x} + kx = \omega^2 U_B \sin(\omega t)。 \tag{4-14}$$

此时，方程式的特解可以写成 $x = x_0 \sin(\omega t)$。代入上式可得

$$kx_0 = \omega^2 U_B + m_e x_0 \omega^2;$$

$$x = x_0 \sin(\omega t) = \left(\frac{1}{k}\omega^2 U_B + \frac{1}{k} m_e x_0 \omega^2\right) \sin(\omega t)。 \tag{4-15}$$

此式等号右边的第一项为转子在轴承平面内的等效不平衡离心力，第二项为轴承架的惯性力。与式(4-9)比较不难发现，式(4-9)中少了一项惯性力项 $m_e x_0 \omega^2$。这是由于 k 值比较大，轴承架的振动位移的幅值 x_0 通常都很小而省略所致；同时又告诉人们，硬支承动平衡机的检测原理是以式(4-9)为理论基础，这就造成了支承座在检测中的原理性误差，为此有必要将它控制在一定的允差范围内。

为使误差控制在一定的允差范围内，应使上述的惯性力与离心力之比不大于一定的误差率。这里，误差率 δ 定义为

$$\delta \leqslant \frac{\text{惯性力}}{\text{离心力}} = \frac{m_e x_0 \omega^2}{kx_0 - m_e x_0 \omega^2} = \frac{\omega^2}{k/m_e - \omega^2} = \frac{(\omega/\omega_0)^2}{1-(\omega/\omega_0)^2}(\%)$$

即

$$\delta \leqslant \frac{(\omega/\omega_0)^2}{1-(\omega/\omega_0)^2}(\%) \tag{4-16}$$

由此可见，误差率δ决定于频率比(ω/ω_0)。见表4-5。

表4-5　误差率δ与频率比(ω/ω_0)关系

(ω/ω_0)	0.1	0.14	0.16	0.17	0.20	0.22	0.24	0.27	0.29	0.30	0.36	0.39	0.41
δ/%	1	2	2.5	3	4	5	6	8	9	10	15	17.5	20

若欲将整个硬支承平衡机的误差率δ控制在小于百分之五，即$\delta<5\%$，由表4-5可知，此时平衡机的平衡测试的旋转频率ω与支承座的轴承架及其支承系统的固有频率ω_0之比须小于0.22，即$(\omega/\omega_0)<0.22$。

由式(4-16)及表4-5可以看出，欲将硬支承座的原理误差率δ限制在一定的允许范围内，必须要将频率比(ω/ω_0)控制在一个相应的范围内。例如欲使$\delta<0.05$，则必须是$(\omega/\omega_0)<0.22$。然而，对于具体的一台通用硬支承动平衡机而言，它的技术规格参数一般都规定了机器可测转子的质量范围和平衡转速范围。这就是说，在此规定的范围内，平衡机支承座与转子组成的ω_0以及ω都不是一个定数，其中的ω_0由每个待测的转子的质量(包括轴承架的质量在内)与支承刚度的来确定，因而导致平衡机的平衡测试的旋转频率ω与支承座的轴承架及其支承系统的固有频率ω_0之比随每个转子的质量和平衡转速而变化。如遇到转子的质量较小时，支承座的固有频率会增高，为将频率比(ω/ω_0)控制在一个相应的范围内，它允许的对应的平衡转速也就可提高；反之，转子的质量较大时，支承座的固有频率会降低，它允许的平衡转速也要相应降低。为了严格控制平衡机的原理性误差，必须对在平衡机上作平衡测试的转子的质量及其可选择的平衡转速加以硬性的规定和限制。这里，就引出了硬支承动平衡机的技术规格参数中一个特有的Wn^2限制值。

根据固有频率$\omega_0=\sqrt{k/m_e}$，平衡测试旋转频率$\omega=\dfrac{2\pi\cdot n}{60}$，$m_e=W_e/g$，代入式(4-16)可得

$$W_e n^2\leqslant 900\cdot k\cdot\frac{g}{\pi^2}\cdot\frac{\delta}{1+\delta}(\mathrm{kgf/min^2})。\tag{4-17}$$

式中，W_e——包括轴承架本身的重量W'及折算到单个轴承架上的部分转子的重量W''[(这里采用简单近似的折算方法，即

把转子重量 W 的一半折算为 $W''\left(=\frac{1}{2}W\right)$，亦即 $W_e=W'+W''=m_e\cdot g(\text{kgf})$]；

g——重力加速度(m/s^2)；

n——转子在平衡机上所选择的平衡测试转速(r/min)。

为简便起见，将转子视为对称转子，其 $W''=\frac{W}{2}$，即转子全重的一半；又将轴承架的重量 W' 略去不计。于是式(4-17)又可写成

$$Wn^2\leqslant 1\,800\times 10^6 k\cdot\frac{\delta}{1+\delta}(\text{kg/min}^2)。\tag{4-18}$$

式中：W——被测转子的重量(kgf)；

n——转子的平衡测试转速(r/min)；

k——平衡机单个支承座的轴承架支承刚度(kg/μm)；

δ——误差率(%)。

为了将硬支承座的误差率 δ 控制在一定的范围内，不同规格的硬支承动平衡机都在其使用说明书中规定了各自的 Wn^2 的限制值。用户使用过程中，转子的重量 W 与其选择的平衡测试转速 n 的平方的乘积不得超过此限制值。例如某型号硬支承动平衡机，其技术参数规定转子重量范围为 2～300 kg；平衡转速范围为 370～2 300 r/min；$Wn^2<180\times 10^6$ kgf/min^2。

图 4-46 为某型号的硬支承平衡机的 Wn^2 限制值图，读者可根据转子的重量(kgf)和动平衡机使用说明书中规定的 Wn^2 限制值，直接快速地查得允许的平衡测试转速的极限值。

上述讨论是以式(4-14)为前提条件，就是在无阻尼和阻尼很小可忽略的情况之下得到的结论；换言之，此时的相位差角 $\phi=0$，即轴承架的不平衡振动的位移与转子的不平衡离心力保持同相位，两者之间没有相位差角。

这里，不妨把问题再引申一步，若考虑存在阻尼的情况。那么，阻尼究竟小到何等程度方可忽略其影响呢？

根据式(4-7)所表示的轴承架的振动位移与转子的不平衡离心力两者之间的相位差角 ϕ 与转速频率比(ω/ω_0)及阻尼比 ξ 之间的关系，代入具体的数字可用表 4-6 表示。

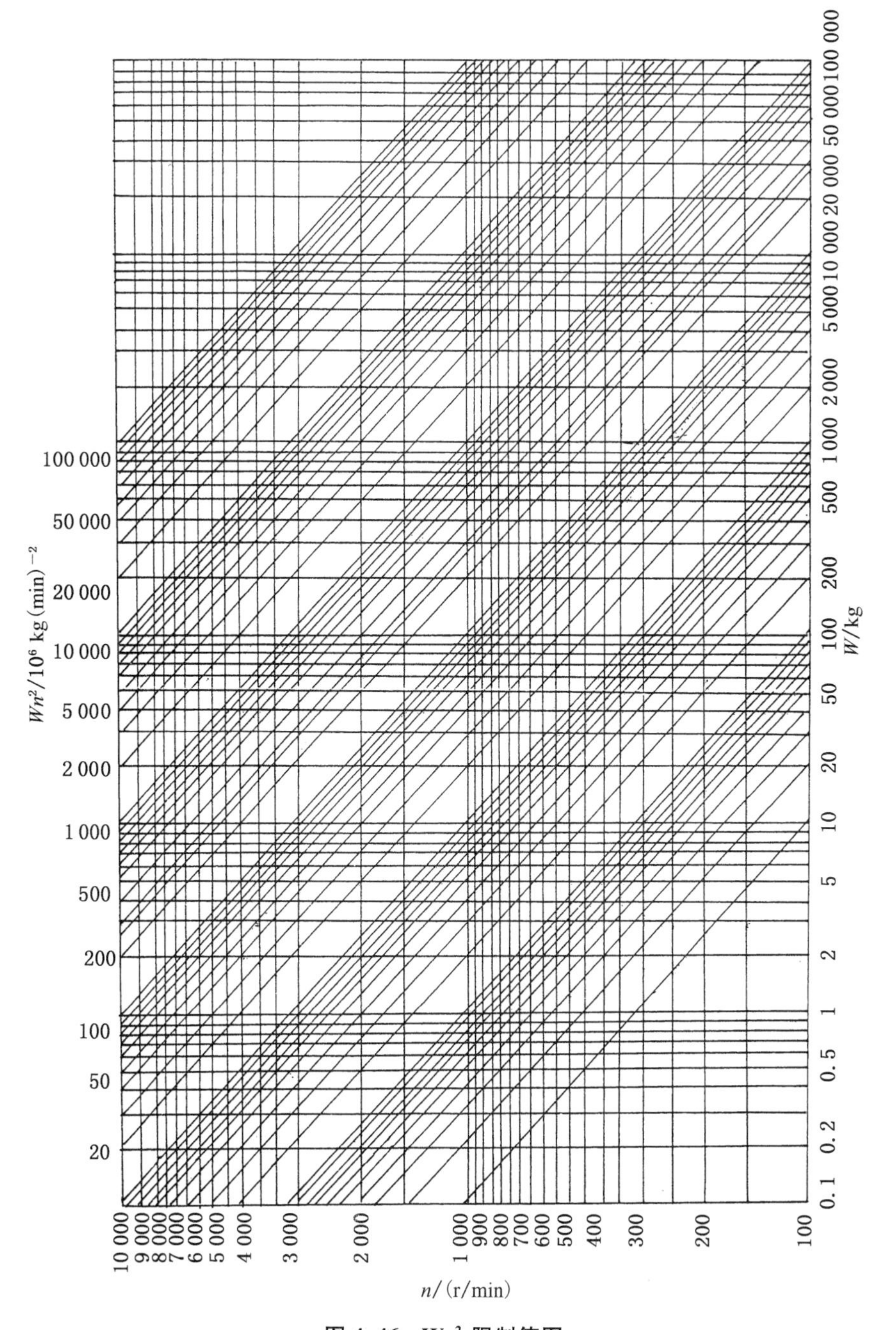

图 4-46　Wn^2 限制值图

表 4-6 相位差角 ϕ 与转速频率比(ω/ω_0)及阻尼比 ξ 之间的关系

ϕ/(°) ξ (ω/ω_0)	0.01	0.03	0.05	0.08	0.10	0.16	0.20	0.50
0.20	0.14	0.43	1.12	1.55	2.23	3.49	4.46	11.34
0.15	0.11	0.32	0.53	1.24	1.46	2.49	3.31	8.43
0.10	0.07	0.21	0.35	0.56	1.09	1.51	2.19	5.46
0.05	0.04	0.10	0.17	0.28	0.35	0.55	1.09	2.52
0.01	0.01	0.02	0.04	0.06	0.07	0.11	0.14	0.35

由表 4-6 可以清楚看到，在考虑了轴承架及支承系统的阻尼的情况下，表中粗黑线的左、下方区域内，不论旋转频率比 (ω/ω_0) = 0.20，0.15…0.01，由于阻尼造成的相位角 ϕ 均不超过 1°。现以硬支承平衡机支承座设计中可能选择的最大频率比 (ω/ω_0) = 0.20 为例，当阻尼比 ξ=0.01 和 0.03 时相应的相位角 ϕ = 0.14° 和 0.43°，均小于 0.5°。若采用这样阻尼比的支承座，假设后续的测量显示单元等各测量环节都不存在相位角误差，此 0.5°的相位差角所能造成整台平衡机的剩余不平衡量/初始不平衡量(误差率)为 0.87%(将 0.5°代入式(2-37)可求得)，而当 ξ = 0.05 相位差角 ϕ = 1.12°，此时由它造成的误差率 = 1.7%。那么，在动平衡机的机械设计过程中如何合理确定允许的最大阻尼比 ξ，并且如何计算和保证实现该阻尼比 ξ? 这是一个很有意义的实际课题。笔者希望有兴趣的人员，譬如有关专业的研究生能就此课题作进一步的深入研究，好为平衡机的设计提供有关精确的参考数据和曲线。

4.7 自动平衡机

随着技术的进步和生产的发展，为了提高生产效率，改善劳动条件，保证产品质量，尤其是对于大批量生产的产品转子，例如内燃机的曲轴、汽车轮胎、各种微型电机转子等，采用自动平衡机是满足其生产要求的必然选择，而高效率、高水平的自动平衡机的开发也是机械平衡装备发展的必然趋势。

自动平衡机由平衡机、平衡校正机(钻床，焊接机等)和机械手等组成,对特定的转子能自动地作全程机械平衡的工艺装备。通常它包括:①不平衡测试;②不平衡校正;③剩余不平衡量测试;④转子在各工位间的传输机构——机械手;⑤控制系统;⑥辅助装置(如上、下料装置)等部分。

对于转子在自动平衡机上的工艺流程而言,主要有3个工位:

(1) 测试工位　测试出转子存在于校正平面上的等效不平衡量的大小及其相位角,并将该信息馈入下一校正工位上的校正机。

(2) 校正工位　根据从测量工位传送来的不平衡量信息,对转子进行平衡校正作业。该工位还应包括慢速转动转子,使转子的不平衡量的所在相位角的位置对准钻头的进给方向,以便进行平衡校正。

(3) 检验工位　检验并确认转子经校正工位后的剩余不平衡量是否已达到规定的允差范围,确定转子的机械平衡是否已经合格完成或需进一步再作平衡校正,尔后对转子做出分检指令。

因为每个转子的初始不平衡大小不一,其校正所需时间也会长短不同,为了充分利用测量时间比较短而校正时间长短不一的特点,可将测量、校正和检验三个工序分别在自动平衡机的三个独立工位上进行,三个工位之间用传输装置连接。为了均衡整个机械平衡作业过程中的节拍时间,提高设备利用率,整个平衡机的运作可以按图4-47所示的程序进行。转子在测量结束后,按两个校正工位完成校正作业的先后顺序传输,从而缩短了转子平衡作业的平均节拍时间。

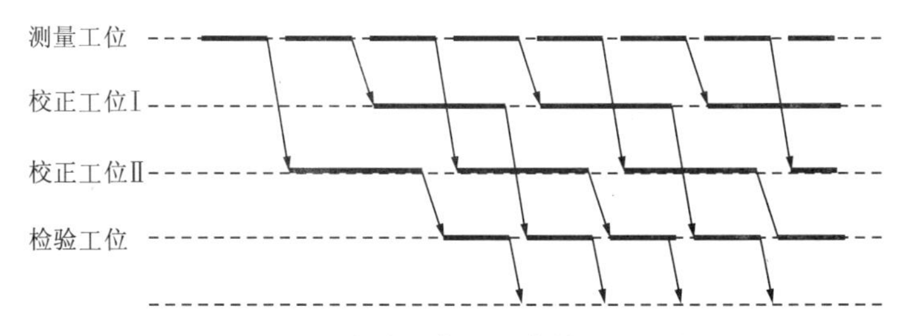

图4-47　自动平衡机通常的运作程序

自动平衡机通常按运作的工位数量来命名。例如,四工位全自动平衡机具有四个工位:测试工位,校正工位,检验工位和上、下料工位。六工位全自动平衡机则具有六个工位:测试工位,校正工位Ⅰ,中间工位,校正工位Ⅱ,检验工位和上、下料工位。其生产的节拍时间也视转子的大小、轻重各有所不同:小转子最快的只有几秒钟;较大的转子有的要达4～5分钟。图4-48为四工位、五工位、六工位三种不同的全自动平衡机的照片图。图 4-49 为多工位全自动曲轴平衡机。

(a) 四工位

(b) 五工位

(c) 六工位

图 4-48　全自动平衡机的照片图

图 4-49　多工位全自动曲轴平衡机

第 5 章 平衡机测量单元

5.1 概　述

电子技术和计算机技术被引入转子的机械平衡测量，使机械平衡装备获得了划时代的进步。从此，人们放弃了借助谐振式支承座，利用机械共振现象来放大并记录转子-轴承架系统的不平衡振动响应的方法，而是采用电子技术和计算机技术来实现转子-轴承架系统的不平衡振动响应的测量，从而也使得平衡机的支承座从谐振式结构形式演变进化成软、硬支承座结构形式。于是包括支承座在内的不平衡测量系统（见图 4-32）开始形成并出现在现代平衡机中，成为现代平衡机不可或缺的一个重要组成部分。它不仅将平衡机的最小可测不平衡量较以前提高了 2～3 个数量级，而且使平衡机的一次不平衡量减小率达到了 85％～95％，极大地提高了转子机械平衡的品质等级和生产效率，更为重要的是还为平衡机的自动化、智能化开创了广阔的前景。

现代动平衡机的整个测量系统的第一个环节——支承座已经在第 4 章中作了详细分析讨论。这里阐述和讨论包括传感器在内的后续诸环节，如传感器、信号调理电路、A/D、微处理器及嵌入式计算机环节等。我们将它们统称为平衡机的测量单元（measuring unit）。见图 5-1。从真空管到晶体管再到集成电路，电子元器件的飞速发展也给平衡机测试单元设计带来日新月异的变化。纵观当今技术发展的趋势，顺应数字化转型潮流是一个必然的选择。同样，平衡机测试单元的设计也应该顺应数字化转型的潮流，此事有着极其重要的战略意义。因此，本章偏重于介绍和讨论数字信号及其处理技术在平衡机测量单元中的最新应用及成就。

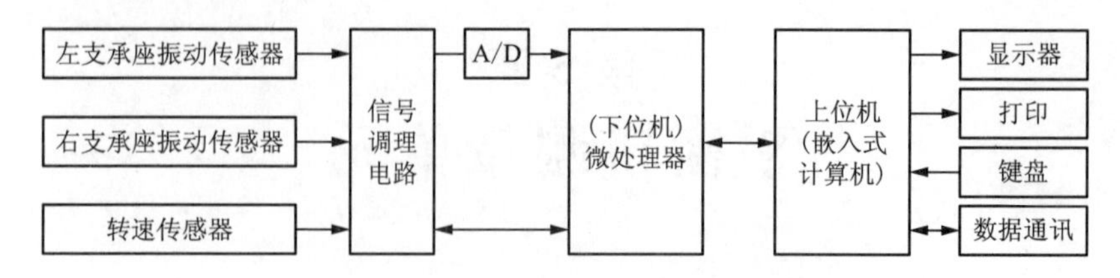

图 5-1　现在动平衡机的监测单元框图

动平衡机的传感器一般可分为振动传感器和转速传感器两类。它们分别将被测转子旋转时在平衡机支承座上产生的不平衡振动响应以及测试转速信号转化为电信号，馈入信号调理电路作相关的测量处理，如对信号进行放大、整形、滤波和运算等处理。

信号调理电路一般为模拟、数字混合电路。其功能在于提取振动传感器输出信号中的反映转子不平衡量的有用信号，将其处理为适合于模数(A/D)转换的具有合适信噪比的模拟信号；同时将转速传感器输出的转速脉冲电信号进行整形，使之成为角度参考信号和相关检测环节中的中心频率信号。

A/D 转换电路用于将模拟的不平衡信号转换为数字信号，以适合于微处理器对信号的处理要求。

微处理器及嵌入式计算机环节其实质上是以各种通用的或专用的微处理器或微控制器为核心的计算机系统。它的主要功能是：①转子不平衡数字量的获取及测量过程中的相关运算，最终以转子在左右两个校正平面上的不平衡矢量(模和相位)的形式加以显示；②完成各种人机交互功能，如有关转子的安装尺寸参数的输入、测量结果的输出、标定过程控制以及其他辅助功能如参数查询、存储等。

微处理器及嵌入式计算机环节的具体结构可以采用上、下位机的结构。见图 5-1。下位机由微处理器构成，主要完成转子不平衡数字量的获取以及与上位机之间的通信。上位机一般选用成熟的嵌入式计算机模块，具有通用计算机的功能，有着强大的计算能力和通用的键盘、显示、打印接口等。采用上、下位机结构的优点是可以充分利用上位机的通用计算机功能进行各种复杂的数据处理(如数字滤波以提高信号质量)，得到更为准确的测量结果；同时可以设计出更为完善的人机交互界面；此外还可以加快设计进程，缩短设计周期。

5.2　测量单元的基本功能及其要求

5.2.1　测量单元的基本功能及要求

这里仅以卧式通用平衡机为例，阐述动平衡机测量单元的基本功能及要求。

1. 测量单元的主要技术参数要求

(1) 平衡转速范围　180～5 000 r/min；

(2) 总的不平衡量测量范围　1∶2 000 000；

(3) 平均测试时间　约 5 s(不包括加速和制动时间)；

(4) 转速显示　4 位数显示精确到±1 r/min(转速显示值每秒刷新一次)；

(5) 最大幅值误差　±5%；

(6) 最大相角误差　≤±3°。

2. 测量单元的基本功能及要求

以嵌入式计算机模块为平台，采用稳定的工业级别操作系统，完全自主开发应用软件为例。其主要功能要求：

(1) 上电后自动进入自检程序(可跳过)，全面诊断系统是否正常，可手动自检；

(2) 用户可通过薄膜按键开关完成对系统的设置；

(3) 可选用中文简体/中文繁体/英文对话语言；

(4) 可任意切换极坐标显示/矢量图显示；

(5) 适用于单、双面(校正平面 1，2)的不平衡测量及显示；

(6) 选择加重或去重校正方式；

(7) 均匀分布分量显示；

(8) 输入平衡允差后自动识别转子已平衡得合格与否；

(9) 各种补偿功能；

(10) 不平衡角度定位显示；

(11) 正、反转测量；

(12) 打印端口输出；

(13) 各种控制信号输出；

(14) 可存储相当数量的转子参数文件的数据库。

3. 传感器的功能及要求

传感器是现代平衡机测量单元中的一个不可缺少的重要组成部分。它们的主要功能是分别将被测转子旋转时在平衡机支承座上产生的不平衡振动响应以及转子的平衡转速信号转换为电信号，馈入到后续的测量电路进行检测。

作为动态检测用振动传感器，要求其在对应于上述的平衡机的测试的旋转频率范围内具有恒定的幅频特性，即平坦的幅频特性曲线；同时，还要求有良好的线性度，以保证不超过上述技术参数要求中的最大幅值误差规定。此外，由于平衡机都安装在生产车间，要求传感器对其使用环境(如温度、湿度、强磁场等)不能有太苛求的使用条件限制。

4. 跟踪滤波功能

由于振动传感器输出信号中含有大量的噪音干扰信号，它们极大地妨碍反映转子不平衡量的有用信号的测量和处理，这就要求测量单元必须具有滤波功能。而且由于不同转子的平衡转速也不相同，因此还要求滤波器的中心频率能跟踪平衡转速的变化而变化，即具有频率跟踪滤波的能力。频率跟踪滤波器可以由硬件电路即滤波器的模拟电路实现，也可以采用数字信号处理技术来实现。

5. 程控增益放大器的功能

由于转子的不平衡量的分布范围很大，其动态范围一般可达 $1:2\times10^6$。考虑到振动传感器的输出信号幅值的动态范围的变化如此之大，为保证信号在它调理过程中都能在其线性区域内，避免非线性失真，需要对大信号加以缩小，小信号加以放大，因此信号调理电路中都设置有程控增益放大电路，其增益控制信号由微处理器发出。可程控增益环节的增益范围一般为 0.01 的数量级到数百倍的数量级。

此外，要求在信号的增益放大过程中所带来的相位差角要尽量的小，必要时应采用相位差角补偿措施，以保证不超过上述主要技术参数要求中的最大的幅值误差和最大相位角误差的规定。

5.2.2 平面分离运算功能及原理

1. 校正平面分离运算的功能

动平衡机一般都指双面平衡机，它们都设计有两个支承座，且在每个支承座的轴承架的径向平面内设置了振动传感器，用以将轴承架的不平衡振动响应转换成电信号。大家都知道，转子在它的任一个径向平面的不平衡量都将会同时引发两个轴承架的不平衡振动响应，而平衡机检测的最终目标是显示出转子存在于两个校正平面上的等效不平衡量的量值及相位角。为此，平衡机的测量单元必须具有校正平面分离运算功能，即根据所测得的转子的不平衡量所引起左右支承座上轴承架的振动响应或动压力，通过相关的分离运算，换算出在转子上预先设定的两个校正平面内的等效不平衡量，为平衡校正提供数据。所以说，(校正)平面分离运算是平衡机测量单元中一个不可或缺的功能和组成部分。

2. 平面分离运算原理

校正平面分离运算原理分析见图 5-2。假设转子存在于校正平面 1，2 上的等效不平衡矢量分别为 $\boldsymbol{U}_1 = m_1\boldsymbol{r}_1$ 和 $\boldsymbol{U}_2 = m_2\boldsymbol{r}_2$。因转子的不平衡而引起左右支承座的振动响应电信号分别为 $\boldsymbol{N}_L$ 和 $\boldsymbol{N}_R$，它们可通过传感器来测得。

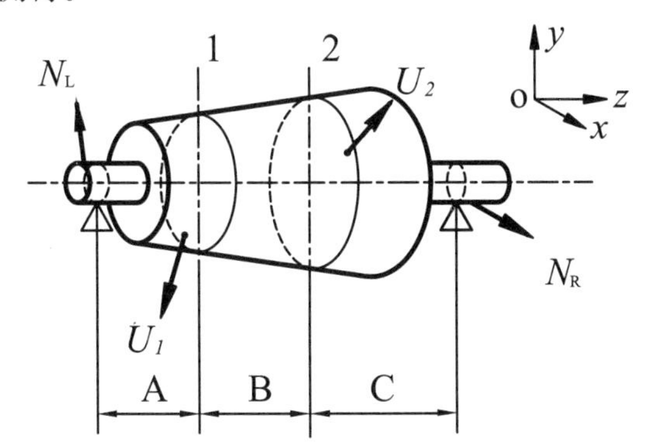

图 5-2　转子平面分离式运算分析图

当被测转子在平衡机上作测试运转时，它和轴承架支承系统构成一线性振动系统。由线性系统叠加原理可知，左、右支承座上的振动可表示为

$$\begin{cases} \boldsymbol{N}_L = \alpha_{L1}\boldsymbol{U}_1 + \alpha_{L2}\boldsymbol{U}_2; \\ \boldsymbol{N}_R = \alpha_{R1}\boldsymbol{U}_1 + \alpha_{R2}\boldsymbol{U}_2。 \end{cases} \tag{5-1}$$

式中，α_{L1}，α_{L2}，α_{R1}，α_{R2}是一组与转子质量、质心、校正面及转子惯动惯量等有关的响应系数。α_{L1}，α_{R1}表示校正面 1 上的单位不平衡量在左右轴承架上引起的不平衡振动响应；α_{L2}，α_{R2}表示校正面 2 上的单位不平衡量在左右轴承架上引起的不平衡振动响应。在一般场合，它们都为复数。然而，当转子在动平衡机上作平衡测试运转时，根据本书第 4 章第 4.4.3 节支承座轴承架及支承弹簧系统的振动分析得知：软支承动

平衡机支承座轴承架的不平衡振动响应位移与转子的不平衡离心力的相位差角 $\phi=180°$，硬支承动平衡机的这种相位差角 $\phi=0°$。换言之，不论是软、硬支承动平衡机，其左、右支承座的轴承架的不平衡振动响应位移与转子的不平衡离心力同处于一个过转子旋转轴线的轴向平面内。这样，这里的响应系数 α_{L1}，α_{L2}，α_{R1} 和 α_{R2} 都成了实数。

求解方程式(5-1)，可得

$$\begin{cases} \boldsymbol{U}_1=\dfrac{\alpha_{R2}}{\Delta}\boldsymbol{N}_L-\dfrac{\alpha_{L2}}{\Delta}\boldsymbol{N}_R; \\ \boldsymbol{U}_2=-\dfrac{\alpha_{R1}}{\Delta}\boldsymbol{N}_L+\dfrac{\alpha_{L1}}{\Delta}\boldsymbol{N}_R。 \end{cases} \tag{5-2}$$

式中，$\Delta=\alpha_{L1}\alpha_{R2}-\alpha_{L2}\alpha_{R1}$ 为方程式(5-1)的系数行列式。

式(5-2)即为卧式动平衡机的平面分离运算公式。它适用于软、硬支承动平衡机。

由于响应系数 α 全为实数，式(5-2)成了十分简单的代数运算式，根据此两代数运算式就可以设计出与两式相应的模拟电路，大家称之为“平面分离模拟电路”，可参见图 5-3(a)软支承动平衡机平面分离模拟电路原理图。它可以执行式(5-2)的有关模拟量运算。显然，当动平衡机的轴承架及支承弹簧系统，被测转子的质量、两轴颈的垮距、两校正平面的位置，以及平衡测试转速确定后，式中的响应系数及运算式也成了定数。借助于在转子的两个校正平面上，先后试加上一个偏置质量块，并驱动转子至平衡测试转速下平稳运转。此时，调节平面分离模拟电路中的电位器 w_1 或 w_2 的旋钮，模拟并确定响应系数 α，而无需计算出它们的具体数值。这样的模拟试运转的调试操作，既可以确定响应系数，又同时完成了平面分离运算，这就是通常说的“平面分离试运转”。

对于卧式硬支承平衡机，由于它的两个支承座的轴承支承刚度很大，因此在转子的不平衡量测试运转中，转子连同两轴承的振动位移都很小。此时，转子及轴承的惯性力可以忽略不计，转子的不平衡离心力与支承座的动反力处于平衡状态。这样，平面分离运算只需根据转子在平衡机两支承座上的安装形式及其相关尺寸(A、B、C)作相应的运算，无需启动转子作平面分离运算的试运转就可以实现平面分离。具体的运算公式推导如下：设转子在支承座上的安装尺寸 A，B，C，左、右两校正面 1、2 上的不平衡矢量设为 $\boldsymbol{U}_1=m_1\boldsymbol{r}_1$ 及 $\boldsymbol{U}_2=m_2\boldsymbol{r}_2$，在平衡转速 ω 时，其对应的离心力为 $\boldsymbol{F}_1$ 和 $\boldsymbol{F}_2$，两轴承座上的相应动反力为

$\boldsymbol{N}_{\mathrm{L}}$ 和 $\boldsymbol{N}_{\mathrm{R}}$，这些力都是矢量。

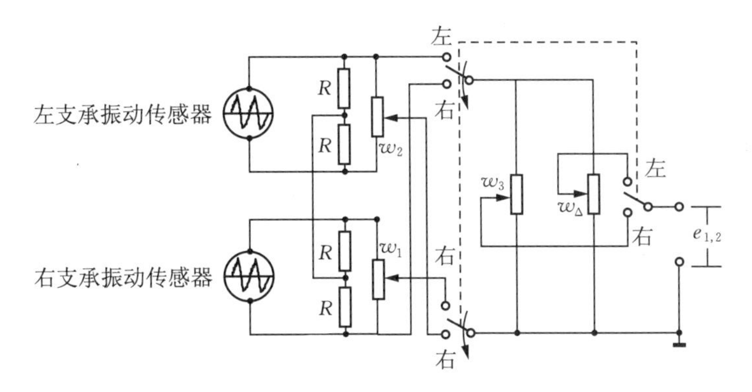

(a) 卧式软支承动平衡机平面分离模拟电路原理图

注：R—电阻；w—电位器

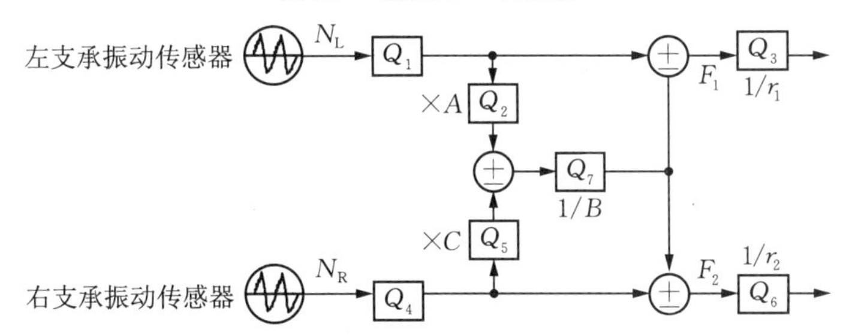

(b) 卧式硬支承动平衡机平面分离模拟电路原理框图

注：Q_1、Q_4—放大器；Q_2、Q_5—系数乘法器；Q_3、Q_6、Q_7—系数除法器

图 5-3　卧式动平衡机平面分离模拟电路原理图

刚性转子以旋转频率 ω 作平衡测试时的离心力为

$$\begin{cases}\boldsymbol{F}_1=m_1\omega^2\boldsymbol{r}_1=\omega^2\boldsymbol{U}_1\\ \boldsymbol{F}_2=m_2\omega^2\boldsymbol{r}_2=\omega^2\boldsymbol{U}_2\end{cases}\tag{5-3}$$

根据转子所受支承座的动反力和不平衡离心力要处与动态平衡，它们在 xOz 平面上的投影式 $\sum\boldsymbol{M}_{\mathrm{L}}=0$ 及 $\sum\boldsymbol{M}_{\mathrm{R}}=0$，即

$$\begin{cases}B\boldsymbol{F}_{1x}-(A+B)\boldsymbol{N}_{\mathrm{L}x}+C\boldsymbol{N}_{\mathrm{R}x}=0;\\ -B\boldsymbol{F}_{2x}+(B+C)\boldsymbol{N}_{\mathrm{R}x}-A\boldsymbol{N}_{\mathrm{L}x}=0。\end{cases}\tag{5-4}$$

同样，在 yOz 平面(座标轴 y 垂直于 xOz 平面)的投影为

$$\begin{cases}B\boldsymbol{F}_{1y}-(A+B)\boldsymbol{N}_{\mathrm{L}y}+C\boldsymbol{N}_{\mathrm{R}y}=0;\\ -B\boldsymbol{F}_{2y}+(B+C)\boldsymbol{N}_{\mathrm{R}y}-A\boldsymbol{N}_{\mathrm{L}y}=0。\end{cases}\tag{5-5}$$

由于 $\boldsymbol{N}_{\mathrm{L}}=\boldsymbol{N}_{\mathrm{L}x}+\boldsymbol{N}_{\mathrm{L}y}$，$\boldsymbol{N}_{\mathrm{R}}=\boldsymbol{N}_{\mathrm{R}x}+\boldsymbol{N}_{\mathrm{R}y}$，$\boldsymbol{F}_1=\boldsymbol{F}_{1x}+\boldsymbol{F}_{1y}$，$\boldsymbol{F}_2=\boldsymbol{F}_{2x}+\boldsymbol{F}_{2y}$，因此由式(5-4)和式(5-5)可得

$$\begin{cases}B\boldsymbol{F}_1-(A+B)\boldsymbol{N}_{\mathrm{L}}+C\boldsymbol{N}_{\mathrm{R}}=0; \\ -B\boldsymbol{F}_2+(B+C)\boldsymbol{N}_{\mathrm{R}}-A\boldsymbol{N}_{\mathrm{L}}=0。\end{cases} \tag{5-6}$$

由上式解得

$$\begin{cases}\boldsymbol{F}_1=\boldsymbol{N}_{\mathrm{L}}+(A\boldsymbol{N}_{\mathrm{L}}-C\boldsymbol{N}_{\mathrm{R}})/B; \\ \boldsymbol{F}_2=\boldsymbol{N}_{\mathrm{R}}-(A\boldsymbol{N}_{\mathrm{L}}-C\boldsymbol{N}_{\mathrm{R}})/B。\end{cases} \tag{5-7}$$

由式(5-7)可见，由不平衡矢量 $\boldsymbol{U}_1=m_1\boldsymbol{r}_1$ 及 $\boldsymbol{U}_2=m_2\boldsymbol{r}_2$ 产生的离心力 $\boldsymbol{F}_1$ 和 $\boldsymbol{F}_2$ 仅与两轴承处的动反力 $\boldsymbol{N}_{\mathrm{L}}$ 和 $\boldsymbol{N}_{\mathrm{R}}$ 和转子安装形式及其尺寸 A，B，C 有关。其中轴承动反力为振动传感器测得，安装尺寸 A、B、C 可实际测量得到，因此将它们代入式(5-7)就可计算得到左右校正面上的不平衡离心力。根据式(5-7)而设计了相应的适用于卧式硬支承动平衡机平面分离模拟电路，见图 5-3(b)。

在得到左右校正面上的不平衡离心力后，再由式(5-3)可计算出左右校正面上的不平衡矢量分别为

$$\begin{cases}\boldsymbol{U}_1=m_1\boldsymbol{r}_1=\boldsymbol{F}_1/\omega^2; \\ \boldsymbol{U}_2=m_2\boldsymbol{r}_2=\boldsymbol{F}_2/\omega^2。\end{cases} \tag{5-8}$$

当给出校正半径的大小 r_1，r_2 后，又可得到左右校正面上的不平衡质量分别为

$$\begin{cases}m_1=|\boldsymbol{U}_1|/|\boldsymbol{r}_1| \\ m_2=|\boldsymbol{U}_2|/|\boldsymbol{r}_2|。\end{cases} \tag{5-9}$$

以上分析了转子的两校正平面处于两支承座之间的情形。在平衡实践中，各种不同结构的转子在平衡机上总可以归纳成有 4 种不同的安装形式。自然，不同的安装形式相应的平面分离运算公式也会不完全相同，可参见表 5-1。表 5-1 中编号 1～4 是转子的 4 种不同安装形式对应的平面分离运算公式；编号 5～6 是把转子的不平衡量分解为一个静不平衡量和一个偶不平衡量的平面分离运算公式。它们主要适用于盘状转子进行双面精密动平衡或对组合转子进行边装配边平衡的情况。不难看出，其中的静不平衡量 $\boldsymbol{U}_s(=\boldsymbol{F}_s/\omega^2)$ 与转子的安装形式无关，而偶不平衡量 $\boldsymbol{U}_c(=\boldsymbol{F}_c/\omega^2)$ 只要两者的间距 B 维持不变，那么 $\boldsymbol{U}_c$ 的大小量值也不变，且两者可以沿转子的轴线方向作任意移动，而不会改变转子的偶不平衡量 $\boldsymbol{U}_c$。

表 5-1　硬支承平衡机校正平面分离解算原理

编号	转子安装形式	平面分离运算公式
1	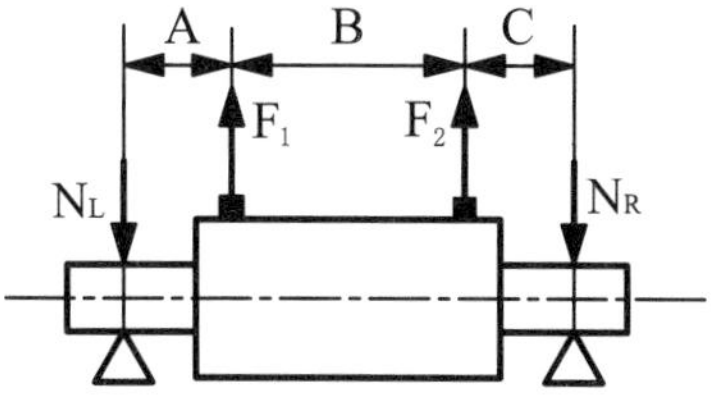	$\begin{cases} \boldsymbol{F}_1 = \boldsymbol{N}_L + (A\boldsymbol{N}_L - C\boldsymbol{N}_R)/B \\ \boldsymbol{F}_2 = \boldsymbol{N}_R - (A\boldsymbol{N}_L - C\boldsymbol{N}_R)/B \end{cases}$
2	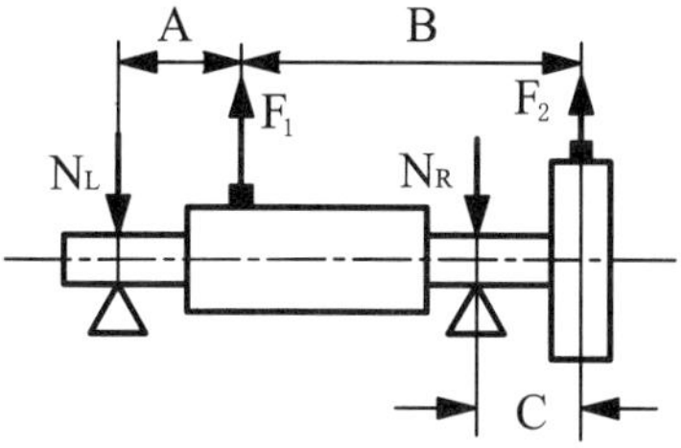 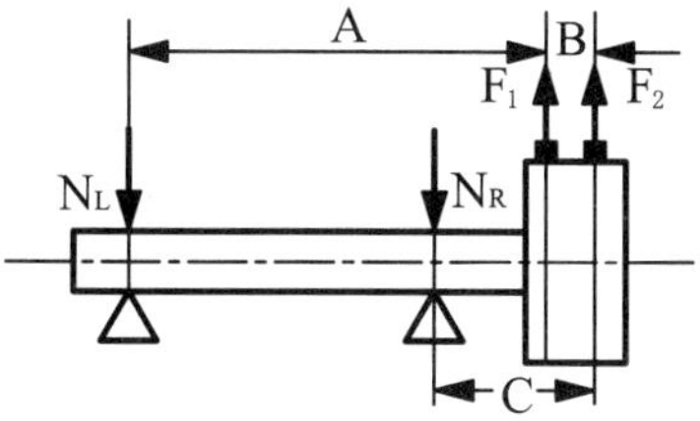	$\begin{cases} \boldsymbol{F}_1 = \boldsymbol{N}_L + (A\boldsymbol{N}_L + C\boldsymbol{N}_R)/B \\ \boldsymbol{F}_2 = \boldsymbol{N}_R - (A\boldsymbol{N}_L + C\boldsymbol{N}_R)/B \end{cases}$
3	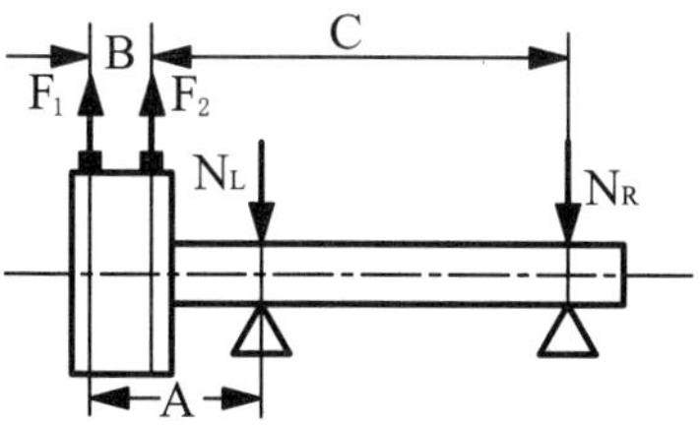 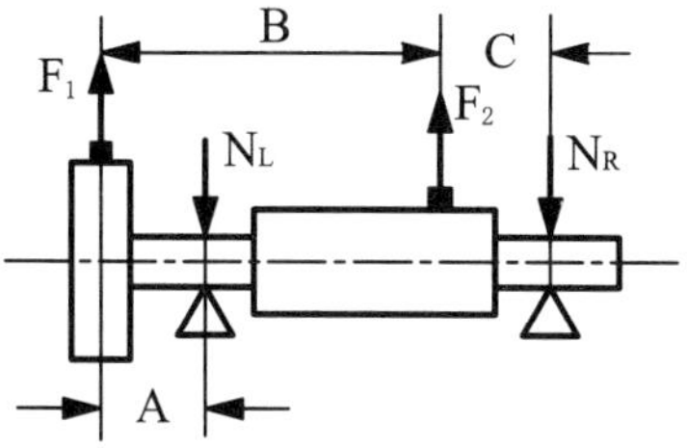	$\begin{cases} \boldsymbol{F}_1 = \boldsymbol{N}_L - (A\boldsymbol{N}_L + C\boldsymbol{N}_R)/B \\ \boldsymbol{F}_2 = \boldsymbol{N}_R + (A\boldsymbol{N}_L + C\boldsymbol{N}_R)/B \end{cases}$

续表

编号	转子安装形式	平面分离运算公式
4	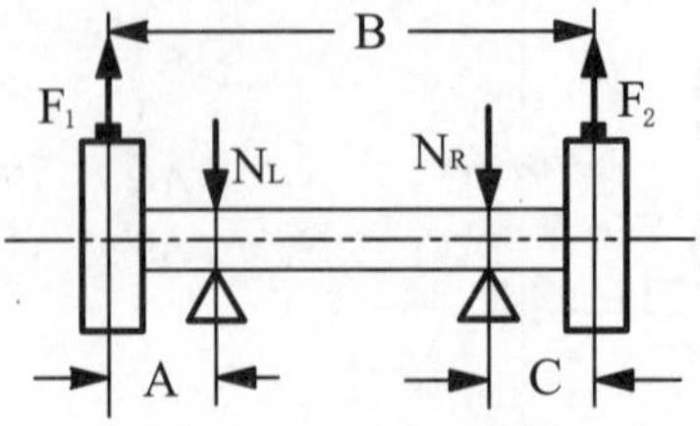 B; F_1; F_2; N_L; N_R; A; C	$\begin{cases} \boldsymbol{F}_1 = \boldsymbol{N}_L - (A\boldsymbol{N}_L - C\boldsymbol{N}_R)/B \\ \boldsymbol{F}_2 = \boldsymbol{N}_R + (A\boldsymbol{N}_L - C\boldsymbol{N}_R)/B \end{cases}$
5	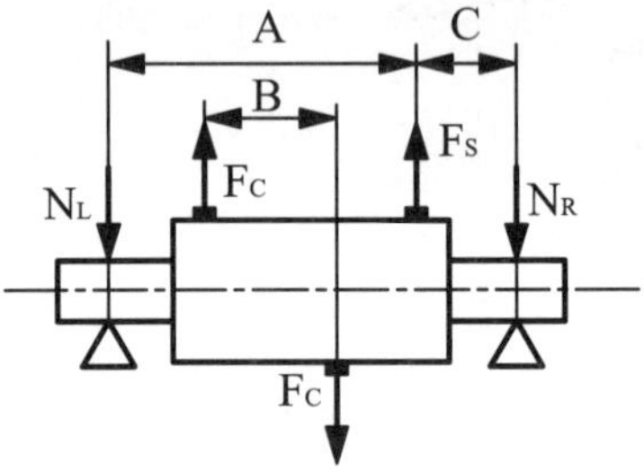 A; C; B; F_S; F_C; N_L; N_R; F_C	$\begin{cases} \boldsymbol{F}_S = \boldsymbol{N}_L + \boldsymbol{N}_R \\ \boldsymbol{F}_C = (A\boldsymbol{N}_L - C\boldsymbol{N}_R)/B \end{cases}$
6	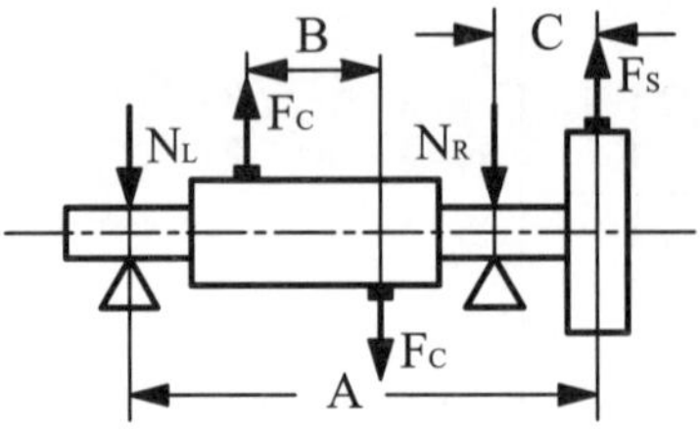 B; C; F_S; F_C; N_L; N_R; F_C; A	$\begin{cases} \boldsymbol{F}_S = \boldsymbol{N}_L + \boldsymbol{N}_R \\ \boldsymbol{F}_C = (A\boldsymbol{N}_L + C\boldsymbol{N}_R)/B \end{cases}$

3. 校正平面分离运算功能的实现

动平衡机测量单元的校正平面分离运算一般都通过平面分离模拟电路实现，有关平面分离模拟电路的具体设计及其电路参数的设定和调试，可参阅动平衡机的使用说明书。

5.3 传感器

传感器是现代平衡机的一个不可缺少的重要组成部分。这里仅就平衡机上常用的传感器作如下介绍。

5.3.1 磁电式速度传感器

图 5-4 为磁电式振动速度传感器的构造图。其工作原理为：当导

线在磁场中作切割磁力线运动时，在导线中产生与运动速度成正比的电动势，因此被称为速度传感器。连接杆将轴承架和感应线圈组成一体，感应线圈由两弹簧膜片支承，使之位于永久磁铁与磁轭构成的间隙磁场内。

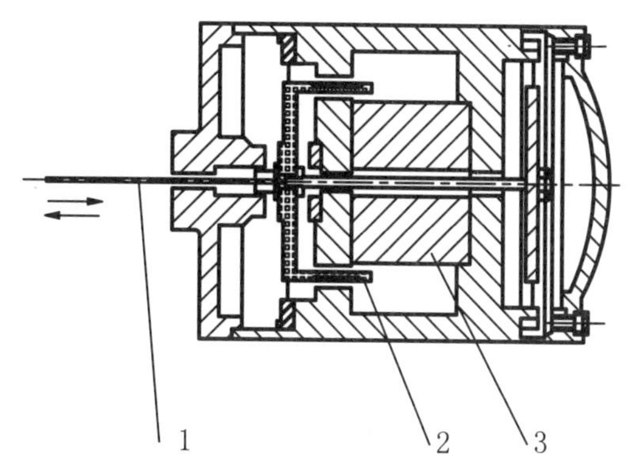

图 5-4　磁电式振动速度传感器的结构简图

1—连接杆；2—感应线圈；3—永久磁铁

当轴承架作不平衡振动时，带动感应线圈作切割磁力线运动，线圈中产生的电动势 E 为

$$E = Bnlv = Sv。 \tag{5-10}$$

式中，B——工作气隙磁感应强度；

n——工作气隙中线圈绕组的匝数；

l——每匝线圈的平均长度；

v——线圈作切割磁力线运动的速度；

S——传感器的灵敏度

由上式可知，磁电式速度传感器的输出电动势与转子-轴承架的不平衡振动速度成正比。

在转子的不平衡离心力作用下，轴承架的振动位移响应为简谐振动

$$x = x_0 \sin(\omega t)。$$

因此振动速度

$$v = \frac{dx}{dt} = \omega x_0 \cos(\omega t)。$$

于是传感器感应线圈发出的电动势

$$E = Bnlv = S\omega x_0 \cos(\omega t)。\tag{5-11}$$

这样，电动势与支承座轴承架的振动位移 x_0 成正比。

硬支承平衡机支承座上的磁电式速度传感器敏感的是支承座轴承架振动位移，而该振动位移的大小又与转子平衡转速下的离心力($mr\omega^2$)成正比。因此，硬支承平衡机支承座上的磁电式速度传感器输出的感应电动势与转子平衡转速的三次方成正比。

磁电式振动速度传感器性能稳定，具有良好的幅频特性，灵敏度高，结构紧凑，对工作环境不太敏感，不仅适用于软支承动平衡机，也适用于硬支承动平衡机；只是由于硬支承座轴承架的振动位移很微小，要求其有很高的灵敏度。

5.3.2 压电式力传感器

压电效应通常是当外力作用在压电元件上，即在压电元件的两个端面上就会产生极性相反的电荷的物理现象。压电式力传感器的结构见图 5-5，一般由两片或多片压电片组成。被测量的力通过钢球 1 及壳体 2 和盖 7 传递给压电片 3 和 4，产生的电荷由导线 5 及接线端子 6 引出，它与被测的力成正比。为获得较大的电荷灵敏度，亦可将多片压电片组串联。压电片通常采用多晶压电陶瓷材料或石英晶片制成。

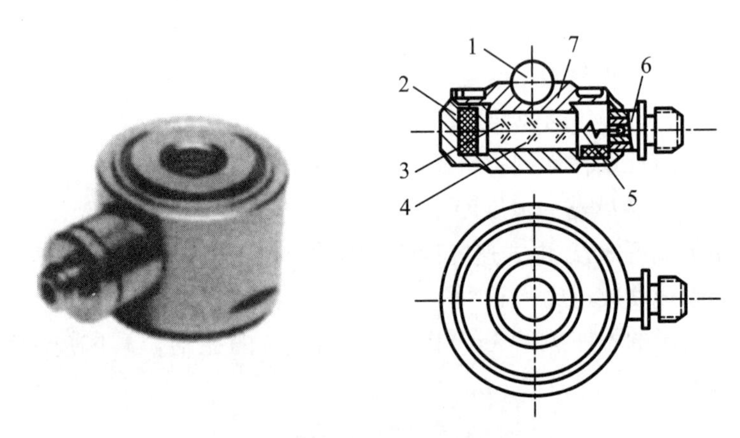

图 5-5　压电式力传感器结构简图

1—钢球；2—壳体；3、4—压电元件；5—引线；6—接线端子；7—盖

压电式力传感器在平衡机支承座上通常安装在轴承架和支承座的底座之间，见图 5-6。并设计有予紧弹簧，可调节予紧力的大小。

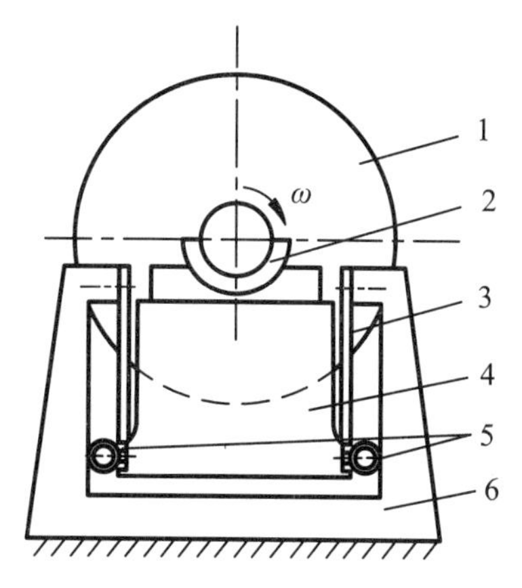

图 5-6　压电式力传感器使用安装在硬支承平衡机支承座中

1—转子;2—轴承;3—支承弹簧;4—轴承架;5—压电式力传感器;6—支承底座

压电式力传感器输出的一般是电荷,其前置放大电路为电荷放大器。电荷放大器一方面将电荷转换为电压,另一个作用是阻抗变换,其典型电路见图 5-7。

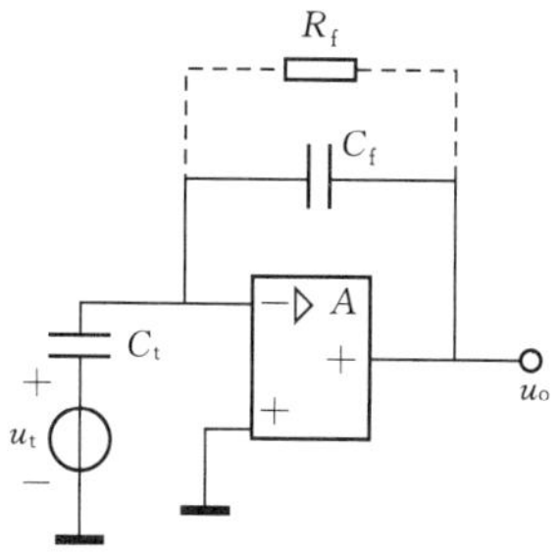

图 5-7　电荷放大器电路

压电式力传感器可等效为因电荷而产生的电动势 u_t 与一个输出电容 C_t 串联,电动势 u_t 与电容上的电荷量 q 关系为

$$u_t = q/C_t。\tag{5-12}$$

电路的输出电压为

$$u_o = -\frac{C_t}{C_f}u_t。$$

将式(5-12)代入,可得

$$u_o = -q/C_f。\tag{5-13}$$

可见,输出电压只由输入电荷和量程电容或反馈电容决定,电荷放大器将压电传感器输出的电荷转换成电压信号,且电压的大小与输出的电荷成正比。

但这种电路存在一个问题,由于对反馈电容 C_f 长时间充电,会导致集成运放饱和。因此,要求选用偏置电流极小的运放,同时在反馈电容两端并联一个大值的反馈电阻 R_f。见图 5-7。

采用了压电式力传感器的硬支承平衡机已成为硬支承动平衡机支承座的又一种特殊结构型式,从而也构成了硬支承平衡机的一种系列产品和特色。

自然，压电式力传感器不适用于软支承动平衡机。

5.3.3 电容式加速度传感器

电容式传感器把被测物理量的变化转换为电容量的变化。其工作原理可用平行板电容器来说明。若忽略边缘效应，平行板电容器的电容为

$$C=\varepsilon A/d=\varepsilon_r\varepsilon_0 A/d。$$

式中，A——极板相对面积；

d——极板的间距；

ε_0——真空介电常数，$\varepsilon_0=8.85\times10^{-12}$ F/m；

ε——极板间介质的介电常数；

ε_r——极板间介质的相对介电常数，$\varepsilon_r=\varepsilon/\varepsilon_0$。

由上式可见，A，d，ε 3 个参数都直接影响电容量 C 的大小，如果保持其中两个参数不变，而仅仅改变另一个参数，并且使改变的参数受被测量控制，且与被测量有确定的函数关系，那么被测量的变化就可直接由电容量的变化反映出来。其电容量 C 的变化，也表现为容抗 X_C 的变化，从而使测量电路的输出（或电压，或电流，或频率）发生变化。根据电容器参数变化的特性，电容转换元件可分为变极距式（d 变化）、变面积式（A 变化）、变介质式（ε 变化）3 种类型。

随着微电子技术的发展，单片集成式电容加速度传感器开始在动平衡机的测量单元中应用。如 ADXL105 是美国生产的单片集成加速度传感器，是一种基于 MEMS 加工技术开发的高性能、高准确度的变间隙差动式结构的差容式力平衡加速度传感器，具有噪声低、外形小巧、方向性好、分辨力高、时漂与温漂小、抗振性能强等特点。

电容式传感器是一种应用广泛的传感器，具有结构简单，灵敏度高，动态响应特性好，对高温、辐射和振动等恶劣条件适应性强，可进行非接触测量以及价格便宜等一系列优点。

5.3.4 电涡流式位移传感器

电涡流式位移传感器是一种非接触式传感器，它利用电涡流效应进行工作。图 5-8 为测振用的高频反射式电涡流传感器原理结构图。在原理图(a)中，当高频电流（1 MHz 以上）流经线圈 1 时，高频磁场作用于被测物的金属板 2，由于集肤效应，在金属表面的一薄层内产生电

涡流 i_s，而由 i_s 产生一交变磁场又反作用于线圈 1，从而引起线圈的自感及阻抗发生变化，这种变化与线圈 1 至金属表面的距离 d 有关。在结构图(b)中，线圈 1 粘贴在陶瓷框架 2 上，外面罩以保护罩 3，壳体 5 内放有绝缘充填料 4，传感器以电缆 6 与测量电路连接。

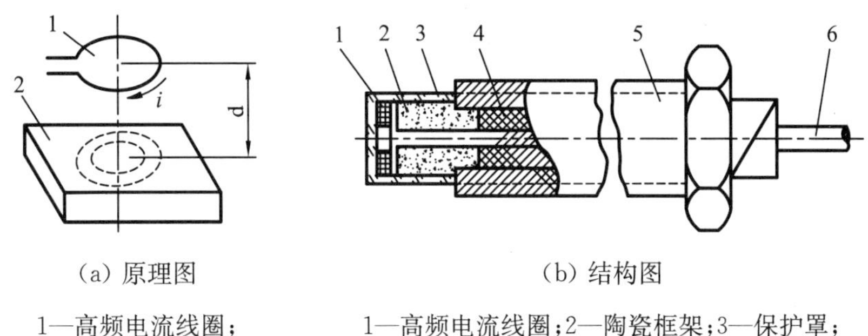

(a) 原理图

1—高频电流线圈；
2—被测件的金属表面

(b) 结构图

1—高频电流线圈；2—陶瓷框架；3—保护罩；
4—绝缘充填料；5—外壳；6—电缆

图 5-8　电涡流式位移传感器原理结构图

图 5-9 为电涡流式传感器用来测量转子轴颈振动的工作原理图。实际的电涡流式传感器是由电感 L 和电容 C 组成的并联谐振回路，晶

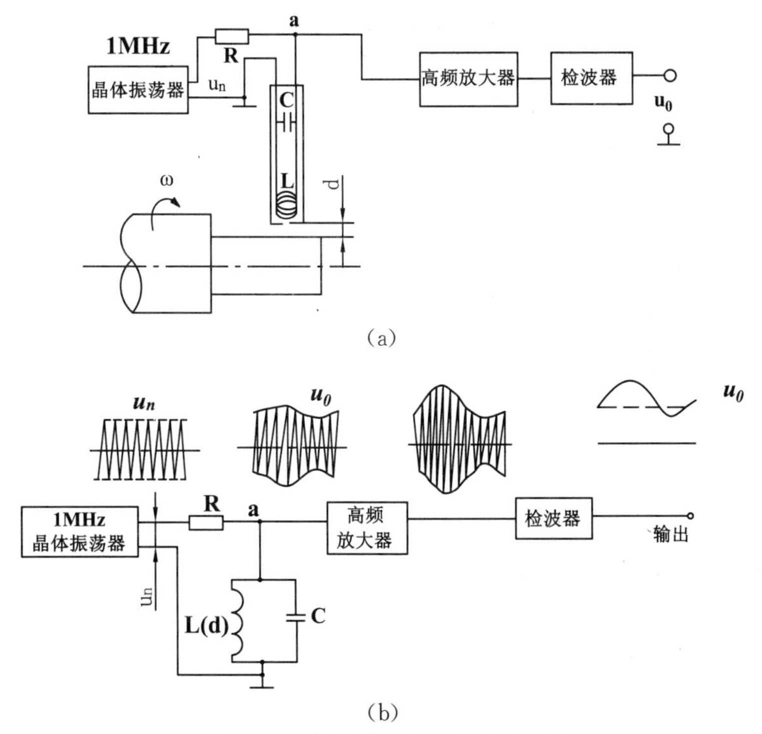

(a)

(b)

图 5-9　电涡流传感器工作原理框图

体振荡器产生 1 MHz 等幅高频信号，经电阻 R 加到传感器上。当 L 随距离 d 变化即随振动体的位移变化时，其 a 点的 1 MHz 高频波被调制；该调制信号经放大、检波后输出，输出与振动位移成正比的电压 u_o。

电涡流式位移传感器结构简单，灵敏度高，频响范围宽，不受油污等介质的影响，并能进行非接触测量，适用范围广。在转子机械平衡领域，电涡流式位移传感器被广泛应用于现场平衡场合，用它测量转子轴颈的振动。

5.3.5 转速传感器

动平衡机的测量单元中除了振动传感器外，还必须设置转速传感器，一则为转子的转速测试提供信号，更为重要的是为不平衡量的相位角的测量提供角度参考信号。

转速传感器目前常用的是一种光电脉冲信号传感器。在转子或与转子同轴旋转的主轴表面上用油漆预先涂上白色的标记，每当来自光源的光线照射在标记上时，光线能反射给光敏电阻，导致光敏电阻的阻值发生突变，从而使得测量电路的输出电压或电流发生突变。这样，每当转子旋转一转，因光敏电阻的阻值突变一次而得到一个电脉冲信号。见图 5-10。再由这个电脉冲信号转变成与转子转速同频率的一个正弦波信号和一个与之相位差为 90°的余弦波信号，作为测量不平衡量所在转子圆周位置的角度参数坐标信号。此电脉冲信号还可作相敏检波或跟踪滤波器的中心频率信号。

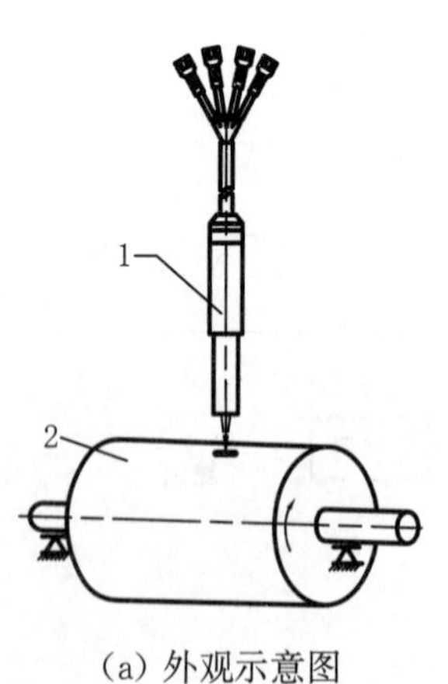

(a) 外观示意图

1—光电转速传感器；2—转子

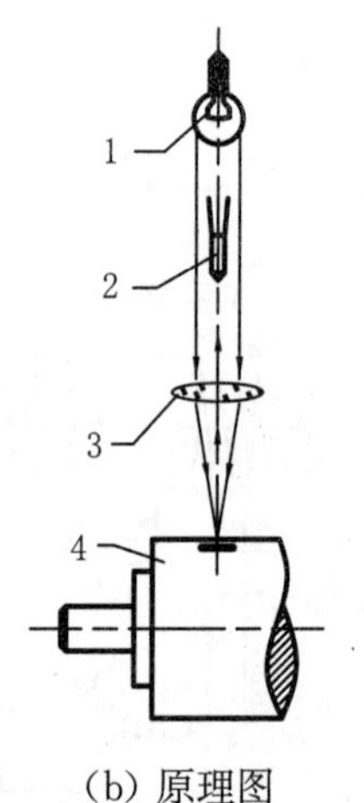

(b) 原理图

1—调制光源；2—光敏元件；3—透镜；4—转子

图 5-10 光电转速传感器

另外，对于联轴节传动的平衡机有的也采用接近开关来提供转速电脉冲信号；也有的采用正弦信号发电机与主轴同步运转，并由它直接输出两个相位差互为90°的正弦信号。

5.4　信号调理电路

平衡机测量单元中的信号调理电路一般为模拟、数字混合电路，通常由前置放大电路、程控增益放大电路、积分电路和滤波电路等组成。其主要功能是在于提取振动传感器输出信号中的反映转子不平衡量的有用信号，将它处理为适合于模数(A/D)转换的具有合适信噪比的模拟信号。信号调理的信号对象主要是来自传感器的输出信号。因此本节从传感器的输出信号特征开始讨论。

5.4.1　平衡机支承座轴承架振动信号及其频域特征

平衡机支承座轴承架上振动传感器的输出信号中除了反映转子不平衡量引起的有用振动信号外，还存在各种各样的机械干扰、电气干扰和噪声等信号，它们可将有用信号完全淹没在其中。在平衡机的测量单元的设计和调试之前，很有必要对来自振动传感器的电信号及其频域特征作详细的了解和充分的分析。

现以硬支承平衡机支承座上的磁电式振动传感器的输出信号为例，分析该信号频域特征。图5-11所示为典型的硬支承平衡机轴承架上的磁电式振动传感器输出的频谱图。图中数据标出的12 Hz的频率

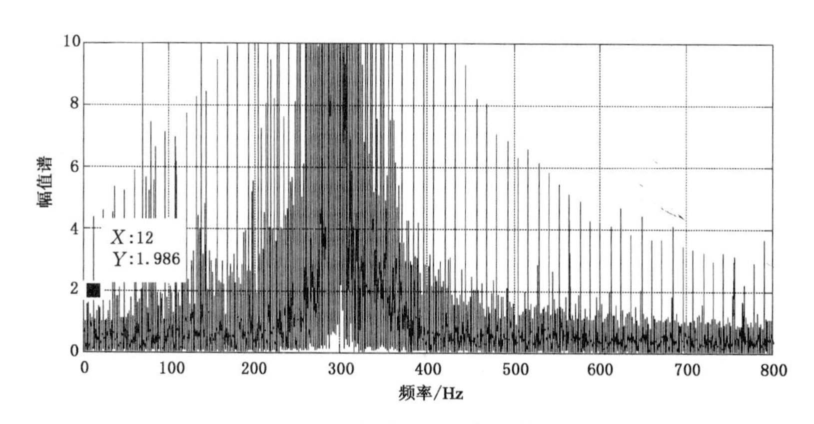

图5-11　平衡机振动传感器输出信号频谱图

成分为转子在 720 r/min 转速下由不平衡激发的振动响应信号即有用信号，其他的频率成分均为干扰和噪声信号。

从图 5-11 不难可看到，最严重的干扰都集中在 300 Hz 附近，这部分干扰频率分布在由转子-支承座轴承系统构成的振动系统的固有频率附近。这些高频段的干扰虽然严重，但由于动平衡机的测试转速通常都远离系统的固有频率，因此很容易通过 *RC* 低通滤波电路加以滤除。此外还可发现，在与转子平衡测试转速频率非常接近的那些干扰信号（称为近频干扰）却很不容易通过一般的滤波电路加以抑制和滤除。

振动传感器输出信号经低通滤波电路滤波后的输出见图 5-12～图 5-14。原始信号数据采集自技术规格为 1 000 kg 的某型号动平衡机支承座上的磁电式振动速度传感器在对 160 kg 的校验转子分别加载 125 Upp 和 25 Upp 的试验质量块重作为不平衡量激励下获得不平衡振动响应。平衡转速分别为 720 r/min(12 Hz)和 900 r/min(15/Hz)。

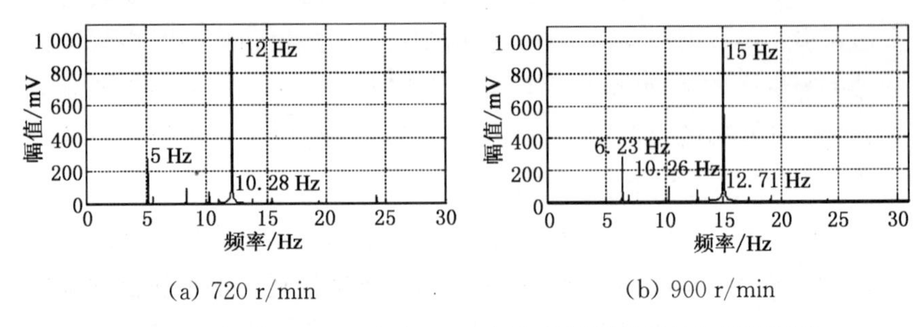

(a) 720 r/min　　(b) 900 r/min

图 5-12　加载 7.692 3 g(125 Upp)试重、低通滤波后的信号幅值谱

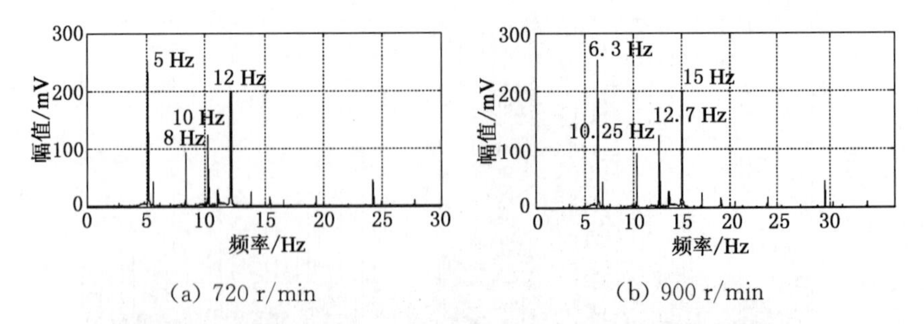

(a) 720 r/min　　(b) 900 r/min

图 5-13　加载 1.538 5 g(25 Upp)试重、低通滤波后的信号幅值谱

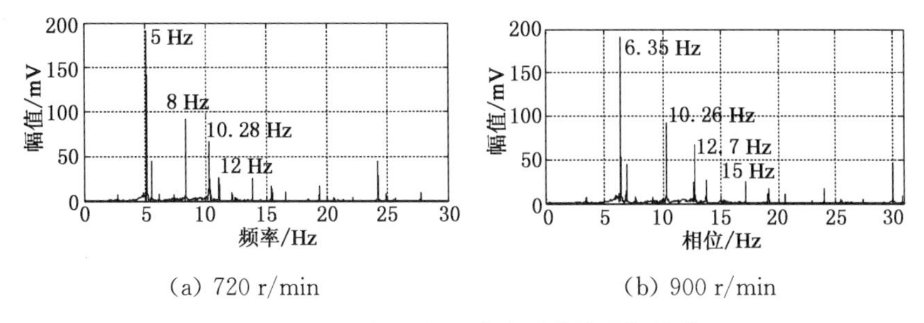

(a) 720 r/min (b) 900 r/min

图 5-14 无试重、低通滤波后的信号幅值谱

由图 5-12～图 5-14 可以看出，低通滤波能消除大部分的干扰和噪声，这说明所采用的低通滤波电路是适用、有效的；但也应看到，有用信号频率附近的近频干扰则尚未滤除掉，而且随着不平衡量的减小，近频干扰的相对影响愈发严重。近频干扰抑制以及广谱噪声的进一步滤除，有赖于后续介绍的具有更强选频能力的相关检测方法，有关相关检测方法将在下述作专门的阐述和介绍。

5.4.2 积分电路

硬支承平衡机系永久性标定的平衡装置，换句话说，其显示仪表的刻度值已在制造厂里作好了一次永久性标定，所以其示值不随平衡转速而发生变化。为此，在它的信号调理电路里一般都设计有积分电路，其目的在于消除转速因子对不平衡量显示值的影响，使之与转速无关。

大家知道，不同类型的振动传感器的输出信号中含有的平衡测试的旋转频率 ω 因子是不相同的，例如硬支承平衡机支承座上的磁电式速度传感器输出信号幅值与转子的平衡测试的旋转频率 ω 的三次方成正比；压电式力传感器输出信号幅值与转子的平衡测试的旋转频率 ω 的平方成正比。为此，针对不同类型的传感器需设置不同阶的积分电路，以消去旋转频率 ω 因子。

常用的积分电路有一阶、二阶 RC 积分电路。

1. 一阶积分电路

图 5-15 和图 5-16 所示分别为无源和有源一阶 RC 积分电路，其中图 5-15 的输入输出频率特性为

$$H(\mathrm{j}\omega)=\frac{1}{1+\mathrm{j}\omega RC}。\tag{5-14}$$

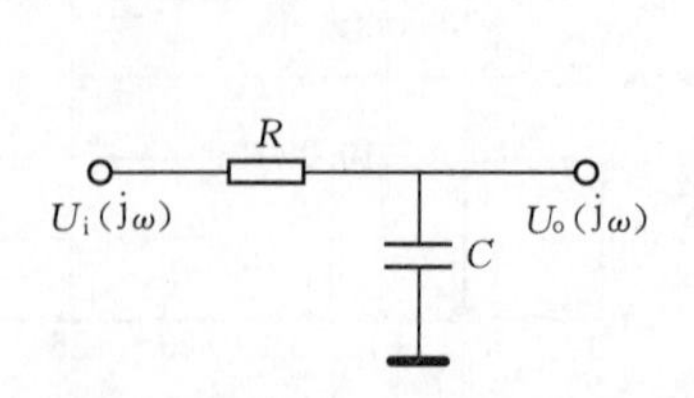

图 5-15　一阶无源 *RC* 积分电路

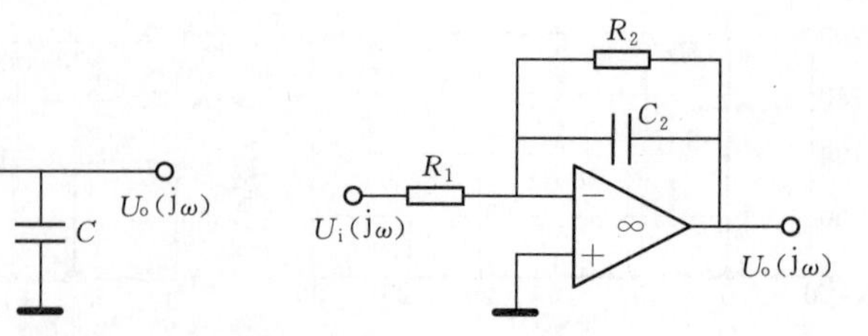

图 5-16　一阶有源 *RC* 积分电路

幅频特性和相频特性分别为

$$\begin{cases} |H(j\omega)| = \dfrac{1}{\sqrt{1+(\omega RC)^2}} \approx \dfrac{1}{\omega RC}; \\ \angle H(j\omega) = -\arctan(\omega RC)。 \end{cases} \tag{5-15}$$

积分电路的截止频率为

$$f_0 = \frac{1}{2\pi RC}。$$

图 5-16 的输入输出频率特性为

$$H(j\omega) = \frac{R_2/R_1}{1+j\omega R_2 C_2}。 \tag{5-16}$$

幅频特性和相频特性分别为

$$\begin{cases} |H(j\omega)| = \dfrac{R_2}{R_1}\dfrac{1}{\sqrt{1+(\omega R_2 C_2)^2}} \approx \dfrac{1}{\omega R_1 C_2}; \\ \angle H(j\omega) = -\arctan(\omega R_2 C_2)。 \end{cases} \tag{5-17}$$

积分电路截止频率为

$$f_0 = \frac{1}{2\pi R_2 C_2}。$$

比较两种积分电路形式可以看出，一阶有源 *RC* 积分电路除了实现积分的功能外，还具有信号放大的功能；此外，一阶有源 *RC* 积分电路的输出阻抗理论上为 0，因此可直接和后续电路相接。而多个一阶无源 *RC* 积分电路级联时，后级电路对前级电路存在负载效应，会恶化电路的积分特性。

设计示例

试设计一阶 *RC* 积分电路，要求截止频率 $f_0=2\,\text{Hz}$，直流放大倍数为5。

设计：采用图5-16电路，取 $R_2=1\ \mathrm{M\Omega}$，则 $R_1=200\ \mathrm{k\Omega}$，$C_2=79.6\ \mathrm{nF}$。实际可取标称电容值 $C_2=82\ \mathrm{nF}$。

2. 二阶积分电路

在动平衡机测量单元中，二阶积分电路常采用压控电源型和无限增益多路反馈源型两种形式。压控电源型积分电路见图5-17，电路的传递函数为

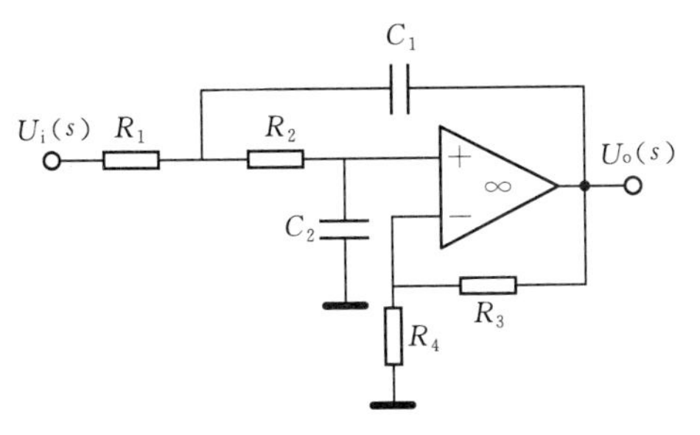

图5-17 压控电源型积分电路

$$H(s)=\frac{U_o(s)}{U_i(s)}=\frac{\left(1+\frac{R_3}{R_4}\right)\frac{1}{R_1R_2C_1C_2}}{s^2+\left(\frac{1}{R_1C_1}+\frac{1}{R_2C_1}-\frac{R_3}{R_2R_4C_2}\right)s+\frac{1}{R_1R_2C_1C_2}}=\frac{A\omega_0^2}{s^2+\frac{\omega_0}{Q}s+\omega_0^2}。\tag{5-18}$$

电路的设计是首先确定低通放大倍数 A、截止频率 f_0、品质因数 Q，再选定 R_3 和 C_1，又令 $k=2\pi f_0C_1$ 和 $m=\frac{1}{4Q^2}+A-1$，最后算出有关元件参数并进行复核。

元件参数计算式为

$$C_2=mC_1;\ R_1=\frac{2Q}{k};\ R_2=\frac{1}{2mkQ};\ R_4=\frac{R_3}{A-1}。$$

设计示例

试设计一个压控电压源型低通电路，其指标为 $A=2$，$f_0=3\ \mathrm{Hz}$，$Q=0.5$。

设计：①选取 $R_3=10\ \mathrm{k\Omega}$，$C_1=150\ \mathrm{nF}$。②经计算得 $k=2.827\,4\times$

10^{-6}，$m=2$。③经计算得其余元件参数：$C_2=300\,\text{nF}$，$R_1=353.68\,\text{k}\Omega$，$R_2=176.84\,\Omega$，$R_4=10\,\text{k}\Omega$。④将元件圆整到标称值：$C_1=150\,\text{nF}$，$C_2=300\,\text{nF}$，$R_1=360\,\text{k}\Omega$，$R_2=180\,\text{k}\Omega$，$R_3=10\,\text{k}\Omega$，$R_4=10\,\text{k}\Omega$。

复核：按照标称值，计算得到

$$A=1+\frac{R_3}{R_4}=2;$$

$$f_0=\frac{1}{2\pi\sqrt{R_1R_2C_1C_2}}=2.95\text{ Hz};$$

$$Q=\frac{1}{\sqrt{R_1R_2C_1C_2}}\left(\frac{1}{R_1C_1}+\frac{1}{R_2C_1}-\frac{R_3}{R_2R_4C_2}\right)^{-1}=0.5。$$

无限增益多路反馈源型积分电路见图 5-18。电路的传递函数为

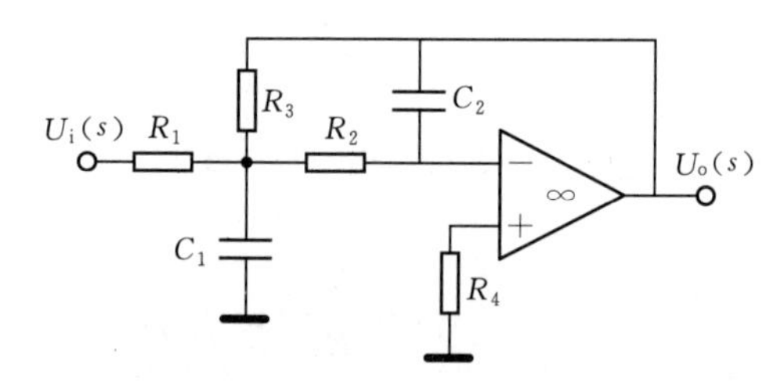

图 5-18　无限增益多路反馈源型积分电路

$$H(s)=\frac{U_o(s)}{U_i(s)}=-\frac{\frac{1}{R_1R_2C_1C_2}}{s^2+\left(\frac{1}{R_1C_1}+\frac{1}{R_3C_1}+\frac{1}{R_2C_1}\right)s+\frac{1}{R_2R_3C_1C_2}}=$$

$$-\frac{A\omega_0^2}{s^2+\frac{\omega_0}{Q}s+\omega_0^2}。\tag{5-19}$$

电路的设计为先确定低通放大倍数 A、截止频率 f_0、品质因数 Q，再选定 C_2，又令 $k=2\pi f_0C_2$，然后计算出元件参数并进行复核。

元件参数计算式为

$$C_1=4Q^2(1+A)C_2;\ R_1=\frac{1}{2kAQ};\ R_2=\frac{1}{2(A+1)kQ};\ R_3=\frac{1}{2kQ}。$$

设计示例

试设计一个无限增益多路反馈源型积分电路，其指标为 $A=2$，

$f_0=3\ \mathrm{Hz}$，$Q=0.5$。

设计：①选取 $C_2=110\ \mathrm{nF}$。②经计算得 $k=2.0735\times10^{-6}$。③经计算得其余元件参数：$C_1=330\ \mathrm{nF}$，$R_1=241.14\ \mathrm{k\Omega}$，$R_2=160.76\ \mathrm{k\Omega}$，$R_3=482.29\ \mathrm{k\Omega}$。④将元件圆整到标称值：$C_1=330\ \mathrm{nF}$，$C_2=110\ \mathrm{nF}$，$R_1=240\ \mathrm{k\Omega}$，$R_2=160\ \mathrm{k\Omega}$，$R_3=470\ \mathrm{k\Omega}$。

复核：按照标称值，计算得到

$$A=\frac{R_3}{R_1}=1.96;$$

$$f_0=\frac{1}{2\pi\sqrt{R_2R_3C_1C_2}}=3.05\ \mathrm{Hz};$$

$$Q=\frac{1}{\sqrt{R_2R_3C_1C_2}}\left(\frac{1}{R_1C_1}+\frac{1}{R_3C_1}+\frac{1}{R_2C_1}\right)^{-1}=0.5。$$

5.4.3　滤波电路

滤波电路的功能在于将振动传感器输出信号中存在的干扰和噪声加以抑制或滤除，确保有用信号的准确检测。典型的二阶宽带滤波电路包括压控电源型和无限增益多路反馈源型两种形式。压控电源型滤波电路见图5-19。电路的传递函数为

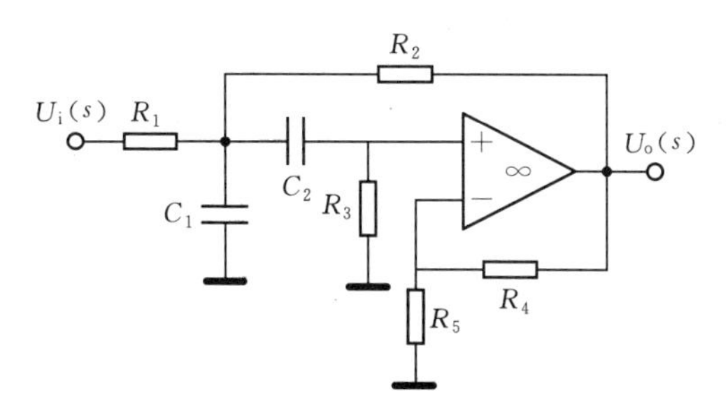

图5-19　压控电源型宽带滤波电路

$$H(s)=\frac{U_o(s)}{U_i(s)}=\frac{\left(1+\frac{R_4}{R_5}\right)\frac{1}{R_1C_1}s}{s^2+\left(\frac{1}{R_1C_1}+\frac{1}{R_3C_2}+\frac{1}{R_3C_1}-\frac{R_4}{R_2R_5C_1}\right)s+\frac{R_1+R_2}{R_1R_2R_3C_1C_2}}=$$

$$\frac{A_P\frac{\omega_0}{Q}s}{s^2+\frac{\omega_0}{Q}s+\omega_0^2}。$$

电路的设计为先确定带通滤波电路的截止频率 f_0、品质因数 Q，又选定 R_5、C_1，再令 $k=2\pi f_0 C_1$，然后计算元件参数和计算带通放大倍数。

$$C_2=C_1;\ R_1=R_2=R_3=\frac{\sqrt{2}}{k};\ A=4-\frac{\sqrt{2}}{Q};\ R_4=(A-1)R_5。$$

$$A_P=\frac{AQ}{\sqrt{2}}。$$

设计示例

试设计一个压控电压源型滤波电路，其指标为截止频率 $f_0=10\ \text{kHz}$，品质因数 $Q=10$。

设计：①选取 $R_5=10\ \text{k}\Omega$，$C_1=0.01\ \mu\text{F}$。②经计算得 $k=6.283\,2\times10^{-4}$。③经计算得其余元件参数：$C_2=0.01\ \mu\text{F}$，$R_1=R_2=R_3=2.250\,8\ \text{k}\Omega$，$R_4=28.586\ \text{k}\Omega$。④计算带通放大倍数：$A_P=29.68$。⑤将元件圆整到标称值，并考虑到 $R_4=\infty$，得 $C_1=0.01\ \mu\text{F}$，$C_2=0.01\ \mu\text{F}$，$R_1=R_2=R_3=2.2\ \text{k}\Omega$，$R_4=28.7\ \text{k}\Omega$（精度 1%），$R_5=10\ \text{k}\Omega$。

复核：按照标称值，计算得到

$$A_P=\left(1+\frac{R_4}{R_5}\right)\frac{1}{R_1C_1}\frac{Q}{\omega_0}=29.8;$$

$$f_0=\frac{1}{2\pi}\sqrt{\frac{R_1+R_2}{R_1R_2R_3C_1C_2}}=10.23\ \text{kHz};$$

$$Q=\sqrt{\frac{R_1+R_2}{R_1R_2R_3C_1C_2}}\left(\frac{1}{R_1C_1}+\frac{1}{R_3C_2}+\frac{1}{R_3C_1}-\frac{R_4}{R_2R_5C_1}\right)^{-1}=10.9。$$

无限增益多路反馈源型滤波电路见图 5-20。电路的传递函数为

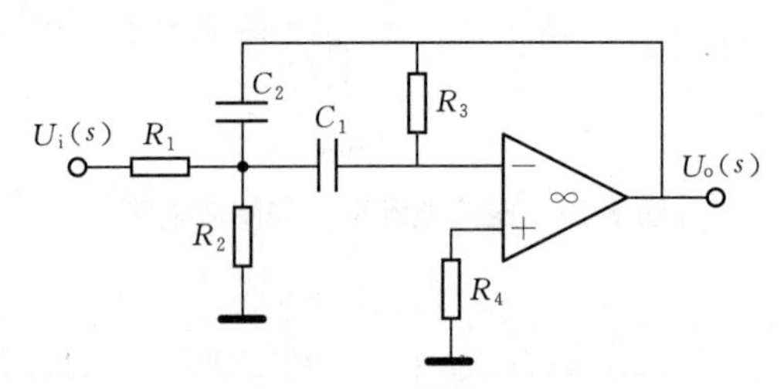

图 5-20　无限增益多路反馈源型宽带滤波电路

$$H(s)=\frac{U_o(s)}{U_i(s)}=-\frac{\frac{1}{R_1C_2}s}{s^2+\left(\frac{1}{R_3C_2}+\frac{1}{R_3C_1}\right)s+\frac{R_1+R_2}{R_1R_2R_3C_1C_2}}=$$

$$-\frac{A_P \frac{\omega_0}{Q}s}{s^2+\frac{\omega_0}{Q}s+\omega_0^2}。\quad(5\text{-}20)$$

电路的设计为先确定带通放大倍数 A_P、截止频率 f_0、品质因数 Q 和选定 C_1，又令 $k=2\pi f_0 C_1$，然后计算元件参数。

$$C_2=C_1;\ R_1=\frac{Q}{kA_P};\ R_2=\frac{Q}{k(2Q^2-A_P)};\ R_3=\frac{2Q}{k}。$$

设计示例

试设计一个无限增益多路反馈源型滤波电路，其指标为 $A_P=1$，$f_0=10$ kHz，$Q=10$。

设计：①选取 $C_1=0.01\ \mu F$。②经计算得 $k=6.2832\times10^{-4}$。③经计算得其余元件参数：$C_2=0.01\ \mu F$，$R_1=15.915\ k\Omega$，$R_2=79.977\ \Omega$，$R_3=31.831\ k\Omega$。④将元件圆整到标称值，得 $C_1=0.01\ \mu F$，$C_2=0.01\ \mu F$，$R_1=16\ k\Omega$，$R_2=82\ \Omega$，$R_3=33\ k\Omega$。

复核：按照标称值，计算得到

$$A_P=\frac{1}{R_1C_1}\frac{Q}{\omega_0}=1.03;$$

$$f_0=\frac{1}{2\pi}\sqrt{\frac{R_1+R_2}{R_1R_2R_3C_1C_2}}=9.7\ \text{kHz};$$

$$Q=\sqrt{\frac{R_1+R_2}{R_1R_2R_3C_1C_2}}\left(\frac{1}{R_3C_2}+\frac{1}{R_3C_1}\right)^{-1}=10.06。$$

5.4.4 程控增益放大电路

通常，转子存在的原始不平衡量的变化范围非常大，其动态范围可达 $1:2\times10^6$。这就是说，平衡机的振动传感器的输出信号的幅值的最大值与最小值之比为 2×10^6。而电路处理信号的电平范围一般在 ±15 V之内，其处理的最小信号一般在 mV 级，所以，调理电路应具备放大和衰减电路，以对传感器的输出信号进行适当的放大或衰减。

测量单元信号调理电路中的放大或衰减电路可采用手动或自动切换的形式。随着计算机技术的引入，现代平衡机测量电路一般都采用程控增益放大电路的形式。程控增益放大电路的原理是在固定增益放大电路的基础上加入不同增益环节，通过数字控制的方式在不同增益环节之间进行切换，从而使电路具有不同的增益放大倍数。程控增益放大电路一般由固定增益放大电路和模拟电子开关组合而成。

1. 衰减电路

利用简单的电阻网络可实现衰减电路。图 5-21 所示电路为由电阻和模拟电子开关 DG412 构成的简单的信号衰减电路，放大倍数分别为 1, 1/2, 1/4, 1/8。放大倍数与逻辑控制信号 S1～S4 之间的关系见表 5-2。上述电路虽然结构简单，但电路的输入、输出电阻在不同衰减档位时是不同的，因此在实际使用时，为保证电路匹配，应在电路的输入之前和之后加接电压跟随电路。

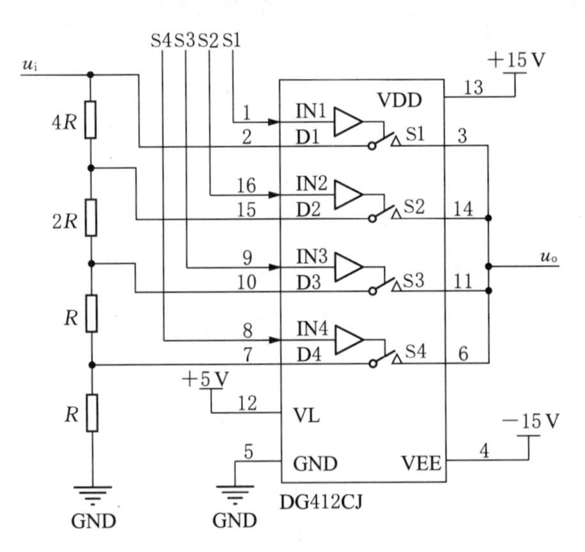

图 5-21　简单信号衰减电路

表 5-2　电路放大倍数与逻辑控制信号之间的关系

控制信号				放大倍数
S1	S2	S3	S4	u_o/u_i
1	0	0	0	1
0	1	0	0	1/2
0	0	1	0	1/4
0	0	0	1	1/8

图 5-22 所示为可任意步进衰减的可编程增益放大电路。该电路由 $R/(2R)$ 梯形电阻网络、8 路 CMOS 复用器 MAX338 和 JFET 输入运放 356 构成。其中梯形电阻网络仅使用 R_1，R_2，R_3 3 种不同阻值的电阻。

如果取 $R_2=R_3(1+R_3/R_1)$，则输入端在除最低档(与 MAX338 的 NO8 脚相接)之外的任意衰减档位向右看去的输入电阻均为 $R_{IN}=R_1+R_3$。假设步进衰减比例为 k，则可按照下述公式计算电阻的取值：

$$\begin{cases} R_1=R_{\mathrm{IN}}(1-k); \\ R_2=R_{\mathrm{IN}}\times k/(1-k); \\ R_3=R_{\mathrm{IN}}\times k。\end{cases} \tag{5-21}$$

例如，要实现衰减比例为 1，$\sqrt{2}/2$，1/2，…，$(\sqrt{2}/2)^7$，即 $k=\sqrt{2}/2$，取 $R_{\mathrm{IN}}=1\ \mathrm{k\Omega}$，则计算可得 $R_1=293\ \Omega$，$R_2=2\,424\ \Omega$，$R_3=707\ \Omega$。

图 5-22 所示电路结构简单，设计方便，步进级数可以任意设定。

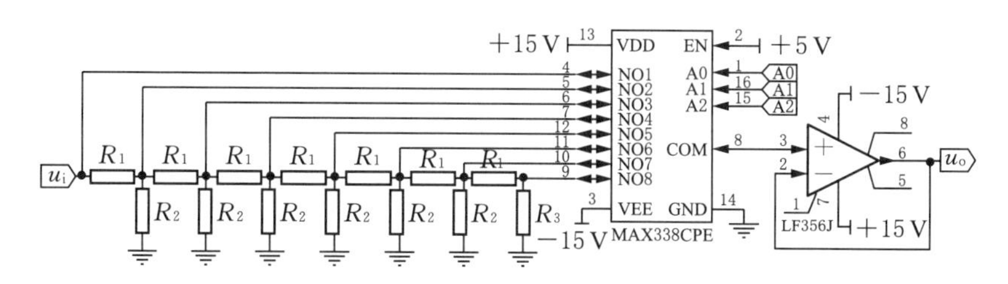

图 5-22　可任意步进衰减的可编程增益放大电路

2. 程控增益放大电路

程控增益放大电路可采用运算放大器和模拟电子开关组合而成，也可选用程控增益放大电路的集成芯片。前者的增益可自行设计，后者的增益一般由芯片决定。两种方案各有特点。

采用运算放大器可以构成同相放大器和反相放大器。反相放大器的具体实现见图 5-23。图 5-23(a)电路的放大倍数为 $u_o/u_i=-R_2/R_1$；图 5-23(b) 电路的放大倍数为 $u_o/u_i=-(R_2+R_4+R_2R_4/R_3)/R_1$，因此，图 5-23(b)电路中的 T 形电阻网络等效于一个阻值为 $R_2+R_4+R_2R_4/R_3$ 的反馈电阻，该电路的特点在于可用较小阻值的电阻实现较大的放大倍数。

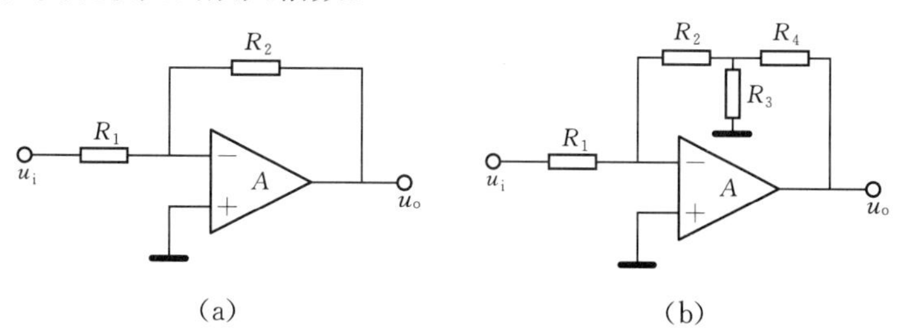

图 5-23　反相放大器

同相放大器的具体实现见图 5-24。图 5-24(a)电路的放大倍数为 $u_o/u_i=1+R_2/R_1$，图 5-24(b)电路的放大倍数为 $u_o/u_i=1+(R_2+R_4+R_2R_4/R_3)/R_1$。

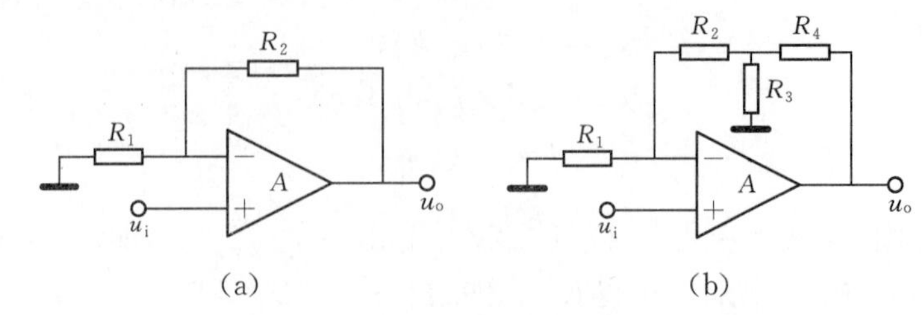

图 5-24　同相放大器

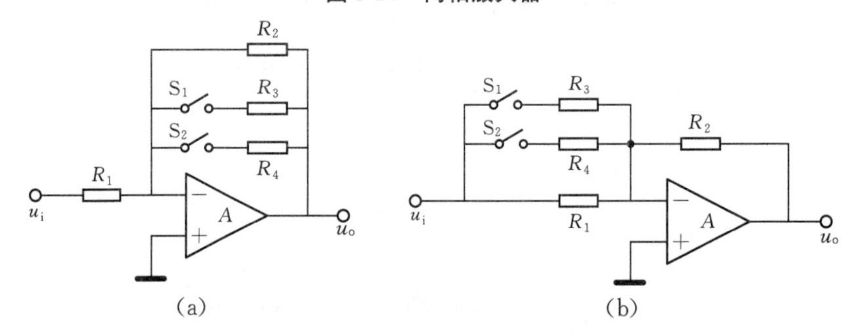

图 5-25　可变增益放大电路

在设计程控增益放大电路时，可以通过改变输入端电阻或反馈电阻来实现。以图 5-24(a)电路为例，其可变增益电路的形式见图 5-25，通过开关的开合，它们都可得到 4 种放大倍数。

在实际设计过程中，反馈电阻支路和 T 形反馈支路可组合运用。图 5-26 所示为实用可编程增益放大电路，当模拟开关均断开时，电路的放大倍数为−32；当仅 S_2 闭合时，放大倍数为−2；当 S_1、S_2 均闭合时，放大倍数为−0.125。

如果采用集成可编程增益放大器芯片来构建可编程增益放大电路，则设计非常简单，目前有多款可应用于动平衡机测量系统的集成芯片可供选用。

例如，AD526 是美国 AD 公司生产的性能优良的软件可编程增益放大器。单片 AD526 通过编程可以提供 1，2，4，8 和 16 倍增益，内部包括调整漂移的 BIFET 放大器、激光晶格调整电阻网络、JFET 模拟开关和与 TTL 兼容的增益编码锁存器。其主要参数为：非线性误差 0.001% FSR；增益误差小于 0.02%；输入失调电压 0.5 mV；信号频率宽度在 16 倍增益时大于 350 kHz；建立时间为 3.5 μs。

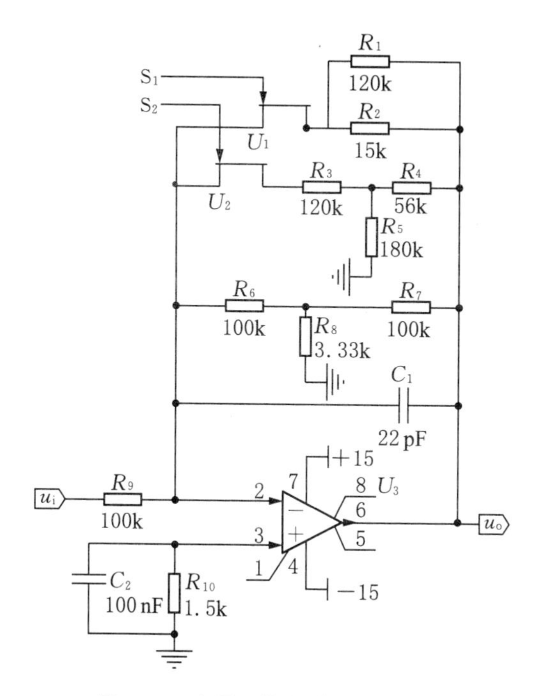

图 5-26 实用可编程增益放大电路

3. 程控增益设计

在振动信号测量通道中设置程控增益放大环节的目的是充分利用ADC的动态范围，使系统精度与信噪比、灵敏度与分辨力尽可能最优。设ADC的位数为 N，ADC满刻度对应的电压为 U_{FS}，则其量化值 q 为

$$q=U_{FS}/2^N。\tag{5-22}$$

一般情况下，最大量化误差为 $e_m=q/2$。如果某系统要求ADC的量化误差 $\delta=e_m/U_i$ 不超过0.1%，即

$$\delta=e_m/U_i\leqslant\delta_S=0.1\%,$$

则有

$$U_i\geqslant e_m/\delta_S=500q,\tag{5-23}$$

即要求输入电压的最小值 U_i 不得小于 $500q$。

如果所选用的ADC为12位，采用双极性输入时满刻度电压为10 V，对应的量化值 $q=2.44$ mV，因此，当不平衡振动信号的幅值小于1.22 V或ADC的读数小于500时，必须将增益切换到高一档位置。

增益往下调整的情况是在ADC的输入电压接近满刻度电压 U_{FS}

时。当输入电压接近满刻度电压时，噪声或干扰的影响有可能使得 $U_i > U_{FS}$，超出A/DC的范围。因此，如果输入电压超出一定百分比的 U_{FS}（比如 $0.8U_{FS}$），即可考虑将增益切换至下一档。

5.5 A/D转换电路

5.5.1 A/D转换器的分类及技术指标

A/D转换器将模拟调理电路处理得到的模拟信号转换为数字信号，以便于将数字信号输入到微控制器进行进一步的处理。A/D转换技术发展很快，常见的类型包括为积分型、逐次逼近型、并行比较型/串并行比较型、Σ－Δ调制型、电容阵列逐次比较型及压频变换型等。

A/D转换器的主要技术指标包括：

1. 精度与分辨力

ADC的精度和分辨力是两个不同的概念：精度是指转换器实际值与理论值之间的偏差；分辨力是指转换器所能分辨的模拟信号的最小变化值。ADC分辨力的高低取决于位数的多少。一般来讲，分辨力越高，精度也越高；但是影响转换器精度的因素很多，分辨力高的ADC并不一定具有较高的精度。精度是偏移误差、增益误差、积分线性误差、微分线性误差、温度漂移等综合因素引起的总误差。因量化误差是模拟输入量在量化取出过程中引起的，因此，分辨力直接影响量化误差的大小。量化误差是一种原理性误差，只与分辨力有关，与信号的幅度、采样速率无关；它只能减小而无法完全消除，只能使其控制在一定的范围之内（一般在±1/2LSB范围内）。

2. 偏移误差

偏移误差是指实际模数转换曲线中数字0的代码中点与理想转换曲线中数字0的代码中点的最大差值电压。这一差值电压称为偏移电压，一般以满量程电压值的百分数表示。在一定温度下，多数转换器可以通过对外部电路的调整，使偏移误差减小到接近于0；但当温度变化时，偏移电压又将出现，这主要是由于输入失调电压及温漂造成的。一般来说，温度变化较大时，要补偿这一误差很困难。

3. 线性误差

线性误差又称积分线性误差，是指在没有偏移误差和增益误差的情况下，实际传输曲线与理想传输曲线之差。线性误差一般不大于1/2LSB。因为线性误差由ADC特性随输入信号幅值变化引起，因此线性误差不能进行补偿，而且线性误差的数值会随温度的升高而增加。

4. 微分线性误差

微分线性误差是指实际代码宽度与理想代码宽度之间的最大偏差，以LSB为单位。微分线性误差也常用无失码分辨力表示。

由于时间和温度的变化，电源可能会有一定的变化，有时可能是造成影响ADC精度的主要原因。因此在要求比较高的场合，必须保证电源的稳定性，使其随温度和时间的变化量在所允许的范围之内；但在一般的场合，往往可以不考虑其对系统的影响。

在动平衡机测量系统，通过A/D转换器将信号调理电路处理得到的不平衡振动电压信号转换为数字信号，输入到微控制器作进一步处理。根据动平衡机的精度及ADC的价格，一般选用分辨力不低于12位的A/D转换器。ADC与微控制器的接口既可采用并行方式，也可以采用串行方式。

下面分别以MAX197(12位并行ADC)和ADS8509(16位串行ADC)为例加以简要说明。

5.5.2　A/D转换器芯片举例

1. 并行A/D转换器MAX197

MAX197是美国美信公司(MAXIM)推出的多输入范围、多通道12位的模数转换器。它只需单电源+5V供电，通过软件编程选择8个输入通道的一个进行模数转换。每个输入通道的模拟信号电平范围为+10 V，+5 V，0～10 V或者0～5 V。芯片内带采样保持器，转换时间为6 μs，采样速率可达100 ks/s，可通过软件选择内部还是外部时钟。

该芯片提供数据读取并行接口方式，可与任何标准的微处理器简便连接，因此广泛应用于工业测控、数据采集等系统中。

MAX197主要特性如下：

——单电源供电+5V；

——分辨力12位，线性误差1/2LSB；

——可以软件选择输入信号电平范围：±10 V，±5 V，0～10 V或者0～5 V；

——8 个模拟输入通道；

——转换时间 6 μs，采样速率 100 ks/s；

——内部或外部时钟；

——内部 4.096 V 基准电压源或外接基准源；

——内部或外部采集控制；

——两种掉电工作模式。

2. 串行 A/D 转换器 ADS8509

ADS8509 是一款新型的 16 位精度、单通道 CMOS 结构的逐次逼近寄存器型 A/D 转换器，其性价比非常高。采用 ADS8509 和单片机组成数据采集系统，具有采集速度快、精度高、控制简单等特点。其主要性能包括：

——具有 16 位带采样保持的基于电容的逐次逼近寄存器型模数转换器；

——250 kHz 采样速率，20 kHz 输入时的信噪比达 88 dB；

——最大非线性误差小于±2LSB；

——6 种可选的输入范围，分别是 0～10 V，0～5 V，0～4 V，±10 V，±5 V 和±3.3 V；

——片内带有+2.5 V 基准源，也可采用外部基准源；

——片内自带时钟，采样数据通过串行输出，数据既可用内部时钟也可由外部时钟同步后输出；

——采用单 5 V 电源供电，典型功耗为 70 mW；

——采用 20 管脚 SO 和 28 管脚 SSOP 两种封装形式；

——指定工作温度范围为－40～85 ℃。

5.6 上、下位机接口技术

随着信息技术的发展，微处理器在远程通信领域中的应用日益增多，已经成为人们不可缺少的通信工具。微型计算机本身也带有若干外设（如鼠标、打印机、绘图仪、摄像头等），需要与它们进行数据通信。在计算机数据传送中，有两种基本的数据传送方式——串行通信和并行通信。采用串行通信时，数据通过的是一条线路传输，因此可以简化通信设备，降低使用通信线路的价格，并且能利用现有的通信系统。为实现通信，人们为微型计算机制订了适合各类外部设备的接口标准，设计了相应的串行、并行通信接口。

在许多平衡机测量单元中，计算机采用上、下位机的形式，这样两者之间就需要进行数据交换，其接口形式一般采用串行方式。下面介绍 RS232C 串行通信接口和 USB 总线两种在平衡机测量单元中最常用的串行通信方式。

5.6.1　RS232C 通信接口

1. 异步串行通信

串行通信系统中为了使收发数据准确，收发两端操作必须相互协调，即收发在时间上应同步。同步方式有两种——异步串行通信（ASYNC）和同步串行通信（SYNC）。

在动平衡机设计中常采用异步串行通信方式。异步是指发送端和接收端不使用共同的时钟，也不在数据中传送同步信号。在这种方式下，收方与发方之间必须约定数据帧格式和波特率。

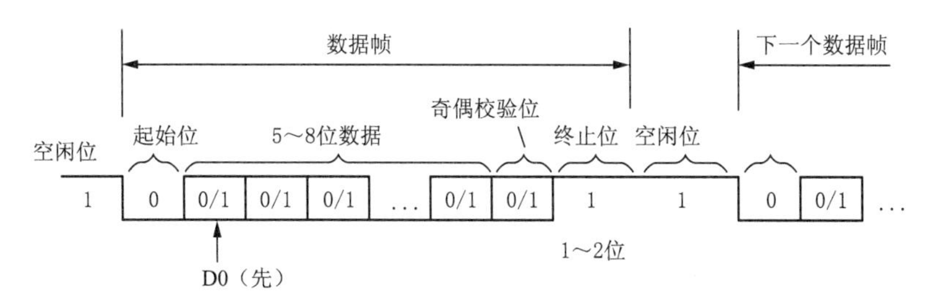

图 5-27　异步通信的数据帧格式

图 5-27 所示为异步传送的数据帧格式。每帧包括 1 个起始位（低电平），5～8 个数据位，1 个可选的奇偶校验位，1～2 个终止位（高电平）。相邻两个数据帧之间的间隔称为空闲位，长度任意，为高电平。由高电平变为低电平就是起始位，后面紧跟的是 5～8 位有效数据位。传送时数据的低位在前，高位在后。数据的后面跟奇偶校验位（可选），结束是高电平的终止位（1～2 位）。起始位至停止位构成一帧。下一数据帧的开始又以下降沿为标志，即起始位开始。通常 5～8 位数据可表示一个字符，如 ASCII 码就是 7 位。

波特率是衡量串行数据传送速度的参数，是指单位时间内传送二进制数据的位数，以位/秒（b/s）为单位，也称为波特。常用的波特率有 110，300，600，1 200，2 400，4 800，9 600，19 200，28 800，33 600 等，目前最高可达 10 Mb/s。

由于每一帧开始时将进行起始位的检测，因此收发双方的起始时间是对齐的,收发双方使用相同的波特率。虽然收发双方的时钟不可能完全一样,但由于每一帧的位数最多只有12位,因此时钟的微小误差不会影响接收数据的准确性。这就是异步串行通信能实现数据正确传送的基本原理。

异步串行通信中每一帧都需要附加起始位和停止位使数据成帧,因而降低了传送有效数据的效率。对于快速传送大量数据的场合,为了提高数据传输的效率,一般可采用同步串行传送。

2. 串行接口标准 RS-232C

RS-232C是得到广泛使用的串行异步通信接口标准。它是美国电子工业协会(Electronic Industry Association, EIA)于1962年公布,并于1969年修订的串行接口标准。1987年1月,RS-232C经修改后正式改名为EIA-232D。由于标准修改并不多,因此,现在很多厂商仍沿用旧的名称。

图5-28是两台计算机直接利用RS-232C接口进行短距离通信的连接示意图。由于这种连接不使用调制解调器,所以被称为零调制解调器(null modem)连接。

图5-28(a)所示是不使用联络信号的3线相连方式。很明显,为了交换信息,TxD和RxD应当交叉连接。程序中不必使RTS和DTR有效,也不应检测CTS和DSR是否有效。

图5-28(b)所示是“伪”使用联络信号的3线相连方式,是常用的一种方法。图中双方的RTS和CTS各自互接,用请求发送RTS信号来产生允许发送CTS,表明请求传送总是允许的;同样,DTR和DSR互接,用数据终端准备好产生数据装置准备好。这样的连接可以满足通信的联络控制要求。

由于通信双方并未进行联络应答,所以采用图5-28的连接方式,应注意传输的可靠性。发送方无法知道接收方是否可以接收数据、是否接收到了数据。传输的可靠性需要利用软件来保证。例如程序中先发送一个字符,等待接收方确认之后(回送一个响应字符)再发送下一个字符。

5.6.2 USB总线及其接口

1. USB概述

USB(universal serial bus,通用串行总线)是最常用的设备接口之一。

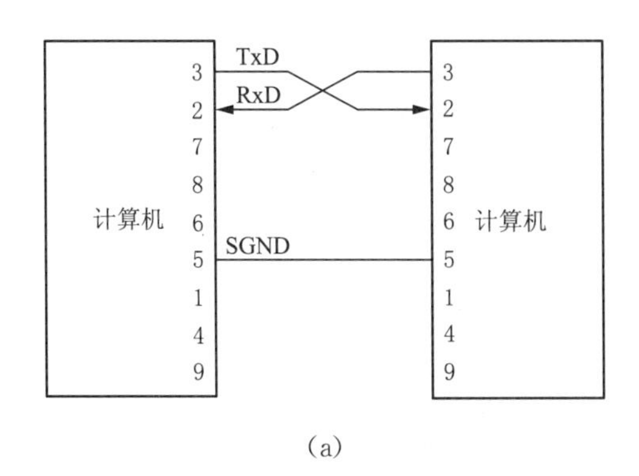

(a)

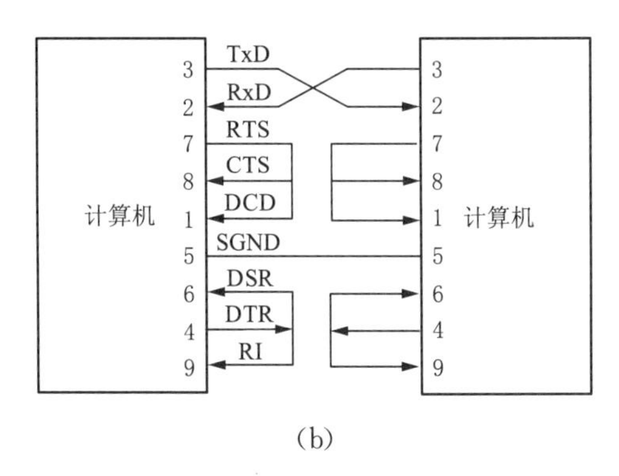

(b)

图 5-28　两台微机直接利用 RS-232C 接口进行短距离通信

它是一个很复杂的协议，广泛用于 PC、数码相机、GPS 设备、MP3 播放器、调制解调器、打印机、扫描仪以及工业测控系统等众多电子产品。

USB 是一种高速串行接口，能够向与之相连接的设备提供电源。USB 总线支持多达 127 个设备(这受到 7 位地址的限制，其中地址 0 没有被使用，留作其他用途)，设备通过一条 3～5 m 长的 4 线串行电缆与 USB 连接。很多 USB 设备可以通过集线器与同一总线相连，集线器分 4 端口、8 端口甚至 16 端口。设备可以连接到集线器，集线器又可以连接到另一个网路集线器，最大数限制在 6 层。根据 USB 规范，设备通过 5 个网路集线器的级联，可以支持的最大距离是 30 m；如需更远距离的总线通信，推荐使用其他的方法，如 Ethenet。

USB 总线规范有 3 个版本——早期版本的 USB1.1，支持 11 Mb/s 的传输速度，而 USB2.0 支持高达 480 Mb/s 的传输速度。USB 规范定义了 3 种数据传输速度：低速 1.5 Mb/s、全速 12 Mb/s 和高速 480 Mb/s。目前的最新版本为 USB3.0。

USB是一个4线接口，通过一条4芯的屏蔽电缆实现。USB指定使用的两种连接器是A型连接器和B型连接器。常见的USB连接器见图5-29。图5-30是USB连接器的外部引脚。在这些引脚中，两个数据引脚D+和D−构成了双绞线，可传输差动数据信号和一些单端数据状态。

图5-29　USB连接器

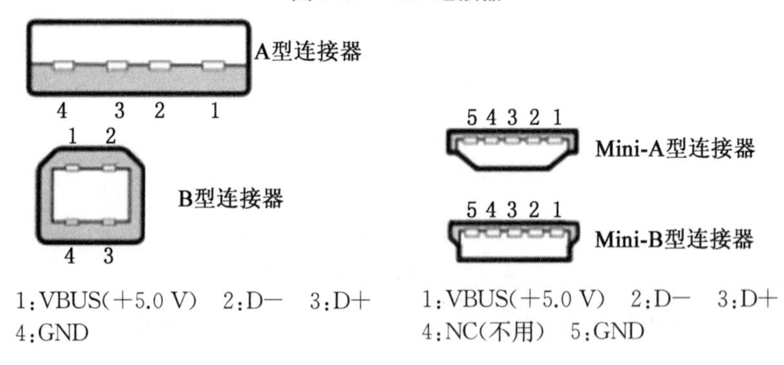

图5-30　USB连接器的外部引脚

USB信号是双向的，由主机发送的信号使用不归零就反向(NRZI)数据编码技术。在这种技术下，当信号变为逻辑0时，信号电平反向；当信号为逻辑1时，信号电平保持不变。在数据流中，每6个连续位后将补充一个0，这使得数据是动态的(这叫补位，因为附加位延长了数据流)。

主机发送的数据包将被传送给连接到总线的每一个设备，并通过网路集线器一直往下传送。所有设备都接收主机发来的信号，但只有地址吻合的设备才接收数据，即每一次只能有一个设备向主机发送数据，并且数据通过集线器一级一级地往上传送，直至到达主机。

连接到总线上的USB设备可以是全定制设备，这需要一个全定制的设备驱动器，或者它们属于同一类设备。设备类使得具有相似概念的设备系列可以共享相同的设备驱动器。例如，一个打印机的设备类是0x07，大部分打印机都使用这类驱动器。最常见的设备类见表5-3。

表 5-3　USB 设备类

设备类	描　　述	设备举例
0x00	保留	—
0x01	USB 音频设备	声卡
0x02	USB 通信设备	调制解调器、传真
0x03	USB 人机接口设备	键盘、鼠标
0x07	USB 打印机设备	打印机
0x08	USB 大容量存储设备	内存卡、闪卡
0x09	USB 集线器设备	集线器
0x0B	USB 智能卡阅读设备	读卡器
0x0E	USB 视频设备	网络相机、扫描仪
0xE0	USB 无线设备	蓝牙

2. USB 总线通信

USB 是一个以主机为中心的连接系统，由主机控制 USB 的使用。连接到总线上的设备都分配有一个唯一的地址，在没有得到主机许可时，设备不能发送总线信号。当有新的 USB 设备连接到总线时，USB 主机使用地址 0 来访问设备的基本信息；然后，主机将为设备分配一个唯一的 USB 地址。在主机请求并接收到设备的更多信息（如制造商名称、设备性能、产品 ID）后，就可以开始双向通信了。

在 USB 总线上，数据以包的形式传送。作为开始，包使用一个同步信号来允许接收器时钟同步数据的传输，紧接着是包的数据字节，最后以一个包结束信号作为结尾。在每一个 USB 信息的同步字段后紧随一个包标识符（PID）字节。PID 本身占 4 个位，余下的 4 位是前 4 位的补码。这里有 17 个不同的 PID 值（见表 5-4），其中包括 1 个保留值和一个表示两种不同含义的复用值。

表 5-4　PID 类型及其含义

PID 类型	PID 名称	PID 值	描　　述
标　　记	OUT	1110 0001	从主机到设备的传送
	IN	0110 1001	从设备到主机的传送
	SOF	1010 0101	帧的开始
	SETUP	0010 1101	设置命令
数　　据	DATA0	1100 0011	数据包 PID（偶数字节）
	DATA1	0100 1011	数据包 PID（奇数字节）
	DATA2	1000 0111	数据包 PID（高速）
	MDATA	0000 1111	数据包 PID（高速）

续表

PID 类型	PID 名称	PID 值	描　述
握　手	ACK NAK STALL NYET	1101 0010 0101 1010 0001 1110 1001 0110	接收器接受包 接收器不接受包 暂停 接收器未应答
特殊功能	PRE ERR SPLIT PING Reserved	0011 1100 0011 1100 0111 1000 1011 0100 1111 0000	主机同步码 数据分割传输错误 高速数据分割错误 高速流控制 保留

在 USB 总线上，数据传输有 4 种方式——块传输、中断传输、同步传输和控制传输。

(1) 块传输　当要求无误传输且带宽无法保证时，大量数据的传输可以采用块传输方式。如果将一个 OUT 终端定义为使用块传输，那么主机将会按照 OUT 设置向终端传输数据。类似地，如果将一个 IN 终端定义为使用块传输，那么主机就会按照 IN 设置从终端接收数据。在块传输方式下，对于全速 USB，数据包的长度可以是 8 B，16 B，32 B，64 B；而对于高速 USB，数据包的长度只能是 512 B。

(2) 中断传输　当要传输的数据量小且带宽较高时，可以使用中断传输方式。在高的带宽下，数据必须尽可能无延迟地快速传输。需注意，中断传输与电脑系统里的中断无关。对于低速 USB，中断包的大小可以是 1～8 B 不等；对于全速 USB 可以是 1～64 B 不等；对于高速 USB 则可达 1 024 B。

(3) 同步传输　同步传输方式可以保证带宽，但不能保证无误地传输。这种传输方式通常用在对速度要求比较高而对数据传输的损失和破坏不是很关心的场合，如音频数据的传输。对于全速 USB，数据包小于等于 1 023 B；而对于高速 USB，则可达 1 024 B。

(4) 控制传输　这是一个双向的数据传输方式，可同时使用 IN 终端和 OUT 终端。控制传输通常被主机用来对设备进行初始化。对低速 USB，数据包最大为 8 B；对全速 USB，数据包的长度可以是 8 B，16 B，32 B，64 B；而对于高速 USB，数据包的长度只能是 64 B。

当 USB 设备连接到 USB 总线之后，USB 设备便可以和 USB 主机进行通信。在通信过程中，自上而下需要涉及 4 个部分，分别为：主机软件;USB总线驱动程序;USB主控制器驱动程序;USB功能设备。

如图5-31所示,以主机软件向外部USB设备发送数据为例,USB功能设备和USB主机软件之间的通信过程为:

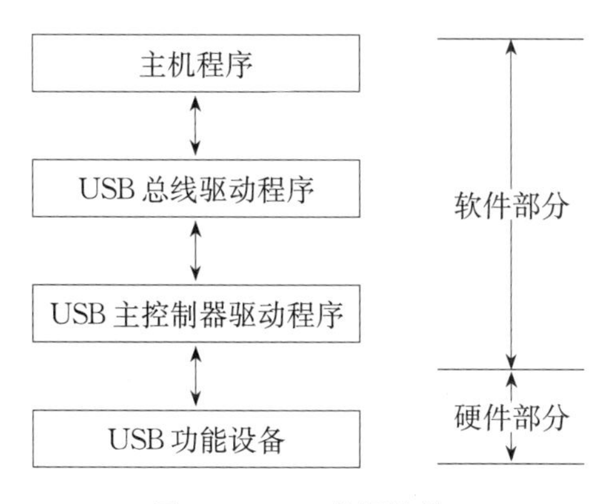

图5-31　USB数据传输

——主机软件将数据保存在发送数据缓冲区中,向USB总线驱动程序发送数据传输请求,即I/O请求包(IRP)。

——USB总线驱动程序对主机软件的I/O请求包(IRP)进行响应,将其中的数据转化为USB协议中规定的事务处理格式,并将其向下传递给USB主控制器驱动程序。

——USB的主控制器驱动程序将每个事务处理转化为一系列帧/小帧为单位的事务处理队列。这样处理是为了满足USB传输协议的要求,并保证传输不超过USB的带宽。

——在USB主控制器中,读取事务处理列表,将其中的事务处理以信息包的形式发送到USB总线上。可以使用块传输、中断传输、同步传输和控制传输4种传输方式,同时也可以选择低速、全速和高速3种传输速率进行传输。

——USB功能设备接收信息。USB的SIE引擎自动解码信息包,并将数据保存在指定的端点缓冲区中,供USB进行处理。

USB功能设备向USB主机软件发送数据,如数据采集,其过程也必须经过这几个步骤。在这种情况下,整个数据流程相反,但同样涉及这4个软硬件部分。

3. USB总线接口示例

典型的USB数据采集系统结构见图5-32。主要包括将输入的模拟信号转换成数字信号的 A/D 转换器;用于接收 A/D 转换器输出的数字量,并控制 USB 电路将数字量通过 USB 接口传送至上位机,或接收上位机通过 USB 接口传送的控制指令的微处理器。

图 5-32　USB 数据采集系统结构图

在微处理器和 USB 接口的选择上主要有两种方式:一种方式是采用普通单片机加专用 USB 通信芯片,常用的 USB 通信芯片如 CY7C68013;另一种是采用具备 USB 通信功能的单片机,如 PIC 单片机,这种方式构成的系统其接口电路较为简单,调试方便。图 5-33 给出了 PIC18F2450/4450 系列微处理器的 USB 结构。PIC18F2450/4450 单片机内部集成了 USB 模块,除了具有 PIC 单片机所特有的精简指令集、数据总线和指令总线相互独立的哈佛结构等特点外,还配备了自编程闪存存储器,工作频率达 48 MHz,数据传输速率高达 12 Mb/s,有很强的控制能力和灵活的工作方式。

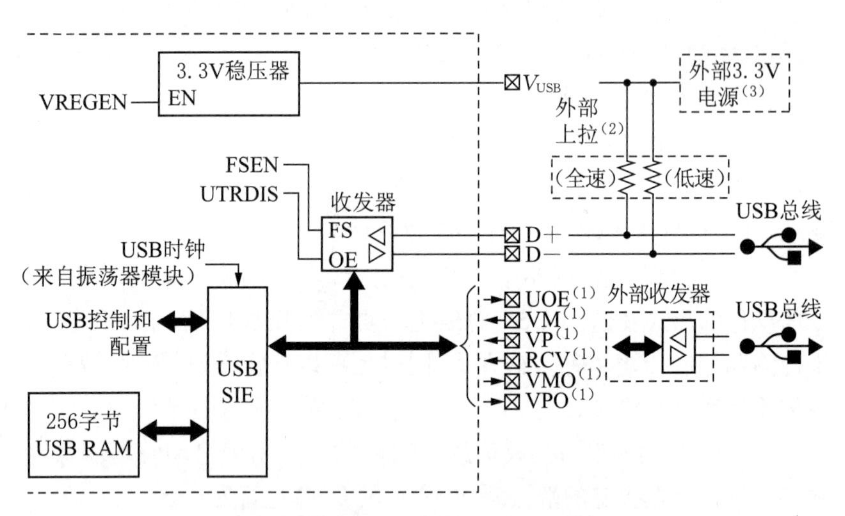

图 5-33　PIC18F2450/4450 系列微处理器的 USB 结构

注:(1) 该信号仅当内部收发器被禁止时(UTRDIS=1)可用;
(2) 可由 V_{USB} 引脚或外部 3.3 V 电源线提供上拉电阻;
(3) 使用外部 3.3 V 电源时,不要使用内部稳压器。

由于 USB 模块内部集成,USB 接口的硬件设计比较简单,只需通过4根电缆线连接，这4根线分别是VDD(总线电源)，GND(地线)，D+和D−(数据线，用来传输串行数据)。系统中采用总线供电，USB模块要求使用3.3 V的电压，这个电压由内部稳压器(V_{USB}引脚)输出。为了稳定运行，还需接地470 nF的滤波电容。为了实现USB全速模式，需要设置USB配置寄存器UCFG的FSEN位为1，从而使能接在D+和V_{USB}之间的电阻。

软件设计包括单片机程序、USB设备驱动程序和用户应用程序三部分。其中USB固件程序选择HID类，因为HID类采用中断传输方式来传送数据，中断传输对在规定时间里传输中等数量的数据能保证主机在最短的延迟里响应或发送数据。由于Microsoft已经规范了通用的HID类驱动程序，所以不必编写上位机驱动，只需调用相应的动态链接库即可。

5.7　相关检测技术在不平衡测量中的应用

纵观平衡机电测系统的发展历程，虽然电路形式不同、称谓各异，但本质上都是实现选频放大。*RC*有源带通滤波器、自动跟踪数字开关式滤波器、相敏检波器、脉宽调制电子乘法器等都有选频放大能力，但在频率跟踪能力、品质因素和性价比等方面各有特点。其中相敏检波则具有频率跟踪、窄带和电路简单等特点，20世纪80年代后期开发的平衡机测量单元大都采用这一方法实现对不平衡振动信号的提取。随着计算机技术的发展，相敏检波功能越来越多地通过软件来实现，不仅使电路结构得到简化，而且性能也得到了提高。

回顾原先采用光点矢量瓦特计为显示仪表时，其电路中的相敏检波器、自动跟踪数字开关滤波、脉宽调制电子乘法器等虽然电路形式不一样，但都是利用振动信号与角度参考信号相乘，然后累积获得增强信号和抑制噪声效果。光点矢量瓦特计中，动圈转矩与动圈电流(振动信号)和固定线圈电流(角度参考信号)的乘积成正比，该乘积的有效值通过机电能量转换表现为反光镜的偏转；自动跟踪数字开关滤波通过同步接入(角度参考信号)存储电容获得被检信号(振动信号)的累积也是一种乘加运算；脉宽调制电子乘法器实现的也是角度参考信号与振动信号的乘加运算。

上述通过两个同频信号的乘加运算实现波形或参数检测的方法本质上是利用了两个时域信号的相似性,这一方法称为相关检测或同步相干检测。相关检测技术是检测淹没于噪声中的周期信号的一种有效方法,在科学研究和其他工业领域都有广泛应用。这里,结合动平衡机测量单元的实际,仅就基于相关原理的跟踪滤波电路阐述如下。

5.7.1 相关跟踪滤波的基本原理

对于平稳的随机信号 $x(t)$和 $y(t)$, $x(t)$的自相关函数为

$$R_{xx}(\tau)=\lim_{T\to\infty}\frac{1}{2T}\int_{-T}^{T}x(t)x(t-\tau)\mathrm{d}t; \tag{5-24}$$

$x(t)$和 $y(t)$的互相关函数为

$$R_{xy}(\tau)=\lim_{T\to\infty}\frac{1}{2T}\int_{-T}^{T}y(t)x(t-\tau)\mathrm{d}t。 \tag{5-25}$$

自相关函数用来度量同一个随机过程前后的相关性,而互相关函数用来度量两个随机过程的相关性。从理论上来讲,噪声在不同时刻的取值是不相关的,因此其自相关函数为 0。噪声与有用信号也是不相关的,它们的互相关函数也为 0。实际的噪声在时间间隔不大的两点仍可能相关,但随着 τ 的增大,其相关函数将趋于 0。当随机函数不包含周期性分量时,自相关函数在 $\tau=0$ 处获得最大值。自相关函数是时延 τ 的偶函数即 $R_{xx}(\tau)=R_{xx}(-\tau)$, 互相关函数的对称性表现为 $R_{xy}(\tau)=R_{yx}(-\tau)$, 周期函数的相关函数在延迟域仍为周期函数,且与原信号的周期相同。

假设被检测信号为 $x(t)=s(t)+n(t)$, 其中 $s(t)$为有用信号, $n(t)$为噪声信号,参考信号为 $y(t)$,则互相关检测的过程为

$$R_{xy}(\tau)=\lim_{T\to\infty}\frac{1}{2T}\int_{-T}^{T}[s(t)+n(t)]y(t-\tau)\mathrm{d}t=$$

$$R_{sy}(\tau)+R_{ny}(\tau)=R_{sy}(\tau)。$$

实际的相关运算常常是在有限积分时间 T 内计算相关函数的估计值。

在动平衡检测系统中,我们可取 $x(t)$为来自振动传感器的不平衡

振动信号，$y(t)$为与平衡转速同频率的正弦或余弦信号，见图5-34。

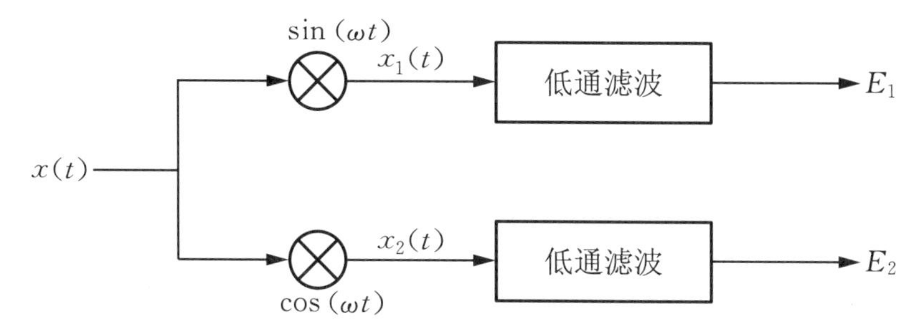

图5-34　基于互相关技术的跟踪滤波原理图

振动传感器输出的转子振动信号经放大、积分等处理后可表示成

$$x(t)=s(t)+n(t)=E\sin(\omega t+\varphi)+n(t)。\tag{5-26}$$

上式中，$E\sin(\omega t+\varphi)$ 为转子不平衡引起的同频振动信号；$n(t)$ 为干扰噪声，假设 $n(t)$ 中不包含与 ω 同频的干扰噪声。

现将 $x(t)$与参考信号 $\sin(\omega t)$ 和 $\cos(\omega t)$ 相乘，有

$$x_1(t)=x(t)\sin(\omega t)=[E\sin(\omega t+\varphi)+n(t)]\sin(\omega t)=$$
$$\frac{1}{2}E\cos\varphi-\frac{1}{2}E\cos(2\omega t+\varphi)+n(t)\sin(\omega t)；\tag{5-27}$$

$$x_2(t)=x(t)\cos(\omega t)=[E\sin(\omega t+\varphi)+n(t)]\cos(\omega t)=$$
$$\frac{1}{2}E\sin\varphi+\frac{1}{2}E\sin(2\omega t+\varphi)+n(t)\cos(\omega t)。\tag{5-28}$$

从中可以观察到，$x_1(t)$ 中 $\frac{1}{2}E\cos\varphi$ 是一个直流量，$x_2(t)$ 中 $\frac{1}{2}E\sin\varphi$ 也是一个直流量，它们与输入信号 $x(t)$的圆频率 ω 无关。经过低通滤波后，含有频率 ω 的项被滤除，得到

$$E_1=\frac{1}{2}E\cos\varphi；$$

$$E_2=\frac{1}{2}E\sin\varphi。$$

从而可以计算得到同频振动信号的幅值 E 和相位 φ 为

$$E=2\sqrt{E_1^2+E_2^2}；\tag{5-29}$$

$$\varphi=\arctan(E_2/E_1)。\tag{5-30}$$

基于上述原理的电路实现，涉及两个关键技术：一是正弦、余弦函数发生电路的设计；二是乘法电路的设计。由上面的推导可知，在设计正弦、余弦函数发生电路时应保证正弦、余弦函数的频率与平衡转速同频，且其初相位为0，即它们应与角度参考信号同相位。乘法器一般采用集成芯片来实现，既可采用模拟乘法器，也可采用乘法数模转换器(MDAC)。正弦、余弦函数发生电路一般采用数字电路实现，即将一个周期的正弦、余弦信号转换为数字信号存储在非易失性存储器如EPROM中，以转速脉冲信号的前沿为起始相位，产生数字化的正弦波和余弦波。如果采用模拟乘法器，数字化的正弦波和余弦波还须通过DAC，经低通滤波平滑得到模拟的正弦波和余弦波。

5.7.2 基于AD633的相关跟踪滤波电路

AD633是美国AD公司生产的一款多功能四象限模拟乘法器，其应用简单，性能较好，且所需外围器件少，可方便地实现乘法、除法、开方运算，并可用于调制/解调、相位检测、压控放大、振荡器和滤波器等电路设计中。其引脚见图5-35。它的X，Y乘法输入端为差分高阻输入，Z加法输入端亦为高阻输入，从而使信号源的阻抗可以忽略不计。AD633满刻度精度为2%，在10 Hz～10 kHz的带宽范围内其Y输入端的非线性典型值小于0.1%。AD633的±8～±18 V宽供电范围、1 MHz工作带宽和容性负载驱动能力，使得其广泛应用于对电路复杂性和性价比敏感的场合。

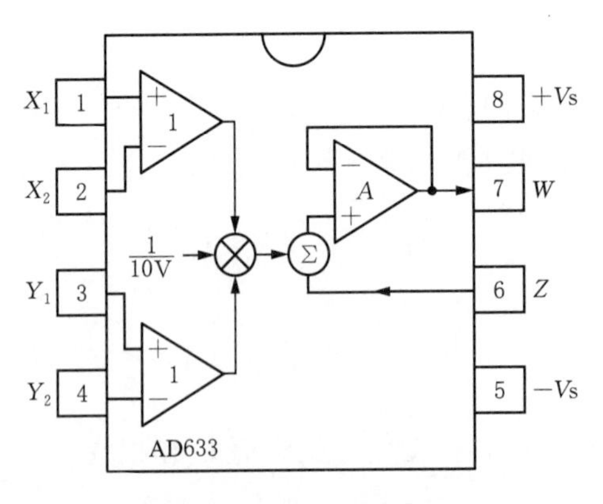

图5-35 AD633引脚图

AD633的工作特性可表示为

$$W=\frac{(X_1-X_2)(Y_1-Y_2)}{10}+Z(\mathrm{V})$$

如果将 X_2，Y_2，Z 端接地，则工作特性满足

$$W=\frac{X_1\cdot Y_1}{10}(\mathrm{V})。$$

图5-36所示为基于模拟乘法器芯片AD633的相关跟踪滤波电路的结构框图。光电转速传感器拾取的转速脉冲信号经预处理、锁相环后，将锁相环输出的多路 2^N 倍频转速信号作为数字化频率合成器DDS的并行地址，读取存储在EPROM中的波形，以转速脉冲信号的前沿为起始相位，产生数字化正弦波和余弦波，经LPF滤波平滑后得到标准模拟正弦波和余弦波。两路传感器信号分别乘以同步于转速脉冲脉冲的标准正弦波和余弦波，并经低通滤波后，直接得到直流信号 $A_L\cos\varphi_L/2$，$A_L\sin\varphi_L/2$，$A_R\cos\varphi_R/2$，$A_R\sin\varphi_R/2$；对得到的直流信号进行简单的平方和、反正切计算后，即可得出左、右支承座振动的幅值和相位。

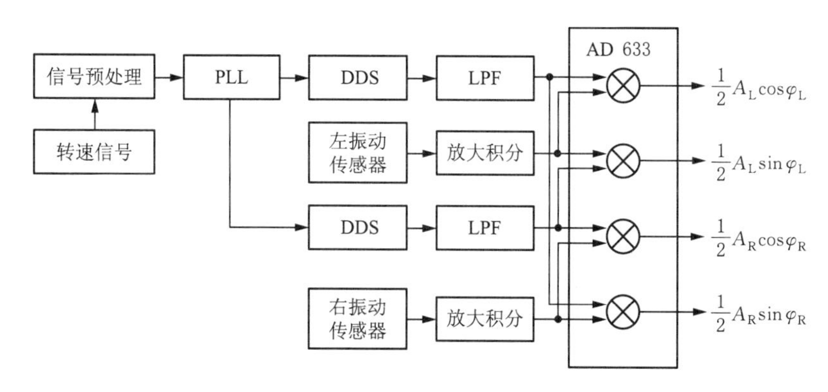

图5-36　不平衡量的乘法相关求解

在上述实现方案中，转速脉冲信号的形成与锁相环电路见图5-37。由光电转速传感器输出的转速脉冲信号经差分放大、半波整流、限幅处理后，送入CD4046和CD4040组成的锁相倍频环路。锁相倍频环路实现稳定形成转速脉冲RV1的功能，并生成后续产生标准正弦波所需的地址信号RV1～RV128，各信号为转速脉冲RV1的1～128倍频。

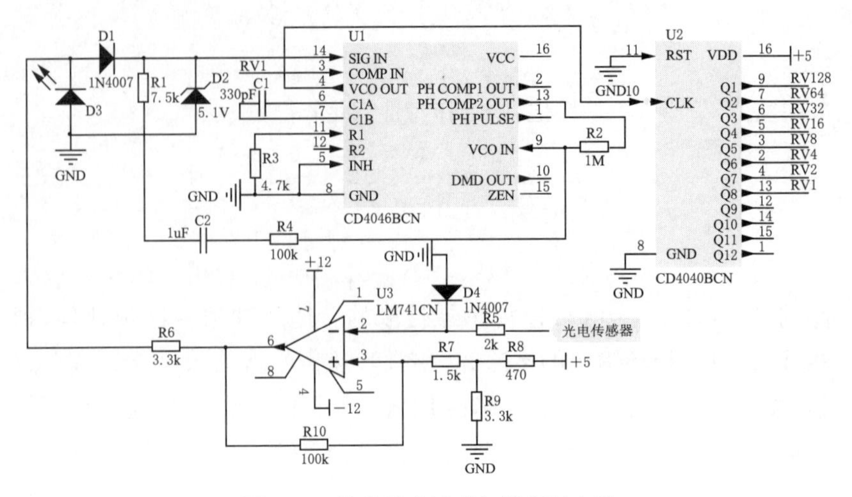

图 5-37　转速脉冲形成与锁相环电路

在标准正弦波产生电路中，首先将标准正弦波在单周期内的 128 个等间隔采样点值数字化后，依次存储在 EPROM 存储器 27C16 的起始 128 个字节内；然后以转速脉冲信号的 1 至 128 倍频信号 RV1～RV128，分别作为 27C16 的 8 位地址线，从而循环读取存储器中的数字化采样值；最后，将 27C16 的数据总线送出的 8 位数字化正弦波采样值，经 DAC0808 数模变换，并滤波平滑处理后，即可得到与转速脉冲信号完全同步的标准正弦信号。

5.7.3　基于 TLC7528 的相关跟踪滤波电路

TLC7528 是 TI 公司一款双路 8 位乘法数模转换器(MDAC)，具有单独的片内数据锁存器，并且转换值以电压形式输出。

由 AT89S52 单片机和 TLC7528 构成的相关跟踪滤波电路见图 5-38。将转子的转速脉冲信号接到 AT89S52 单片机的外部中断，单片机对中断计时，就可以得到基准信号频率 f_0。单片机 Flash 中存储了 256 点的正弦函数值，对 f_0 进行 256 倍频，并每隔 $1/(256f_0)$ 段时间输出一个对应的正弦/余弦函数值，这样就可以向 MDAC 输出频率为 f_0 的同频离散正弦/余弦波(数字量)。由于转子动平衡过程中有左右两个振动传感器，而 TLC7528 是双路 MDAC，所以滤波电路中设计两片 TLC7528 就可以满足要求。将左侧振动信号 $e_L(t)$ 接到 TLC7528(1)

的 REFA 和 REFB 端，将右侧振动信号 $e_R(t)$ 接到 TLC7528(2)的 REFA 和 REFB 端，每片 MDAC 中的两路 DAC 锁存器分别锁存同频正弦信号和同频余弦信号，这样单片机就可以同时选通两片 MDAC，一次写操作同时完成两片 MDAC 正弦/余弦值的锁存，从而提高跟踪滤波器的性能。分别对低通滤波后得到的 E_{L1}，E_{L2} 和 E_{R1}，E_{R2} 计算，就可得到左右两支承座振动的幅值和相位。

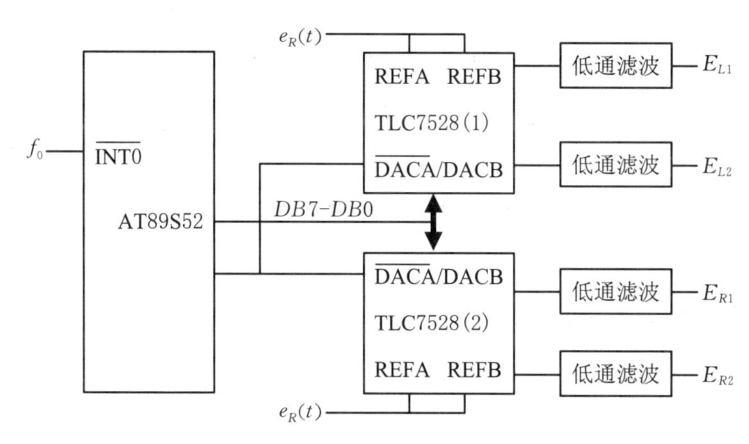

图 5-38　MDAC 跟踪滤波器结构图

5.7.4　基于 LMF100 的跟踪滤波电路

LMF100 是美国国家半导体有限公司生产的一片由两个相互独立的通用高性能开关电容滤波器组成的集成电路，它可外接时钟和 2～4 个电阻，组成各种各样的一阶和二阶滤波器。每个滤波器单元有 3 个输出，其中一个输出可组成全通滤波器、高通滤波器、带阻滤波器，另两个输出可组成带通滤波器或低通滤波器。每个滤波器的中心频率可通过外接时钟或时钟与电阻的组合来调整，因此仅使用一片 LMF 100 就能实现四阶双二次函数滤波器。

在动平衡机测量系统中，可采用 LMF100 构成带通跟踪滤波器。图 5-39 所示为采用 LMF100 的模式 1 构成的四阶带通滤波电路。按照图中电阻参数，每个二阶带通模块的品质因数均为 10，带通增益均为 1。由于 50/100 引脚接地，因此跟踪频率为时钟信号 CK100 的 1/100。时钟信号 CK100 可由锁相环倍频电路产生，也可由微处理器测定转子旋转周期后再100倍倍频产生。

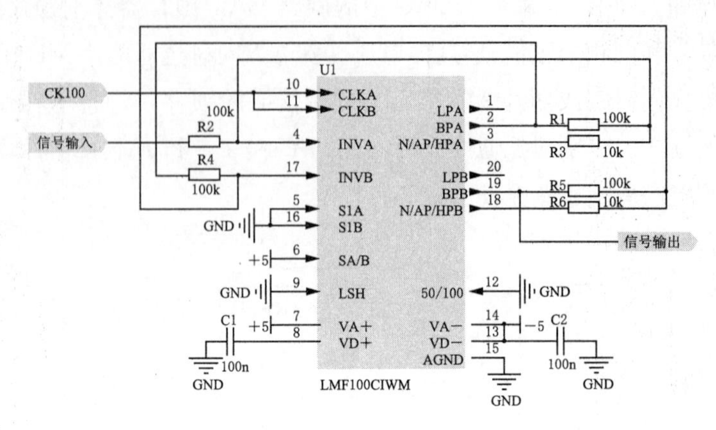

图 5-39　四阶带通滤波电路

5.8　数字信号处理技术

5.8.1　概述

数字信号处理就是用数值计算方法对数字序列进行各种处理，把信号变换成符合需要的某种形式。例如，对数字信号进行滤波以限制它的频带，滤除噪声和干扰信号或将信号进行分离；对信号进行频谱分析或功率谱分析以了解信号中的频谱组成，进而对信号进行识别和利用；对信号进行某种变换，使之更适合于传输、存储和应用；对信号进行编码以压缩数据或提高抗干扰能力。与模拟的信号处理方法相比，数字信号处理方法具有如下的优点：

(1) 灵活性高　可通过对同一硬件配置进行编程控制来执行多种信号处理的任务。例如，一个数字滤波器可以通过重新编程来完成低通、高通、带阻、带通等不同的滤波任务，而模拟滤波器显然不具备这样的灵活性。

(2) 处理精度高　数字信号处理的精度取决于数字计算的有效长度，通常可以获得比模拟信号处理高得多的精度。

(3) 稳定性高　在数字信号处理中不存在模拟器件，也就不会出现相应的噪声、时漂、温漂等现象。

(4) 重复性好　一个数字处理算法在不同计算机上运行得到的是

同样的结果，而同一套设计参数的模拟电路做出的不同的电路板则不可能完全一致。

在动平衡机测量中，采用数字信号处理技术可完成如下3类任务：①滤除混杂在有用信号中的噪声或干扰信号，即数字滤波；②用各类转换算法提取、估计信号中的相关信息，例如由反映不平衡矢量的交流数字信号估计不平衡矢量的幅值和相位；③在信号分析的基础上进行各种运算、识别、判断，例如进行校正平面分离的各种运算。

5.8.2　数字滤波器设计

1. 数字滤波器设计的一般方法

传统的模拟滤波器由硬件电路构成，存在受元器件精度的限制、滤波器变通性差、器件体积大等缺点。数字滤波器通过计算机执行一段相应的程序来消除夹杂在有用信号中的干扰部分，而无需增加任何硬件设备。由软件实现的离散时间系统的数字滤波器与由硬件实现的连续时间系统的模拟滤波器相比，前者虽然实时性较差，但稳定性和重复性好，调整方便灵活，能在模拟滤波器不能实现的滤波频带下进行滤波，因而得到越来越广泛的应用。

数字滤波器工作在数字信号域，是对数字信号进行滤波处理以得到期望的响应特性的离散时间系统。因此数字滤波器根据其冲激响应函数的时域特性可分两种，即无限长冲激响应(IIR)滤波器和有限长冲激响应(FIR)滤波器。IIR滤波器的特征是具有无限持续时间冲激响应，这种滤波器一般需要用递归模型来实现，属递归型滤波器。FIR滤波器的冲激响应只能延续一定时间，在工程实际中可以采用递归的方式实现，也可以采用非递归模型来实现。

数字滤波器可以用下式表示为

$$y(n)=-\sum_{k=1}^{M}a_k y(n-k)+\sum_{k=0}^{N}b_k x(n-k)。$$

式中，$x(n)$为输入序列；$y(n)$为输出序列；a_k，b_k均为滤波器系数。上式对应的系统函数以z变换表示为

$$H(z)=\frac{Y(z)}{X(z)}=\frac{\sum_{k=0}^{N}b_k z^{-k}}{1+\sum_{k=1}^{M}a_k z^{-k}}=\frac{b_0+b_1z^{-1}+b_2z^{-2}+\cdots+b_Nz^{-N}}{1+a_1z^{-1}+a_2z^{-2}+\cdots+a_Mz^{-M}}。\tag{5-31}$$

当 $M \geqslant 1$ 时，上述滤波器的冲激响应为无限长，称为无限长冲激响应(IIR)滤波器；M 称为 IIR 滤波器的阶数，它表示系统中反馈环的个数。当 $M=0$ 时，上述滤波器的冲激响应的长度为 $N+1$，故而被称作有限长冲激响应(FIR)滤波器。

IIR 与 FIR 数字滤波器具有各自的特点：

——在相同的技术指标下，IIR 滤波器由于存在着输出对输入的反馈，所以可用比 FIR 滤波器较少的阶数来满足指标的要求，所用的存储单元少，运算次数少，较为经济。例如，用频率抽样法设计阻带衰减为 −20 dB 的 FIR 滤波器，其阶数要 33 阶才能达到，而用双线性变换法设计只需 4～5 阶的切贝雪夫 IIR 滤波器即可达到指标要求，所以 FIR 滤波器的阶数要高 5～10 倍左右。滤波器的阶数决定了数据处理的时间消耗，因此在同等幅频特性性能的前提下，IIR 滤波器的计算效率要优于 FIR 滤波器。

——FIR 滤波器可得到严格的线性相位，而 IIR 滤波器做不到这一点。IIR 滤波器的选择性愈好，其相位的非线性愈严重，因而如果 IIR 滤波器要得到线性相位，又要满足幅度滤波的技术要求，必须加全通网络进行相位校正，这样会大大增加滤波器的阶数。从这一点上看，FIR 滤波器又优于 IIR 滤波器。

——FIR 滤波器主要采用非递归结构，因而无论是从理论上还是从实际的有限精度的运算上它都是稳定的，有限精度运算的误差也较小。IIR 滤波器必须采用递归结构，极点必须在 z 平面单位圆内才能稳定，对于这种结构，运算中的四舍五入处理有时会引起寄生振荡。

——对于 FIR 滤波器，由于冲激响应是有限长的，因而可以应用快速傅里叶变换算法，这样运算速度可以快得多。IIR 滤波器则不能这样运算。

——从设计上看，IIR 滤波器可以利用模拟滤波器设计的现成的闭合公式、数据和表格，因此计算工作量较小，对计算工具要求不高。FIR 滤波器则一般没有现成的设计公式，窗函数法只给出窗函数的计算公式，但计算通带、阻带衰减仍无显示表达式。一般 FIR 滤波器设计仅有计算机程序可资利用，因而要借助于计算机。

——IIR 滤波器主要是设计规格化的、频率特性为分段常数的标准低通、高通、带通、带阻、全通滤波器。FIR 滤波器则要灵活得多，例如频率抽样设计法，可适应各种幅度特性及相位特性的要求，因而 FIR 滤波器可设计出理想正交变换器、理想微分器、线性调频器等各种网络，适应性较广。目前已有许多FIR滤波器的计算机程序可供使用。

2. 数字跟踪滤波器的实现

可以通过开关电容滤波器来设计数字跟踪滤波器。开关电容滤波的传递函数为

$$H(s)=\frac{\frac{\Omega_0}{Q}s}{s^2+\frac{\Omega_0}{Q}s+\Omega_0^2}。\tag{5-32}$$

式中，Ω_0 为模拟滤波器的中心角频率；Q 为滤波器的品质因数。

通过双线性变换，模拟滤波器的传递函数 $H(s)$ 可以转换为具有相同性能的IIR数字滤波器的传递函数 $H(z)$，变换公式为

$$s=\frac{2}{T}\frac{1-z^{-1}}{1+z^{-1}}。\tag{5-33}$$

将前式代入，得

$$H(z)=k\frac{1-z^{-2}}{1+a_1z^{-1}+a_2z^{-2}}。\tag{5-34}$$

考虑到用双线性变换公式会引起频率畸变，需要进行预矫正。矫正后上式的系数为

$$k=\frac{\tan\frac{\Omega_0T}{2}}{Q+\tan\frac{\Omega_0T}{2}+Q\tan^2\frac{\Omega_0T}{2}};\tag{5-35}$$

$$a_1=\frac{2Q\tan^2\frac{\Omega_0T}{2}-2Q}{Q+\tan\frac{\Omega_0T}{2}+Q\tan^2\frac{\Omega_0T}{2}};\tag{5-36}$$

$$a_2=\frac{Q-\tan\frac{\Omega_0T}{2}+Q\tan^2\frac{\Omega_0T}{2}}{Q+\tan\frac{\Omega_0T}{2}+Q\tan^2\frac{\Omega_0T}{2}}。\tag{5-37}$$

当工件转速频率 f_0 取 40 Hz，采样频率取 1 280 Hz，为 32 倍的 f_0，Q 保持 5，10 和 20 时，数字跟踪滤波器的频响特性见图 5-40。可

以看出，在带宽范围内，滤波器具有很好的选频特性；Q 值越大，带宽越窄，但中心频率附近相移变化越剧烈。

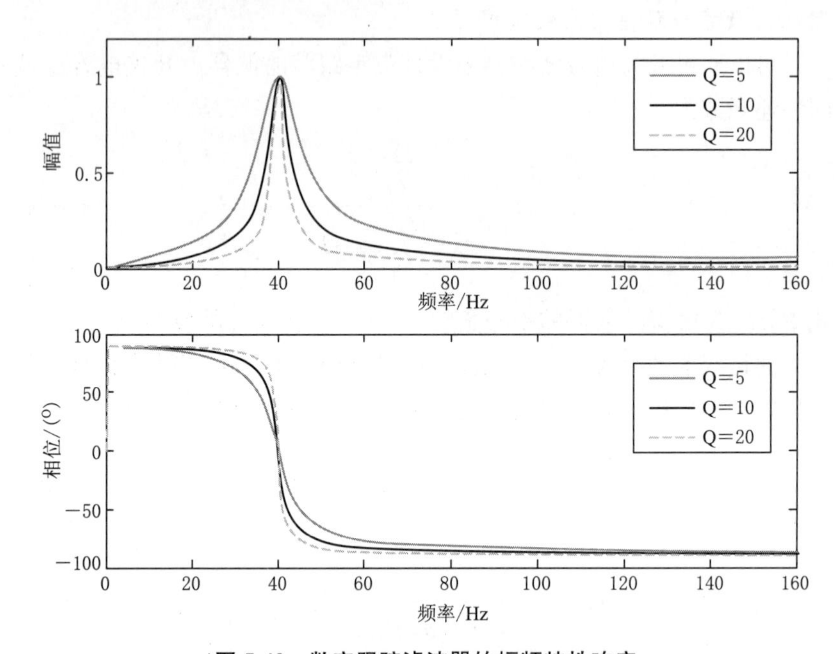

图 5-40　数字跟踪滤波器的幅频特性响应

根据转子的转速以及采样频率，按上述公式，改变数字滤波器的系数 k，a_1，a_2 以及 T，使滤波器的中心频率和工件转速保持一致，实现其跟踪不平衡信号频率的能力。

由此可见，该滤波器在中心频率处具有良好的跟踪性和选频特性，而且相位无滞后，因此，在合适参数下能达到同时确保有用信号幅值及其相位高精度提取。

5.8.3　常见的数字滤波方法

数字滤波器完全用软件编程的方法，无需增加任何硬件设备。它可以对频率很低或高的信号进行滤波，使用灵活方便。采用数字滤波除了可以采用上面介绍的滤波器设计方法之外，在实际应用中，还可根据干扰源性质和测量参数的特点来选择各种线性或非线性的滤波方法。常用的有以下几种：

1. 程序判断滤波

当采样信号由于随机干扰、误检测等引起严重失真时，可采用程序判断滤波算法。该算法的基本原理是根据经验，确定出相邻采样输入信号可能的最大偏差 Δ。若相邻采样输入信号的差值超过此偏差值，则表明该输入信号是干扰信号，应该去掉；若小于偏差值则保留此次采样值。

程序判断滤波包括限幅滤波和限速滤波两种情况。限幅滤波是把两次相邻的采集值进行相减，取其差值的绝对值作为比较依据：如果小于或等于 Δ，则取此次采样值；如果大于 Δ，则取前次采样值。即

$$y(k)=\begin{cases}x(k), & |x(k)-x(k-1)|\leqslant\Delta;\\ x(k-1), & |x(k)-x(k-1)|>\Delta。\end{cases} \tag{5-38}$$

式中，$x(k)$为第 k 次采样值，$y(k)$为第 k 次滤波器输出值。

限速滤波是把当前采样值 $x(k)$与前两次采样值 $x(k-1)$，$x(k-2)$进行综合比较，取差值的绝对值作为比较依据取得结果值，其表达式为

$$y(k)=\begin{cases}x(k-1), & |x(k-1)-x(k-2)|\leqslant\Delta;\\ x(k), & |x(k-1)-x(k-2)|>\Delta,\\ & |x(k)-x(k-1)|\leqslant\Delta;\\ [x(k-1)+x(k)]/2 & |x(k-1)-x(k-2)|>\Delta,\\ & |x(k)-x(k-1)|>\Delta。\end{cases} \tag{5-39}$$

2. 中值滤波

中值滤波是对某一次的采样序列 $\{x_i\}(i=1,2,\cdots,N)$ 按大小排序，形成有序列$\{x_i'\}$，取有序列的中间值作为结果。排序算法可以采用“冒泡排序法”或“快速排序法”等，表达式为

$$y(k)=\begin{cases}x'_{(N+1)/2}, & N\text{ 为奇数；}\\ [x'_{N/2}+x'_{N/2+1}]/2, & N\text{ 为偶数。}\end{cases} \tag{5-40}$$

中值滤波能有效克服因偶然因素引起的数据波动和采样器不稳定引起的误码等脉冲干扰。

3. 算术平均滤波

算术平均滤波计算连续 N 个采样值的算术平均值作为滤波器的输出，即

$$y(k)=\frac{1}{N}\sum_{i=1}^{N}x_i。 \tag{5-41}$$

式中，$y(k)$为第 k 次 N 个采样值的算术平均值；x_i 为第 i 次采样值；N 为采样的次数。它适合于对一般具有随机干扰的信号滤波。采用算术平均滤波可将数据的信噪比提高 $\sqrt{N}$ 倍。

4. 递推平均滤波

算术平均滤波法每计算一次数据需测量 N 次，这不适于测量速度快的实时测量系统。而递推平均滤波只需进行一次测量就能得到平均值，它把 N 个数据看作一个队列，每次测量得到的新数据存放在队尾，扔掉原来队首的一个数据，这样在队列中始终有 N 个“新”数据；然后计算队列中数据的平均值作为滤波结果。每进行一次这样的测量，就可以立即计算出一个新的算术平均值。

5. 加权递推平均滤波

上述递推平均滤波法中所有采样值的权系数都相同，在结果中所占的比例相等，这会对时变信号引起滞后。为了增加新采样数据在递推滤波中的比重，提高测量系统对当前干扰的抑制力，可以采用加权递推平均滤波算法，对不同时刻的数据加以不同的权。通常，越接近现时刻的数据权取得越大。N 项加权递推平均滤波算法为

$$y(k)=\frac{1}{N}\sum_{i=1}^{N}w_i x_i。\tag{5-42}$$

式中，$\sum_{i=1}^{N}w_i=N$。

6. 一阶惯性滤波

一阶惯性滤波的算法为

$$y(k)=Qx(k)+(1-Q)y(k-1)。\tag{5-43}$$

对于直流，有 $y(k)=y(k-1)$，由上式可得 $y(k)=x(k)$，即滤波器的直流增益为 1。如果采样间隔 ΔT 足够小，则滤波器的截止频率

$$f_0\approx\frac{Q}{2\pi\Delta T}。\tag{5-44}$$

系数 Q 越大，滤波器的截止频率越高。例如，若取 $\Delta T=50\ \mu s$，$Q=1/16$，则 $f_c=189.9\ Hz$，滤波器的表达式为 $y(k)=\frac{1}{16}x(k)+\frac{15}{16}y(k-1)$。

7. 复合滤波

有时为了提高滤波的效果，尽量减少噪声数据对结果的影响，常将两种或两种以上的滤波算法结合在一起。如可将限幅滤波或限速滤波

与均值滤波算法结合起来，先用限幅滤波或限速滤波初步剔除明显的噪声数据，再用均值滤波算法取均值以剔除不明显的噪声数据。

5.9　平衡机测量单元的软件设计概要

通用平衡机测量单元需完成系统自检、振动信号数据采集、转速测量、平衡校正定位、增益调整、相关滤波等数字信号处理和幅值相位提取、界面操作、文件存储等众多功能。为了做到用户界面友好，大量数据文件管理、历史查询与打印等系统管理功能，同时又能保证数据采集的实时性和同步性，平衡机测量系统通常都按上、下位机的架构搭建。

上位机软件负责人机交互和数据管理。主要功能包括参数设置、键盘命令接收与下传、转子参数管理、测量参数管理、标定参数管理、测量结果显示等。上位机一般用高级语言编程，以实现丰富的图形界面。基于通用操作系统的上位机软件，可以充分利用完善的操作系统实现各种文件管理功能。

下位机软件接收来自上位机的命令，执行具体的针对硬件和信号的操作。通用平衡机测量系统要求在下位机软件管理下实现实时多任务系统，各任务间相互关联，过程状态多，实时性要求高。

下位机软件任务分析及设计概要如下：

下位机软件的任务包括三大部分：①实时响应上位机的命令，如自检、接收设定转速、接收数据采集周期数、响应固定次数测量或人工触发测量方式等。②及时将转速以及两个测量通道的数据结果向上位机传送。③监测转速变化情况，根据转速情况判定转子处于加速还是稳速状态，是不平衡测量还是平衡校正状态，再决定是否启动测量通道的模数转换并响应其数据写入请求，或是读取光电编码器输入，将被测转子的角度位置及时发送至上位机，指示出正确的校正位置；在平衡测量状态，还应根据信号幅值情况，动态进行增益调整。

由于下位机系统是一个实时多任务系统，且各任务之间关联紧密，在程序设计时，应充分利用下位机控制器的中断切换机制，有效利用时间片分配机制实现状态转移，以保证系统的测量精度、测量效率和稳定运行。下位机软件状态转移图见图5-41。

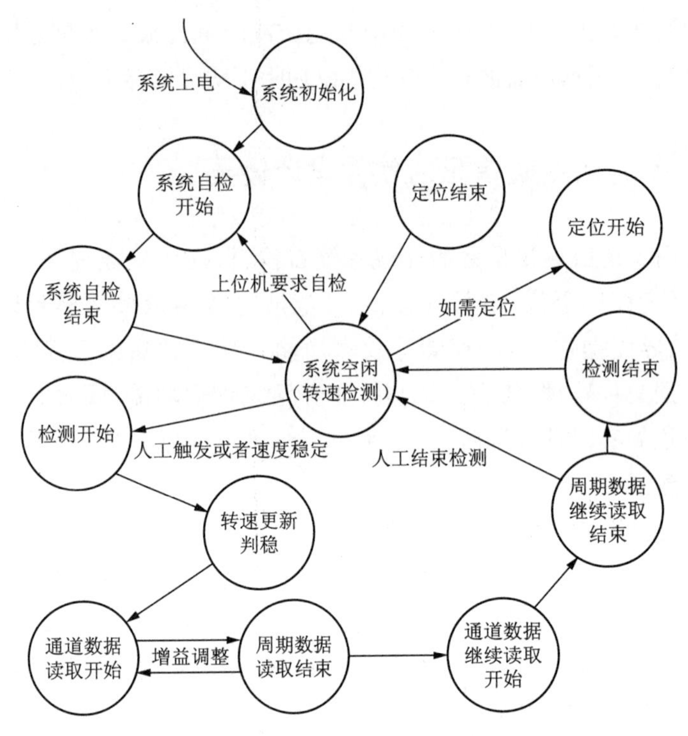

图 5-41　下位机状态转移图

下位机控制器的外部输入包括与上位机交互的串口中断请求或应答、被测转子转速脉冲输入、模数转换器的中断请求和定位光电编码器的两路正交脉冲输入等 4 类信号。平衡机测量系统不同于其他测量系统的特别之处在于，其测量的启动和任务分支走向皆由被测转子的转速触发，因此转速检测状态是源点也是终点，故表示为状态图的中心位置。

不平衡检测在转速判为稳定后开始，也可以在速度稳定期间由上位机人机交互界面的输入触发重新开始。新一次测量开始时，数据缓冲区指针清零。在完成设定周期数的数据采集、数据预处理并将数据发送至上位机后，即告检测结束，系统又回到转速检测状态。上位机对接收到的数据进行数字信号处理后输出最终的不平衡量检测结果。

实现定位功能时，人工转动被测转子的转速非常低，可通过设定的转速阈值判定是否进入定位状态。进入定位状态后，下位机同时读取转速脉冲和来自光电编码器的角位移脉冲信号，并将位移信号送至上位机显示。一旦检测到转速超过阈值，定位过程即告结束，下位机进入转速检测状态，开始下一轮测量。

第 6 章 平衡机的评定

6.1 概 述

平衡机作为转子不平衡量的一种检测设备，必须对其可测转子的质量、几何尺寸、采用的驱动方式及其传动参数、平衡转速以及平衡机所标称的性能指标等技术数据作出明确而详细的规定和说明，以利于用户能合理选择，正确使用，定期标定和日常的维护。

除了可测转子的质量范围、几何尺寸范围、平衡转速范围等以外，通用动平衡机所标称的性能指标一般包括最小可达剩余不平衡量(U_{mar})、不平衡量减少率(URR)、抑制偶不平衡量的能力、补偿器检测等项内容。由于通用平衡机的可测转子的质量、几何尺寸的许用范围一般都比较大，平衡转速范围也从每分钟二三百转到每分钟两千多转甚至更高，若用不同的转子和不同的平衡转速来评定平衡机将会得到不同的结果，因此有必要对平衡机的评定及其检验纲要制定一个统一的标准。为此，国家标准化管理委员会借鉴国际标准化协会(ISO)的相关标准——ISO 2953：1999 Mechanical vibration—Balancing machines—Description and evaluation，于 2006 年将它移植成为我国的国家标准 GB/T 4201-2006/ISO 2953-1999“平衡机的描述与评定”，指导有关平衡机的检验及其评定，使之有章可循，有法可依，以此推动我国平衡机的技术进步。

通用平衡机所标称的性能有：

(1) 最小可达剩余不平衡量(U_{mar})　它是平衡机的主要性能指标之一。其定义为一台平衡机所能使转子达到的剩余不平衡量的最小值。常用U_{mar}表示，其单位为 g・mm。有时也用最小可达剩余不平衡度(e_{mar})来表示，单位为 g・mm/kg。两者可以相互换算。

(2) 不平衡量减少率(URR)　它是平衡机的又一主要性能指标之

一。其定义为经一次平衡校正减少的不平衡量与初始不平衡量的比值：

$$URR=\frac{U_1-U_2}{U_1}=1-\frac{U_2}{U_1}\quad(\%)。$$

式中，U_1——初始不平衡量值；

U_2——经一次平衡校正后剩余的不平衡量值。

不平衡量减少率通常用百分比表示之，例如 $URR>95\%$。

不平衡减少率是一项涉及幅值指示、相位角指示、平面分离的综合精度。它是在假设附加上去的或削减去的校正质量没有误差，对平衡机的显示仪器仪表作了反复调整，并且在它的操作过程中有关操作人员的技巧和注意力都正常发挥的情况下所获得，而且所获得的实际的量值与被测转子也有联系。

在技术规定的整个可测转子的质量范围和在额定的平衡转速范围内，平衡机都必须能达到上述该两项性能指标。

(3) 抑制偶不平衡干扰的能力　此项性能指标反映了转子的偶不平衡量对静不平衡量示值的影响。常用"偶不平衡干扰比"(I_{SC})参数来评定，具体则可由下列关系式定义：

$$I_{SC}=U_S/U_C。$$

式中，U_S为当给定的偶不平衡量U_C导入到转子上后所引起的单面平衡机的静不平衡量示值的变化量。此项性能只适用于单面平衡机的评定。

(4) 补偿器检测

需要指出，补偿器检测仅适用于转位平衡。

本章将重点介绍国家标准中有关平衡机评定用的校检转子及其试验质量块的设计及其规格；平衡机的主要性能指标——U_{mar}，URR，…等项的评定准则及其检验纲要，帮助读者更好地了解掌握和应用有关标准，解决生产中的实际问题。

6.2　校验转子和试验质量块

6.2.1　校验转子

所谓校验转子(proving rotor)，也叫测试转子(test rotor)，旨在用这些校验转子来代表各种典型的工件(转子)。它是对被检验的平衡机有着合适质量和几何尺寸的刚性转子，并经足够的平衡，以至允许借助附加的试验质量块导入准确的不平衡量，且具有量值和相角位置复现的能力。试验质量块即准确设定的质量块，连同校验转子一起用于平衡机的性能测试。

1. 校验转子的类型及特征

国家标准 GB/T 4201-2006/ISO 2953-1999 对检验平衡机用的校验转子和试验质量块制订了相关的技术要求，其中规定了 A，B，C 共三种不同型式的校验转子系列及其质量、材料、几何尺寸、限值、检测螺孔尺寸、转子的平衡要求和试验质量块的细节，可分别供立式、卧式通用平衡机的性能指标的测试之用。

国家标准定义的 A，B 和 C 型校验转子，旨在用这些校验转子来代表各种典型工件，见图 6-1。

——A 型校验转子　系无轴颈转子，在立式平衡机上借助一个或两个校正平面进行平衡。其支承平面可是整个转子主体的任一个端面。试验时转子的任一个端面都可假设为一个支承平面。

——B 型校验转子　系具有两个轴颈的内质心转子，它们大多数要在卧式平衡机上借助两个位于两支承之间的校正平面进行平衡。其支承平面位于转子的两端附近。

——C 型校验转子　系具有两个轴颈的外质心转子，在卧式平衡机上借助两个悬臂在外的校正平面进行平衡。C 型校验转子由一根支

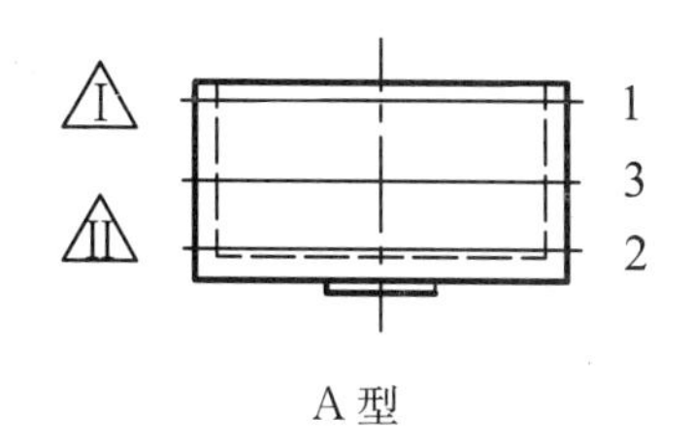

A 型

(a) 用于立式平衡机

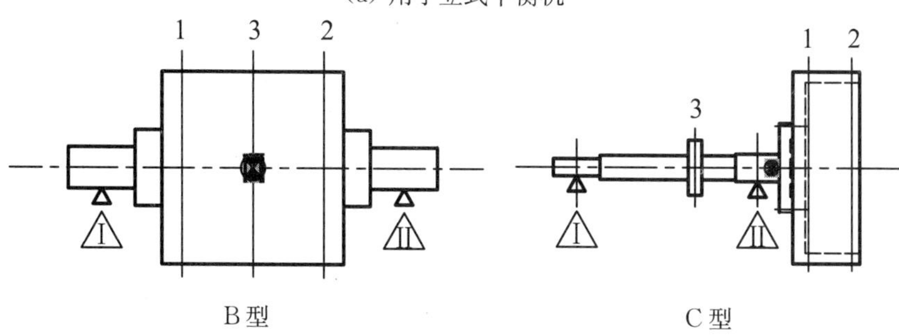

(b) 用于卧式平衡机

图 6-1　标有试验平面 1，2，3 和假设的支承平面Ⅰ，Ⅱ的 A，B，C 型校验转子

注：A 型和 B 型校验转子的质心处于两支承的内侧；C 型校验转子（支承轴与 A 型校验转子构成）质心处于两支承的外侧

承轴和 A 型校验转子构成。它要根据支承轴和 A 型校验转子的总质量计算 U_{mar}。

校验转子还需明确：

① 每一种型式的校验转子都设有三个可供施加试验质量块的试验平面 1、2、3。

② 相同校验转子的试验质量块可用在一个或两个试验平面上作测量用。

2. 校验转子的结构及其参数

校验转子由钢制成。A 型校验转子见图 6-2 和表 6-1，用于立式平衡机检测。B 型校验转子见图 6-3 和表 6-2，用于卧式平衡机检测。C 型校验转子见图 6-4 和表 6-3，只有在卧式平衡机欲平衡外质心转子时才使用。

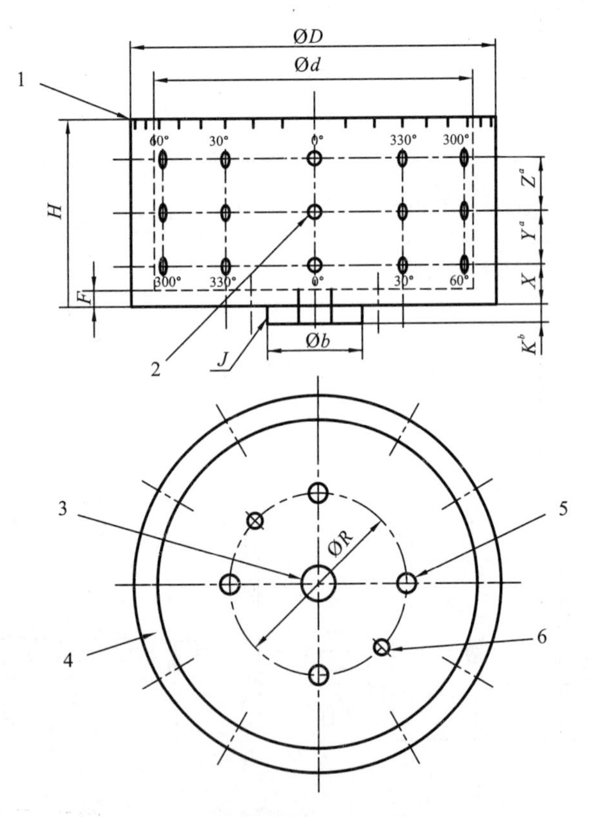

图 6-2　A 型校验转子(尺寸见表 6-1)

1—每隔 10°进行等间隔分度刻出 36 条刻线，顺时针或逆时针每隔 30°用数字标上度数值；2—在三个试验平面的每一平面上均布有 12 个螺孔 G；3—吊装用螺孔；4—为平衡转子可在此面钻校正孔(任选)；5—四个均布的通孔；6—两个螺孔 G。

表 6-1　A 型校验转子(见图 6-1)的尺寸、质量和最高转速

转子序号	转子质量 M	外径 D	内径 d	高度 H	X	Y^a	Z^a	F	G	I^b	J^b	K^b	R^b	O	最高试验转速
		D	$0.9D$	$0.5D$	$0.075D$	$0.175D$	$0.175D$	$0.06D$							
公制值															
	kg	mm	mm	mm	mm	mm	mm	mm	mm	mm	mm	mm	mm	mm	r/min
1	1.1	110	99	55	8	20	20	6.5	M3	50.8	0.4×45°	4.2	76.2	6.6	20 000
2	3.5	160	144	80	12	30	30	9.5	M4	50.8	0.4×45°	4.2	76.2	6.6	14 000
3	11	230	206	127	19	45	45	13	M5	114.3	0.4×45°	4.2	133.35	10.3	10 000
4	35	345	310	170	25	60	60	20	M6	114.3	0.4×45°	4.2	133.35	10.3	6 000
5	110	510	460	255	38	90	90	30	M8	114.3	0.4×45°	4.2	133.35	10.3	4 000
英制值															
	lb	in	in	in	in	in	in	in	in	in	in	in	in	in	r/min
1	2.5	4.3	3.875	2.2	0.375	0.75	0.75	0.250	No.5UNF	2	0.015×45°	0.165	3	0.266	20 000
2	8	6.3	5.650	3.2	0.5	1.125	1.125	0.375	No.8UNF	2	0.015×45°	0.165	3	0.266	14 000
3	25	9	8.125	5	0.75	1.75	1.75	0.510	No.10UNF	4.5	0.015×45°	0.165	5.25	0.406	10 000
4	80	13.5	12.125	7	1	2.375	2.375	0.800	1/4UNF	4.5	0.015×45°	0.165	5.25	0.406	6 000
5	250	20	18	10	1.5	3.5	3.5	1.186	5/16UNC	4.5	0.015×45°	0.165	5.25	0.406	4 000

注:① 所有尺寸公差和剩余不平衡量应满足检测目的的要求;
② 除 Y 和 Z 外,其余尺寸均为可变的参数。

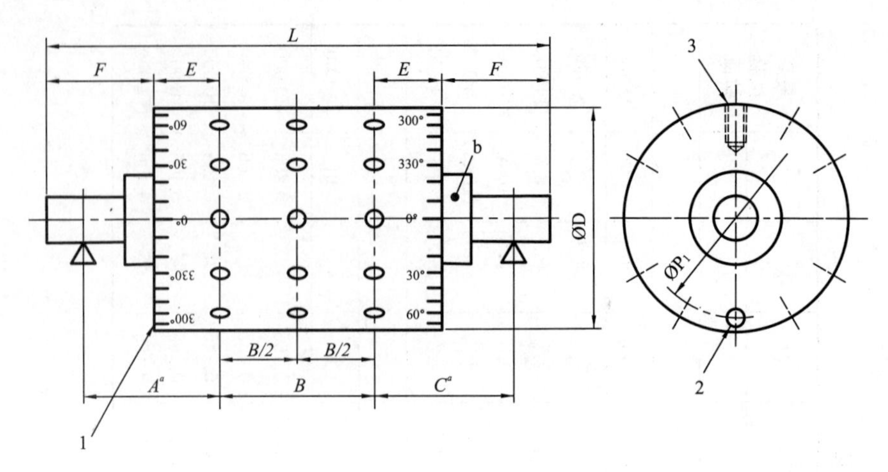

(a) 轴径端部详图

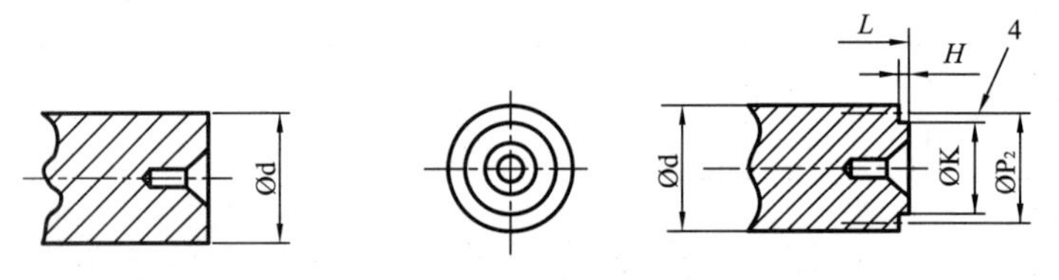

(b) 采用圈带驱动的转子　　(c) 采用轴端驱动的转子

图 6-3　B 型校验转子(尺寸见表 6-2)

1—每隔 10°进行等间隔分度刻出 36 条刻线,顺时针或逆时针每隔 30°用数字标上度数值;2—用于调整平衡的在两端的每一端面上均布的 12 个螺孔 *N*;3—在三个试验平面的每个平面上均布的 12 个螺孔 *N*;4—螺孔的数量和大小视需要而定。

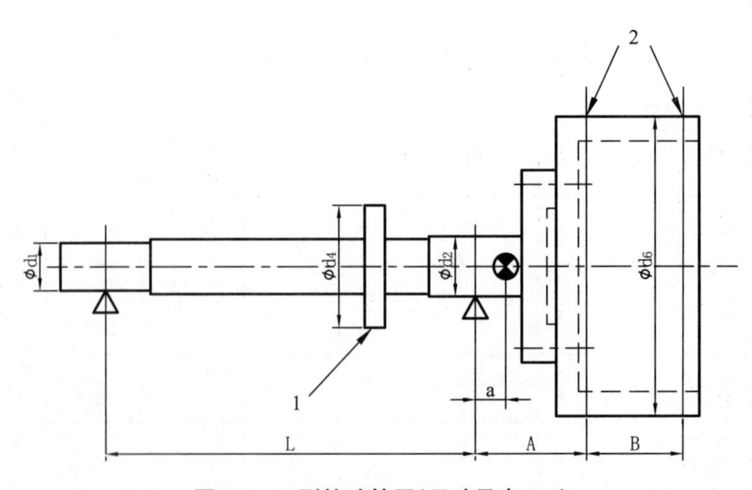

图 6-4　C 型校验转子(尺寸见表 6-3)

1—均布的 12 个螺孔 *N*;2—均布的 12 个螺孔 *N*。

表 6-2　B 型校验转子(见图 6-2)的尺寸、质量和最高转速

转子序号	转子质量 M	大直径 D	总长度 $L \approx 2.5D$	轴颈直径 $d \approx 0.3D$	支承间距 $A+B+C \approx 2D$	A^a, $C^a \approx 0.5D$	$B^a \approx 1D$	$E \approx 0.25D$	$F \approx 0.5D$	P_1	H^b	K^b	P_2^b	N	临界转速 $\approx 7\,600\,000/D$	最高试验转速 $\approx 760\,000/D$
公制值																
序号	kg	mm	mm	mm	mm	mm	mm	mm	mm	mm	mm	mm	mm	mm	r/min	r/min
1	0.5	38	95	11	76	19	38	9.5	19	31				M2	200 000	20 000
2	1.6	56	140	17	112	28	56	14	28	46				M3	140 000	14 000
3	5	82	205	25	164	41	82	20.5	41	72				M4	95 000	9 500
4	16	120	300	36	240	60	120	30	60	108	4	7	30	M5	65 000	6 500
5	50	176	440	58	352	88	176	44	88	160	1.4	30	47	M6	45 000	4 500
6	160	260	650	78	520	130	260	65	130	240	1.8	42	62	M8	30 000	3 000
7	500	380	950	114	760	190	380	95	190	350	2.2	57	84	M10	20 000	2 000
英制值																
序号	lb	in	in	in	in	in	in	in	in	in	in	in	in	in	r/min	r/min
1	1.1	1.5	3.75	0.433	3	0.75	1.5	0.375	0.75	1.25				No.2UN	200 000	20 000
2	3.5	2.2	5.5	0.669	4.4	1.1	2.2	0.55	1.1	1.8				No.5UNF	140 000	14 000
3	11	3.2	8	0.984	6.4	1.6	3.2	0.8	1.6	2.8				No.8UNF	95 000	9 500
4	35	4.8	12	1.417	9.6	2.4	4.8	1.2	2.4	4.25	0.157	0.276	1.181	No.10UNF	65 000	6 500
5	110	7	17.5	2.283	14	3.5	7	1.75	3.5	6.25	0.05	1.181	1.850	1/4UNF	45 000	4 500
6	350	10.2	25.5	3.071	20.4	5.1	10.2	2.55	5.1	9.25	0.071	1.654	2.441	5/16UNC	30 000	3 000
7	1 100	15	37.5	4.488	30	7.5	15	3.75	7.5	13.75	0.087	2.244	3.307	3/8UNC	20 000	2 000

注：① 所有尺寸公差和剩余不平衡量应满足检测目的的要求；

② 在满足 $A \approx B/2$，$C \approx B/2$ 的条件下，尺寸 A，B 和 C 可以改变。

③ 临界转速是基于转子在刚性支承上运转的条件下计算出来的。

表 6-3　C 型校验转子(见图 6-3)的尺寸、质量和最高转速

支承轴序号	A 型校验转子	转子组件													
	序号	序号	质量 M	支承对转子的作用力		Y^a	d_1^b	d_2	d_4	N^a	外径 d_6	支承间距 L	A	B	临界转速	最高试验转速
				A	B											
公制值																
			kg	N	N	mm	mm	mm	mm		mm	mm	mm	mm	r/min	r/min
1	1	1	2.2	−3	24	20	17	21	50	M3	110	164	41	40	25 000	4 000
2	2	2	6.2	−8	70	30	25	30	72	M4	160	240	60	60	17 000	2 800
3	3	3	19.5	−25	220	45	36	45	106	M5	230	252	90	90	14 500	1 900
4	4	4	60	−75	700	65	58	65	156	M6	345	520	140	120	8 000	1 300
5	5	5	190	−230	2 100	95	78	95	230	M8	510	760	203	180	5 500	900
英制值																
			lb	lbf	lbf	in	in	in	in		in	in	in	in	r/min	r/min
1	1	1	5	−0.6	5.6	0.8	0.67	0.83	2	No.5UNF	4.3	6.4	1.68	1.5	25 000	4 000
2	2	2	14	−1.8	16	1.2	0.98	1.2	2.8	No.8UNF	6.3	9.6	2.45	2.25	17 000	2 800
3	3	3	45	−6	51	1.75	1.42	1.8	4.2	No.10UNF	9	14	3.25	3.5	14 500	1 900
4	4	4	135	−17	150	2.55	2.28	2.55	6.2	1/4UNC	13.5	20.4	5.55	4.75	8 000	1 300
5	5	5	430	−54	480	3.75	3.07	3.7	9	5/16UNC	20	30	8	7	5 500	900

注:① 所有尺寸公差和剩余不平衡量应满足检测目的的要求;
② 第 3 号至第 5 号校验转子轴端驱动的接口尺寸与第 4 号至第 6 号 B 型校验转子的尺寸一致。
③ 临界转速是基于转子在刚性支承上运转的条件下计算出来的。

图6-5为构成C型校验转子的支承轴图，表6-4为构成C型校验转子的支承轴推荐尺寸及其质量。

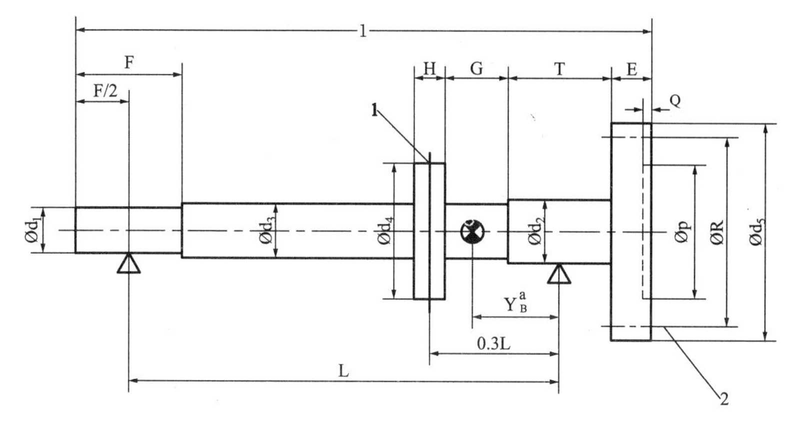

图6-5　构成C型校验转子的支承轴图

1—12个均布的检测螺孔 N；2—四个均布的螺孔；Y_B^a—质心到右端轴承平面的距离。

注：各尺寸具体详见表6-4。

在每个校验转子主体的圆周表面上每隔10°应清晰地刻出永久性的角度刻线，并且每隔30°应刻有角度的数字标度（与检测螺孔相对应）。可以按顺时针和逆时针顺序刻出两组同样的角度标度。

3. 校验转子的选择

国家标准（GB）规定，对于通用平衡机，应选用一个质量在平衡机质量容量范围下三分之一以内的标准校验转子进行相关检测。

对于打算在接近平衡机质量容量范围下限值使用的场合，建议选用一个质量接近平衡机质量容量下限值的校验转子进行附加检测。

对于专用平衡机，经制造厂和用户协商可以使用用户自己的转子进行相关检测。

6.2.2　试验质量块

1. 试验质量块设计及单位

试验质量块是用来确定校验转子在试验平面上产生规定的不平衡量，因此，它是一个被精确设定的质量块，连同校验转子一起用于平衡机的性能测试。

由于试验质量块所加在校验转子的周围表面位置处都制有检测用螺纹孔（简称检测螺孔），试验质量块常常可以制成螺栓、螺钉等形式。

表 6-4　C 型校验转子支承轴的推荐尺寸及其质量

序号	质量 M	轴承间跨距 L	总长度 l	轴颈		d_3	$d_4\approx 0.3L$	外径 d_5	E	转轴长度 $F\approx 0.25L$	G	H	N	端面				$Y_s^{a)\ b)}$
				$d_1\approx 0.1L$	$d_2\approx 0.125L$									P	Q	R	O	
公制																		
	kg	mm	mm	mm	mm	mm	mm	mm	mm	mm	mm	mm		mm	mm	mm		mm
1	1.1	164	217	17	21	20	50	85	12	41	24	11	M3	50.8	5	76.2	M6	30
2	2.7	240	320	25	30	28	72	85	20	60	34	16	M4	50.8	5	76.2	M6	60
3	8.5	352	460	36	45	42	106	156	30	88	50	24	M5	114.3	6	133.35	M10	90
4	25	520	700	58	65	62	156	156	50	130	74	34	M6	114.3	6	133.35	M10	135
5	80	760	1 020	78	95	91	230	230	70	190	108	50	M8	114.3	6	133.35	M10	200
英制																		
	lb	in	in	in	in	in	in	in	in	in	in	in		in	in	in		in
1	2.5	6.4	8.5	0.67	0.83	0.8	2	3.4	0.5	1.6	1	0.4	No.5UNF	2	0.2	3	1/4UNF	1.2
2	6	9.6	12.75	0.98	1.2	1.1	2.8	3.4	0.75	2.4	1.3	0.6	No.8UNF	2	0.2	3	1/4UNF	2.4
3	20	14	18.25	1.42	1.8	1.65	4.2	6.2	1.18	3.5	2	0.9	No.10UNF	4.5	0.25	5.25	3/8UNC	3.5
4	55	20.4	27.5	2.28	2.55	2.4	6.2	6.2	2	5.1	3	1.3	1/4UNC	4.5	0.25	5.25	3/8UNC	5.3
5	180	30	40.25	3.07	3.7	3.5	9	9	2.75	7.5	4.25	2	5/16UNC	4.5	0.25	5.25	3/8UNC	8

注：① 所有的制造加工公差及剩余不平衡量应根据测试目的要求而选择。
② 只要质量、质心位置维持不变，尺寸大小可以有所变化；
③ 接合面(定心接合)要符合 A 型校验转子的有关尺寸；
④ 用于 No3 至 5 端面驱动的接合尺寸应根据 B 型校验转子 No4 至 6 而定；
⑤ $Y_s^{a)\ b)}$ 为质心位置到右侧轴承平面的距离。

建议采用这样的结构和连接方法：将双头螺栓的一端永久性固定在每一个检测螺孔内，并凸出转子的圆周表面一定的高度；将试验质量块设计呈圆环状，通过其内螺纹旋接在螺栓上。这样，试验质量块可十分方便装取，并且能精确地确定它们的质心位置（半径）。

一个试验质量块的不平衡量的量值常常用 U_{mar} 的单位来表示，亦即为最小可达剩余不平衡量的整数倍。

如果平衡机标称的是每个平面内的最小可达剩余不平衡量 U'_{mar}，则 U_{mar} 可按下式计算：

$$U_{mar} = 2U'_{mar}。$$

如果平衡机标称的是最小可达剩余不平衡度 e_{mar}，则 U_{mar} 可通过 e_{mar} 乘以检验转子的质量 M 而求得，即

$$U_{mar} = e_{mar}M。$$

这里必须指出，一个具体的试验质量块的质量大小可由所要求的不平衡量 U_{mar} 除以该试验质量块所在校验转子上的质心位置（半径）而求得。

2. U_{mar} 检测用试验质量块

（1）对平衡机作最小可达剩余不平衡量 U_{mar} 检测时，在表 6-5 和表 6-6 所示的校验转子的试验平面 3 上需要一个产生 $10U_{mar}$ 的试验质量块。

对于 A 型或 B 型校验转子，也可用两块 $5U_{mar}$ 的试验质量块（试验平面 1 和 2 上各一块）来代替之；但对于 C 型校验转子不建议作这样的替换。

（2）采用 A 型或 B 型校验转子作 U_{mar} 检测。

在立式平衡机上，也可在带有成一体主轴头的卧式平衡上采用 A 型校验转子。

在卧式平衡机上采用 B 型校验转子。

示　例

采用 B 型 No.5 校验转子，对标称最小可达剩余比不平衡量为 $e_{mar} = 0.000\,5$ mm 或 0.5 g·mm/kg 的卧式平衡机进行 U_{mar} 检测。则 B 型 No.5 检验转子由表 6-2 查得 $M = 50$ kg。计算：

$U_{mar} = 50 \times 0.5 = 25$ g·mm；

U_{mar} 测试用的试验质量块为 $10 \times U_{mar} = 250$ g·mm。

亦可在 B 型校验转子的两个试验平面 1 和 2 上用两块 $5U_{mar} =$

125 g·mm 的试验质量块代替。

(3) 采用C型校验转子对卧式平衡机进行外质心的 U_{mar} 检测，计算方法相同于上例；但C型校验转子的质量不同于B型检验转子，且内质心转子 e_{mar} 可以不同于外内质心转子的 e_{mar}。

示　例

采用C型No.3校验转子，对标称最小可达剩余比不平衡 e_{mar} = 0.002 mm 或 2 g·mm/kg 的卧式平衡机进行 U_{mar} 检测，则采用C型No.3校验转子，其质量由表6-3查得 $M=19.5$ kg。计算：

$U_{mar}=19.5\times2=39$ g·mm；

U_{mar} 测试用的试验质量块为 $10\times U_{mar}=390$ g·mm。

3. *URR* 检测用试验质量块

(1) 采用A型和B型校验转子对平衡机作 *URR* 检测

一个固定试验质量块(用于单面检测)或两个固定试验质量块(用于双面检测)，每个固定试验质量块产生 $(20\sim60)\times U_{mar}$ 的不平衡量，即

$$U_{station}=(20\sim60)\times U_{mar}。$$

一个移动试验质量块(用于单面检测)或两个移动试验质量块(用于双面检测)，每个移动试验质量块产生5倍的固定试验质量块的不平衡量，即

$$U_{travel}=5\times U_{station}。$$

示　例

采用B型No.5校验转子，对标称为 $e_{mar}=0.5$ g·mm/kg 的卧式平衡机，进行不平衡量减少率 *URR* 的检测。则

URR 检测用的固定试验质量块为

$$U_{station}=30\times U_{mar}=30\times25\ \text{g·mm}=750\ \text{g·mm}；$$

URR 检测用的移动试验质量块为

$$U_{travel}=5\times U_{station}=5\times750\ \text{g·mm}=3\ 750\ \text{g·mm}。$$

(2) 用于C型校验转子作 *URR* 检测

相关计算与上述相同；但是，为了采用同一的 *URR* 评定图，取固定试验质量块为

$$U_{station}=(60\sim100)\times U_{mar}。$$

关于C型校验转子，作为一种替换的方法，可以使用合成不平衡和偶不平衡试验质量块进行 URR 检测。根据改变 GB/T 9239.1-2006 表述的原理和规则，建议如下：

——对于合成不平衡：

一个固定试验质量块，可产生的不平衡量 $U_{res\text{-}station}=(20\sim60)\times U_{mar}$；

一个移动试验质量块，可产生的不平衡量 $U_{res\text{-}travel}=5\times U_{res\text{-}station}$。

——对于合成偶不平衡：

两个固定试验质量块，每个可产生的不平衡量 $U_{c\text{-}station}=4\times U_{res\text{-}station}$；

两个移动试验质量块，每个可产生的不平衡量 $U_{c\text{-}travel}=5\times U_{c\text{-}station}$。

4. 试验质量块的允许误差

(1) 质量　试验质量块的质量许用误差直接与检测要求有关，它对检测结果的影响不得超过10%。

a) 用于 U_{mar} 检测，其允许的质量误差为±1%。

b) 用于 URR 检测，其允许的质量误差(百分比)直接与标称的不平衡减少率 URR 有关。其百分比误差由下式计算：

$$\pm0.1\times(100\%-URR_{claim})。$$

示　例

当平衡机的标称的不平衡减少率 URR_{claim} 为95%时，作 URR 检测时其质量允许误差为

$$\pm0.1\times(100\%-95\%)=\pm0.5\%。$$

(2) 位置　试验质量块的设置位置应在每个试验平面内的每30°间隔处。同一转子每个试验平面内的零度标记应处在过转子旋转线的同一轴向平面内。

试验质量块的设置位置相对于其正确位置，在下列三个方向的每个方向上的位置允许误差如下：

a) 在轴线方向上，取与标称的 URR 检测时试验质量块的质量允许质量误差相同的百分数(如±0.5%)，将它乘以校正平面的间距；

b) 在直径方向上，取与a)在轴线方向相同的百分数(如±0.5%)，再乘以半径；

c) 在角度方向上，取与 a)在轴线方向相同的百分数(如±0.5%)，再乘以弧度(1 弧度＝57.3°)。

如：57.3°×±0.5%＝±0.3°。

(3) 材料　对于中、小型校验转子，其中的某些试验质量块由于它们的几何尺寸较小，因此它们的设计和制备变得困难，并且不便于装取。这时，可采用轻质材料(如铝或塑料等)来制作试验质量块。

6.2.3　校验转子设计溯源

有关通用平衡机性能测试用的国家标准所规定的校验转子，其质量、几何尺寸、最高检测转速的设计都有一定的设计依据。在此对它们的设计依据作简要的溯源介绍。

1. 系列质量的确定

同一系列的通用动平衡机，一般都以被测转子的最大质量来划分其规格，并且平衡机容量的最大值和最小值的最小相差为 10 倍，成等比排列；所以，校验转子也应按此质量来划分，且按等比排列原则形成自己的质量系列。

假设校验转子的系列质量排列由小到大的 M_1，M_2，…，M_{n-1}，M_n，M_{n+1}。根据上述原则，

$$\frac{M_2}{M_1}=\frac{M_3}{M_2}=\cdots=\frac{M_n}{M_{n-1}}=\frac{M_{n+1}}{M_n}。$$

若设

$$M_{n+1}/M_{n-1}=10,$$

则

$$M_n^2=M_{n+1}\cdot M_{n-1}=10M_{n-1}^2,$$

所以

$$M_n=\sqrt{10}\cdot M_{n-1}=3.16M_{n-1}。$$

这样，校验转子的系列质量中两个相邻转子的质量之比，即公比为 3.16。据此，国家标准中规定了：

——A 型校验转子的质量系列为 1.10，3.50，11.0，35.0，110(kg)(见表 6-1)。

——B 型校验转子的质量系列为 0.50，1.60，5.00，16.0，50.0，160，500(kg)(见表 6-2)。

——C 型校验转子的质量系列为 2.20，6.20，19.5，60.0，190(kg)(见表 6-3)。

2. 长径比的确定

根据本书第 4 章有关刚性转子在弹性支承上的振动分析，当距离质心平面为 h 的转子其径向平面上存有一个集中不平衡量所激发的转子—支承系统的振动，可以分析为转子的质心 c 点的平动 x_c 和绕其质心的摆动 θ_c 的组合。在这里，若将转子的支承刚度视为 0，那么，此时的刚性转子在动力学上被定义为自由转子。见图 6-6。

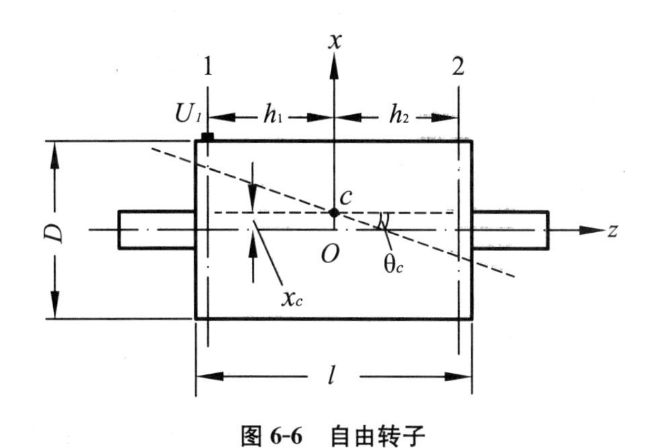

图 6-6　自由转子

现假设在转子的平面 1 上有一个集中不平衡 U_1，那么，当转子绕 z 轴作高速旋转时，在其平面 1 和 2 所处的轴向位置的振动位移可分别表示为

$$x_{11}=x_c+h_1\theta_c=U_1\left(\frac{1}{M}+\frac{h_1^2}{J_c}\right)=\alpha_{11}U_1 。$$

其中，$\alpha_{11}=\left(\frac{1}{M}+\frac{h_1^2}{J_c}\right)$。

$$x_{21}=x_c-h_2\theta_c=U_1\left(\frac{1}{M}-\frac{h_2^2}{J_c}\right)=\alpha_{21}U_1$$

其中，$\alpha_{21}=\left(\frac{1}{M}-\frac{h_2^2}{J_c}\right)$。

同理，当在转子的平面 2 上有一个集中不平衡 U_2，那么，当转子绕 z 轴作高速旋转时，在其平面 1 和 2 所处的轴向位置的振动位移可分别表示为

$$x_{12}=x_c-h_1\theta_c=U_2\left(\frac{1}{M}-\frac{h_1^2}{J_c}\right)=\alpha_{12}U_2 。$$

其中，$\alpha_{12}=\left(\frac{1}{M}-\frac{h_1^2}{J_c}\right)$。

$$x_{22}=x_c+h_2\theta_c=U_2\left(\frac{1}{M}+\frac{h_2^2}{J_c}\right)=\alpha_{22}U_2。$$

其中，$\alpha_{22}=\left(\frac{1}{M}+\frac{h_2^2}{J_c}\right)$。

式中，J_c 为转子绕过其质心 c 且垂直于 xoz 坐标轴平面的 y 坐标轴的转动惯量。又 $J_c=M\cdot\rho^2$，其中 ρ 为转子绕 y 坐标轴摆动的回转半径。

如若又设 $h_1=h_2=\rho$，那么，

$$\alpha_{11}=\left(\frac{1}{M}+\frac{h_1^2}{J_c}\right)=\frac{2}{M},\qquad x_{11}=\frac{2U_1}{M};$$

$$\alpha_{21}=0,\qquad x_{21}=0;$$

$$\alpha_{12}=0,\qquad x_{12}=0;$$

$$\alpha_{22}=\left(\frac{1}{M}+\frac{h_2^2}{J_c}\right)=\frac{2}{M},\qquad x_{22}=\frac{2U_2}{M}。$$

在 $h_1=h_2=\rho$ 的情况下，$\alpha_{21}=0$，$\alpha_{12}=0$，这说明平面 1 的不平衡量和平面 2 上的不平衡量分别对平面 2 和平面 1 所处的轴向位置处的振动没有影响。对于安装在软支承动平衡机上的刚性转子而言，如若使它的 $h_1=h_2=\rho$，那么，虽然转子的支承刚度不为 0，但对于支承刚度和轴承架的质量都比较小的软支承座而言，这种影响也是很小的。

不妨再进一步探讨当 $h_1=h_2=0.5D$，其中 D 为转子的直径，此时，呈圆柱形的转子绕过其质心 c 点 y 坐标轴摆动的转动惯量 J_c 为

$$J_c=\frac{M}{4}\left(\frac{D^2}{4}+\frac{l^2}{3}\right)。$$

所以，转子的回转半径 $\rho=\frac{1}{2}\sqrt{\frac{D^2}{4}+\frac{l^2}{3}}$。若令式中的转子长度 $l=1.5D$，代入上式可得 $\rho=0.5D$。

这就是说，若取转子的长径比 $l/D=1.5$，且 $h_1=h_2=0.5D$，可使刚性转子平面 1 和 2 上的不平衡量相互之间对其振动的影响减小到很小的程度。

于是

$$l/D=1.5,$$

$$h_1=h_2=0.5D,$$

便成为B型校验转子的设计准则之一。同一系列的质量不同几何形状相似的校验转子均按此尺寸比例设计。见表6-2。

3. 直径 D 的确定

校验转子的直径 D 主要由转子的质量来确定。对于钢制校验转子,其质量密度为 $7.8\ g/cm^3$,因此,直径 D 与转子的质量 M 之间可近似地用下式表示:

$$M = 9.5 \times 10^{-6} D^3 (kg)。$$

例如,$M = 16$ kg,则 $D^3 = 1\ 684\ 210$,$D = 119$ mm,设计时取 $D = 120$ mm。

4. 最高测试转速的确定

校验转子以刚性转子来测试平衡机的性能指标,不然就不能测得准确可靠的结果。因此,必须限定校验转子的最高测试转速不得超过转子临界转速的十分之一。例如:B型No.4校验转子的临界转速为65 000 r/min,其最高测试转速即为6 500 r/min。见表6-2。

6.3　检测纲要

6.3.1　性能与参数的检测

为检验平衡机标称的性能,通常需要进行下述两至四项独立的检测:

——U_{mar} 检测(最小可达剩余不平衡量的检测);

——URR 检测(不平衡量减少率的检测);

——抑制偶不平衡对静不平衡示值干扰的能力检测,即 I_{SC} 检测,仅要求单面平衡机进行此项检测;

——补偿器的检测,适用于转位平衡。

以上这些检测提供了最简化的试验程序用来证实下列基本参数是否符合性能要求:

——最小可达剩余不平衡量 U_{mar};

——不平衡量指示、相位角指示和平面分离的综合准确度的 URR;

——单面平衡机抑制偶不平衡干扰的能力;

——补偿器的准确度。

然而,试验程序不能证明符合整个可变范围的所有要求,也不能确定平衡机不符合时的确切原因。此外,若有必要还应检验平衡机的技术参数,包括对各个几何尺寸、性能、仪器仪表、工装和附件的实际检查。

表 6-5　试验平面

平衡机轴线	质心位置	校验转子	试验平面数
铅垂		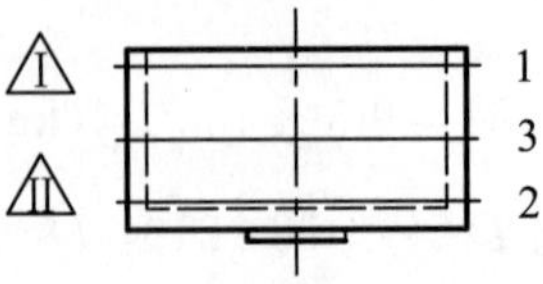 A 型	单面
			双面
水平	内质心	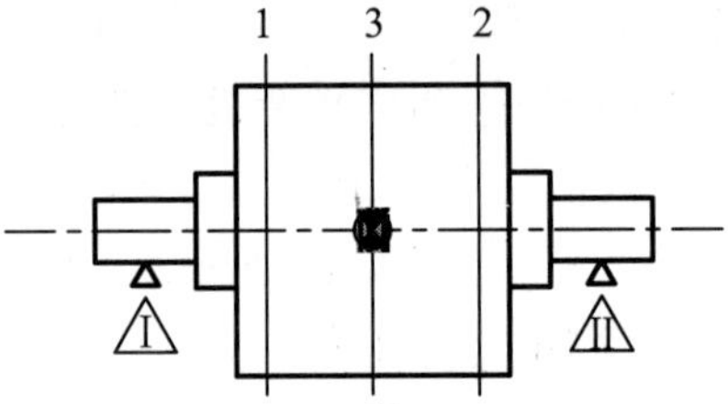 B 型	单面
			双面
	外质心	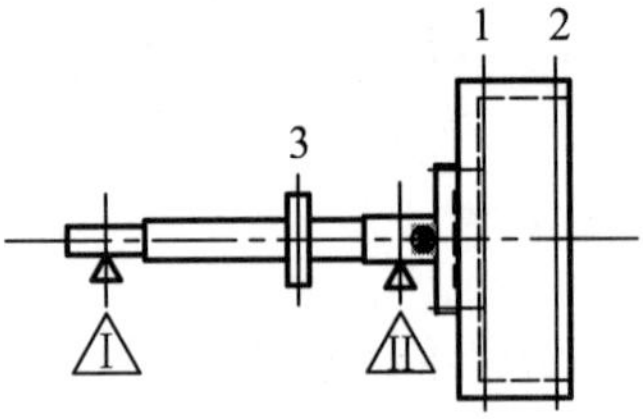 C 型	单面
			双面

注:1, 2, 3——试验平面;
Ⅰ, Ⅱ——U_{mar}的测量平面。

表 6-6　U_{mar}和 *URR* 检测的图示综述

U_{mar}检测	*URR* 检测
平衡时的平面设定:静平衡 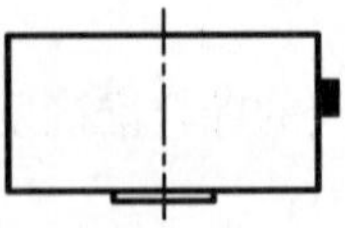 试验质量在平面 3 产生 $10U_{mar}$的不平衡量 测量:静不平衡量	在平面 3 施加试验质量 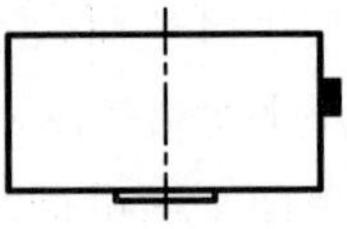 $U_{station} = (20 \sim 60)U_{mar}$ $U_{travel} = 5U_{station}$ 测量:静不平衡量

续表

U_{mar} 检测	URR 检测
平衡时的平面设定：接近平面 1，2 的两个校正平面 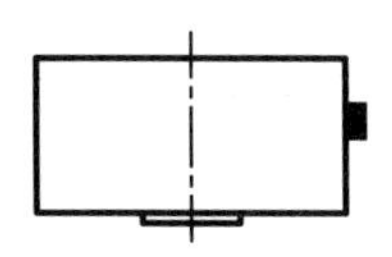 试验质量在平面 3 产生 $10U_{mar}$ 的不平衡量 测量：平面△Ⅰ、△Ⅱ的不平衡量	在平面 1 和平面 2 施加试验质量 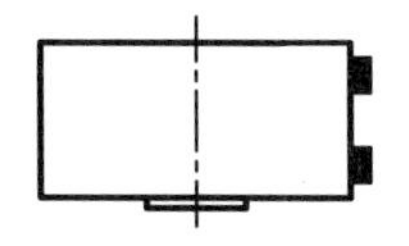 $U_{station}=(20\sim60)U_{mar}$ $U_{travel}=5U_{station}$ 测量：平面 1，2 的不平衡量
平衡时的平面设定：静平衡 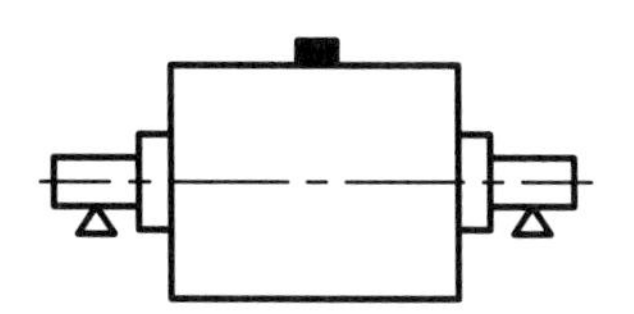 试验质量在平面 3 产生 $10U_{mar}$ 的不平衡量 测量：静不平衡量	在平面 3 施加试验质量 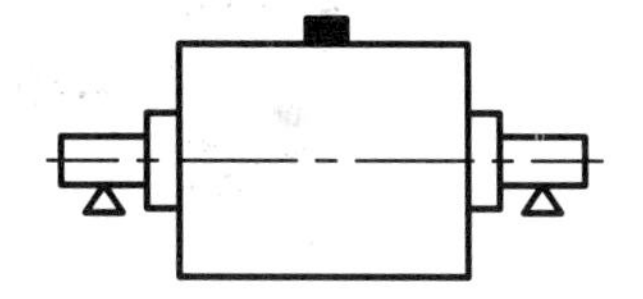 $U_{station}=(20\sim60)U_{mar}$ $U_{travel}=5U_{station}$ 测量：静不平衡量
平衡时的平面设定：接近平面 1，2 的两个校正平面 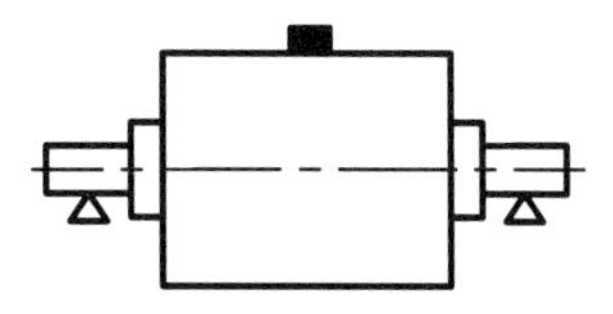 试验质量在平面 3 产生 $10U_{mar}$ 的不平衡量 测量：平面△Ⅰ、△Ⅱ的不平衡量	在平面 1 和平面 2 施加试验质量 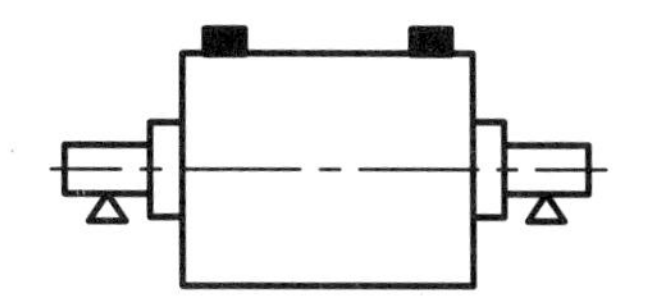 $U_{station}=(20\sim60)U_{mar}$ $U_{travel}=5U_{station}$ 测量：平面 1，2 的不平衡量
平衡时的平面设定：静平衡 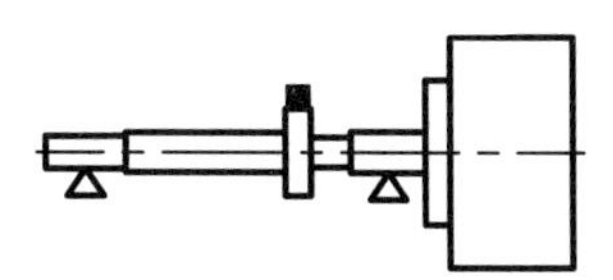 试验质量在平面 3 产生 $10U_{mar}$ 的不平衡量 测量：静不平衡量	在平面 1 施加试验质量 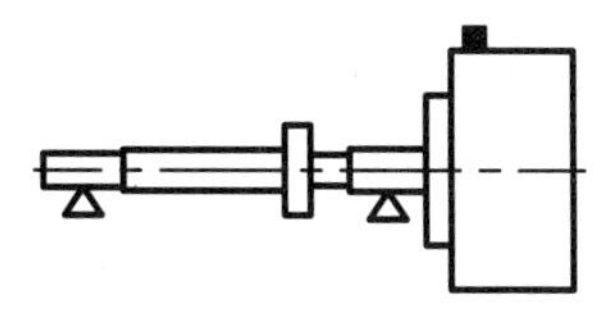 $U_{station}=(20\sim60)U_{mar}$ $U_{travel}=5U_{station}$ 测量：静不平衡量

续表

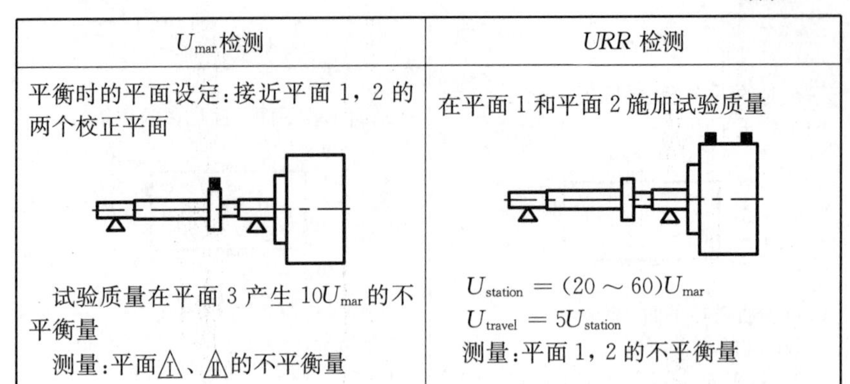

U_{mar}检测	URR 检测
平衡时的平面设定：接近平面 1，2 的两个校正平面 试验质量在平面 3 产生 $10U_{mar}$ 的不平衡量 测量：平面△Ⅰ、△Ⅱ的不平衡量	在平面 1 和平面 2 施加试验质量 $U_{station} = (20 \sim 60)U_{mar}$ $U_{travel} = 5U_{station}$ 测量：平面 1，2 的不平衡量

注：1，2，3——试验平面；

△Ⅰ、△Ⅱ——U_{mar}的测量平面。

6.3.2 检查员

上述的检测应该由对平衡机的使用受过培训的检查员负责进行。检查员可亲自操作平衡机，或者确信能够获得与操作者相同的测试结果的人员操作。

检查员应从平衡机的测量显示装置中打印或读取不平衡量示值，记录数据，并将数据换算成 U_{mar} 的单位，然后将它们绘制成图。

检查员应对校验转子的工况、试验质量块的正确性和试验质量块的安装有权进行检查和检验。

6.3.3 称量天平的要求

称量天平应具有满足上述试验质量块允许误差要求的足够的准确度。

6.3.4 检测与重新检查

如果平衡机不能通过某项检测，那么可以对平衡机进行调整和修正，之后应完整地重做一遍该项检测。

6.3.5 试验转速的选择

对应校验转子合适的试验转速可按下述方法加以商定：

——选用待检平衡机常用的平衡转速；

——选用校验转子许用的最高试验转速的 1/10～1/5 的转速；

——使用欲待平衡转子的常用转速；

——选用自备校验转子的预定的平衡转速。

6.4　最小可达剩余不平衡量检测(U_{mar}检测)

6.4.1　概述

此项检测旨在测验平衡机能否将转子的不平衡量减小到所标称的最小可达剩余不平衡量(U_{mar})的能力。

6.4.2　检测准备

1. 校正平面的设定

结合所选用的校验转子对平衡机进行调整,并对作平衡用的校正平面(非试验平面)进行标定和设置。见表6-5和表6-6。

2. 初始不平衡量的控制

确保所选用的校验转子每一平面上的剩余不平衡量小于5倍的标称最小可达剩余不平衡量(对于单面测试,则小于10倍)。

视需要可对这些初始不平衡量进行平衡校正,使用的校正位置不应妨碍其后的检测。B型转子的校正平面可设置在转子的两个端面上。

6.4.3　施加不平衡量

在校验转子的任意两个非试验平面上,同时分别施加上相当于$(5\sim10)U_{mar}$的不平衡量(使用橡皮泥),检查该两不平衡量不能:①在同一个径向平面上;②在同一个校正平面上;③在同一个试验平面上;④在同一个相位角位置上;⑤在相位角差180°的位置上。

对于B型校验转子,此两个非试验平面应选择设置在接近转子的试验平面的转子主体的圆周表面上。

对于单面测试,需施加一个相当于$(10\sim20)U_{mar}$的不平衡量。

6.4.4　读数

初始不平衡量的读数和每次校正后的读数要记录在表6-7中。

6.4.5　校正

按常规操作平衡机,对转子进行不超过4次的启动平衡测试,并在校正平面上进行校正,读取读数将其记录在表6-7中。

对于B型校验转子,其两个校正平面可选择设置在转子的两个端面。

注：如若双面试验时在每个平面上的剩余不平衡量不能明显小于$0.5U_{mar}$，或单面测试时不能明显小于U_{mar}，该平衡机可能不会通过此项检测。

表 6-7　校验转子的平衡记录表

试验日期：________
试验地点：________
操作员：________
监读员和记录员：________

制造者：________
平衡机型号：________　　编号：________

校验转子型式：________
序号：________　　质量：________kg
U_{mar} = ________g・mm；　$10U_{mar}$ = ________g・mm
试验质量块：________g；有效半径：________mm
平衡转速：________r/min

平面的读数装置	1		2		校正次数
	量值 U_{mar}	相角/(°)	量值 U_{mar}	相角/(°)	
第 1 次操作 初始不平衡量					1
第 2 次操作					2
第 3 次操作					3
第 4 次操作					4
第 5 次操作 剩余不平衡量					不允许校正
第 6 次操作 参考相位改变 60°后					不允许校正

6.4.6　改变角度参考基准

卧式平衡机在完成了上述 6.4.2 节～6.4.5 节的操作后，须将平衡机的角度参考基准改变 60°(若改变 60°有困难，可改变为 90°)。

具体方法是：

——对于端面驱动的平衡机，将联轴节相对于转子转动规定的角度(60°)；

——对于圈带驱动的平衡机，按规定改变角度参考基准(60°)。

然后，再测量和记录转子剩余不平衡量的读数，记入表6-7。若在改变角度参考基准后的读数超差（见6.4.5节注），在继续检测前应设法解决存在的问题。

6.4.7　U_{mar}检测的平面设定

根据表6-5和表6-6设置仪器在测量平面上的读数。

6.4.8　检测运作

(1) 在试验平面3上施加上可产生$10U_{mar}$不平衡量的试验质量块。启动转子至规定的试验转速，测量并记录试验平面1和2的不平衡量读数（仅记录其量值）于表6-8中。

表6-8　U_{mar}检测记录表

试验质量位置/(°)	不平衡量值	不平衡量值	平均值的倍数	平均值的倍数
	平面1	平面2	平面1	平面2
0				
30				
60				
90				
120				
150				
180				
210				
240				
270				
300				
330				
总　和				
平均值				

注：对于单面平衡机，使用平面1的栏目记录合成不平衡量的读数。

(2) 按任意顺序将试验质量块依次加在试验平面3的其余所有的检测螺孔中，启动转子至同一个转速，测量并记录试验质量块在每一个检测螺孔中的对应的试验平面1和2的不平衡量读数（仅记录其量值）于表6-8中。

6.4.9 U_{mar}的评定

1. 计算

将每一个试验平面的读数相加并除以 12，计算出它们的算术平均值，并记录在表 6-8 的“平均值”栏目中。

$$\overline{A}=\frac{1}{12}\sum_{i=1}^{12}A_i。$$

2. 绘制曲线图

根据上述各读数而计算出的值（平均值的倍数），在图 6-7 中分别绘制成曲线图。

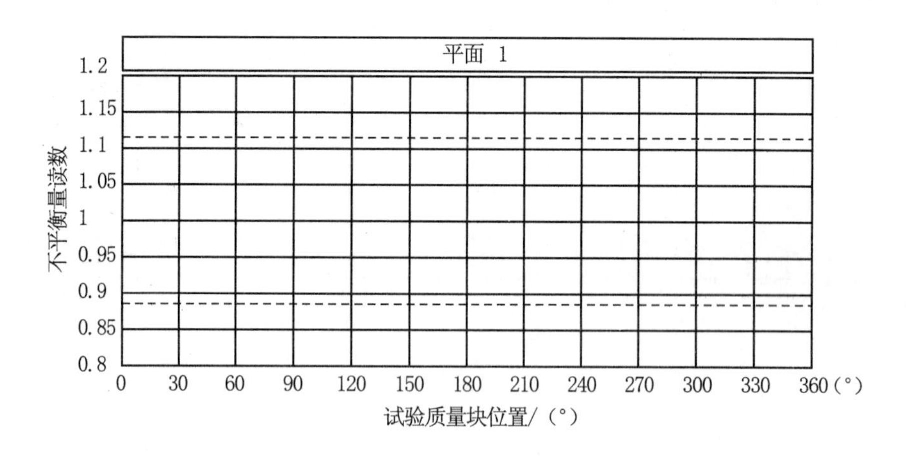

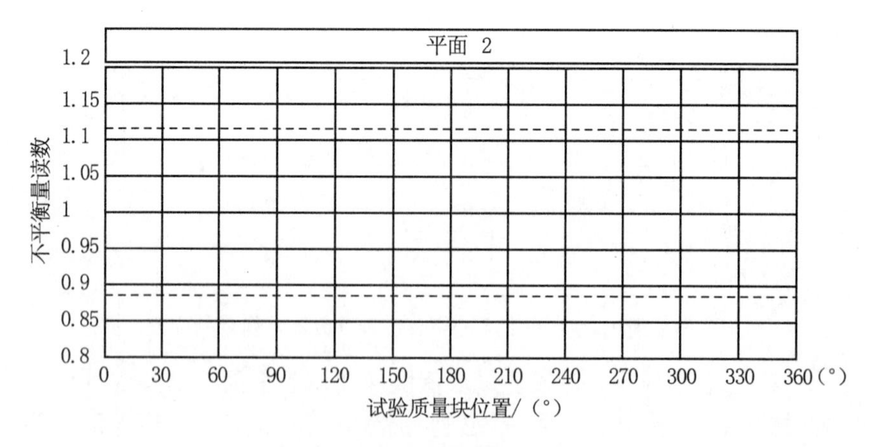

图 6-7 U_{mar}检测的评定图

注：不平衡量读数以算术平均值的倍数表示。

3. 界线

说明：a) 图中的水平中位线表征每个平面读数的算术平均值$\overline{A}$；

b) 图中的两条虚线(0.88 和 1.12)表征每个平面读数算术平均值的±12%的限值界线。它是由 1.2 倍的标称U_{mar}(考虑到试验质量块的位置变化和试验读数的离散的影响)确定的。

4. 评定

如果平衡机在测试后，所有的标绘点都在两条虚线(0.88 和 1.12)给定的范围之内，仅允许有一点超出，则可认为该平衡机已经通过了U_{mar}检测，即达到了标称的最小可剩余不平衡量。

6.5　不平衡量减少率检测(*URR* 检测)

6.5.1　单面平衡机的 *URR* 检测

对于仅用来测试静不平衡的单面卧式和立式平衡机，不平衡量减少率检测旨在检查不平衡量量值和相位角指示的综合准确度。

对应的试验平面和测量平面见表 6-5 和表 6-6。

6.5.2　双面平衡机的 *URR* 检测

对于用来测试动不平衡的双面卧式和双面立式平衡机，此项检测旨在验查不平衡量量值指示、相位角指示和平面分离的综合准确度。

对应的试验平面和测量平面见表 6-5 和表 6-6。

6.5.3　检测的说明

检测由一组 11 次测量操作组成，在每一个试验平面上要使用一个固定试验质量块和一个移动试验质量块进行试验。

每次不平衡量的读数要记录在检测记录表中，然后标绘在评定图中并进行评定。

URR 检测记录表有两种：双面试验记录表详见表 6-9；单面试验记录表详见表 6-10。在每一次进行实际检测的操作以前要准备好检测记录表，以便能将试验数据按正确的次序填写在表中。

6.5.4 检测记录表的制备

1. 双面试验用 *URR* 检测记录表

制备双面试验用表(表 6-9)的步骤如下:

(1) 在记录表的上部填写所要求的数据,以便长期保存试验条件的记录。

(2) 在平面 1 的 12 个能安装试验质量块的位置中,任选一个位置作为固定试验质量块的位置,将其所在相位的角度值记录在记录表的"第 1 次"那一行对应的"平面 1,固定"的栏目中。

(3) 在平面 2 上也选择一个固定试验质量块的位置,该位置与平面 1 上固定试验质量块的位置不许同相或反相。将其所在的相位的角度值记录在记录表的"第 1 次"那一行对应的"平面 2,固定"栏目中。

(4) 在平面 1 其余的 11 个位置中任选一个位置作为移动试验质量块的起始位置,将其所在相位的角度值记录在记录表的"第 1 次"那行对应的"平面 1,移动"栏目中。

(5) 在平面 2 其余的 11 个位置中任选一个位置作为移动试验质量块的起始位置,将其所在相位的角度值记录在记录表的"第 1 次"那行对应的"平面 2,移动"栏目中。

(6) 在记录表中按操作次序依次记录两个移动试验质量块所在的位置对应的角度值,且分别使:

——平面 1 上的移动试验质量块每次增加 30°间隔;

——平面 2 上的移动试验质量块每次减少 30°间隔。

遇到固定试验质量块的位置则跳过。

对于合成不平衡和偶不平衡试验时使用表 6-9 时,同时要作以下修改:

——指定表中的平面 1 为左边的偶平面。它代表平面 1 上的偶不平衡试验质量块的位置和读数(在平面 2 上的偶不平衡试验质量块总是与平面 1 上的相差 180°);

——指定表中的平面 2 为中间平面(在平面 1 和平面 2 之间)。它代表合成不平衡矢量试验质量块的位置和读数。

表 6-9　双面试验用 *URR* 检测记录表

公　　司：……………………………………

试验地点：……………………………………

平衡机型号：……………………　编号：……………………

操　作　员：……………………………………

监读员和记录员：……………………　试验日期：……………………

校验转子型式：……………　序号：……………　质量：……………kg

标称 e_{mar} =……………………………………g·mm/kg

标称 U_{mar} =……………………………………g·mm

$U_{station}$ =……………………× U_{mar} =……………………g·mm

有效半径：……………………mm；固定试验质量块：……………………g

U_{travel} =5× $U_{station}$ =……………………………………g·mm

有效半径：……………………mm；移动试验质量块：……………………g

操作次序	试验质量块位置(相角)/(°)				不平衡量读数平面 1		平面 1 读数除以 $U_{station}$ 得到的量值 $U_{station}$ 的倍数	不平衡量读数平面 2		平面 2 读数除以 $U_{station}$ 得到的量值 $U_{station}$ 的倍数
	平面 1		平面 2							
	固定	移动	固定	移动	量值/g·mm	相角/(°)		量值/g·mm	相角/(°)	
1										
2	〃		〃							
3	〃		〃							
4	〃		〃							
5	〃		〃							
6	〃		〃							
7	〃		〃							
8	〃		〃							
9	〃		〃							
10	〃		〃							
11	〃		〃							

2. 单面试验用 *URR* 检测记录表

制备表 6-10 仅用于单面试验。选择固定试验质量块和移动试验质量块的原则与双面试验记录表 6-9 中的平面 1 完全相同。

表 6-10　单面试验用 *URR* 检测记录表

公　司：……………………

试验地点：……………………

平衡机型号：……………………　编　号：……………………

操 作 员：……………………

监读员和记录员：……………………　试验日期：……………………

校验转子型式：……………………序号：……………………质量：…………………… kg

标称 e_{mar}= …………………… g·mm/kg

标称 U_{mar}= …………………… g·mm

$U_{station}$= ……………………$\times U_{mar}$= …………………… g·mm

有效半径：…………………… mm；固定试验质量块：…………………… g

$U_{travel}=5\times U_{station}$= …………………… g·mm

有效半径：…………………… mm；移动试验质量块：…………………… g

操作次序	试验质量位置(相角)/(°) 平面 3		不平衡量读数 平面 3		平面 3 读数除以 $U_{station}$ 得到的量值 $U_{station}$ 的倍数
	固定	移动	量值/g·mm	相角/(°)	
1					
2	〃				
3	〃				
4	〃				
5	〃				
6	〃				
7	〃				
8	〃				
9	〃				
10	〃				
11	〃				

6.5.5　平面设定

设定平衡机在试验平面(见表 6-5 和表 6-6)读数。

使用 C 型校验转子进行的合成不平衡和偶不平衡试验时，设定平衡机在平面 1 和平面 2 读取偶不平衡量，在中间平面(位于平面 1 和平面 2 之间)读取合成不平衡矢量。

6.5.6 URR 检测运作

1. 试验准备

如若不在U_{mar}检测完成后紧接着进行 URR 检测，要求作检测前的有关准备工作，即须按上述 6.4 节中的 6.4.2～6.4.6 节所述有关内容的作业。

2. 试验平面

试验平面要与表 6-5 和表 6-6 对应。

对于合成不平衡和偶不平衡试验，平面 1 和平面 2 用于施加偶不平衡试验质量块，中间平面(位于平面 1 和平面 2 之间)用于施加合成不平衡试验质量块。

3. 程序

按记录表的次序，在起始位置(对应表 6-9 或表 6-10 中“第 1 次操作”那一行)将固定和移动试验质量块加在校验转子的两个试验平面上。

进行一次平衡测试，测量不平衡量并将各平面的不平衡量值和相位角读数记录在于表 6-9 或表 6-10 中。

按记录表的次序分别将两个移动试验质量块加到下一个位置，进行一次平衡测试，测量不平衡量并将各平面的不平衡量和相位角读数记录在表 6-9(或表 6-10)中。如此依次进行 11 次平衡操作测试。

将量值的各个读数除以固定试验质量块的不平衡量值(两者均以不平衡量为单位)，求出以固定试验质量块量值的倍数表示的值。将那些倍数值记录到表 6-9(或表 6-10)的相应的表格中。

6.5.7 标绘 URR 检测数据

1. 评定图

双面试验用 URR 检测评定图见图 6-8，单面试验用 URR 检测评定图见图 6-9。每一个评定图由 11 组同心的 URR 极限圆组成。从里向外，各层同心圆表征 URR 的界限值分别为 95%，90%，85%和 80%。

2. URR 极限圆图(图 6-8 和图 6-9)绘制和计算原理

(1) 基本数据　图 6-8 和图 6-9 所示有关 URR 极限圆的数据列在表 6-11和表 6-12 中。虽然它们根据 $U_{station}=30U_{mar}$ 计算而得，但在 $U_{station}=(20\sim60)U_{mar}$ 范围内，它们仍然适用，且具备足够的精度。

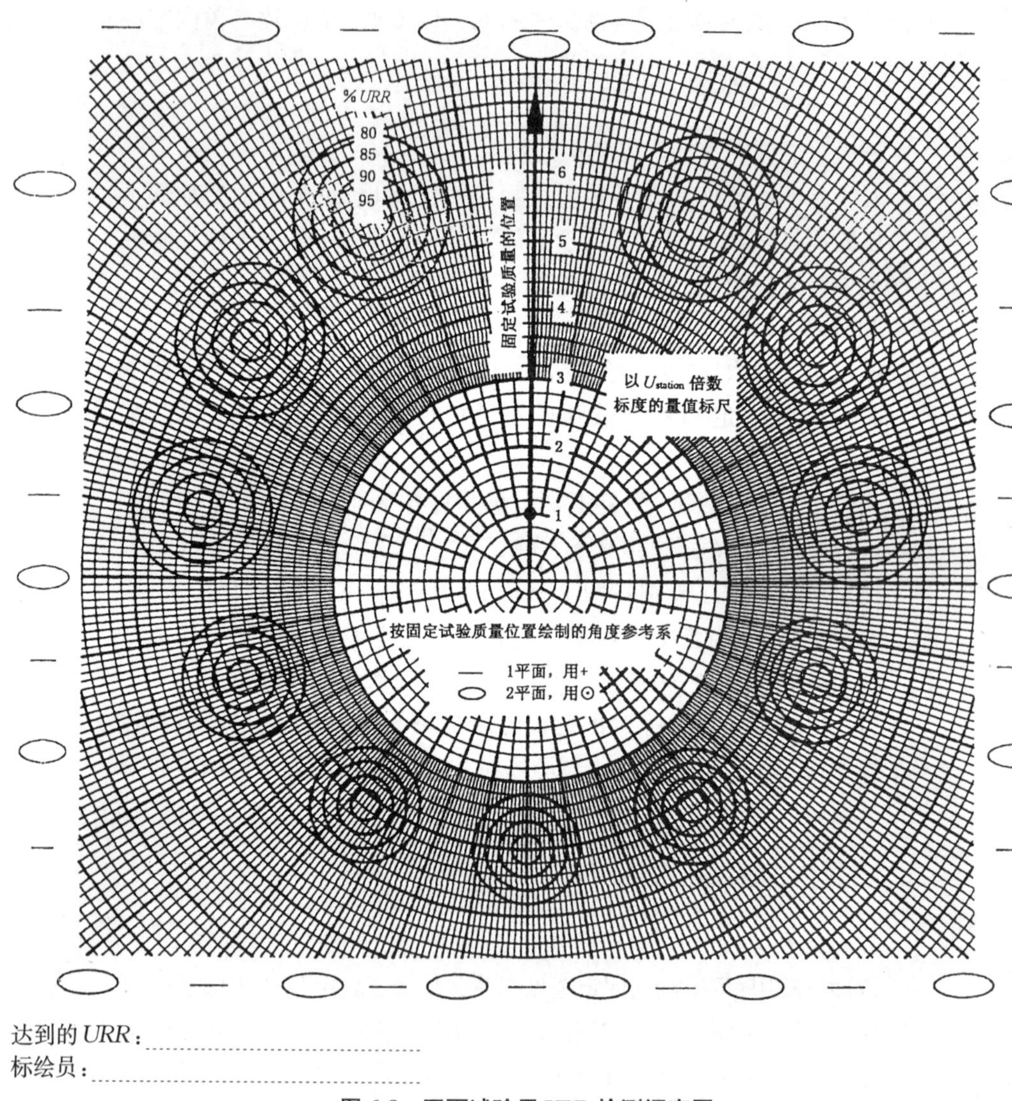

达到的 *URR*：
标绘员：

图 6-8　双面试验用 *URR* 检测评定图

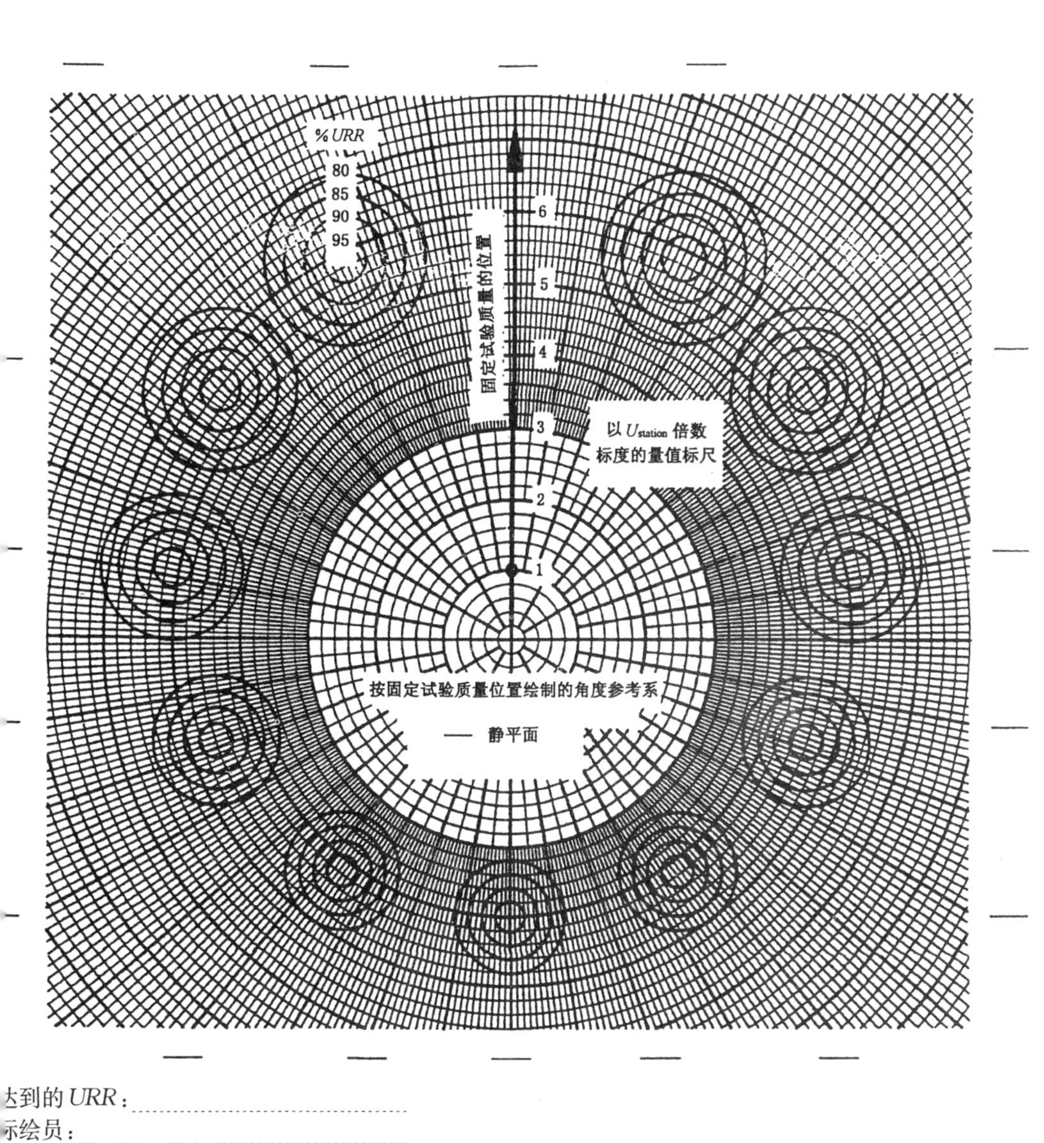

达到的 *URR*：................................
标绘员：................................

图 6-9　单面试验用 *URR* 检测评定图

表 6-11　双面 *URR* 极限圆的数据

URR 极限圆的原点			*URR* 极限圆的半径 $r^{(c)}$			
$\alpha^{(a)}$ /(°)	$\gamma^{(b)}$ /(°)	$\frac{U^{(c)}}{U_{station}}$	80%	85%	90%	95%
30	25.1	5.89	1.19	0.900	0.605	0.311
60	51.1	5.57	1.13	0.852	0.573	0.295
90	78.7	5.10	1.04	0.782	0.527	0.272
120	109.1	4.58	0.93	0.704	0.475	0.246
150	143.1	4.16	0.85	0.641	0.433	0.225
180	180.0	4.00	0.82	0.617	0.417	0.217

注:(a) α 为固定试验质量块 $U_{station}$ 与移动试验质量块的 $U_{traviling}$ 的夹角；
(b) γ 为合成矢量的角度；
(c) R 和 r 均为 $U_{station}$ 的倍数。

表 6-12　单面 *URR* 极限圆的数据

URR 极限圆的原点			*URR* 极限圆的半径 $r^{(c)}$			
$\alpha^{(a)}$ /(°)	$\gamma^{(b)}$ /(°)	$\frac{U^{(c)}}{U_{station}}$	80%	85%	90%	95%
30	25.1	5.89	1.21	0.916	0.622	0.328
60	51.1	5.57	1.15	0.868	0.590	0.312
90	78.7	5.10	1.05	0.798	0.543	0.288
120	109.1	4.58	0.95	0.721	0.492	0.262
150	143.1	4.16	0.87	0.658	0.450	0.242
180	180.0	4.00	0.83	0.633	0.433	0.233

注:有关注解参见表 6-11。

(2) 绘制 *URR* 极限圆图(图 6-8 和图 6-9)的方法

① 取一极坐标图纸；

② 选择一适当的比例尺,以便所有的极限圆都能画在这张图纸上；

③ 确定 *URR* 极限圆的原点,即在极坐标系原点的垂直上方距离为1($1U_{station}$)的点；

④ 由极坐标系的原点出发,画 12 条均布(30°)的射线；

⑤ 确定每一个极限圆的圆心,但省略去在垂直方向上的一个(即靠近图纸的顶端的一个),这些圆心分别位于每一条射线上,且距离 *URR*

极限圆的原点为 5($5U_{station}$)；

⑥ 绕每一个极限圆的圆心，画一组同心圆，其半径 r 为表 6-11 和表 6-12 中所示有关 URR 极限圆的半径 r 所列的值(单位为 $U_{station}$)；

⑦ 由极坐标系原点沿垂直方向向上引入一箭头，以指示固定试验质量块的所在位置；

⑧ 沿箭头，按不平衡量的量值以 $U_{station}$ 为单位的比例尺截取出长度为 1～6 的线段。

注：如果表 6-11 和表 6-12 不适合，也即平衡机具有其他的不平衡减少率需进行测试，那么可以借助下列计算 URR 的极限圆的方法，另外绘制合适的 URR 的极限圆图。

(3) URR 的极限圆图的计算原理

① URR 极限圆圆心距离评定图极坐标系原点的半径 R(见图 6-10)，

$$R=\sqrt{m_s^2+m_t^2+2(m_s m_t \cos\alpha)}\text{。}$$

式中，m_s——固定试验质量块质量($1U_{station}$)示值；

m_t——移动试验质量块质量($5U_{station}$)示值；

R——m_s 和 m_t 的合成量，亦即 URR 评定图极坐标系原点到 URR 极限圆圆心的半径；

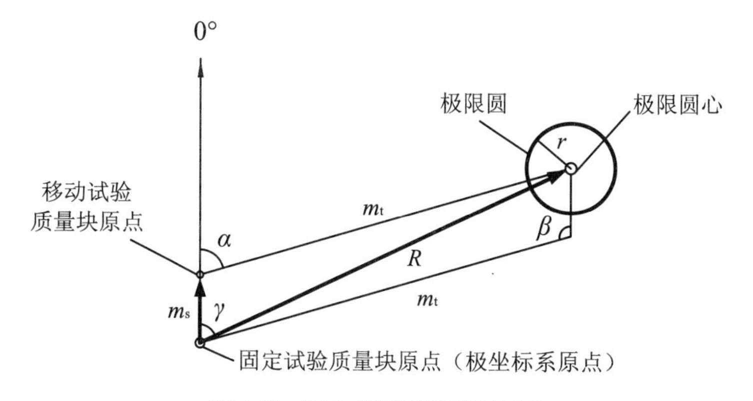

图 6-10　URR 极限圆计算原理图

α——固定试验质量块 m_s 与移动试验质量块 m_t 之间的夹角；

γ——固定试验质量块 m_s 与合成量 R 之间的夹角；

r——URR 极限圆的半径。

② 固定试验质量块 m_s 与合成量 R 之间的夹角 γ 符合下式关系式：

$$\cos\gamma=\frac{m_s^2+R^2-m_t^2}{2m_sR}。$$

③ 若 m_s，m_t，R 和 r 均为固定试验质量块的整数倍，且 $m_t=5m_s$，则 R 和 γ 的计算式可简化成

$$R=\sqrt{26+10\cos\alpha}；$$

$$\cos\gamma=\frac{R^2-24}{2R}。$$

④ 用于确定 URR 极限圆的半径 r 的计算公式如下：

a) 双面试验用 URR 极限圆的半径 $r=R(1-URR)+\frac{U_{mar}}{2U_{station}}$；

b) 单面试验用 URR 极限圆的半径 $r=R(1-URR)+\frac{U_{mar}}{U_{station}}$。

3. 双面试验

(1) 将平面 1 固定试验质量块所在的相角位置填写在图 6-8 *URR* 评定图箭头上方的短线上。在围绕图 6～8 的周边的所有短线上，对间隔 20°的射线按顺时针方向以 20°的增量标记上角度值。

(2) 由于平面 2 的固定试验质量块加在不同的相角位置，要在图 6-8 *URR* 评定图上对应平面 2 填写上第 2 个角度参考系。为了避免与平面 1 的角度标记的混淆，将平面 2 的角度值标记均填写在平面 1 两角度值标志中间的椭圆内。

(3) 根据表 6-9 记录的量值(U_{mar}的倍数)和相位角值，按垂直箭头所示的量值标尺，以试验点(画十字)的形式标绘平面 1 的各个读数。

(4) 根据表 6-9 记录的量值，再标绘平面 2 的各个读数。为了避免平面 1 的试验点与平面 2 试验点混淆，对平面 2 的所有试验点都采用画圆圈的小圆点来标绘。

对于合成不平衡和偶不平衡试验，平面 1 表征偶不平衡量，平面 2 表征合成不平衡量。

4. 单面试验

根据表 6-10 记录的量值(U_{mar}的倍数)和相角值，在图 6-9 上仅填写一个角度参考系。

6.5.8 *URR* 评定

如果有一个试验点落在了最小的一个 *URR* 极限圆内(或压线)，表明

该读数达到了 95%的 *URR*；若一个试验点落在 95%的极限圆和 90%的极限圆之间(或压线)，则表明该读数达到了 90%的 *URR*。以此类推。

标绘在图 6-8(或图 6-9)*URR* 评定图上的所有试验点均应落在对应的所标称的 *URR* 限值的极限圆内，但允许每个平面有一个点超出，则 *URR* 检测结果合格；不若，平衡机则不能通过此项检测。此时，允许对平衡机进行调整或修理，之后完整地重做一遍该项试验。

6.6　单面平衡机的抑制偶不平衡干扰能力的检测

6.6.1　概述

此项检测旨在检查单面平衡机抑制偶不平衡干扰的能力。偶不平衡干扰比由以下关系式确定：

$$I_{sc}=U_s/U_c。$$

式中，U_s——当给定的偶不平衡量 U_c 引入转子时，单面平衡机的静不平衡的示值的变化量。

测试采用按 6.4 节中 6.4.2～6.4.7 五节中所述的平衡校正好的校验转子。

6.6.2　检验运作

在校验转子的 1 平面和 2 平面上正好相隔 180°的圆周位置上各加一个试验质量块(可采用 *URR* 检测用的两移动试验质量块)，然后读取静不平衡量的读数。每间隔 90°将此两不平衡试验质量块连续移位 3 次，每次移位后，读取一个新的读数。

6.6.3　评定

四个静不平衡量的读数均不许超过标称的偶不平衡干扰比与所加的偶不平衡量的乘积，再加上标称的最小可达剩余不平衡量的示值。即

$$A_i \leqslant U_{mar}+I_{sc}\cdot U_c$$

式中，A_i——静不平衡量的读数，$i=1, 2, 3, 4$；

U_{mar}——平衡机所标称的最小可达剩余不平衡量的示值；

U_c——用移动试验质量块所构成的偶不平衡量；

I_{sc}——单面平衡机所标称的偶不平衡干扰比。

6.7 补偿器检测

6.7.1 概述

此项检测旨在通过移动试验质量块来模拟转子的转位，以达到检查补偿器在试验程序结束时是否给出一致的读数的目的。

注：补偿器是以电气方式可使转子的初始不平衡量的示值为 0，从而加快校正平面分离的设定和标定过程，它是软支承平衡机测量单元中的一个功能环节。

测试采用按 6.4 节中 6.4.2～6.4.7 五节中所述的平衡校正好的校验转子，或使用每个平面的不平衡量小于 $5U_{mar}$ 的转子。

6.7.2 检验运作

在平面 1 上，

——于 30°位置加一个“固定试验质量块”$U_{station}$；

——于 150°位置加一个“移动试验质量块”U_{travel}。

在平面 2 上，

——于 30°位置加一个“移动试验质量块”U_{travel}；

——于 150°位置加一个“固定试验质量块”$U_{station}$。

开启平衡机并按照平衡机操作使用说明书对补偿器作第一步调整。

进行以下操作以模拟转位平衡操作，即

——将平面 1 上的“移动试验质量块”U_{travel}从 150°移动至 330°位置（移位 180°）；

——将平面 2 上的“移动试验质量块”U_{travel}从 30°移动至 210°位置（移位 180°）。

开启平衡机并按照平衡机操作使用说明书对补偿器作第二步调整。

进行以下操作：

——取下平面 1 上加在 330°位置的“移动试验质量块”U_{travel}；

——取下平面 2 上加在 210°位置的“移动试验质量块”U_{travel}。

开启平衡机并调整补偿器，读取转子的不平衡量。

6.7.3 评定

若两个平面的读数都不超过 $0.02U_{station}$，则补偿器通过了此项检测。

注：加在平面1 30°位置和平面2 150°位置的“固定试验质量块”均始终在平面上。

6.8 简易检测

若平衡机以前已通过了型式试验，或需对运行中的平衡机作定期检测，即可采取简易检测程序，使得 U_{mar} 和 URR 的检测均可减少试验操作次数而得以简化。

6.8.1 U_{mar} 的简易检测

(1) 按6.4节中的6.4.2～6.4.7五节中所述内容作业；

(2) 执行6.4节中的6.4.8节所述操作时，每到第二个角度位置(即检测螺孔位置)跳过，这样操作次数减少到六次(注：留用的角度位置为0°, 60°, 120°, 180°, 240°, 300°仍沿转子均布)；

(3) 按6.4节中的6.4.9节所述，按下式计算每一个平面的算术平均值，

$$\overline{A}=\frac{1}{6}\sum_{i=1}^{6}A_i,$$

并在图6-7上绘制曲线图。

(4) 若所有标绘的点都在图6-7的两条虚线(0.88或1.12)之间，则可认为平衡机通过了 U_{mar} 检测，即达到了标称的最小可达剩余不平衡量。这里，不允许有任一点超出。

6.8.2 URR 的简易检测

(1) 按6.5节的6.5.4；6.5.5；6.5.6和6.5.8节中所述程序操作，但要跳过与每个平面上的固定试验质量块相隔60°或其倍数的所有角度(即检测螺孔位置)，这样把具体的操作次数减少到6次；

(2) 在表6-9(或表6-10)中，以每次增加(或减少)60°的间隔依次填入两个移动试验质量块要施加的相角位置；

(3) 按 6.5 节中的 6.5.6 节中的所述程序，依次进行六次操作；

(4) 在检测记录表 6-9(或表 6-10)上的所有试验点均落在图 6-8(或图 6-9)上标称的 *URR* 值对应的 *URR* 极限圆内(或压线)则可认为平衡机通过了 *URR* 检测，即达到了标称的不平衡量减少率(*URR*)。这里，不允许有任一点超出。

第三篇

挠性转子的机械平衡

第 7 章
挠性转子平衡的力学原理

7.1 概 述

人们为了追求更好的经济效益和更高的技术性能，机械的结构日趋大型化，运行速度亦越来越高。各种大型机械例如百万千瓦汽轮机发电机组，大型的化工设备、冶金机械和各种现代化的高速交通运输工具不断问世和投入运行，现代工业汽轮机和离心压缩机的工作转速最高可达 25 000 r/min 左右，一般也要达到 10 000～15 000 r/min。如此大型、高速机械设备运行的稳定性和安全性便成了大家关注的重点，而机械设备的可靠性和安全性在很大程度上又决定于机械的振动状况如何。因此，研究和消除机械振动产生的原因，降低各种机械设备的振动，成了保证机械平稳、安全地运行的技术目标。

以大型汽轮机发电机组为例。随着机组的单机容量的不断增大，其转子的轴向长度及质量亦随之大大增加，轴长可达十多米，质量达到数十吨甚至上百吨，而其径向尺寸由于受材料强度的限制增加不多。这样的转子显得有点细而长，导致转子的弯曲刚度急剧下降，转子的临界转速也随之降低，以致于使转子的第一、二甚至第三阶临界转速下降至接近或低于转子的工作转速，转子的工作运行处于柔性状态，亦即已不再能忽视其挠曲变形带来的影响。显然，本书第一篇中所述的有关不考虑转子的挠曲变形的刚性转子的机械平衡已不再适合这类转子，必须研究和探索新的机械平衡原理、方法及其装备。于是有关挠性转子机械平衡的问题应运而生。自 20 世纪 60 年代起，有关挠性转子的平衡理论和技术作为一门新的研究课题在国内外得到了蓬勃发展，并取得了可喜的研究成果，为各种大型、高速机械的成功设计和平稳、安全运行作出了贡献。

何谓“刚性转子”和“挠性转子”？对于一个具体的工业转子而言只是一个相对的概念。当转子即使在以其最高工作转速连续运行的情况下，由于其弯曲刚度很大，由它的质量不平衡离心力而导致产生的动挠曲变形很小，不影响转子本身的强度和力学性能，这样的转子可认为是“刚性转子”，亦即将它视为不变形的刚体来处理；然而，当转子在以其最高工作转速连续运行的情况下，转子本身已产生明显的动挠曲变形，从而影响它的强度和力学性能，这样的转子即被称为“挠性转子”。按照转子的机械平衡观点，刚性转子的定义为：可以在任意选择的两个径向平面内作平衡校正，经平衡校正合格后，在直至其最高工作转速以下的任何转速连续运行，剩余不平衡量都不会有显著变化的转子。不符合该定义的转子，都被认为是“挠性转子”。挠性转子与刚性转子的最大不同之处在于挠性转子的平衡状态与其转速密切相关，在某一转速下已经平衡好的挠性转子，在另一转速下则原有的平衡状态将遭到破坏。

那么，如何来判断一个工业转子究竟是刚性转子还是挠性转子呢？判定的准则通常是根据转子的最高连续工作转速和它的第一阶挠曲临界转速（通常简述为第一临界转速）的比例关系而定。当转子的最高连续工作转速一般不超过其第一临界转速的 0.5～0.7 倍时，该转子的机械平衡则按刚性转子处理；而最高连续工作转速超过其第一临界转速的 0.5～0.7 倍，即便不一定超过该临界转速的转子，当它的转速升高至接近或达到最高连续工作转速时，由于它的分布不平衡量所引起的挠曲变形会有明显的增大，原来已小于允许值往往会变得超出允许值。于是便约定俗成为一个认定：最高连续工作转速超过其第一临界转速的 0.5～0.7 倍的工业转子，应列为挠性转子的范畴。该转子的机械平衡则按挠性转子处理。

相对于刚性转子机械平衡，有关挠性转子机械平衡的力学原理、技术方法、装备以及相关的平衡标准两者既有联系又有很大差别。而且，在讨论和分析挠性转子的机械平衡时，不仅需要考虑转子本身的动力学特性，而且还必须同时考虑它的轴承及其轴承座，甚至它的整个台架和基础等的动力学特性，转子才能获得卓有成效的平衡效果。挠性转子机械平衡的目的不仅是使由于不平衡量所引发的机械振动以及作用于轴承上的动压力降低到技术规定的允许范围之内，而且还要求尽可能地减小转子本身的动挠曲变形。

转子-轴承系统的振动理论是研究挠性转子机械平衡的理论基础。

它主要研究在旋转机械中的转子-轴承系统的动力学特性和运动规律。

以下我们将从最简单的单圆盘转子的不平衡响应开始分析讨论，以此由浅入深地来阐述挠性转子机械平衡的相关力学原理。

7.2 单圆盘转子的不平衡响应

通常，转子总可以分析为由转轴和装配在轴上的圆盘、叶轮和齿轮等各种惯性元件的组合。

一个最简单的转子模型，即由一个无质量的弹性轴和一个有质量的圆盘构成，被称之为单圆盘转子。通过本节对其不平衡响应的讨论分析，将从数学层面上揭示了它的一般运动规律及特征，从而为挠性转子的不平衡振动响应的分析打下基础。

单圆盘转子是由一个无质量的弹性轴和安装在轴的中央处的一个质量圆盘所构成，见图 7-1。

转子在运转过程中一旦弹性轴发生弯曲变形，圆盘将产生倾斜，而圆盘的转动惯量将阻止倾斜，于是便产生了回转力矩，即陀螺力矩。这里由于圆盘处在弹性轴的中央，弹性轴发生弯曲变形并不使圆盘产生倾斜，即使产生倾斜一般也很小，因此，在讨论中不考虑圆盘的回转力矩的影响。

7.2.1 刚性支承上的单圆盘转子的不平衡响应

轴承则起着支承转子和约束转子运动的作用。支承转子的两端轴承相对于轴而言是刚性的，即谓刚性轴承。它相当于轴承无间隙、无弹性变形的情况。对于支承作如此的假设和处理，有悖于工程实际情况。但是，由此可以得到转子-轴承系统简明的运动方程式，并获得运动方程的解，从而可以得到系统振动的某些带有普遍性的特征和规律。

设单圆盘转子的圆盘质量为 m，质心 c 点偏离于几何中心 W 点，其偏心距为 e。忽略不计由圆盘的重量引起转子的静挠度，因此，转子在静止状态下其轴线为一条直线，设为 z 轴。圆盘所在 z 轴上的一点为坐标原点 O。同时，在 z 轴的垂直平面(径向平面)内沿水平方向取坐标轴 x，沿垂直方向取坐标轴 y。当转子旋转起来后，由于圆盘的不平衡离心力的缘故导致弹性轴产生挠曲变形，此时圆盘几何中心 W 点的坐标位置设为(x, y)。为描述转子的旋转运动，又引入转动角 α 来表示。转动角 α 为圆盘上某一固定的参考方向(一般把偏心距 e 的方向定为参考方向)与坐标轴 x 的夹角,取逆时针方向为正值。

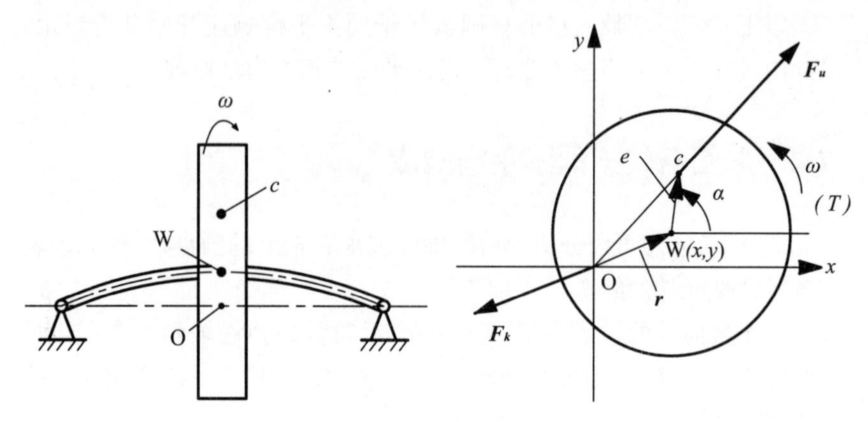

图 7-1　单圆盘转子

c—质心;W—几何中心

当转子以角速度 ω 旋转时,圆盘的不平衡离心力 $\boldsymbol{F}_{\mathrm{u}}=m\omega^2(\overrightarrow{OC})$ 和弹性轴的弹性恢复力 $\boldsymbol{F}_k$ 之间必须平衡。然而,圆盘的不平衡离心力过坐标原点 o,方向背向原点 o。轴的弹性恢复力作用于圆盘的几何中心 W 点上,方向指向坐标原点 o,它们沿坐标轴 x 和坐标轴 y 上的分量为 kx 和 ky(k 为轴的弯曲弹簧常数)。所以,在坐标轴 x 和 y 方向上的力平衡方程式为

$$\begin{cases} m\ddot{x}_C+kx=0; \\ m\ddot{y}_C+ky=0。 \end{cases} \tag{7-1}$$

式中,$m\ddot{x}_C$ 和 $m\ddot{y}_C$ 分别为圆盘不平衡离心力 $\boldsymbol{F}_{\mathrm{u}}$ 在 x 和 y 轴上的投影分量。

圆盘的质心 c 与其几何中心 W 的坐标关系为

$$\begin{cases} x_C=x+e\cos\alpha; \\ y_C=y+e\sin\alpha。 \end{cases} \tag{7-2}$$

代入式(7-1)中,可得

$$\begin{cases} m\ddot{x}+kx=me(\dot{\alpha}^2\cos\alpha+\ddot{\alpha}\sin\alpha); \\ m\ddot{y}+ky=me(\dot{\alpha}^2\sin\alpha+\ddot{\alpha}\cos\alpha)。 \end{cases} \tag{7-3}$$

又,当转子以角速度 ω 旋转时,圆盘所承受到的转矩也应达到平衡,即

$$J_c\ddot{\alpha}=T+ke(y\cos\alpha-x\sin\alpha)。 \tag{7-4}$$

式中：J_c——圆盘相对其质心 c 点的转动惯量，$J_c = m\rho^2$，其中 m 为圆盘质量，ρ 为回转半径；

$ke(x\sin\alpha - y\cos\alpha)$——作用在圆盘的几何中心 W 点上的弹性恢复力对过质心 c 点而垂直于圆盘的轴线所产生的转矩，它与偏心距 e 成正比；

T——外转矩，为作用在转子上的驱动力矩扣除了所有的阻力矩，如载荷力矩等。

式(7-3)和式(7-4)全面描述了单圆盘转子的运动。

本节基于研究转子处于平稳运转的情况，此时的驱动力矩和所有的阻力矩应相互平衡，即外转矩 $T=0$。若将 $J_c = m\rho^2$ 代入式(7-4)中，可得

$$\ddot{\alpha} = \frac{ke}{m\rho^2}(y\cos\alpha - x\sin\alpha)。$$

一般地，由于偏心距 e 和轴的挠曲变形位移量 r 亦即其坐标 x，y 相对于圆盘的回转半径 ρ 是非常小的，因此，此时等式的右边可视为0。

另外，当转子处于平稳运转状态下可以理解为 $\ddot{\alpha}=0$ 的运转情况，所以

$$\dot{\alpha} = \omega = 常数；$$
$$\alpha = \omega t。$$

将 $\ddot{\alpha}=0$，$\dot{\alpha}=\omega$，$\alpha=\omega t$ 代入式(7-3)，可得

$$\begin{cases} m\ddot{x} + kx = me\omega^2\cos\omega t； \\ m\ddot{y} + ky = me\omega^2\sin\omega t。 \end{cases} \tag{7-5}$$

这样，描述单圆盘转子运动的数学方程式仅剩上述两个方程式。这是两个相互不耦合的非齐次线性方程式。当偏心距 $e=0$ 时，方程式为齐次方程式。由于实际的系统中总会存在着阻尼，因此，齐次方程的解如同弱阻尼的自由振动一样会渐渐消失，而非齐次方程的特解则为持续的受迫振动。设非齐次方程的特解具有形式

$$\begin{cases} x = X\cos(\omega t)； \\ y = Y\sin(\omega t)。 \end{cases}$$

将其代入方程式(7-5)，则单圆盘转子的运动为

$$\begin{cases} x = \dfrac{\omega^2 e}{\omega_n^2 - \omega^2}\cos(\omega t) = X\cos(\omega t)； \\ y = \dfrac{\omega^2 e}{\omega_n^2 - \omega^2}\sin(\omega t) = Y\sin(\omega t)。 \end{cases} \tag{7-6}$$

其中
$$X=Y=\frac{\omega^2 e}{\omega_n^2-\omega^2},$$
$$\omega_n=\sqrt{k/m}\text{。}$$

式(7-6)表明，转子的圆盘几何中心 W 点的运动，它在坐标轴 x，y 方向上以相同的振幅 $X=Y$ 和相同的频率 ω 作简谐运动，两者彼此之间相隔 90°，所以其运动轨迹为以坐标原点 O 为圆心的一个圆。W 点运动的半径与偏心距成正比，并与角速度 ω 有关。当 ω 趋近于 ω_n时，其振幅将趋于无限大。这种状况对于转子而言十分危险。ω_n被称之为转子的临界转速。

一个转子在它的运转过程中，总会受到周围介质带给它的阻尼和由轴本身的变形而引起的材料与结构的阻尼力，前者为“外阻尼”，后者为“内阻尼”。周围介质的黏滞阻力的方向总是和转子的运动方向相反，且与转子的绝对速度成正比。这里不述及内阻尼，仅述及外阻尼的情况，见图 7-2。于是描述单圆盘的转子的运动方程式(7-5)又可写成

$$\begin{cases}m\ddot{x}+c\dot{x}+kx=me\omega^2\cos(\omega t)；\\ m\ddot{y}+c\dot{y}+ky=me\omega^2\sin(\omega t)。\end{cases} \tag{7-7}$$

式中，c——黏性阻尼系数，其阻力与运动速度成正比。

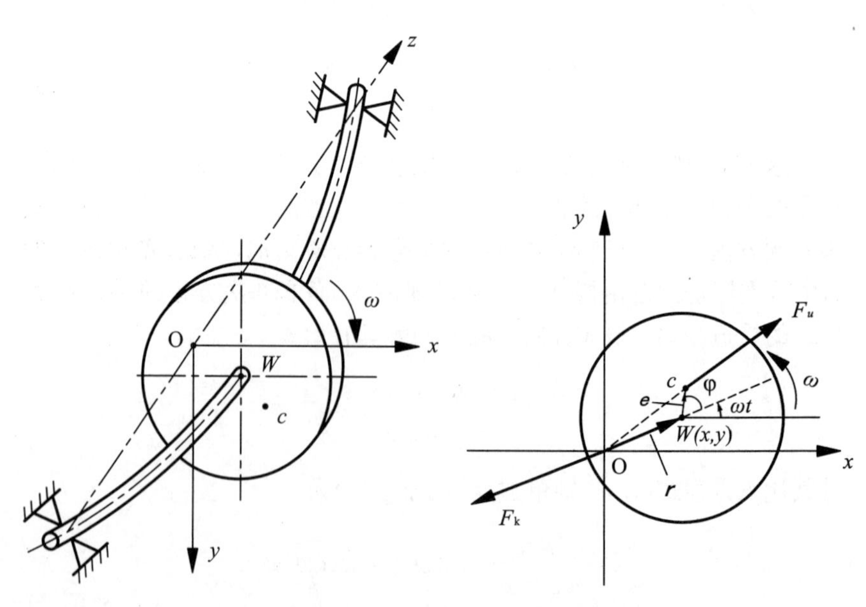

图 7-2　刚性支承上的单圆盘转子运动分析图

c—质心　　W—几何中心

将式(7-7)用复数的形式 $\boldsymbol{r}=x+\mathrm{i}y$ 和尤拉公式 $\mathrm{e}^{\mathrm{i}\alpha}=\cos\alpha+\mathrm{i}\sin\alpha$ 归并为

$$m\ddot{r}+c\dot{r}+kr=me\omega^2\cdot\mathrm{e}^{\mathrm{i}\omega t},\tag{7-8}$$

引入参量 $\omega_\mathrm{n}^2=k/m$，$\delta=c/2(m)$，则上式又可以表示为

$$\ddot{r}+2\delta\dot{r}+\omega_\mathrm{n}^2r=e\omega^2\cdot\mathrm{e}^{\mathrm{i}\omega t}。\tag{7-9}$$

这里，仅讨论方程式(7-9)非齐次方程的特解。令特解为

$$r=R\mathrm{e}^{\mathrm{i}(\omega t-\varphi)}。$$

代入方程式(7-9)，得

$$R=\frac{e\omega^2}{\sqrt{(\omega_\mathrm{n}^2-\omega^2)^2+(2\delta\omega)^2}};$$

$$\varphi=\arctan\frac{2\delta\omega}{\omega_\mathrm{n}^2-\omega^2};$$

$$r=R\mathrm{e}^{\mathrm{i}(\omega t-\varphi)}=\frac{e\omega^2}{\sqrt{(\omega_\mathrm{n}^2-\omega^2)^2+(2\delta\omega)^2}}\exp\left[\mathrm{i}\left(\omega t-\arctan\frac{2\delta\omega}{\omega_\mathrm{n}^2-\omega^2}\right)\right]。$$

再引入无量纲参数

$$\eta=\omega/\omega_\mathrm{n},$$

$$\xi=\delta/\omega_\mathrm{n}=c/(2m\omega_\mathrm{n})=c/c_0。$$

式中，$c_0=2m\omega_\mathrm{n}=2\sqrt{mk}$。称 c_0 为临界阻尼系数，$\xi=\delta/\omega_\mathrm{n}=c/(2m\omega_\mathrm{n})=c/c_0$ 称为阻尼比。

于是得

$$R=\frac{e\eta^2}{\sqrt{(1-\eta^2)^2+4\xi^2\eta^2}};\tag{7-10}$$

$$\varphi=\arctan\frac{2\xi\eta}{1-\eta^2};\tag{7-11}$$

$$r=\frac{e\eta^2}{\sqrt{(1-\eta^2)^2+4\xi^2\eta^2}}\exp\left[\mathrm{i}\left(\omega t-\arctan\frac{2\xi\eta}{1-\eta^2}\right)\right]。\tag{7-12}$$

式(7-12)描述了刚性支承上的单圆盘转子的不平衡响应的数学表达式，亦即为在圆盘的不平衡离心力作用下，圆盘的几何中心 W 点的运动规律。其幅值除了与偏心距成正比外，还与转速比 $\eta=\omega/\omega_\mathrm{n}$ 有关。图7-3描述了振幅随 η 而变化的规律，通常称它为幅值-频率特性曲线，简称为幅频特性。当 $\eta=1$，即 $\omega=\omega_\mathrm{n}$ 时，幅值达到最大，为 $1/2\xi$。图7-4揭示

了圆盘几何中心 W 点的变形位移与偏心距的 e 之间夹角 φ 随转速比 η 而变化的规律，通常称它为相位角-频率特性曲线，简称相频特性。在 $\xi=0$ 的情况下，当 $\eta=1$ 时，φ 的夹角由 0°跳跃为180°。而在 $\xi\neq0$ 时，则 φ 随着 η 而连续变化：在 $\eta=1$ 时，$\varphi=90°$；当 $\eta\gg1$ 时，φ 接近 180°。

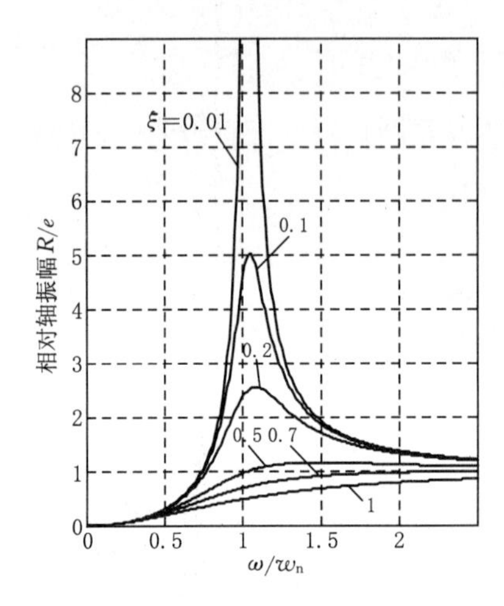

图 7-3　幅值-频率特性曲线

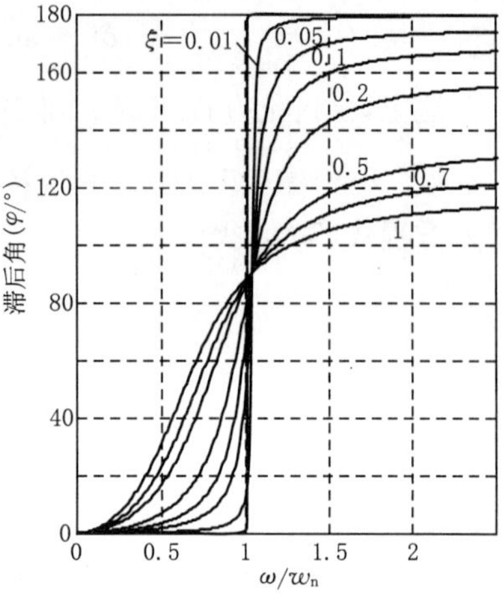

图 7-4　相位角-频率特性曲线

若忽略阻尼不计的情况，即 $\xi=0$，此时

$$R=\frac{e\eta^2}{1-\eta^2};\tag{7-13}$$

$$\varphi=0\text{ 或 }\pi;\tag{7-14}$$

$$\boldsymbol{r}=\frac{e\eta^2}{1-\eta^2}e^{i\omega t}。\tag{7-15}$$

由此不难看出：

(1) 当转子的旋转频率 ω 一定时，圆盘的几何中心 W 以半径 R 绕 z 轴做圆周运动，其角速度与转子的旋转频率相同为 ω，圆盘的几何中心的位移(即转子的挠曲变形位移) r 与圆盘的质心偏心距 e 成正比，且滞后于偏心距 e，其相位差角为 φ。见图 7-4。

如果圆盘的质心处在转轴中心线上，即 $e=0$，则转子在运转时就不会产生挠曲变形。

(2) 当圆盘的质心的偏心距为一定时，转子的挠曲变形位移 r 与转速 ω 有关，尤其是当转速 ω 接近临界转速 $\omega_n=\sqrt{k/m}$ 时，r 会趋于无限大。这就是转子运转在它的临界转速时会产生很大的挠曲变形，并引起机座强烈振动的原因。日常工作中，必须避免任何转子运转在它的临界转速，以免产生危险。

(3) 转子的挠曲变形 r 滞后于偏心距 e。两者相隔的相位角 φ 与转速有关。

在无阻尼即 $\xi=0$ 的情形下，①当 $\omega<\omega_n$ 时，$\varphi=0$，这时意味着旋转中心 O、圆盘的几何中心 W、质心 c 三点位于一条直线上，并且 c 点处于 O，W 的延长线上，离开 O 点最远，它所产生的离心力也最大，见图 7-5(a)。②当 $\omega=\omega_n$ 时，$\varphi=90°$，此时转子的挠曲变形振幅 r 趋于无限大，如果转子运行在临界转速及其附近，转子及其整个机器会出现剧烈的振动，非常危险。③当 $\omega>\omega_n$ 时，$\varphi=180°$，此时意味着圆盘的质心 c 点处在 O，W 两点之间，见图 7-5(b)；而当 $\omega\gg\omega_n$ 时，随着转子转速的升高，则转子的质心 c 点就越来越接近旋转中心(坐标原点)O，这种现象叫做转子的"自动定心现象"，见图 7-5(c)。此时转子的挠曲变形位移 r 将接近等于偏心距。

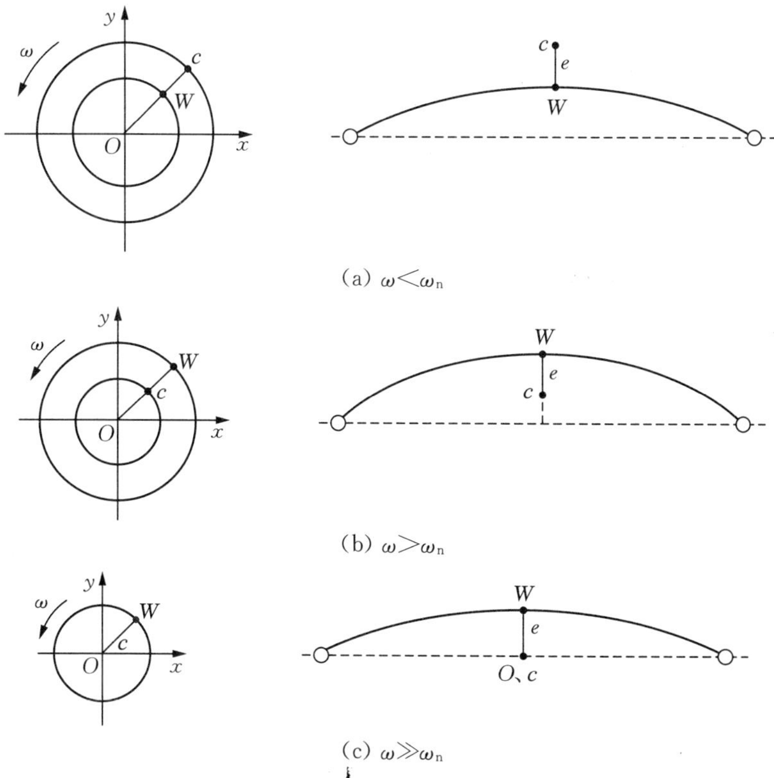

图 7-5　不同转速下，转子轴心 W、质心 c 和原点 O 的位置转换

在有阻尼即 $\xi \neq 0$ 的情形下，当转子的转速 $\omega < \omega_n$ 时，φ 随转速 ω 而连续增长；当 $\omega = \omega_n$ 时，$\varphi = 90°$；当 $\omega \gg \omega_n$ 时，φ 趋近于 180°。

7.2.2 弹性支承上的单圆盘转子的不平衡响应

所谓弹性支承是指支承转子的轴承和轴承座的支承刚度并非很大，而且不为常量，它们随转子的转速，轴承的温度等的变化而变化。通常在基础刚度很大的情况下，支承刚度主要由轴承座的刚度和轴承的油膜刚度两部分构成，而轴承的油膜刚度又决定于轴承的结构型式、油膜的厚度、润滑方式等。

如同上述讨论的单圆盘转子一样，它由有质量的圆盘和无质量的弹性轴构成。圆盘质量为 m，其质心 c 点偏离于几何中心 W 点，偏心距为 e。由于圆盘安装在弹性轴的中央处，可不考虑它的旋转力矩(即陀螺效应)。弹性轴的弯曲弹簧刚度为 k，弹性轴在静止状态时为直线，两端为弹性支承。弹性支承沿其径向的水平方向上和垂直方向上的支承刚度分别为 K_x 和 K_y。不计轴承的质量，其位移为 x_o' 和 y_o'。见图 7-6。

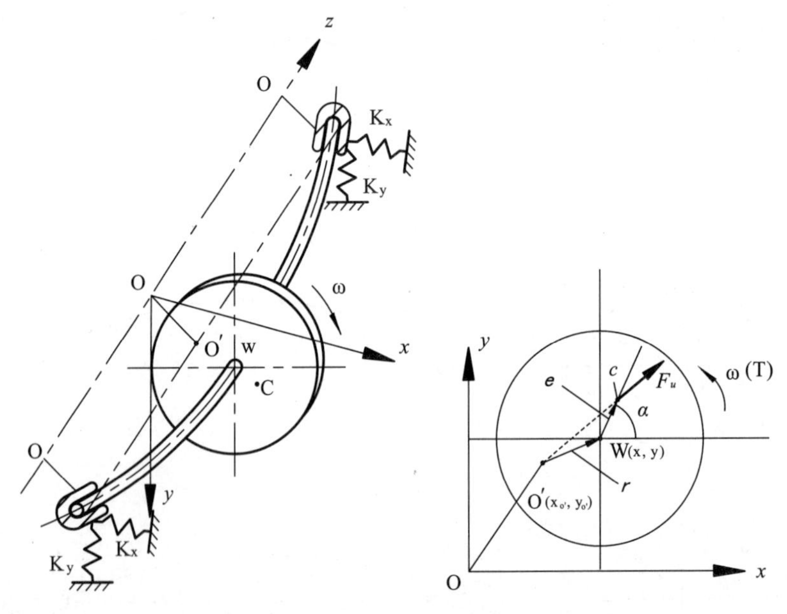

图 7-6 弹性支承的单圆盘转子运动分析图

假设转子-轴承系统左右对称。由于弹性支承的支承刚度和弹性轴的弯曲弹簧刚度是串联的，因此圆盘的支承刚度可以合成为

$$K_x'=\frac{2K_xk}{2K_x+k};\quad K_y'=\frac{2K_yk}{2K_y+k}。\tag{7-16}$$

根据运动中圆盘的平衡条件，类似于式(7-1)和式(7-4)有：

$$\left.\begin{aligned}&m\ddot{x}_C+K_x'x=0\\&m\ddot{y}_C+K_y'y=0\\&J_C\ddot{\alpha}=T+e(K_y'y\cos\alpha-K_x'x\sin\alpha)\end{aligned}\right\}。\tag{7-17}$$

本节同样基于研究转子处于平稳运转的情况。此时的驱动力矩和所有的阻力矩应该相互平衡，即外转矩 $T=0$。若将 $J_C=m\rho^2$ 代入式(7-17)中，可得

$$\ddot{\alpha}=\frac{e}{m\rho^2}(K_y'y\cos\alpha-K_x'x\sin\alpha)。$$

一般地，由于偏心距 e 和轴的挠曲变形位移量 x，y 相对于转盘的回转半径 ρ 是非常小的，因此，此时等式的右边可视为 0。

另外，转子处于平稳运转状态下可以理解为 $\ddot{\alpha}=0$ 的运转情况，所以

$$\dot{\alpha}=\omega=常数；$$
$$\alpha=\omega t。$$

根据圆盘的质心 c 与圆盘几何中心 W 的坐标关系如下：

$$\begin{cases}x_C=x+e\cos\alpha;\\y_C=y+e\sin\alpha。\end{cases}$$

于是将 $\ddot{\alpha}=0$，$\dot{\alpha}=\omega$，$\alpha=\omega t$ 和上式代入方程组(7-17)中的两个微分方程，可得

$$\begin{cases}m\ddot{x}+K_x'x=me\omega^2\cos(\omega t);\\m\ddot{y}+K_y'y=me\omega^2\sin(\omega t)。\end{cases}\tag{7-18}$$

此两方程为单圆盘转在弹性支承上的运动微分方程式。

式(7-18)显然与无阻尼的运动方程式(7-5)完全相似。它的非齐次方程式的特解即为持续的受迫振动：

$$\begin{cases}x=\dfrac{e\omega^2}{\omega_{\mathrm{dx}}^2-\omega^2}\cos(\omega t);\\[2ex]y=\dfrac{e\omega^2}{\omega_{\mathrm{dy}}^2-\omega^2}\sin(\omega t)。\end{cases}\tag{7-19}$$

式中，

$$\omega_{dx}=\sqrt{K_x'/m}=\sqrt{\frac{2K_x'k}{m(2K_x'+k)}};$$

$$\omega_{dy}=\sqrt{K_y'/m}=\sqrt{\frac{2K_y'k}{m(2K_y'+k)}}。$$

这是由于弹性支承座在其水平方向和垂直方向上的不同的支承刚度，因而转子-轴承系统具有了两个不同临界转速 ω_{dx} 和 ω_{dy}。当 $\omega=\omega_{dx}$ 或 $\omega=\omega_{dy}$ 时，圆盘的几何中心 W 的位移 x 和 y 将分别趋于无限大。倘若支承刚度 $K_x'=K_y'=K$，即所谓等刚度弹性弹性支承，则两个临界转速 ω_{dx} 和 ω_{dy} 也将合二为一，$\omega_{dx}=\omega_{dy}=\omega_d$。

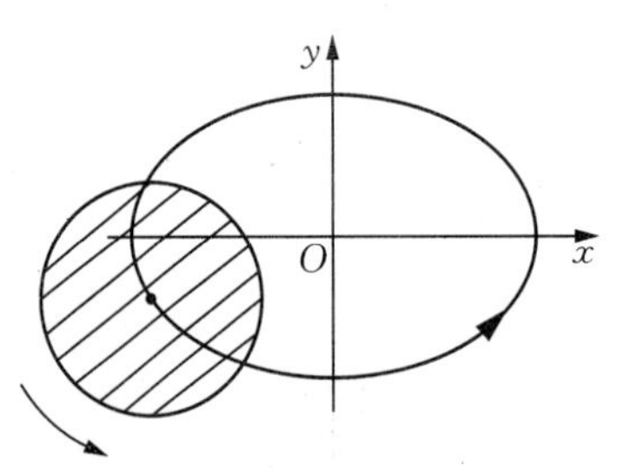

图 7-7　转子轴心的运动轨迹

由式(7-19)可以看出，坐标轴 x 方向上的振幅 $\omega^2e/(\omega_{dx}^2-\omega^2)$ 和坐标轴 y 方向上的振幅 $\omega^2e/(\omega_{dy}^2-\omega^2)$ 都随着角速度 ω 的变化而变化，且在同一时刻都不相等。因此，单圆盘转子的几何中心的运动轨迹是一个绕 z 轴旋转的椭圆。见图 7-7。

应用复数的形式 $r=x+iy$ 将式(7-19)合并写成

$$\begin{aligned} r=x+iy&=\frac{e\omega^2}{\omega_{dx}^2-\omega^2}\cos\omega t+i\frac{e\omega^2}{\omega_{dy}^2-\omega^2}\sin\omega t \\ &=e\left[\frac{\eta_x^2}{1-\eta_x^2}\cos(\omega t)+ie\frac{\eta_y^2}{1-\eta_y^2}\sin(\omega t)\right]。 \end{aligned} \tag{7-20}$$

式中，$\eta_x=\omega/\omega_{dx}$；$\eta_y=\omega/\omega_{dy}$。

上式亦为弹性支承上的单圆盘转子的不平衡响应数字表达式。它告诉我们：

(1) 转子的不平衡响应不仅使转子的自身产生动挠曲变形，而且同时导致产生两个支承的振动位移。若轴承座在 x 和 y 轴方向上的支承刚度不等，转子轴心的轨迹不再为一个正圆，而是一个椭圆。

(2) 因弹性支承在其水平方向上和垂直方向上的支承刚度不等，由此引起转子-轴承系统的临界转速也有两个不等的转速值 ω_{dx} 和 ω_{dy}。

(3) 相对于刚性支承条件，弹性支承使转子-轴承系统的临界转速有所降低。

7.3 弹性转轴的横向自由振动

在讨论了单圆盘转子的不平衡响应后，再来讨论弹性转轴的横向自由振动，寻觅它有哪些特征和规律，为挠性转子的机械平衡奠定理论基础。

7.3.1 弹性梁的横向振动

挠性转轴在力学上可视为一根弹性梁。梁在其弹性稳定平衡位置附近可发生多种形式的微小振动，包括纵向振动、扭转振动和横向振动等，而梁的横向振动乃是挠性转子机械平衡的理论基础，故我们将讨论梁的横向无阻尼自由振动。

梁作垂直于纵轴线方向上的振动，通常称之为梁的横向振动或弯曲振动。现以一根等截面的匀质弹性梁为例（见图 7-8），其两端为简支形式，且遵循虎克定律。由材料力学告诉我们，梁在过其主轴线的平面 yOz 内的弯矩 M_z 和剪切力 Q，其正方向见图 7-8。

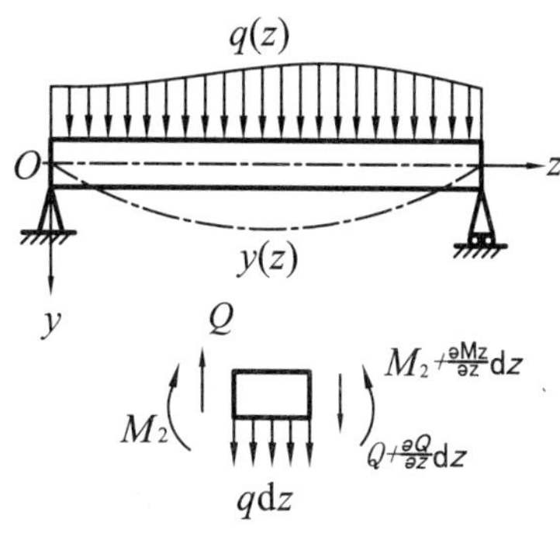

图 7-8 简支梁的受力分析图

$$\begin{cases} EJ\dfrac{\mathrm{d}^2 y}{\mathrm{d}z^2}=-M_z; \\ \dfrac{\mathrm{d}}{\mathrm{d}z}\left(EJ\dfrac{\mathrm{d}^2 y}{\mathrm{d}z^2}\right)=-\dfrac{\mathrm{d}M_z}{\mathrm{d}z}=-Q; \\ \dfrac{\mathrm{d}^2}{\mathrm{d}z^2}\left(EJ\dfrac{\mathrm{d}^2 y}{\mathrm{d}z^2}\right)=-\dfrac{\mathrm{d}Q}{\mathrm{d}z}=q(z)。\end{cases} \tag{7-21}$$

式中，E——梁材料的弹性模量；

J——梁的纵坐标 z 处截面对垂直于平面 yOz 的中心主轴的转动惯量，对于等截面梁的 J 系为常量；

M_z——弯矩；

Q——剪切力；

$q(z)$——作用在梁上的分布载荷。

于是，可得

$$q(z)=EJ\frac{\mathrm{d}^4y}{\mathrm{d}z^4}。\tag{7-22}$$

现假设梁不受任何外界载荷的作用。由于梁的自重只影响其振动的初始位置，可不计及自重的影响。当梁受了某一扰动后就作横向自由振动。此时不妨将梁看成为由无限多个质点构成的弹性系统，它的每一个质点的横向位移 y 既是坐标 z 的函数，又是时间 t 的函数。振动中的每一个质点都有加速度，也必然存在有惯性力作用于梁上。除了横向挠曲变形位移外不考虑转角等其他变形，因此惯性力为

$$q_m(z,t)=-m\frac{\partial^2y}{\partial t^2}=-\rho A\frac{\partial^2y}{\partial t^2}。\tag{7-23}$$

式中，$m=\rho A$ ——梁的单位长度质量，其中 ρ 为梁的材料密度，A 为梁的截面积。

此惯性力 $q_m(z,t)$对于梁是一个分布载荷，因此由它产生的挠度也应满足式(7-22)，即

$$EJ\frac{\mathrm{d}^4y}{\mathrm{d}z^4}=-\rho A\frac{\partial^2y}{\partial t^2},$$

写成

$$EJ\frac{\mathrm{d}^4y}{\mathrm{d}z^4}+\rho A\frac{\partial^2y}{\partial t^2}=0。\tag{7-24}$$

式(7-24)便是等截面匀质梁横向无阻尼自由振动的微分方程式。

不难看出，梁的振动位移 y 是一个二元函数，为此可采用分离变量法来求解方程。设梁的横向无阻尼自由振动方程式的解为两个因子的乘积，即

$$y(z,t)=\phi(z)T(t)。\tag{7-25}$$

式中，$\phi(z)$——梁的最大挠度曲线，是纵坐标 z 的函数；

$T(t)$——时间 t 的函数。

将式(7-25)代入方程式(7-24)，整理得

$$\frac{EJ}{\rho A}\frac{1}{\phi(z)}\frac{\mathrm{d}^4\phi}{\mathrm{d}z^4}=-\frac{1}{T(t)}\frac{\mathrm{d}^2T(t)}{\mathrm{d}t^2}。\tag{7-26}$$

由于 z 和 t 是两个独立的变量，所以上式等号两边的单元函数只有当它们都等于某一个常数时才能成立。令该常数为 p^2，则可得到两

个常微分方程式

$$\frac{\mathrm{d}^2 T(t)}{\mathrm{d}t^2}+p^2 T(t)=0; \tag{7-27}$$

$$\frac{\mathrm{d}^4 \phi}{\mathrm{d}z^4}-\frac{\rho A}{EJ}p^2\phi(z)=0。 \tag{7-28}$$

方程式(7-27)的解可写成:

$$T(t)=D\sin(pt+\theta)。 \tag{7-29}$$

式中,系数 D 和 θ 由梁的初始条件所决定。

又令 $K^4=\frac{\rho A}{EJ}p^2$,则方程式(7-28)可写成

$$\frac{\mathrm{d}^4 \phi(z)}{\mathrm{d}z^4}-K^4\phi(z)=0。 \tag{7-30}$$

它的通解为

$$\phi(z)=C_1\sin(kz)+C_2\cos(kz)+C_3\mathrm{sh}(kz)+C_4\mathrm{ch}(kz)。 \tag{7-31}$$

式中,C_1, C_2, C_3, C_4 为任意常数,可由梁的支承条件决定。常见梁的支承条件有如下 3 种类型:

——固定端　$\phi(z)=0$,　$\frac{\mathrm{d}\phi(z)}{\mathrm{d}z}=0$;

——简支端　$\phi(z)=0$,　$\frac{\mathrm{d}^2\phi(z)}{\mathrm{d}z^2}=0$;

——自由端　$\frac{\mathrm{d}^2\phi(z)}{\mathrm{d}z^2}=0$,　$\frac{\mathrm{d}^3\phi(z)}{\mathrm{d}z^3}=0$。

大型汽轮机或发电机等转子往往由一对球面滑动轴承所支承,因而它的力学模型可以简化成一对铰链支承,即为简支端的支承条件:

$$\phi(0)=0;\ \phi(l)=0;\ \frac{\mathrm{d}^2\phi(0)}{\mathrm{d}z^2}=0;\ \frac{\mathrm{d}^2\phi(l)}{\mathrm{d}z^2}=0。$$

将此四个支承条件代入式(7-31),可得:

$$\begin{cases} C_2+C_4=0; \\ K^2(-C_2+C_4)=0; \\ C_1\sin(kl)+C_2\cos(kl)+C_3\mathrm{sh}(kl)+C_4\mathrm{ch}(kl)=0; \\ K^2[-C_1\sin(kl)-C_2\cos(kl)+C_3\mathrm{sh}(kl)+C_4\mathrm{ch}(kl)]=0。 \end{cases}$$

解此方程组，可得 $C_2=C_4=0$，余下的方程组为

$$\begin{cases}C_1\sin(kl)+C_3\text{sh}(kl)=0;\\K^2[-C_1\sin(kl)+C_3\text{sh}(kl)]=0。\end{cases}$$

如果它的系数行列式不等于0，则 $C_1=C_3=0$，即只有零解。这就意味着 $\phi(z)=0$，转子处于静止状态，这对旋转着的转轴毫无意义。所以，此齐次方程组要有非零解的话，则其系数行列式应为0：

$$K^2\begin{vmatrix}\sin(kl) & \text{sh}(kl)\\-\sin(kl) & \text{sh}(kl)\end{vmatrix}=0,$$

即

$$2K^2\sin(kl)\cdot\text{sh}(kl)=0。$$

由于 K^2 和 $\text{sh}(kl)$ 不能同时为零，故得 $\sin(kl)=0$。这就是简支梁作横向自由振动时的频率方程式。所以

$$kl=\pi,\ 2\pi,\ 3\pi,\ \cdots,$$

即
$$K_n=\frac{n\pi}{l}\quad n=1,\ 2,\ 3,\ \cdots。$$

所以

$$p_n=K_n^2\sqrt{\frac{EJ}{\rho A}}=\left(\frac{n\pi}{l}\right)^2\sqrt{\frac{EJ}{\rho A}}。\tag{7-32}$$

与 p_n 相应的函数为

$$\phi(z)=C_n\sin\left(\frac{n\pi}{l}z\right),\qquad n=1,\ 2,\ 3,\ \cdots。\tag{7-33}$$

由式(7-32)可以知道，p_n 是由梁的抗弯刚度和质量分布以及它的支承条件所规定，为梁及其支承的固有属性，所以它被定义为梁的横向自由振动的 n 阶固有频率，也称 n 阶主频率。弹性梁的横向自由振动的固有频率有无限多个。

式(7-33)表示了简支梁沿其主轴线 z 上各质点相对于梁的各个主频率的最大振动位移。众所周知，当梁的沿其主轴线 z 上各质点的位移确定之后，整个梁的动挠曲变形也就被确定了，所以，我们把梁对应于各主频率 p_n 的振动位移的连续集合称为梁的 n 阶主振型。表达式 $\phi(z)$ 被称为梁的 n 阶主振型函数，简称振型函数。理论上，弹性梁在作横向自由振动时具有无限多个主振型。弹性梁的各阶振型函数同样由

梁的弯曲刚度、质量分布以及支承条件所规定，而与外界条件无关，为梁及其支承的固有属性。不同梁的结构及支承条件，其各阶振型函数也不相同。

根据振型函数可绘出梁在全长上的动挠曲变形曲线，被称为主振型曲线。简支梁的主振型曲线为正弦曲线。见图7-9。图中各阶主振型曲线的半波数目恰好等于该阶主振型阶数 n。当 $n=1, 2, 3$ 时，分别称之为简支梁的第一、二、三阶主振型曲线。称主振型曲线与横坐标的交点即振动位移为零的点为节点，第 n 阶主振型曲线的节点数为 $n-1$ 个。

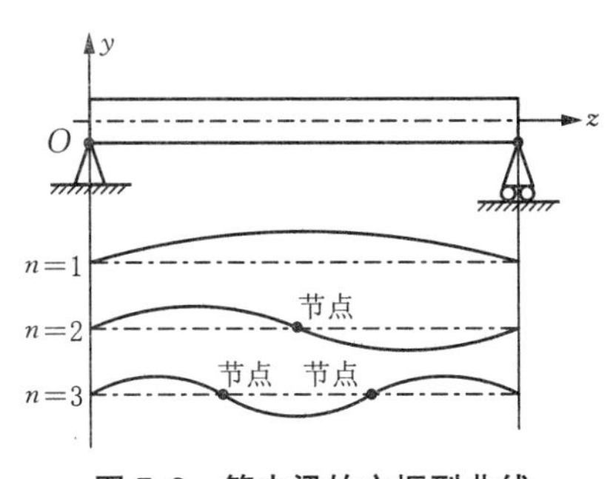

图7-9　简支梁的主振型曲线

再回到方程式(7-24)，当梁以某 n 阶主振型作振动时，方程的解可写成

$$y_n(z, t)=C_n\sin\left(\frac{n\pi}{l}z\right)\sin(p_n t)。\tag{7-34}$$

式中，C_n 由振动的起始条件即当 $t=0$ 时 $y_n(z, t)$ 和 $\dot{y}_n(z, t)$ 的值决定。必须指出，只有在特定条件下才能单独激发起梁的某 n 阶主振型，此时梁的动挠曲变形曲线与该阶主振型曲线才相吻合。

一般情况下，弹性梁的横向无阻尼自由振动有无限多个主振型的叠加，其数学表达式为

$$y(z, t)=\sum_{n=1}^{\infty}C_n\sin\left(\frac{n\pi}{l}z\right)D_n\sin(p_n t+\varphi_n)。\tag{7-35}$$

式中

$$p_n=\left(\frac{n\pi}{l}\right)^2\sqrt{\frac{EJ}{\rho A}},\ n=1, 2, 3, \cdots。$$

这就是弹性梁作横向自由振动时的运动规律。

7.3.2　弹性转轴的横向自由振动

我们不妨将弹性转轴视为沿其纵轴线 z 连续分布的若干个圆盘串联构成的弹性轴，现在讨论其旋转状态下的横向自由振动。

如图7-10所示，一个等圆截面匀质弹性轴(即其质心无偏心距)绕

其轴承中心连线以角速度 ω 旋转，其两端轴承取简支情况。

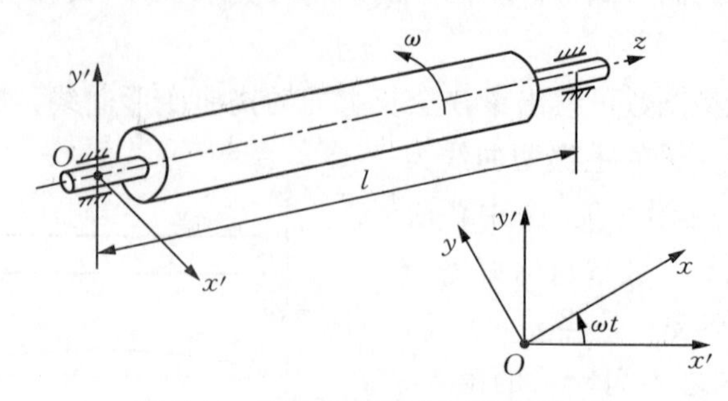

图 7-10　弹性转轴的横向振动分析图

设固定坐标系 $o\text{-}x'y'z$，又设坐标轴 z 与转轴重合并一起以角速度 ω 旋转的动坐标系 $o\text{-}xyz$，两坐标系的 z 轴重合。当转轴在旋转中受到一扰动而发生挠曲变形，则它在动坐标系 $o\text{-}xyz$ 上便成为一挠曲变形曲线 $\boldsymbol{r}(z)$，由此挠曲变形而引发的转轴的离心惯性力 $\boldsymbol{F}=\rho A\omega^2\boldsymbol{r}(z)$。式中，$\rho A$ 为转轴单位长度的单位质量，其中 ρ 为转轴的材质密度，A 为梁的圆截面积；$\boldsymbol{r}(z)$ 为转轴轴心的挠曲变形在 z 处的位移。该惯性力系为一个分布载荷，若不考虑它的惯性力矩，此惯性力最后与转轴的弹性恢复力达到力的平衡，在它的动坐标平面 oxz 和 oyz 上即为

$$\begin{cases} EJ\dfrac{\mathrm{d}^4x(z)}{\mathrm{d}x^4}-\rho A\omega^2x(z)=0; \\ EJ\dfrac{\mathrm{d}^4y(z)}{\mathrm{d}y^4}-\rho A\omega^2y(z)=0。\end{cases} \tag{7-36}$$

式中，$x(z)$ 和 $y(z)$ 分别为转轴的挠曲变形 $\boldsymbol{r}(z)$ 在 oxz 和 oyz 平面上的投影分量。

将式(7-36)改写为

$$\begin{cases} \dfrac{\mathrm{d}^4x(z)}{\mathrm{d}x^4}-\dfrac{\rho A}{EJ}\omega^2x(z)=0; \\ \dfrac{\mathrm{d}^4y(z)}{\mathrm{d}y^4}-\dfrac{\rho A}{EJ}\omega^2y(z)=0。\end{cases} \tag{7-37}$$

则式(7-37)为等圆截面匀质弹性转轴作横向自由振动时在动坐标系 oxz 和 oyz 平面上的微分方程组。而式(7-28)为等截面匀质弹性梁在其固定坐标系上的作横向自由振动的微分方程式。比较此两方程式可

以看出，在式(7-28)中的p是梁的横向自由度振动的主频率，而式(7-37)中的ω为转轴的旋转角速度。当两者的支承条件相同时，两个方程的解应具有相同的形式，也即对于两端为简支的等圆截面匀质弹性转轴。当它的角速度ω为

$$\omega=\omega_n=\left(\frac{n\pi}{l}\right)^2\sqrt{\frac{EJ}{\rho A}} \tag{7-38}$$

时，与它相应的主振型函数为

$$\begin{cases} x_n(z)=A_n\sin\left(\dfrac{n\pi}{l}z\right); \\ y_n(z)=B_n\sin\left(\dfrac{n\pi}{l}z\right)。 \end{cases} \quad n=1,2,3,\cdots。 \tag{7-39}$$

它们的前三阶的挠曲振型曲线也应如图 7-9 所示。

ω_n为挠性转轴的挠曲临界转速。在不计转动惯量时，它和梁的横向振动的固有频率相同。

当弹性转轴以某n阶主振型作横向自由振动时，其振动表达式为

$$\begin{cases} x_n(z,t)=A_n\sin\left(\dfrac{n\pi z}{l}\right)\sin\omega_n t; \\ y_n(z,t)=B_n\sin\left(\dfrac{n\pi z}{l}\right)\cos\omega_n t。 \end{cases} \tag{7-40}$$

式中，A_n和B_n为待定常数，由振动的初始条件决定。

可将式(7-40)用复数的形式$\boldsymbol{r}=x+\mathrm{i}y$和尤拉公式$\mathrm{e}^{\mathrm{i}\alpha}=\cos\alpha+\mathrm{i}\sin\alpha$归并为

$$r(z,t)=\mathrm{e}^{\mathrm{i}\omega t}\sum_{n=1}^{\infty}(x_n+\mathrm{i}y_n)=\mathrm{e}^{\mathrm{i}\omega t}\sum_{n=1}^{\infty}C_n\sin\left(\frac{n\pi}{l}z\right)。 \tag{7-41}$$

式中，待定常数　　$C_n=\sqrt{A_n^2+B_n^2}$；

临界转速　　$\omega_n=\left(\dfrac{n\pi}{l}\right)^2\sqrt{\dfrac{EJ}{\rho A}}$。

上式为两端简支的等截面匀质弹性转轴当它们以角速度ω旋转时，由于受到某一扰动而产生挠曲变形的横向自由振动的数学表达式。

弹性转轴的挠曲主振型函数和相应的临界转速反映了弹性转轴横向振动的特性和规律，它们与转轴的形状、尺寸以及支承条件密切相关，为转轴及其支承条件的固有属性。见图 7-11，图 7-12。

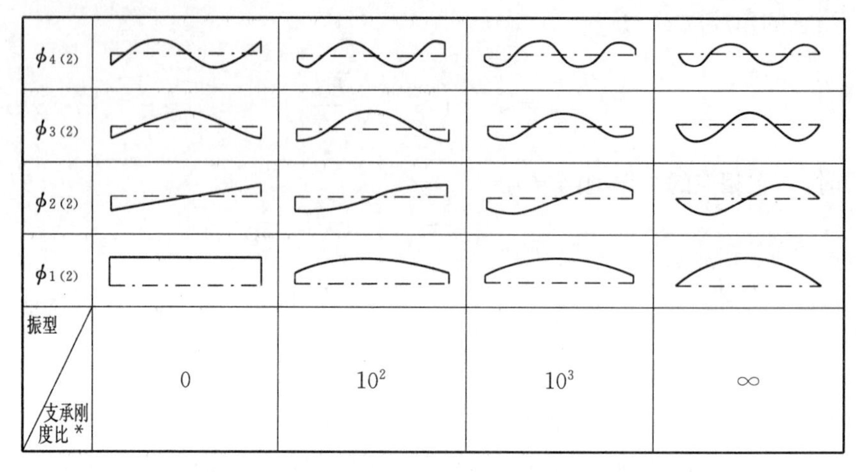

图 7-11　弹性转轴的振型曲线与其支承刚度有关

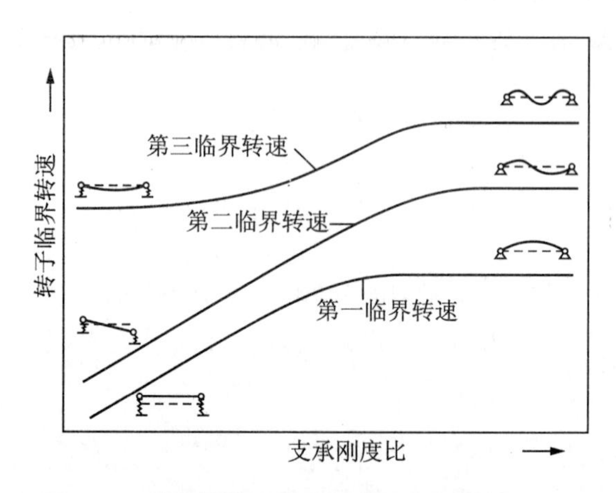

图 7-12　弹性转轴的临界转速随支承刚度而变化

等截面匀质弹性转轴的不同支承条件、振型函数及其临界转速见表 7-1。至于对实际的结构复杂的转轴及其轴承系统的相关振型及临界转速，其计算十分复杂，限于本书专业范围这部分不作更深入的讨论，读者若有需要可参阅有关专业书刊。

* 注：此处支承刚度比可参阅本书的参考文献[25]。

表 7-1　等截面匀质对称转轴的挠曲振型函数与临界转速

临界转速 $\omega_n=\frac{\lambda_n^2}{l^2}\sqrt{\frac{EJ}{\rho A}}$，当 EJ，ρA 为一定时，λ_n 为固有值。

<table>
<tr><th>例*</th><th>支承条件与振型曲线</th><th colspan="2">振型函数</th><th colspan="3">固有值</th></tr>
<tr><td>1</td><td>简支—简支 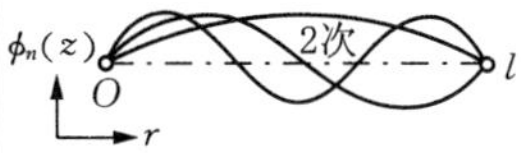</td><td colspan="2">$\phi_n(z)=\sin\frac{\lambda_n}{l}z$</td><td colspan="3">$\lambda_n=n\pi(n=1, 2, 3, \cdots)$</td></tr>
<tr><td>2</td><td>滚子端—滚子端 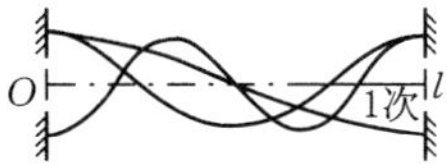</td><td colspan="2">$\cos\frac{\lambda_n}{l}z$</td><td colspan="3">$\lambda=n\pi(n=1, 2, 3, \cdots)$</td></tr>
<tr><td rowspan="4">3</td><td rowspan="4">插入端—插入端 </td><td rowspan="4" colspan="2">$\left[\mathrm{ch}\left(\frac{\lambda_n}{l}z\right)-\cos\left(\frac{\lambda_n}{l}z\right)\right]-C\left[\mathrm{sh}\left(\frac{\lambda_n}{l}z\right)-\sin\left(\frac{\lambda_n}{l}z\right)\right]$</td><td>$n$</td><td>$\lambda_n$</td><td>$C$</td></tr>
<tr><td>1</td><td>4.730</td><td>0.982 5</td></tr>
<tr><td>2</td><td>7.853 2</td><td>1.000 8</td></tr>
<tr><td>3</td><td>10.995 6</td><td>0.999 97</td></tr>
<tr><td rowspan="3">4</td><td rowspan="3">自由端—自由端 </td><td rowspan="3" colspan="2">$\left[\mathrm{ch}\left(\frac{\lambda_n}{l}z\right)+\cos\left(\frac{\lambda_n}{l}z\right)\right]-C\left[\mathrm{sh}\left(\frac{\lambda_n}{l}z\right)+\sin\left(\frac{\lambda_n}{l}z\right)\right]$</td><td>4</td><td>14.137</td><td>1.000 0</td></tr>
<tr><td>5</td><td>17.278 8</td><td>0.999 999</td></tr>
<tr><td>>5</td><td>$\frac{(2n+1)\pi}{2}$</td><td>1.0</td></tr>
<tr><td rowspan="2">5</td><td rowspan="2">弹性端—弹性端 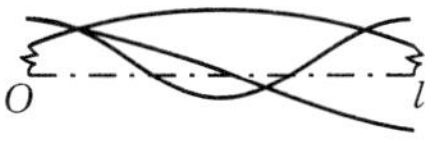</td><td>奇数次</td><td>$\frac{\mathrm{ch}\lambda\left(\frac{1}{2}-\frac{z}{l}\right)}{2\mathrm{ch}\frac{\lambda}{2}}+\frac{\cos\lambda\left(\frac{1}{2}-\frac{z}{l}\right)}{2\cos\frac{\lambda}{2}}$</td><td colspan="3">$\mathrm{th}\frac{\lambda}{2}+\tan\frac{\lambda}{2}=\frac{\alpha}{\lambda^3}$ 的根 $\alpha=2K\sqrt{\frac{EI}{l^3}}$</td></tr>
<tr><td>偶数次</td><td>$\frac{\mathrm{sh}\lambda\left(\frac{1}{2}-\frac{z}{l}\right)}{2\mathrm{sh}\frac{\lambda}{2}}+\frac{\sin\lambda\left(\frac{1}{2}-\frac{z}{l}\right)}{2\sin\frac{\lambda}{2}}$</td><td colspan="3">$\mathrm{cth}\frac{\lambda}{2}-\cot\frac{\lambda}{2}=\frac{\alpha}{\lambda^3}$ 的根 $\alpha=2K\sqrt{\frac{EI}{l^3}}$</td></tr>
</table>

注：* 表中例 1～例 4 摘自 church. A. H. *Mechanical Vibration*.(1963)

图 7-13 为在弹性支承上的弹性转轴的挠曲振型曲线图。

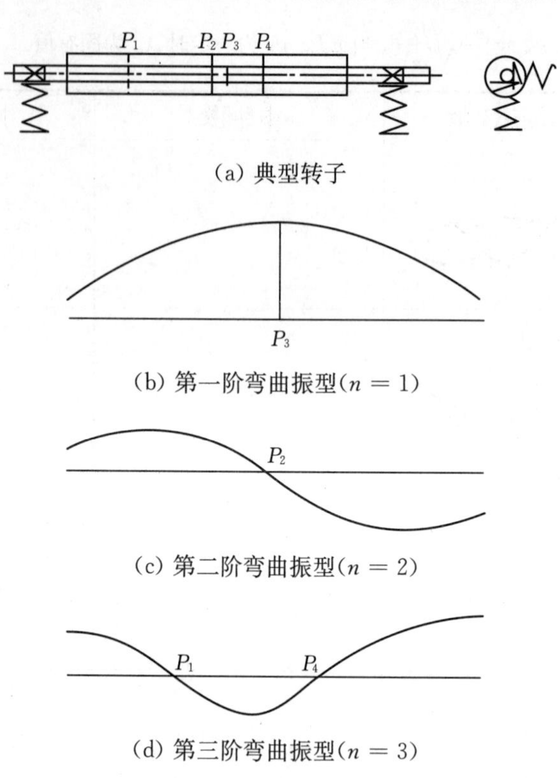

(a) 典型转子

(b) 第一阶弯曲振型($n=1$)

(c) 第二阶弯曲振型($n=2$)

(d) 第三阶弯曲振型($n=3$)

图 7-13　在弹性支承上弹性转轴的振型

注:P_1，P_2 和 P_4 为节点,P_3 为反节点。

振型函数具有一个重要的性质,即正交性。其数学表达式为

$$\int_0^l \phi_k(z)\phi_n(z)\mathrm{d}z \begin{cases} =0, \ k \neq n; \\ =N, \ k=n。\end{cases} \tag{7-42}$$

现对振型函数的正交性证明如下:

将转轴的挠曲变形的微分方程式(7-36)改写成

$$\frac{\mathrm{d}^2}{\mathrm{d}z^2}\left[EJ\ \frac{\mathrm{d}^2 x(z)}{\mathrm{d}z^2}\right]-\omega^2\rho A x(z)=0。$$

把 k，n 阶振型函数 $\phi_k(z)$和 $\phi_n(z)$代入上式,ω 也用相应的 ω_k 和 ω_n 代入,得

$$\frac{\mathrm{d}}{\mathrm{d}z^2}\left[EJ\ \frac{\mathrm{d}^2 \phi_k(z)}{\mathrm{d}z^2}\right]-\omega_k^2\rho A\phi_k(z)=0; \tag{$*$}$$

$$\frac{d^2}{dz^2}\left[EJ\frac{d^2\phi_n(z)}{dz^2}\right]-\omega_n^2\rho A\phi_n(z)=0。\qquad(**)$$

用振型函数 $\phi_n(z)$乘以式(*)并在转轴的全长 $0\sim l$ 进行积分，

$$\int_0^l\phi_n(z)\frac{d^2}{dz^2}\left[EJ\frac{d^2\phi_k(z)}{dz^2}\right]dz=\phi_n(z)\cdot\frac{d}{dz}\left[EJ\frac{d^2\phi_k(z)}{dz^2}\right]\Bigg|_0^l-$$

$$\frac{d\phi_n(z)}{dz}\cdot EJ\frac{d^2\phi_k(z)}{dz^2}\Bigg|_0^l+\int_0^l\frac{d^2\phi_k(z)}{dz^2}\cdot\frac{d^2\phi_n(z)}{dz^2}dz=$$

$$\omega_k^2\rho A\int_0^l\phi_k(z)\phi_n(z)dz。\qquad(***)$$

同样地，用 $\phi_k(z)$乘以式(**)并在转轴的全长 $0\sim l$ 进行积分，

$$\int_0^l\phi_k(z)\frac{d^2}{dz^2}\left[EJ\frac{d^2\phi_n(z)}{dz^2}\right]dz=\phi_k(z)\cdot\frac{d}{dz}\left[EJ\frac{d^2\phi_n(z)}{dz^2}\right]\Bigg|_0^l$$

$$-\frac{d\phi_k(z)}{dz}\cdot EJ\frac{d^2\phi_n(z)}{dz^2}\Bigg|_0^l+\int_0^l\frac{d^2\phi_k(z)}{dz^2}\cdot\frac{d^2\phi_n(z)}{dz^2}dz=$$

$$\omega_n^2\rho A\int_0^l\phi_k(z)\phi_n(z)dz。\qquad(****)$$

根据不同支承的支承条件(如固定端、简支端)，它们有 $\phi(z)=0$，$\frac{d\phi(z)}{dz}=0$，$\frac{d^2\phi(z)}{dz^2}=0$ 以及 $z=0$ 和 $z=l$ 的支承条件，代入式(***)和(****)的等号左边的第一、二项后，等号右边只剩下积分项。若将此两式相减，得

$$(\omega_k^2-\omega_n^2)\rho A\int_0^l\phi_k(z)\phi_n(z)dz=0。$$

若 $k\neq n$，即 $\omega_k\neq\omega_n$ 时，则

$$\int_0^l\phi_k(z)\phi_n(z)dz=0;$$

而若 $k=n$，即 $\omega_k=\omega_n$ 时，则

$$\int_0^l\phi_k(z)\phi_n(z)dz=N。$$

至此，振型函数的正交性得到了证明。

对于非等截面的转轴，主振型函数的正交性的数学表达式可写成

$$\int_0^l \rho A(z)\phi_k(z)\phi_n(z)\mathrm{d}z \begin{cases} =0, & k \neq n; \\ =N, & k = n。\end{cases} \tag{7-43}$$

振型函数正交性对于研究挠性转子的机械平衡有着非常重要的意义。

7.4 挠性转子的不平衡振动响应

1. 挠性转子不平衡振动响应的数学表达

图 7-14 所示为一个以角速度 ω 旋转的挠性转子，系具有连续分布质量的柔性体。取固定于 z 轴上并与轴一起以角速度 ω 旋转的动坐标系 $o\text{-}xyz$。设当转子处于平稳运动时，因质量分布不均衡不对称所产生的不平衡离心力而导致转轴产生挠曲变形，纵坐标 z 处的单元轴段的轴心 o' 偏离其旋转中心 o 点的动挠曲位移为 $\boldsymbol{r}(z)$，并令 o' 点在动坐标系上的坐标为 $(x,\ y)$，而轴段的质心 c 点对偏离轴心 o' 的偏心距 $\boldsymbol{e}(z)= e(z)\mathrm{e}^{\mathrm{i}\alpha_z}$。其中相位角 α_z 为当 $t=0$ 时，偏心距 $\boldsymbol{e}$ 与动坐标 x 轴之间的夹角。

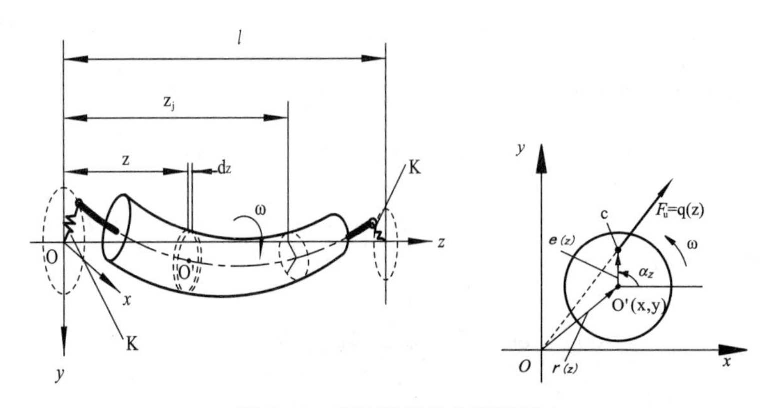

图 7-14 挠性转子的力学模型

c—dz 轴段的质心；o'—dz 轴段的几何中心

现设 $\boldsymbol{r}(z)$ 代表转子的挠度曲线，$\boldsymbol{e}(z)$ 代表转子沿其轴向连续分布的质心的偏心距，$\rho A(z)$ 为转子单位长度的质量。其中 ρ 为转子的材质密度，A 为纵坐标 z 处转子的截面积，$\boldsymbol{u}(z)$ 代表转子沿其轴连续分布的不平衡量，即 $\boldsymbol{u}(z)=\rho A(z)[\boldsymbol{r}(z)+\boldsymbol{e}(z)]$。

此时，转子单元轴段 z 处的不平衡离心力为

$$\boldsymbol{q}(z)=\omega^2\rho A(z)[\boldsymbol{r}(z)+\boldsymbol{e}(z)]。$$

根据动静法，可由式(7-21)得出挠性转子的挠曲变形的微分方程式

$$\frac{\mathrm{d}^2}{\mathrm{d}z^2}\left[EJ(z)\frac{\mathrm{d}^2\boldsymbol{r}(z)}{\mathrm{d}z^2}\right]-\omega^2\rho A(z)[\boldsymbol{r}(z)+\boldsymbol{e}(z)]=0,$$

即

$$\frac{\mathrm{d}^2}{\mathrm{d}z^2}\left[EJ(z)\frac{\mathrm{d}^2\boldsymbol{r}(z)}{\mathrm{d}z^2}\right]-\omega^2\rho A(z)\boldsymbol{r}(z)=\omega^2\rho A(z)\boldsymbol{e}(z)。\tag{7-44}$$

不难看出，若转子不存在不平衡度 $\boldsymbol{e}(z)$ 或不平衡量 $\boldsymbol{u}(z)$ 为 0，亦即 $\boldsymbol{e}(z)=\boldsymbol{0}$，则方程式(7-44)成为等号右边为 0 的齐次方程，和式(7-36)相似，相当于转子的横向自由挠曲振动方程式；而当 $\boldsymbol{e}(z)\neq 0$，则非齐次方程式(7-44)描述了挠性转子在其不平衡离心力激励下的横向受迫挠曲振动方程式。

根据它所对应的齐次方程的解，即得到一系列的临界转速和相应的振型函数。为求解方程(7-44)，不妨将转子存在的不平衡量 $\boldsymbol{e}(z)$ 变换成一系列振型分量的线性组合形式。

在一般情况下，转子的不平衡量 $\boldsymbol{e}(z)$ 是连续分布的，且又是任意的未知空间曲线。见图 7-15(b)所示。而振型函数为一系列的平面曲线，见图 7-15(c)、(d)和(e)。而空间曲线 $\boldsymbol{e}(z)$ 在两个与转子同轴旋转的动坐标平面 oxz 和 oyz 上的投影分量却是两条平面曲线，见图 7-16。

于是，不妨将 $\boldsymbol{e}(z)$ 用复数形式来表达：

$$\boldsymbol{e}(z)=e(z)\mathrm{e}^{\mathrm{i}\alpha_z}=e(z)[\cos\alpha_z+\mathrm{i}\sin\alpha_z]=e_x(z)+\mathrm{i}e_y(z)。\tag{7-45}$$

式中，i 为虚数，$\mathrm{i}=\sqrt{-1}$，下同；实部 $e_x(z)=e(z)\cos\alpha_z$；虚部 $e_y(z)=e(z)\sin\alpha_z$。

现以两端为简支端的支承条件为例，挠性转子的不平衡量 $\boldsymbol{e}(z)$ 可按照式(7-39)振型函数的分布规律展开：

$$\begin{aligned}\boldsymbol{e}(z)&=e(z)\mathrm{e}^{\mathrm{i}\alpha_z}=e_x(z)+\mathrm{i}e_y(z)=\\&\left[A_1\sin\frac{\pi z}{l}+A_2\sin\frac{2\pi z}{l}+\cdots\right]+\mathrm{i}\left[B_1\sin\frac{\pi z}{l}+B_2\sin\frac{2\pi z}{l}+\cdots\right]=\\&\sum_{n=1}^{\infty}(A_n+\mathrm{i}B_n)\sin\frac{n\pi z}{l}=\\&\sum_{n=1}^{\infty}C_n\mathrm{e}^{\mathrm{i}\alpha_n}\phi_n(z)。\end{aligned}\tag{7-46}$$

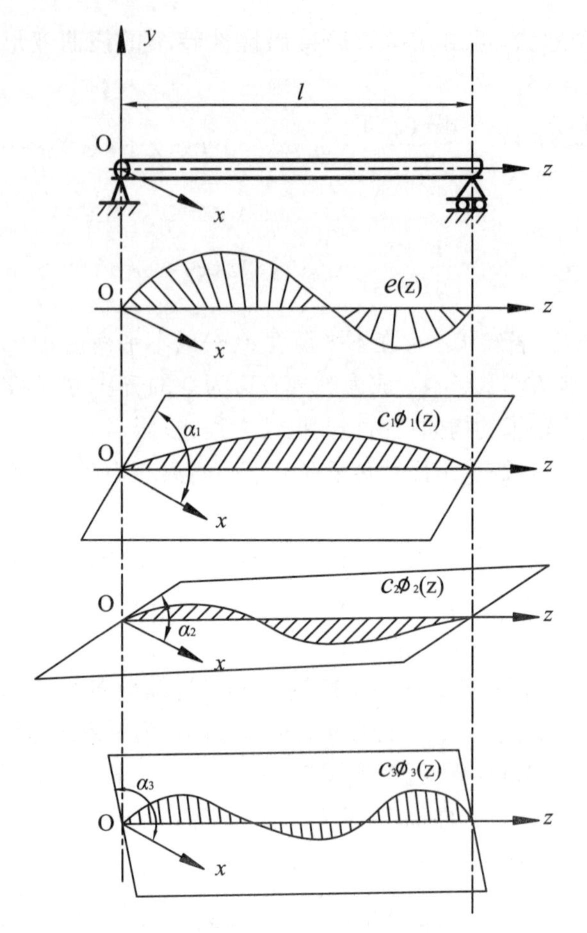

图 7-15　转子的不平衡量 $e(z)$ 连续分布曲线及其前三阶振型曲线

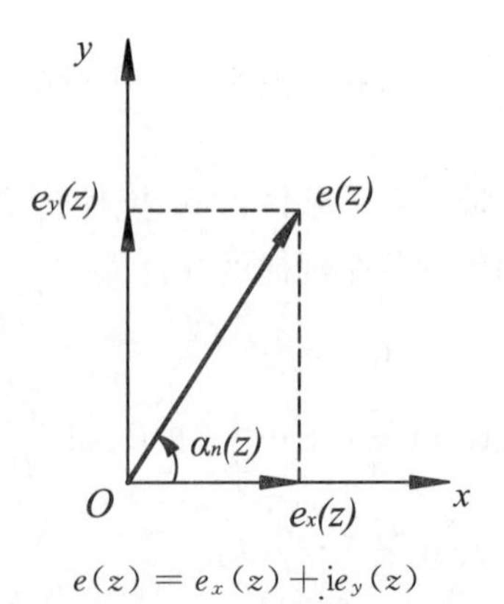

$$e(z)=e_x(z)+ie_y(z)$$

图 7-16　空间曲线 $e(z)$ 在两个坐标轴平面上的投影分量

式中，$C_n=\sqrt{A_n^2+B_n^2}$ 为转子的第 n 阶振型不平衡量的展开系数；

$\alpha_n=\arctan(A_n/B_n)$ 为 n 阶振型不平衡量相对于坐标平面 oxz 相位角(见图 7-15)。

式(7-46)告诉我们，转子的任何连续分布的不平衡量 $\boldsymbol{e}(z)$ 为一条空间任意曲线，若将它按实部和虚部展开，便成为两条平面曲线。而这两条平面曲线分别又可以展开成无限多阶振型分量之和，然后再按各阶的两个同阶分量分别合成，便成为无限多个振型不平衡量 $C_1\phi_1(z)$，$C_2\phi_2(z)$，$C_3\phi_3(z)$，…。见图 7-15(c)、(d)、(e)。式(7-46)中的幂 $e^{i\alpha_z}$ 表示了这些振型不平衡量各自处于一个轴向平面内，并且各阶振型不平衡量所在的轴向平面又都不相重合，但又都通过旋转轴 oz，它们各自处在相对于坐标平面 oxz 的相位角分别为 α_n 的轴向平面内。

将式(7-46)代入式(7-44)，得

$$\frac{\partial^2}{\partial z^2}\left[EJ(z)\frac{\partial^2\boldsymbol{r}(z,t)}{\partial z^2}\right]-\omega^2\rho A(z)\boldsymbol{r}(z)=$$

$$\omega^2\rho A(z)\sum_{n=1}^{\infty}(A_n+\mathrm{i}B_n)\sin\frac{n\pi z}{l}=$$

$$\omega^2\rho A(z)\sum_{n=1}^{\infty}C_n e^{i\alpha_n}\phi_n(z)。\tag{7-47}$$

此式为挠性转子在其不平衡离心力的激励下作横向受迫挠曲振动的另一种形式的微分方程式。该方程式的解由它的齐次方程的通解和非齐次方程的特解组成，其中齐次方程的通解已于上节中讨论过，它代表了转子的挠曲自由振动部分，由于不可避免地存在有阻尼的作用而很快消失。非齐次方程的特解则对应着转子的受迫挠曲振动的稳定解，它对挠性转子的不平衡响应的研究具有极其重要的意义。

对于大型的汽轮机和发电机的转子，其两端的轴承均为球面滑动轴承，因而在力学模型上可被简化成为简支端的支承条件。又为简单起见，在不妨碍得出其结论的前提下，假设转子为等圆截面的转子，这样，它的截面积 $A(z)$ 和截面的转动惯量 $J(z)$ 都为常量。于是方程式(7-47)的特解可令其具有如下形式(在不考虑阻尼的情况下)：

$$r(z)=\sum_{n=1}^{\infty}D_n\sin\left(\frac{n\pi}{l}z\right)。\tag{7-48}$$

将式(7-48)代入式(7-47)，可以得到

$$\sum_{n=1}^{\infty}(\omega_n^2-\omega^2)D_n=\omega^2\sum_{n=1}^{\infty}(A_n+\mathrm{i}B_n)。$$

式中，$\omega_n=\left(\frac{n\pi}{l}\right)^2\sqrt{\frac{ET}{\rho A}}$ 为转子的临界转速。

显然，上式等号两边的同阶的系数应该各各相等，即

$$D_n=\frac{\omega^2}{\omega_n^2-\omega^2}(A_n+\mathrm{i}B_n)\quad n=1,2,3,\cdots。$$

于是，式(7-48)可以写成为

$$r(z)=\sum_{n=1}^{\infty}\frac{\omega^2}{\omega_n^2-\omega^2}(A_n+\mathrm{i}B_n)\sin\frac{n\pi}{l}z。\tag{7-49}$$

此式为微分方程(7-47)的特解，是它描述出挠性转子的动挠度曲线，也为挠性转子在其不平衡离心力的激励下所引发的挠曲振动的表达式。它揭示了挠性转子的不平衡振动响应的特征及一般规律。

2. 挠性转子不平衡振动响应的特征及一律规律

(1) 当挠性转子以某一角速度 ω 旋转时，由于其质量分布不均衡不对称而导致转子产生挠曲变形。其动挠度 $r(z)$可以看成由动坐标平面 oxz 上的平面曲线

$$x(z)=\sum_{n=1}^{\infty}\frac{\omega^2}{\omega_n^2-\omega^2}A_n\sin\frac{n\pi}{l}z$$

和动坐标平面 oyz 上的平面曲线

$$y(z)=\sum_{n=1}^{\infty}\frac{\omega^2}{\omega_n^2-\omega^2}B_n\sin\frac{n\pi}{l}$$

两部分合成。因此，挠性转子的动挠度曲线

$$r(z)=x(z)+\mathrm{i}y(z)=\sum_{n=1}^{\infty}\frac{\omega^2}{\omega_n^2-\omega^2}(A_n+\mathrm{i}B_n)\sin\left(\frac{n\pi}{l}z\right)=$$

$$\sum_{n=1}^{\infty}\frac{\omega^2}{\omega_n^2-\omega^2}C_n\mathrm{e}^{\mathrm{i}\alpha_n}\phi_n(z)\tag{7-50}$$

是一条空间曲线，它由无限多个不同阶的挠型曲线在空间叠加而成。

因此，挠性转子的动挠度，亦谓不平衡响应可以表达为

$$r(z,t)=e^{i\omega t}\sum_{n=1}^{\infty}\frac{\omega^2}{\omega_n^2-\omega^2}(A_n+iB_n)\sin\left(\frac{n\pi}{l}z\right)=$$

$$\sum_{n=1}^{\infty}\frac{\omega^2}{\omega_n^2-\omega^2}C_n e^{i\alpha_n}\phi_n(z)。\tag{7-51}$$

此式的物理意义是,挠性转子的动挠度以角速度 ω 绕其两支承的中心连线(z 轴线),循着一个圆或椭圆的轨迹作回转,且与角速度 ω 同频率同方向。

(2) 挠性转子的动挠度是其转速的函数。当转速 ω 发生变化时,由于 oxz 和 oyz 坐标平面上的各振型函数的系数亦随之改变,因而组成转子的动挠度曲线的幅值也将变化。

当转子的转速升高到它的第一阶临界转速 ω_1 时,在转子的动挠度曲线中,其第一阶振型的系数趋于无限大(见图 7-17),从而使整个转子的动挠度曲线主要呈现为第一阶振型曲线,即呈弓形,而其他各阶的

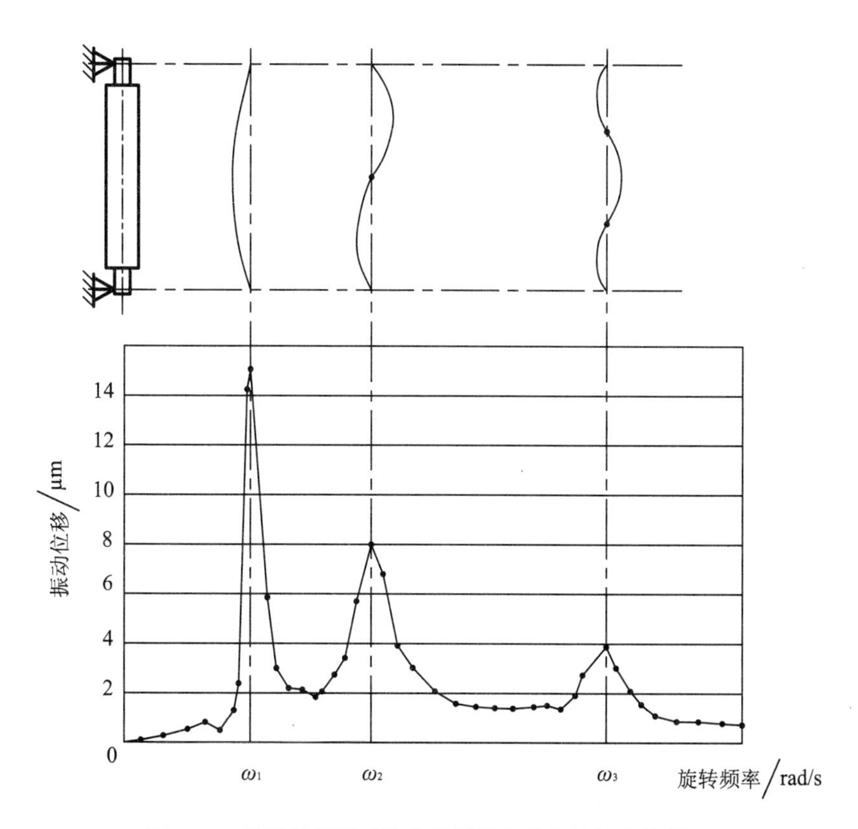

图 7-17　挠性转子的动挠度曲线及与其旋转频率的关系

振型分量相对很小,显现得不明显。基于同样的道理,当转子的转速继续升高到转子的第二、三…阶临界的临界转速 ω_2, ω_3,…时,转子的动挠度曲线分别将主要呈现出第二、三…阶的振型曲线形状,其他阶的挠曲变形曲线显现得不明显。这也成为振型分离的原理。

理论上,挠性转子具有无限多个临界转速及其相应的振型函数,因此,当转子的转速升高至第 n 阶临界转速 ω_n 时,转子的动挠度曲线也会相继主要呈现为第 n 阶振型曲线的形状。实际上,对于一个具体的实际工业转子而言,构成它的动挠度曲线的主要的振型成分常常是它的第一、二、三阶的振型分量。这是因为其余一些高阶的振型分量其本身的幅值随着阶数 n 的增大而变得越来越小。其次,实际上的工业挠性转子的工作转速总是有限的,一般都不会超过转子的第三阶临界转速,所以四阶以上的高阶振型分量常常可以不予考虑。

挠性转子的动挠度与转速有关,并且其变化规律有章可循,为挠性转子的机械平衡指明了方向。

(3) 由式(7-50)即挠性转子的动挠度曲线 $\boldsymbol{r}(z)$ 的各阶振型,和式(7-46)即转子的不平衡量 $\boldsymbol{e}(z)$ 的相应的各阶振型,可以看出它们都具有相同的展开式,且两者相应的振型的幅值之比为 $\frac{\omega^2}{\omega_n^2-\omega^2}$;又,在无阻尼或弱阻尼的情况下,两者相应的振型所在平面之间的相位差角为 0 或 π,亦即两者相对应的振型同处于一个转子的轴向平面内。

当考虑存在黏滞阻尼的情况下,挠性转子的不平衡振动响应的微分方程式为

$$\frac{\partial^2}{\partial z^2}\left[EJ(z)\frac{\partial^2 r(z,t)}{\partial z^2}\right]+\rho A(z)\frac{\partial^2 r(z,t)}{\partial t^2}+c\frac{\partial r(z,t)}{\partial t}=$$
$$\mathrm{e}^{\mathrm{i}\omega t}\rho A(z)\omega^2\sum_{n=1}^{\infty}(A_n+\mathrm{i}B_n)\sin\left(\frac{n\pi}{l}z\right)=$$
$$\mathrm{e}^{\mathrm{i}\omega t}\rho A(z)\omega^2\sum_{n=1}^{\infty}C_n\mathrm{e}^{\mathrm{i}\alpha_n}\phi_n(z)。\tag{7-52}$$

它的稳态解为

$$\boldsymbol{r}(z,t)=\mathrm{e}^{\mathrm{i}\omega t}\sum_{n=1}^{\infty}\frac{(A_n+\mathrm{i}B_n)\omega^2}{\sqrt{(\omega_{\mathrm{d}n}^2-\omega^2)^2+4\delta^2\omega^2}}\sin\left(\frac{n\pi}{l}z\right)\cdot\mathrm{e}^{-\mathrm{i}\varphi_n}=$$
$$\mathrm{e}^{\mathrm{i}\omega t}\sum_{n=1}^{\infty}\frac{C_n\omega^2}{\sqrt{(\omega_{\mathrm{d}n}^2-\omega^2)^2+4\delta^2\omega^2}}\phi_n(z)\mathrm{e}^{\mathrm{i}(\alpha_n-\varphi_n)}。\tag{7-53}$$

式中，$\delta=\dfrac{c}{2\rho A(z)}$，其中 c 为黏滞阻尼系数；

ω_{dn}——有阻尼情况下的临界转速；

$\varphi_n=\arctan\dfrac{2\delta\omega}{\omega_{dn}^2-\omega^2}$——动挠度曲线的各阶振型所在平面与对应的该阶振型不平衡量所在平面之间的相位差角；

α_n——第 n 阶振型不平衡量所在轴向平面与动坐标平面 oxz 间的初始相位角。

再引入无量纲参数频率比 η 和阻尼比 ξ：

$$\eta=\frac{\omega}{\omega_{dn}},$$

$$\xi=\frac{\delta}{\omega_{dn}}=\frac{c}{2\rho A(z)\omega_{dn}},$$

于是

$$r(z,t)=e^{i\omega t}\sum_{n=1}^{\infty}\frac{(A_n+iB_n)\eta^2}{\sqrt{(1-\eta^2)^2+(2\xi\eta)^2}}\sin\frac{n\pi z}{l}\cdot e^{-i\varphi_n}=$$

$$e^{i\omega t}\sum_{n=1}^{\infty}\frac{C_n\eta^2}{\sqrt{(1-\eta^2)^2+(2\xi\eta)^2}}\phi_n(z)\cdot e^{i(\alpha_n-\varphi_n)}。\quad(7\text{-}54)$$

式中，$\varphi_n=\arctan\dfrac{2\xi\eta}{1-\eta^2}$。

此式即为在有阻尼的情况下，挠性转子的不平衡响应（动挠度）表达式。

总而言之，挠性转子的任意沿其轴向连续分布的不平衡量可用振型不平衡量来表示，而转子的动挠度的每个振型量则由相应的振型不平衡量所激励。因此，当转子运转在某一阶临界转速附近时，转子的动挠度通常是由相应于该阶的振型不平衡量起主要的激励作用。这时，转子的动挠度主要受该阶振型不平衡量的大小、旋转转速与临界转速的接近程度以及转子-轴承系统的阻尼大小等因素影响。

(4) 由挠性转子的动挠度公式(7-51)可以得出作用在转子两端轴承上的动反力为

$$R(0)=EJ\left.\frac{\partial^3 r(z,t)}{\partial z^3}\right|_{z=0}=$$

$$-e^{i\omega t}\sum_{n=1}^{\infty}\frac{EJ(A_n+iB_n)}{1-(\omega/\omega_n)^2}\left(\frac{\omega}{\omega_n}\right)^2\left(\frac{n\pi}{l}\right)^3$$

$$(n=1,2,3,\cdots);\quad(7\text{-}55)$$

$$R(l)=EJ\left.\frac{\partial^3 r(z,t)}{\partial z^3}\right|_{z=l}=$$

$$\mathrm{e}^{\mathrm{i}\omega t}\sum_{n=1}^{\infty}\frac{EJ(A_n+\mathrm{i}B_n)}{1-(\omega/\omega_n)^2}\left(\frac{\omega}{\omega_n}\right)^2\left(\frac{n\pi}{l}\right)^3\cos n\pi$$

$$(n=1,2,3,\cdots)。\tag{7-56}$$

式(7-55)前加一负号，使它与式(7-56)的符号相反，以符合图(7-21)中关于剪切力 Q 的正负方向的规定。由此可知，不平衡挠性转子在旋转时，由它作用在两端轴承上的反力是一对动载荷，它们同样可以分解为由无限多个阶振型分量的叠加而成。因此，当转速 ω 趋近于某一阶临界转速 ω_n 时，该阶相应的振型量将大大超过其他各振型量，动反力将主要由该阶振分量所决定。

对于左右对称的转子-轴承系统，当 $n=1,3,5,\cdots$ 奇数时，则 $R(0)=R(l)$，即两侧轴承上的动反力相等，且方向相同；当 $n=2,4,6,\cdots$ 偶数时，则 $R(0)=-R(l)$，即两侧轴承上的动反力相等，但方向相反。

3. 振型函数正交性的物理意义解释

当转子以角速度 ω 旋转时，其不平衡量所产生的离心力为

$$F(z)=\omega^2\rho A(z)[r(z)+e(z)]=$$

$$\omega^2\rho A(z)\left[\sum_{n=1}^{\infty}\frac{\omega^2}{\omega_n^2-\omega^2}(A_n+\mathrm{i}B_n)\sin\frac{n\pi}{l}z+\right.$$

$$\left.\sum_{n=1}^{\infty}(A_n+\mathrm{i}B_n)\sin\frac{n\pi}{l}z\right]=$$

$$\omega^2\rho A(z)\sum_{n=1}^{\infty}\frac{\omega_n^2}{\omega_n^2-\omega^2}(A_n+\mathrm{i}B_n)\sin\frac{n\pi}{l}z。\tag{7-57}$$

其中，离心力的第 n 阶振型量为

$$F_n(z)=\omega^2\rho A(z)\frac{\omega_n^2}{\omega_n^2-\omega^2}(A_n+\mathrm{i}B_n)\sin\frac{n\pi}{l}z,$$

而此时转子动挠度中的第 k 阶振型曲线为

$$r_k(z)=\rho A(z)\frac{\omega^2}{\omega_k^2-\omega^2}(A_k+\mathrm{i}B_k)\sin\frac{k\pi}{l}z。$$

若将此第 n 阶振型的离心力 $F_n(z)$ 和第 k 阶的动挠度的振型量相乘，并对 z 从 0 到 l 积分（l 为转子全长），得

$$\int_0^l F_n(z) r_k(z) \mathrm{d}z = (A_n + \mathrm{i}B_n)(A_k + \mathrm{i}B_k) \frac{\omega^4 \omega_n^2}{(\omega_n^2 - \omega^2)(\omega_k^2 - \omega^2)} \cdot$$

$$\int_0^l [\rho A(z)]^2 \sin \frac{n\pi z}{l} \sin \frac{k\pi z}{l} \mathrm{d}z。$$

大家知道，在数学上正弦函数具有正交性，即

$$\int_0^l \sin \frac{n\pi z}{l} \sin \frac{k\pi z}{l} \mathrm{d}z \begin{cases} = 0(\text{当 } n \neq k \text{ 时}); \\ \neq 0(\text{当 } n = k \text{ 时})。\end{cases} \quad n, k = 1, 2, 3, \cdots。$$

这就是说，第 n 阶振型不平衡量只能引起转子动挠度的相应第 n 阶振型，而不能引发别的阶次的振型。例如，第一阶振型不平衡量只激起转子的动挠度的第一阶振型，……以此类推。不同阶的振型函数互不干扰。由此可以得出结论：根据转子振型的正交性，要减小或消除动挠度的某阶振型量，只要校正与之同阶的振型不平衡量。总而言之，挠性转子的动挠度可以通过逐阶地进行平衡校正而得以减小。

通过上述对挠性转子的不平衡振动响应的分析，为挠性转子的机械平衡提供了理论依据。

这里还顺便对转子究竟是刚性转子还是挠性转子的判定准则作出力学上的解释。由式(7-51)和式(7-46)不难列出转子的质心 c 的动挠度

$$\begin{aligned} G(z, t) &= \mathrm{e}^{\mathrm{i}\omega t}[r(z) + e(z)] = \\ &\mathrm{e}^{\mathrm{i}\omega t}\left[\sum_{n=1}^{\infty} \frac{\omega^2}{\omega_n^2 - \omega^2} C_n \mathrm{e}^{\mathrm{i}\alpha_n} \phi_n(z) + \sum_{n=1}^{\infty} C_n \mathrm{e}^{\mathrm{i}\alpha_n} \phi_n(z)\right] = \\ &\mathrm{e}^{\mathrm{i}\omega t} \sum_{n=1}^{\infty} \frac{1}{1 - (\omega/\omega_n)^2} C_n \mathrm{e}^{\mathrm{i}\alpha_n} \phi_n(z)。\end{aligned} \tag{7-58}$$

由此可以看出，当转子的转速 $\omega \ll \omega_n$ 时，则上式(7-58)中的 $\frac{\omega^2}{\omega_n^2 - \omega^2} = \frac{(\omega/\omega_n)^2}{1 - (\omega/\omega_n)^2}$ 接近0，而$\frac{1}{1-(\omega/\omega_n)^2}$接近1；换句话说，转子的动挠度 $r(z)$接近零，此时 $G(z) = e(z)$，质心 c 的 $G(z)$即为转子的原始不平衡量(偏心距)$e(z)$。因此，在 $\omega \ll \omega_n$ 的条件下，转子可以视为不变形的刚性转子。倘若转子的转速 ω 超过转子的第一临界转速 ω_1 的0.5～0.7倍，即 $\omega \geqslant (0.5 \sim 0.7)\omega_1$，此时转子的质心 c 的动挠度 $G(z)$中的第一阶振型的振幅为转子的第一阶振型原始不平衡量的 $\frac{1}{1-(\omega/\omega_n)^2} \approx (133 \sim 200)\%$。它意味着转子的动挠度增加得很快，常常会增大到了不可忽视的程度，此时的转子必须按挠性转子的特点进行机械平衡，而刚性转子的机械平衡已经不再合适。这就是说，当转子的最高连续工作转速一般不超过其第一临界转速 ω_1 的(0.5～0.7)倍时，该转

子的机械平衡按刚性转子处理；而最高连续工作转速超过其第一临界转速 ω_1 的(0.5～0.7)倍时，该转子的机械平衡通常按挠性转子处理。判定准则就是以此力学为根据的。

7.5 挠性转子的平衡条件及特点

7.5.1 平衡条件

当挠性转子以某一转速运转时，由于转子在其原始不平衡量 $e(z)$ 的离心力作用下产生挠曲变形 $\boldsymbol{r}(z)$，而这种挠曲变形又引发了转子的新的不平衡量，所以挠性转子的不平衡是由其原始不平衡量 $\rho A(z)\boldsymbol{e}(z)=\boldsymbol{u}(z)$ 及转子的动挠度不平衡 $\rho A(z)\boldsymbol{r}(z)$ 两部分组成。于是，在转子的纵坐标 z 处，转子单元轴段上的不平衡量(重径积)为

$$\boldsymbol{U}(z)=\rho A(z)[\boldsymbol{e}(z)+\boldsymbol{r}(z)]=\boldsymbol{u}(z)+\rho A(z)\boldsymbol{r}(z)。$$

如果运转在一定转速下的挠性转子欲处于力学的平衡状态，则作用在转子的不平衡离心力的合力 $\sum\boldsymbol{R}=0$ 和合力矩 $\sum\boldsymbol{M}=0$，亦即

$$\begin{cases}\int_0^l[\boldsymbol{u}(z)+\rho A(z)\boldsymbol{r}(z)]\mathrm{d}z=0;\\ \int_0^l[\boldsymbol{u}(z)+\rho A(z)\boldsymbol{r}(z)]z\mathrm{d}z=0。\end{cases}$$

上式中，由于转子的质量不可能为零，所以欲使上式成立必须满足下列平衡条件：

$$\begin{cases}\int_0^l\boldsymbol{u}(z)\mathrm{d}z=0;\\ \int_0^l\boldsymbol{u}(z)z\mathrm{d}z=0;\\ \boldsymbol{r}(z)=0。\end{cases}\tag{7-59}$$

由上节挠性转子的不平衡响应的讨论可知，欲使转子的动挠度 $\boldsymbol{r}(z, t)=0$，必须使引发转子的动挠度的原始不平衡量(偏心距) $\boldsymbol{e}(z)=0$，即式(7-46)要为0，

$$\boldsymbol{e}(z)=\sum_{n=1}^{\infty}\int_0^l C_n\mathrm{e}^{\mathrm{i}\alpha_n}\phi_n(z)=0。\tag{7-60}$$

式中,C_n 为转子的第 n 阶振型不平衡量系数;

$e^{i\alpha_n}$ 表示了第 n 阶振型不平衡量所在的轴向平面相对于坐标平台 Oxz 的相位角 α_n。

为求系数 C_n,可以利用振型函数的正交性。将式(7-46)两边乘以 $\rho A(z)\phi_n(z)$,并对 z 从0到 l 积分(l 为转子的长度),可得

$$\int_0^l \boldsymbol{e}(z)\rho A(z)\phi_n(z)\mathrm{d}z=\sum_{n=1}^{\infty}\int_0^l C_n\phi_n(z)\rho A(z)\phi_n(z)\mathrm{d}t。$$

用 $\boldsymbol{u}(z)=\rho A(z)\boldsymbol{e}(z)$ 代入,则

$$C_n=\frac{\int_0^l \boldsymbol{u}(z)\phi_n(z)\mathrm{d}z}{\int_0^l \rho A(z)\phi_n^2(z)\mathrm{d}z}。\tag{7-61}$$

根据转子的单位长度的质量 $\rho A(z)\neq 0$ 和振型函数的正交性 $\int_0^l \phi_n^2(z)\mathrm{d}z\neq 0$,即上式分母不可能为零,所以欲满足式(7-60),则必然是

$$\int_0^l \boldsymbol{u}(z)\phi_n(z)\mathrm{d}z=0,\ n=1,\ 2,\ 3,\ \cdots。$$

于是,式(7-59)又可以写成

$$\begin{cases}\int_0^l \boldsymbol{u}(z)\mathrm{d}z=0;\\ \int_0^l \boldsymbol{u}(z)z\mathrm{d}z=0; \qquad n=1,\ 2,\ 3,\ \cdots。\\ \int_0^l \boldsymbol{u}(z)\phi_n(z)\mathrm{d}z=0。\end{cases}\tag{7-62}$$

此式即为挠性转子的平衡条件式。

为平衡转子须满足上式要求。我们通常的做法是在转子上沿着其轴线方向上施加有限个集中的不平衡校正量 W_1, W_2,…, W_m(重径积),以消除或者减小转子的不平衡。这样,转子的平衡条件又可写成为

$$\begin{cases}\int_0^l \boldsymbol{u}(z)\mathrm{d}z+\sum_{j=1}^{m}W_j=0;\\ \int_0^l \boldsymbol{u}(z)z\mathrm{d}z+\sum_{j=1}^{m}(W_jz_j)=0;\\ \int_0^l \boldsymbol{u}(z)\phi_n(z)\mathrm{d}z+\sum_{j=1}^{m}[W_j\phi_n(z_j)]=0。\end{cases}$$

$$n=1,\ 2,\ 3,\ \cdots,\ j=1,\ 2,\ 3,\ \cdots,\ m。\tag{7-63}$$

理论上,挠性转子的动挠度 $\boldsymbol{r}(z)$ 是由无限多个振型叠加而成的,因此转子要实现完全平衡,需要满足式(7-63)中无限多个方程式,只有这样才能把转子的无限多个动挠度的主振型都给予消除。显然,这在工程技术上是不可能的,而且实际上也无此必要——因为任何一个工业挠性转子它最高工作的转速总是一定的。若将转子整个工作转速范围内所包含的有限个 N 个临界转速所相应的 N 个振型不平衡量加以减小或消除,则就能使转子在最高工作转速及其启动升速过程中都不会出现太大的剧烈的振动,而能平稳、安全地运转。所以在工程上,挠性转子的机械平衡通常是实现转子的有限个 N 阶振型的平衡,故挠性转子的实际应用的平衡条件为

$$\begin{cases} \sum\limits_{j=1}^{m} W_j = -\int_0^l \boldsymbol{u}(z)\mathrm{d}z; \\ \sum\limits_{j=1}^{m} (W_j z_j) = -\int_0^l \boldsymbol{u}(z) z\mathrm{d}z; \\ \sum\limits_{j=1}^{m} [W_j \phi_n(z_j)] = -\int_0^l \boldsymbol{u}(z)\phi_n(z)\mathrm{d}z。 \end{cases}$$

$$n=1,\ 2,\ 3,\ \cdots,\ N;\ j=1,\ 2,\ 3,\ \cdots,\ m。\tag{7-64}$$

上式也可以写成行列式形式,即

$$\begin{bmatrix} 1 & 1 & 1 & \cdots & 1 \\ z_1 & z_2 & z_3 & \cdots & z_m \\ \phi_1(z_1) & \phi_1(z_2) & \phi_1(z_3) & \cdots & \phi_1(z_m) \\ \vdots & \vdots & \vdots & & \vdots \\ \phi_N(z_1) & \phi_N(z_2) & \phi_N(z_3) & & \phi_N(z_m) \end{bmatrix} \begin{Bmatrix} W_1 \\ W_2 \\ W_3 \\ \vdots \\ W_m \end{Bmatrix} = \begin{bmatrix} \int_0^l u(z)\mathrm{d}z \\ \int_0^l u(z) z\mathrm{d}z \\ \int_0^l u(z)\phi_1(z_1)\mathrm{d}z \\ \vdots \\ \int_0^l u(z)\phi_N(z_m)\mathrm{d}z \end{bmatrix}。\tag{7-65}$$

此式为转子的原始不平衡量 $\boldsymbol{u}(z)$、振型函数 $\phi_n(z)$ 和集中分布的不平衡量的校正量 W_j 之间的关系表达式。它告诉人们采用一组离散的不平衡量的校正量的办法可以减小或者消除某一阶不平衡量振型量,从而也能导致相应的动挠度振型的减少。挠性转子的机械平衡正是用这种办法来减小和消除前 N 阶不平衡量的振型量,从而使转子获得平衡。

7.5.2　平衡特点

通过上述有关挠性转子的平衡条件的分析，可总结说挠性转子的机械平衡的特点：

(1) 在工程上，为了保证转子在启动、升速过程中过临界转速时振动不要太剧烈以及在工作转速下平稳、安全地运转，一般对于其最高工作转速包含有 N 阶临界转速的转子，只要满足条件式(7-63)中的前 $N+2$ 个方程即可。为此，需要逐次地将转子驱动至前 N 个临界转速附近的某一安全转速下进行平衡测试和平衡校正。所以，挠性转子的平衡是一个多转速下的机械平衡过程。

(2) 平衡条件式(7-63)中包括两个部分，即：前两个方程式是刚性的动平衡条件；第三式开始实际上包括了 N 个方程式，N 为所要平衡的振型的阶数。所以平衡条件式(7-63)共有 $N+2$ 方程式。为使方程组有唯一解，未知数 W_j 的个数必须有 $N+2$ 个。于是，在挠性转子的平衡中，必须至少选择并设置有 $N+2$ 个平衡校正平面。换言之，挠性转子的平衡又是一个多平面的机械平衡。

应该指出，上述的平衡条件式仅在分析挠性转子的平衡理论时有其意义。正如前述，由于转子实际所存在的原始不平衡量 $\boldsymbol{u}(z)$ 一般总是一条未知的而且是任意分布的空间曲线，故条件式(7-63)不能直接用来求解出转子所需的 $N+2$ 个集中的不平衡校正量 W_j，而只能通过不平衡的测试并再经相关的计算，方能求得所需要的平衡校正量 W_j。

附：注释

这里，介绍几个与式(7-61)有关的技术名词。

根据国家标准《GB/T 6444-2008/ISO 1925:2001　机械振动　平衡词汇　Mechanical vibration—Balancing—vocabulary》中的有关的术语定义：

i) 模态质量(m_n) model mass　是一具有质量量级的系数，表示为

$$m_n=\int_0^l \rho A(z)^2\phi_n^2(z)\mathrm{d}z。$$

式中：$\rho A(z)$——转子单位长度的质量；

l——转子的长度。

ii) 第 n 阶振型不平衡量 n^{th} model unbalance　只对转子-轴承系统挠度曲线的第 n 阶主振型起作用的不平衡量。它可用下式来表示：

$$U_n = \int_0^l \rho A(z) e(z) \phi_n(z) \mathrm{d}z = \int_0^l u(z) \phi_n(z) \mathrm{d}z = e_n m_n。$$

式中:U_n——第 n 阶振型不平衡量:

$\rho A(z)$——转子单位长度的质量;

l——转子的长度;

$e(z)$——沿转子轴线方向上于 z 点处单元轴段 $\mathrm{d}z$ 质心的偏心距;

$\boldsymbol{u}(z)=\rho A(z)\boldsymbol{e}(z)$——沿转子轴线方向上于 z 点处单元轴段 $\mathrm{d}z$ 的不平衡量(重径积);

$\phi_n(z)$——第 n 阶振型函数;

e_n——第 n 阶振型的偏心距;

m_n——第 n 阶振型模态质量。

注意:第 n 阶振型不平衡量不是一个单一的不平衡量,而是一个按第 n 阶振型发布的分布量。

iii) 第 n 阶振型偏心距 n^{th} model eccentricity　第 n 阶振型不平衡量除以第 n 阶模态质量的值,即

$$e_n = U_n / m_n。$$

第 8 章
挠性转子的机械平衡

8.1 概 述

第 7 章的分析告诉我们,挠性转子的动挠度可以视作由无限多个主振型组成,转子的不平衡分布可用振型不平衡量来表示,每个振型的挠度由相应的振型不平衡量引起。当转子在靠近某个临界转速下运转时,通常是相应于该阶临界转速的振型对转子挠度起主导作用。此时,转子的挠度主要受下列因素影响:①振型不平衡量的大小;②运行转速和临界转速的靠近程度;③转子-轴承系统中阻尼的大小。如果采用一组离散的校正质量块的方法减小某一阶振型不平衡量,那么,相应的振型的挠度也会得以减小。采用这种减小振型不平衡量的平衡方法便是挠性转子机械平衡方法的基础。

转子平衡的目的在于使由剩余不平衡量所引起的转子的动挠度和作用于轴承的动压力或机器的振动小于允许值。为此目的,理想的办法是将转子沿其轴线方向上分布的原始不平衡量一一予以平衡校正,使其每个单元轴段的质心都处于回转轴线上,从而使得转子达到完全理想的平衡状态;然而,在工程上这样做既不可能也无必要。实际上,平衡仅要求挠性转子在任何工作转速下的动挠度都不大于规定的允许值。

在平衡实践中,对于在整个工作转速的范围内含有 N 个临界转速的挠性转子,若由低到高逐阶地将转子驱动并升速至 N 个临界转速附近(约为临界速度的 90%),通过对轴承座的不平衡振动响应的测试及相关矢量运算,求出相应的振型不平衡量,随之将它们逐一平衡校正,从而使得转子动挠度的相应振型得以减小。这样,转子在启动升速过程中以及在最高工作转速下都能平稳、安全地运转。所以说，挠性转子的整个平衡过程是一个多转速下的平衡过程。

在平衡实践中，如何合理地选择和设置校正平面的数目及轴向位置，乃是挠性转子实施机械平衡的关键。为平衡校正振型不平衡量，挠性转子的校正平面的合理设置应根据其动挠度的振型曲线来决定。理想的最佳位置应设置在该振型曲线的波峰和波谷附近(见图 8-1)，以便获得有较好的平衡校正效果，而且又能使得所加的校正量较小。如果将校正平面设置在振型曲线的节点处，则平面内的校正质量块对该阶的振型起不了平衡校正的效果。

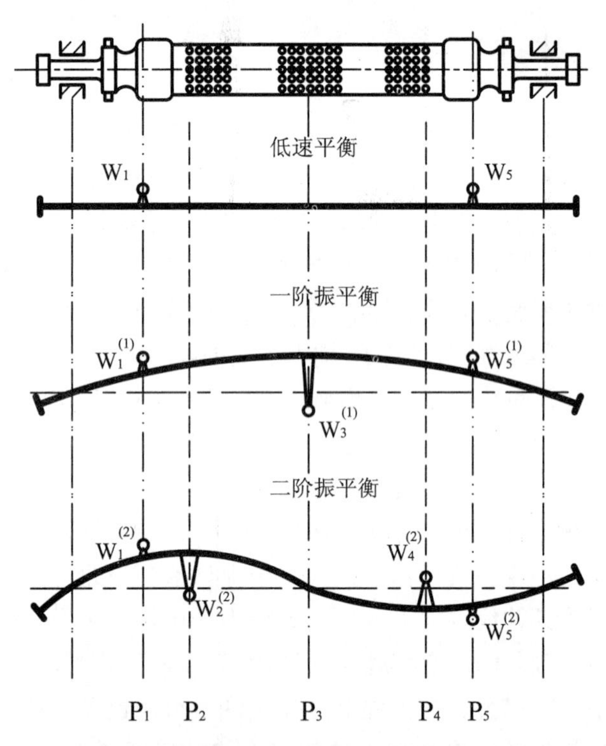

图 8-1　挠性转子校正平面的合理布置示意图

对于一个如图 8-1 所示左右对称的挠性转子，其中位于转子的两端轴承附近的平面 P_1 和 P_5，主要用于挠性转子的低速平衡，即用来实现转子的刚性平衡；位于一阶振型曲线的波峰附近的平面 P_3，则用于实现转子第一阶振型平衡；分别位于二阶振型曲线的波峰和波谷附近的平面 P_2 和 P_4，主要用于实现的第二阶振型平衡。总之，对于第 N 阶振型不平衡量的平衡校正至少需要设置 N 个校正平面。

这样，当转子直至其最高工作转速当中包含有 N 阶临界转速，那么它至少需要 N 个校正平面；若考虑低速平衡，则需要($N+2$)个校正平面，平面 P_1 和 P_5 则专供低速平衡用校正平面。总之，挠性转子的平衡是一个多平面平衡。

挠性转子的机械平衡如同刚性转子的平衡一样，其具体的操作包括不平衡量的测试和不平衡量的校正两道工序。不平衡量的测试常常将转子安装在高速平衡机上或在由其工作轴承座构成的试验台上。这里必须注意，由上述理论分析轴承及其支承的动力学性质和轴向位置对转子的主振型及不平衡振动响应有很大影响，要求高速平衡机或试验台的轴承及其支承的动力性质以及轴承的轴向位置都必须十分接近或类似于工作现场运行的情况。

机械平衡通常只能在有限个校正平面上采用加重或去重的工艺方法，减小转子所存在的不平衡量，直至减小到规定的允许值。换言之，经过平衡后仍然总会存在有某些剩余不平衡量，此时由剩余不平衡量引起的转子的动挠度，或作用在轴承上的动反力，或轴承座的振动必然都要小于规定的允许值。然而，如果转子必须通过临界转速达到工作转速，在它过临界转速时仍有可能会出现较大的振动。所以在一般情况下，当通过临界转速的短时间内允许转子可以有稍大的振动值。

由于挠性转子的种类繁多，结构各异，平衡要求也不一样，并且转子-轴承系统的动力学性质也各不相同，为此，需要针对不同的平衡对象作具体的分析，制订各不相同的平衡工艺规范，选用行之有效的平衡方法，以确保转子的机械平衡既有效又经济，同时又完全满足整机的性能要求。

本章将介绍适用于各种不同结构类型挠性转子的诸多平衡方法，尤其是详细介绍其中的最为典型的振型平衡法。此外，还将解说评定挠性转子最终不平衡状态的准则及方法，以便给实践以指南。

8.2 振型平衡法

振型平衡法是挠性转子的最基础也是最典型的平衡方法，它以本书第 7 章所阐述的挠性转子不平衡振动响应规律为基础。其理论基础是转子沿轴向分布的不平衡量可以按转子动挠度的各阶振型的形式来描述，而转子动挠度的各阶振型则主要由相应的振型不平衡量所激发。此外，当转子运转在临界转速附近时，转子的动挠度及其轴承座的不平衡振动响应和动反力与该阶的振型不平衡量成正比例。这样，我们可以逐一地在转子的各阶临界转速附近对转子或轴承座进行不平衡振动响应的测试，再通过相关的响应矢量运算，求出转子相应的振型不平衡量，尔后加以平衡校正之，从而将转子的动挠度的振型及其轴承座的振动和动反力减小下来，如此将转子直至最高工作转速范围的所包含的动挠度的 N 个的振型逐阶地减小到规定的允许范围内，最终使得转子获得平衡。此方法就叫做“振型平衡法”。挠性转子的振型平衡法需要把转子驱动到临界转速附近以及最高工作转速下进行平衡测试，常常被称之为挠性转子的高速平衡。

通常，转子不平衡量的测试较多采用的是测试轴承座的不平衡振动响应。而引发轴承振动的原因可能有很多，其中由振型不平衡量所激励的振动（位移、速度、加速度、力及其相位角等）谓之轴承座的不平衡振动响应，其特征是振动频率与转子的旋转频率保持相同，因此也称之为与转子转速一致的同频振动。同时，当转速保持在某一个相同值的情况下，该振动响应的幅值与转子相应的振型不平衡量的大小成正比例，且测量的示值（幅值及相位角）也比较稳定。

以下详细介绍挠性转子的振型平衡法的具体操作步骤，并举实例说明。

振型平衡法的操作步骤：

(1) 将转子安装在高速平衡机或由工作轴承座构成的平衡试验台上。为了使转子在现场工作运行时的振型能在平衡过程中充分呈现出来，以减少后续在工作现场的平衡，希望选择的平衡设备上的轴承支承条件应类同于或接近于现场工作轴承的支承条件为宜。

测试开始之前，应十分注意驱动连接对转子振动产生的约束要小，并且要求驱动系统中的联轴节的不平衡量也应要小。换句话说，连轴节的选择及其连接安装很重要。

(2) 转子作动态矫直。让转子在某一个或适宜的低转速下运转一段时间，以消除任何的临时弯曲。

(3) 低速平衡。挠性转子的低速平衡是指在转子的第一阶临界转速的30%以下（即转速 $\omega < \omega_1 \times 30\%$）的条件下，视转子为刚性转子，作双面动平衡。平衡校正面的选择可参照图 8-1 中的平面 P_1 和 P_5。

按同类刚性转子的平衡品质等级要求(详见国标 GB/T 6329.1《恒态(刚性)转子平衡品质要求 第1部分:规范与平衡允差的检验》)进行平衡校正,并作检查和考核。

挠性转子在作高速平衡之前是否要做低速平衡应视具体对象而定。若转子仅仅受第一阶挠度振型显著影响,则做低速平衡特别有利;倘若转子仅仅受振型不平衡量的影响,则低速平衡可做可不做。

继而对挠性转子做振型平衡,也有称之为挠性转子的高速平衡。

(4) 将转子驱动并升速至第一阶临界转速附近(一般约取为它的90%左右,即 $\omega \approx \omega_1 \times 90\%$)的某一转速,常称之为第一阶振型平衡转速。待转速稳定后,测量并记录轴承座的不平衡振动响应的幅值及其相位角(注:测量的振动可以是振动的位移,或速度,或加速度,或力)。

(5) 在转子的两轴承座的跨度中央附近,即一阶振型曲线波峰附近的一个径向平面(例如图 8-1 中的 P_3 平面)上加一个试验质量块,其大小以足以能引起步骤(4)的不平衡振动的测量示值有明显变化为宜。

注意:为了简便计算,试验质量块所加的半径位置最好与平衡校正的半径相同;所加圆周角位置可在任意角度上。下同。

(6) 启动转子并升速至与上述步骤(4)相同的转速,即第一阶振型平衡转速。在与步骤(4)相同的转速及相同的工况条件下,测量并记录轴承座的不平衡振动响应的幅值及其相位角。

注意:此步骤中的第二次驱动并升速到的平衡转速,应尽可能地将它调节控制在步骤(4)测试时的平衡转速,前后两次的转速不宜相差过大,以求尽可能减小测量过程中因转速的不同而产生的误差。下同。

(7) 由步骤(4)和(6)所记录的振动示值进行相关的响应矢量运算法,可求得平衡校正量的大小及相角位角,用以减小或消除第一阶振型不平衡量。

响应矢量运算法如下:

在测试系统为线性的假设前提下,矢量$\overrightarrow{OA}$ 表示为轴承座的初始不平衡振动响应的幅值和相位角(即步骤(4)的记录值);矢量$\overrightarrow{OB}$ 表示在转子上试加一组试验质量块后在相同的转速条件下,相对于同一个角度参考标志的轴承座的不平衡振动响应;矢量$\overrightarrow{AB}$ 则为由于试验质量块引起的响应矢量。见图 8-2。

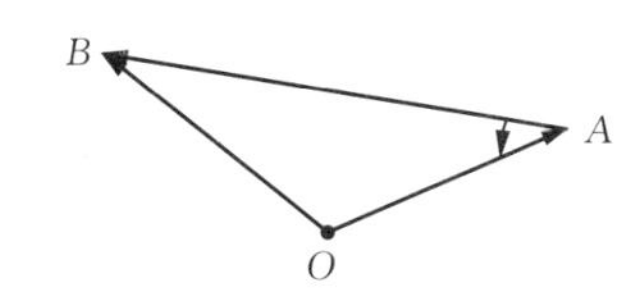

图 8-2 响应矢量三角形

具体有关计算可参见第 2 章 2.5.3 节，此略。求得应在该转子径向平面（即校正平面）上施加上的校正质量块的量值为

$$W_3^{(1)} = W_t^{(1)} \frac{|\overrightarrow{OA}|}{|\overrightarrow{AB}|} \tag{8-1}$$

式中，$W_t^{(1)}$ 为“试验质量块”的质量，单位为 g（注：此式仅适用于试验质量块所加的半径位置与平衡校正块质量的半径相等；不然，需作相应的换算。）

校正质量块所加的相位角位置应自试验质量块所在的相位角位置按图 8-2 中的角度箭头方向转过 $\angle OAB$。

本步骤中的相关矢量运算可借助于有关的计算机辅助平衡（CAB）软件，既准确又便捷。

(8) 在转子上取下试验质量块，随后在该径向平面（即校正平面 P_3）上根据矢量运算结果所求得的 $W_3^{(1)}$ 及其相位角，采用加重或用去重（其相位角应加 180°）的平衡校正工艺方法对转子进行平衡校正。

由于测量和校正过程中不可避免地存在误差，一般需要这样的多次平衡校正操作才能将转子的第一阶振型不平衡量减小至允许的程度。只是在作第二、三次平衡校正操作前，无需再加试验质量块并作测试，即不必重复步骤(5)和(6)，而将前一次平衡校正后的剩余不平衡振动示值为矢量 $\overrightarrow{OA}$，代入式(8-1)即可求得本次需要的平衡校正质量块的量值及相位角。

待转子的第一阶振型不平衡量减小至规定的允许值后，转子能平稳地升速通过其第一阶临界转速。此时可以认为挠性转子的第一阶振型平衡告一段落。

如果转子在此高速平衡之前曾作低速平衡，为不影响已有的低速平衡状态，需要在低速平衡用的左右两个平衡校正平面（见图 8-1 中的平面 P_1，P_5）上，各附加一平衡校正质量块 $W_1^{(1)}$ 和 $W_5^{(1)}$。它们之间的量值大小比例和相位角位置应由下列方程组确定：

$$\begin{cases} W_1^{(1)} + W_3^{(1)} + W_5^{(1)} = 0; \\ W_1^{(1)} z_1 + W_3^{(1)} z_3 + W_5^{(1)} z_5 = 0。\end{cases}$$

式中，$W_3^{(1)}$ 为平衡转子第一阶振型不平衡量而施加在转子平衡校正平面 P_3 上的集中校正质量块；z_1，z_3，z_5 分别为校正平面 P_1，P_3，P_5 在转子上的轴向位置坐标。

方程求解的结果，若 $W_1^{(1)}$ 和 $W_5^{(1)}$ 为负值，则表示它们的相角位置与 $W_3^{(1)}$ 的相角位置相差 180°。

(9) 将转子驱动并升速至第二阶临界转速附近(一般为它的 90%左右，即 $\omega \approx \omega_2 \times 90\%$) 的某一转速，它常称为第二阶振型平衡转速。待稳定后，测量并记录轴承座的不平衡振动响应的幅值及其相位角。

(10) 选择一对适当大小的试验质量块 $W_{t2}^{(2)}$，$W_{t4}^{(2)}$ (其大小足以引起步骤(8)中的不平衡量的测量示值有明显的变化为宜)，将它们分别加在转子的二阶振型曲线的波峰和波谷附近所选择的径向平面(见图 8-1 中的平面 P_2 和 P_4)上，且两者所加的相位角位置相互差 180°。

作二阶振型平衡时所采用的一对试验质量块两者之间的比例关系应遵循这样的规则：若为左右对称转子，则 $W_{t2}^{(2)}:W_{t4}^{(2)}=1:1$；若非左右对称转子，则 $W_{t2}^{(2)}:W_{t4}^{(2)}=\phi_2(z_2):\phi_2(z_4)$。其中，$\phi_2(z)$ 为转子的第二阶振型函数；z_2 和 z_4 为试验质量块所在平衡校正平面 P_2 和 P_4 的纵轴线坐标。

(11) 由步骤(9)和(10)所记录的振动示值进行相关的响应矢量运算法，求出一组不平衡校正量的大小及其相位角，用以减小或消除转子的第二阶振型不平衡量。

与此同时，为不影响已平衡好的第一阶振型分量，用来减小和消除第二阶振型不平衡量的两平衡校正质量 $W_2^{(2)}$ 和 $W_4^{(2)}$ 之间的关系应满足下列关系式(以图 8-1 为例)：

$$W_2^{(2)}\phi_1(z_2)+W_4^{(2)}\phi_1(z_4)=0。$$

式中，$\phi_1(z)$ 为转子的第一阶振型函数；$W_2^{(2)}$ 和 $W_4^{(2)}$ 为用来减少第二阶振型不平衡量的两个校正质量中的一个校正质量，它由上述的矢量运算所求得。该方程表示为不影响一阶振型的平衡，$W_2^{(2)}$ 和 $W_4^{(2)}$ 之间的应有的比例关系式。

(12) 在转子上取下两试验质量块，在转子的该两校正平面(见图 8-1 中的平面 P_2 和 P_4)上，根据上述计算所得的 $W_2^{(2)}$ 和 $W_4^{(2)}$ 采用加重或去重的工艺方法对转子进行平衡校正。

由于测量和校正过程中不可避免地存在有误差，一般要作多次这样的平衡操作才能将转子的第二阶振型不平衡减小至允许的程度。

待转子的第二阶振型不平衡减小至规定的允许值后，转子能平稳地升速并迈过第二阶临界转速，此时可以认为转子的第二阶振型平衡告一段落。

如果转子在作高速平衡之前曾作低速平衡的话，那么为不影响转子的低速平衡状态，需要在低速平衡用的两个校正平面(见图 8-1 中的平面 P_1，P_5)上各附加上一块平衡校正质量 $W_3^{(2)}$ 和 $W_5^{(2)}$。它们的量值大小及其相位角应满足下列方程组：

$$\begin{cases} W_1^{(2)}+W_2^{(2)}+W_4^{(2)}+W_5^{(2)}=0; \\ W_1^{(2)}z_1+W_2^{(2)}z_2+W_4^{(2)}z_4+W_5^{(2)}z_5=0。\end{cases}$$

式中，$W_2^{(2)}$ 和 $W_4^{(2)}$ 为转子二阶振型不平衡量的校正质量；

z_1，z_2，z_4 和 z_5 为各校正平面 P_1，P_2，P_4 和 P_5 的纵轴向位置坐标。

(13) 在转子的最高连续工作转速的范围内，依次逐阶地在每一阶临界转速附近的某一个安全转速下，相继作第一、二、三阶振型的不平衡振动测试和平衡校正，即作振型平衡。在作 N 阶振型平衡时，至少必须要沿转子轴向分布由 N 个集中不平衡校正质量块构成的一组校正质量块，而且每组的校正质量块仅校正对应的振型不平衡量。

(14) 如果在转子的最高转速的范围内所包含 N 相应的振型不平衡都作了振型平衡并达到了规定的允许值之后，若转子在它的最高工作转速运转时仍然存在明显的较大的不平衡振动，这很有可能是由超过转子最高工作转速的第 $N+1$ 阶振型不平衡所激发。所以可在转子的最高工作转速下，对转子作第 $N+1$ 阶振型的不平衡测试和平衡校正。直至将不平衡振动减小至允许的程度，从而最终保证转子在其最高工作转速及其在启动升速过程中都能平稳、安全地运行。

所以，挠性转子的振型平衡也叫多速平衡。

示例：振型平衡法举例①

如图 8-3 所示一挠性转子，其第一阶临界转速为 700 r/min，第二阶临界转速为 2 100r/min，工作转速为 3 000 r/min。转子上可设置的平衡校正平面如图中的 P_1，P_2，P_3 径向平面，转子的一、二、三阶振型曲线(见图 8-3)及其平面 P_1，P_2，P_3 相应的振型函数值

---

① 此例取材于寇胜利著：《汽轮发电机组的振动及现场平衡》.北京：中国电力出版社，2007 年.

见表8-1。

表8-1　转子在平面 P_1，P_2，P_3 相应的一、二、三阶振型函数值

平衡校正平面	P_1	P_2	P_3
一阶振型函数值	$\phi_1(z_1)=0.59$	$\phi_1(z_2)=0.99$	$\phi_1(z_3)=0.62$
二阶振型函数值	$\phi_2(z_1)=0.50$	$\phi_2(z_2)=-0.35$	$\phi_2(z_3)=-1.0$
三阶振型函数值	$\phi_3(z_1)=0.36$	$\phi_3(z_2)=-0.19$	$\phi_3(z_3)=0.86$

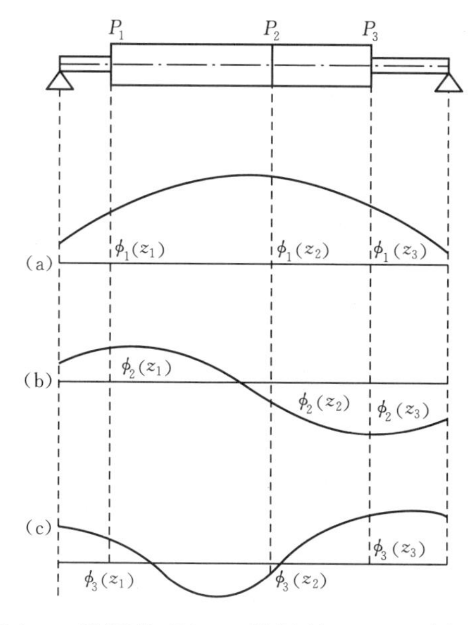

(a)——一阶振型；(b)—二阶振型；(c)—三阶振型

图8-3　转子的振型曲线

平衡步骤：

(1) 首次启动转子并升速至第一阶临界转速附近的某一转速，测量并记录前、后轴承座的不平衡振动(包括其幅值及其相位角，下同)(见表8-2第1行)。

为做转子的一个振型平衡，选择设置平面 P_2 为平衡校正平面。先试加试验质量块 $W_{t2}^{(1)}$ 于平面 P_2 上，再测量并记录前后轴承座的振动，应用矢量运算求得平衡校正质量为 $W_2^{(1)}=1\ 890\ \text{g}\angle 226°$。

取下试验质量块 $W_{t2}^{(1)}$，在平衡校正平面 P_2 上加上平衡校正质量块 $W_2^{(1)}$。

经过这一次平衡校正，再测转子在第一阶临界转速附近的轴承座的振动（见表 8-2 第 2 行）。若前、后轴承座的振幅均已小于允许值——30 μm，则可认为转子的一阶振型不平衡量已经平衡校正，振动已减小到了允许的程度，一阶振型平衡告以完成。

(2) 启动转子并升速至第二阶临界转速附近的某一转速，测量记录前后轴承座的不平衡振动（见表 8-2 第 2 行）。

为作转子的二阶振型平衡，选择设置平面 P_1 和平面 P_3 为平衡校正平面。

为了不破坏已经平衡好的一阶振型的平衡状态，平衡校正平面上的平衡校正量之间的比例关系应符合转子的平衡条件式，即

$$W_1^{(2)}\phi_1(z_1)+W_3^{(2)}\phi_1(z_3)=0。$$

由表 8-1 中的 $\phi(z)$ 值代入，得 $0.59W_1^{(2)}+0.62W_3^{(2)}=0$。
由此可得 $W_3^{(2)}=-0.95W_1^{(2)}$。

经在平面 P_1 和 P_3 上试加试验质量块 $W_{t1}^{(2)}$ 和 $W_{t3}^{(2)}$（$W_{t3}^{(2)}=-0.95W_{t1}^{(2)}$），测量前后轴承座的振动，并作矢量运算；再求得应在平衡校正平面 P_1 和 P_3 上各加平衡校正质量为 $W_1^{(2)}=1\,200\text{ g}\angle 122°$，$W_3^{(2)}=1\,140\text{ g}\angle 302°$。

取下试验质量块 $W_{t1}^{(2)}$ 和 $W_{t3}^{(2)}$，根据计算结果所得 $W_1^{(2)}$ 和 $W_3^{(2)}$ 在平衡校正平面上进行平衡校正作业。

然后，再测转子在第二阶临界转速附近的前、后轴承座的振动（见表 8-2 第 3 行）。若前、后轴承座的振幅均小于允许值——30 μm，则可以认为转子的二阶振型不平衡量已经被平衡校正，振动已减小到了允许的程度，二阶振型平衡告以完成。

(3) 启动转子并升速至最高工作转速 3 000 r/min，发现前后轴承座的振动仍然偏大（见表 8-2 第 3 行）。由于转子的第一、二阶振型均已被平衡，此时工作转速下的振动很可能是由转子的第三阶振型不平衡量引起。为此，对转子作第三阶振型平衡。

为对转子作第三阶振型平衡，选择设置平面 P_1，P_2，P_3 为平衡校正平面。

为了不破坏已经平衡好的第一、二阶振型的平衡状态，三个平衡平面上的平衡校正量之间的比例关系应符合下列转子的平衡条件式，即

$$\begin{cases}\phi_1(z_1)W_1^{(3)}+\phi_1(z_2)W_2^{(3)}+\phi_1(z_3)W_3^{(3)}=0;\\ \phi_2(z_1)W_1^{(3)}+\phi_2(z_2)W_2^{(3)}+\phi_2(z_3)W_3^{(3)}=0。\end{cases}$$

将表 8-1 中的 $\phi(z)$ 值代入，得

表 8-2　转子两轴承座的不平衡振动测试记录数据

序号	N阶振型平衡	校正平面上校正质量之量值及相位角			前、后轴承的不平衡振动/μm∠(°)					
					一阶临界转速附近		二阶临界转速附近		工作转速	
		P_1	P_2	$P3$	前轴承	后轴承	前轴承	后轴承	前轴承	后轴承
1	首次启动				260 ∠138°	238 ∠135°				
2	一阶平衡		1 890 g ∠226°		25 ∠78°	19 ∠75°	160 ∠68°	284 ∠244°		
3	二阶平衡	1 200 g ∠122°		1 140 g ∠302°	22 ∠75°	23 ∠77°	15 ∠32°	24 ∠209°	124 ∠68°	155 ∠70°
4	三阶平衡	672 g ∠200°	774 g ∠20°	600 g ∠200°	20 ∠87°	27 ∠79°	18 ∠21°	16 ∠189°	14 ∠31°	15 ∠23°

$$\begin{cases}0.59\,W_1^{(3)}+0.99\,W_2^{(3)}+0.62\,W_3^{(3)}=0;\\ 0.50\,W_1^{(3)}-0.35\,W_2^{(3)}-1.00\,W_3^{(3)}=0。\end{cases}$$

解方程组，得

$$W_1^{(3)}:W_2^{(3)}:W_3^{(3)}=1.11:(-1.28):1.00。$$

通过在平面 P_3 上加试验质量块 $W_{t3}^{(3)}$ 后，测量并记录前后轴承座的振动，通过相关矢量运算，再求得在平衡校正平面 P_1，P_2 和 P_3 上各加的平衡块质量为 $W_1^{(3)}=672\ \text{g}\angle200^\circ$，$W_2^{(3)}=774\ \text{g}\angle20^\circ$ 和 $W_3^{(3)}=600\ \text{g}\angle200^\circ$。

取下试验质量块 $W_{t3}^{(3)}$，根据计算所得的结果，在三个平衡校正平面 P_1，P_2 和 P_3 上分别做平衡校正作业。

此次平衡校正后，再测转子在工作转速 3 000 r/min 时的前、后轴

承座的振动(见表 8-2 第 4 行)。若前后轴承座的振幅均已小于允许值—— 30 μm,则可认为转子的三阶振型不平衡量已经平衡校正,振动减小到了允许的程度,三阶振型平衡告以完成。

上述振型平衡法是基于转子的挠曲振型理论而提出的一种平衡方法,它对研究挠性转子的机械平衡有着重要的指导意义。然而振型平衡法要求事前了解被测转子的临界转速及振型曲线相关数据资料,而有关于转子的临界转速及振型曲线的理论计算或采用实验法来求取均非易事,实验法测临界转速会因转子未经平衡而振动很大,使实测变得很困难;另外,即使用实测法得了临界转速值,它与理论计算值的差异往往也较大,还有振型计算和测量的不准确,也都会使得振型平衡法的效果并不理想。笔者回顾有关挠性转子的平衡实践发现,同类转子的振型平衡经验积累相当重要,在不少场合常常可以发挥意想不到的作用并收到很好的效果。

8.3 各种不同挠性转子的平衡方法

根据本书第 7 章中所述的挠性转子的平衡条件,转子须经低速平衡和高速平衡,使得在直至其最高工作转速的任何转速下的动挠度都不大于某个允许值,从而达到转子的平衡要求。然而,在某些情况下,一些挠性转子未必都须作低速平衡或高速下平衡也能达到其平衡要求。所以,对于不同结构型式、运行要求又各异的工业挠性转子,需要对它们作具体的分析,选择行之有效而又经济的平衡方法,保证转子在其最高工作转速下的所有转速(包括启动升速和降速)过程里,不平衡响应减小到允许的范围内。

针对结构各异、运行条件不同的各种类型的挠性转子,国家标准《GB/T 6557-2009/ISO 11342:1998/cor.1:2000 挠性转子机械平衡的方法和准则》列举了各种典型的挠性转子的结构型式及其特性,并推荐了不同的相关平衡方法,可供广大的技术人员在实际工作中加以参考。

表 8-3 介绍了国家标准 GB/T 6557-2009 中的(表 1)“挠性转子”,表中列举了各种典型的挠性转子的结构型式,概述了转子的特性和推荐的平衡方法。表 8-4 介绍了国家标准 GB/T 6557-2009 中的(表 2)“平衡方法”。

表 8-3　挠性转子

结构形式	转子特性	推荐的平衡方法（见表 8-4）
1.1　圆盘	无不平衡量的弹性轴，刚性圆盘	
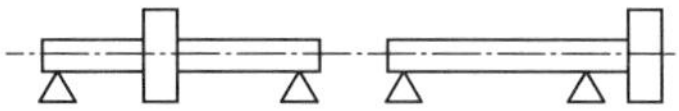	单圆盘： ——垂直于旋转轴线 ——具有轴向偏摆	A，C B，C
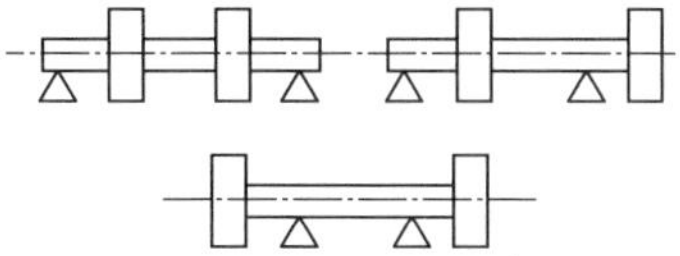	双圆盘： ——垂直于旋转轴线 ——具有轴向偏摆 ——至少一个可拆卸的 ——整体的	B，C B+C，E G
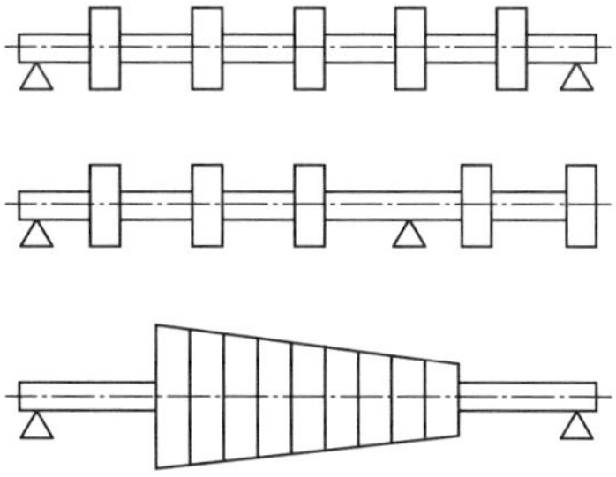	两个以上圆盘： ——全部可拆卸的（除一个之外） ——整体的	B+C，D，E G
1.2　刚性轴段	无不平衡量的弹性轴，刚性轴段	
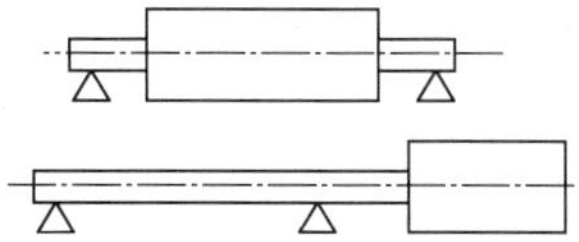	单个刚性轴段： ——可拆卸的 ——整体的	B，C，E B
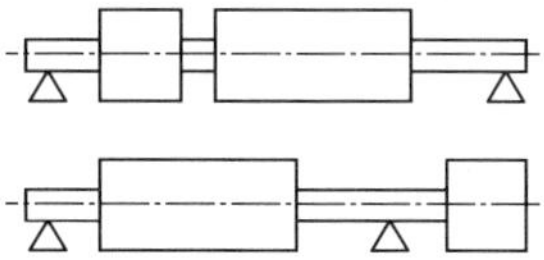	两个刚性轴段： ——至少一个可拆卸的 ——整体的	B+C，E G
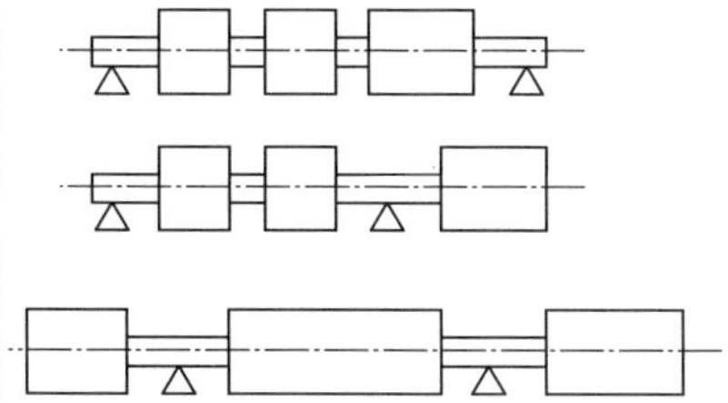	两个以上刚性轴段： ——全部可拆卸的（除一个之外） ——整体的	B+C，E G

续表

结构形式	转子特性	推荐的平衡方法（见表 8-4）
1.3　圆盘和刚性轴段	无不平衡量的弹性轴段，刚性圆盘和轴段	
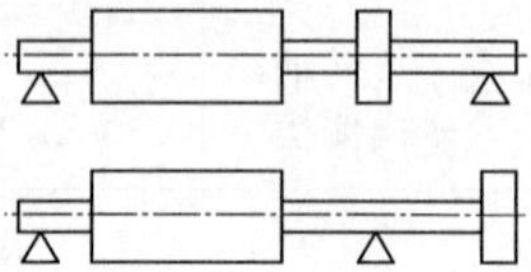	各有一个： ——至少一个部件可拆卸的 ——整体的	B+C，E G
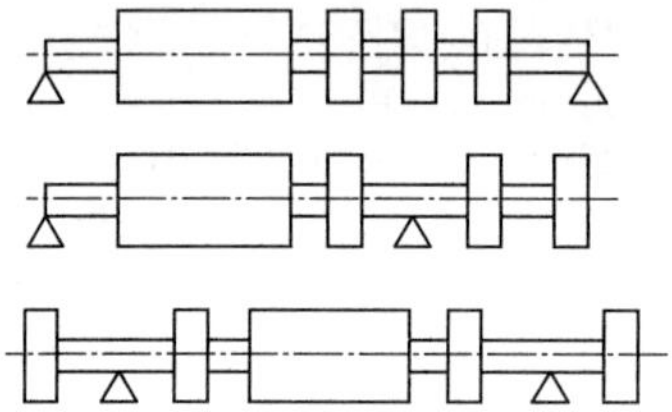	多个部件： ——全部可拆卸的（除一个之外） ——整体的	B+C，E G
1.4　辊	质量、弹性和不平衡量沿转轴分布	
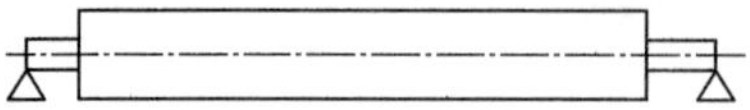	——在特殊条件下 ——一般	F G
1.5　滚筒和圆盘或刚性轴段	弹性滚筒，刚性圆盘，刚性轴段	
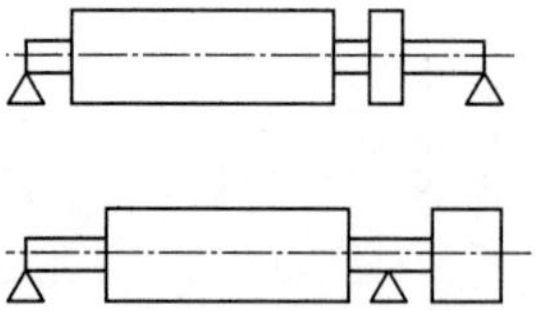	——圆盘或刚性轴段可拆卸的 ——在特殊条件下 ——一般 ——整体的	C+F，E+F G G G
1.6　整体转子	质量、弹性和不平衡量沿转轴分布	
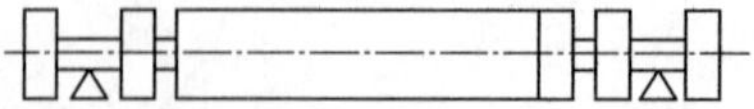	具有不平衡量的主要部件不可拆卸	G

注：A—单面平衡；B—双面平衡；C—装配前部件单独平衡；D—控制初始不平衡量之后平衡；E—装配期间分级平衡；F—最佳平面平衡；G—多速平衡。两个附加的平衡方法 H 和 I 能用于特殊情况。

表 8-4　平衡方法

方　　法	说　　明
	低速平衡
A B C D E F	单面平衡 双面平衡 装配前部件单独平衡 控制初始不平衡量之后平衡 装配期间分级平衡 最佳平面上平衡
	高速平衡
G H I	多速平衡 工作转速平衡 固定转速平衡

以下将适用于各种结构的挠性转子的各种平衡方法作一简单介绍。

1. 挠性转子的低速平衡方法

一般而言,低速平衡适用于刚性转子,高速平衡适用于挠性转子;但在某些情况下,挠性转子仅做低速平衡也可保证它安装在工作现场能平稳、安全地运转。

在低速平衡机上平衡挠性转子的方法是一个近似的方法,转子的初始不平衡量的大小及分布是决定其平衡效果的主要因素。

挠性转子的低速平衡方法有:

——方法A　　单面平衡　若转子的原始不平衡量主要集中在它的某一个径向平面内,而且就在该平面上进行平衡校正,则转子在它所有的转速下都能平稳地运行。

——方法B　　双面平衡　若转子的原始不平衡量主要集中在它的某两个径向平面内,而且就在该两个平面上分别予以平衡校正,则转子在它所有的转速下都能平稳地运行。

此外,若转子的不平衡量主要分布在刚度相当大的轴段内,那么就在该轴段上设置两个校正平面进行平衡校正,转子在其它所有的转速下也都能平稳地运行。

——方法C　　零部件在装配前单独做低速平衡　组装成挠性转子的每个零件(包括转轴)在其装配之前,都参照国家标准《GB/

T 9239-2006 恒态(刚性)转子平衡品质要求第 1 部分:规范与平衡允差的检验》的规定,分别单独做低速平衡,同时又严格控制各零部件在转轴安装处的不同轴度或其他定位配合面相对于旋转轴线的允差。

这里应同样地严格控制各零部件在平衡用心轴安装处的不同轴度或其他定位配合面相对于旋转轴线的允差。

——方法 D　初始不平衡量有所控制了的转子做整体低速平衡

当零部件在装配前已经分别单独做低速平衡,若装配成转子后其不平衡状态仍然可能不满意,则该转子可做整体的后续低速平衡。

对于符合上述要求但在其轴的中央附设置有一个中央校正平面的左右对称转子,虽有较大的初始装配不平衡量,但也可做整体的后续低速平衡。

——方法 E　边装配边低速平衡　在转子的装配过程中,首先在低速下平衡转轴;尔后,每装上一个零件或左右对称的两个盘状零件后进行低速平衡,且就在这装配上去的零件上进行平衡校正。注意:此方法必须保证后续加上去的零件不破坏已平衡好的转子及其零部件的平衡状态。

此法的优点在于不必严格控制各零部件在轴上安装处的不同轴度等装配要求。

——方法 F　最佳平面的低速平衡　如果转子具有沿其全长上均匀分布的不平衡量(例如管子),那么可以在它的轴线方向上寻求两个最佳位置处各设置一个校正平面,此时转子只需做低速平衡就能保证在它的整个转速范围内都能平稳地运行。我们称之为最佳平面低速平衡。

例如满足下述条件:a)两端有轴承的单跨转子;b)质量均匀分布又无外悬;c)弯曲刚度沿其轴长保持不变的转子:则它们的两个校正平面的所在最佳的轴向位置处于两轴承的内侧,且为两轴承跨距的 22%处。

除了上述满足单跨、无外悬、质量均匀分布,弯曲刚度沿其轴向长度相同,此外如果还满足 d)连续工作转速不十分接近其第二临界转速;e)不平衡量均匀分布或呈线性均布的转子;则可在转子轴线的中央及两端共设置三个校正平面进行低速平衡,即所谓的"低速三面平衡"。

若能对转子设在中央的校正平面上将被校正的不平衡量占转子总的不平衡量的比例作出估算,那么,这种转子能用"低速三面平衡"的方法获得满意的平衡状态。

若在三个校正平面上的等效集中不平衡量 U_1, U_2, U_3 满足下列矢量关系时，那么，包括转子第一阶振型不平衡量在内的原始不平衡量都将能得到平衡校正：

$$U_1 = U_L - 0.5H(U_L + U_R);$$
$$U_2 = H(U_L + U_R);$$
$$U_3 = U_R - 0.5H(U_L + U_R)。$$

式中，$H = \dfrac{\text{中央平衡平面上将被校正的不平衡量}}{\text{转子总的原始不平衡量}}$；

$(U_L + U_R)$ ——转子总的原始不平衡量(见图8-4)；

U_L, U_R ——低速平衡机所测量显示的转子在左右两校正平面上的不平衡量。

必须指出，三个校正平面的轴向位置要符合：设平面1离左轴承的轴向位置坐标 $z_1 = z$；平面2的轴向位置为 $z_2 = \dfrac{1}{2}l$；平面3的轴向位置 $z_3 = l - z_1 = l - z$。l 为转子两轴承的距离。

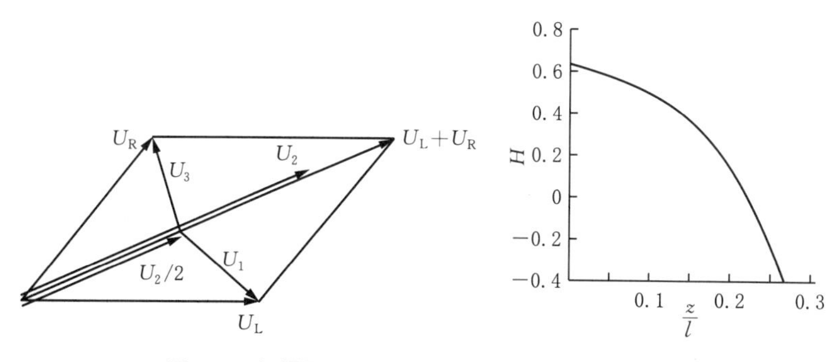

图8-4 矢量图

图8-5 H 与 z/l 的关系曲线

H 值是一个 z/l 的函数。如图8-5所示。当 $z/l = 0.22$ 时，$H = 0$，这意味着在这种情况下不再需要中央平衡校正平面2，而只需要设置两个平衡校正平面1，2即为上述的最佳平衡校正平面；当 $z/l > 0.22$ 时，$H < 0$，则意味着中央平衡校正平面上的校正量 U_2 与两端的 U_1 和 U_3 的相位差为180°。

有关 H 的数学推导提示，它以转子的不平衡分布函数

$$u(z)=z+b\frac{z}{l}$$

为假设前提,因此转子的第一阶振型的表达式可近似写成

$$\phi_1(z)=A+B\frac{z}{l}+C\sin\left(\frac{\pi}{l}z\right)。$$

式中,A,B,C 为与转子及轴承的刚度有关的常数(详细可参见“上海交大译丛”80485,此略)。

2. 挠性转子的高速平衡法

一般挠性转子作高速平衡,要求选择在轴承及其支承条件接近或类似工作现场的轴承支承条件的高速平衡机上或平衡试验台上进行,以求在平衡过程中让转子在工作现场运行时的振型能充分呈现出来,从而减小现场平衡的必要性。

——方法 G　　多速平衡　挠性转子的多速平衡,即转子逐一地被驱动并升速至它的最高连续工作转速的范围内所含的 N 个临界转速附近的某一个安全转速,进行不平衡振动测试,并经相关的矢量运算,求出它相应的第一、二、三阶振型不平衡量,并逐阶地加以平衡校正;最后,如有必要,再在最高工作转速对剩余的高阶振型不平衡量做平衡,从而确保转子在它的最高工作转速以及在它的启动升速过程中都能平稳、安全地运行。

上述的振型平衡法就是一种多速平衡。

多速平衡的具体操作如下:

(1) 低速平衡　低速平衡如前所述,即在转子远低于其第一挠曲临界转速的条件下,按刚性转子的特点进行双面平衡。

经验表明,在高速平衡之前进行低速平衡常常是有益的,尤其是对减小第一阶振型不平衡量的影响特别有利。

对于仅受振型不平衡量影响的挠性转子,则可做也可不做低速平衡。

(2) 高速平衡(振型平衡,挠性平衡)

① 转子应在某个或某些适宜的低转速下运转一段时间,以消除任何的临时弯曲变形。

② 将转子升速至靠近第一阶挠曲临界转速的某个安全转速,它被称之为第一阶振型平衡转速。测量并记录轴承座的不平衡振动或动反

力(包括幅值及其相位角,下同)。

③ 在转子上加一组试验质量块。试验质量块大小的选择及其沿转子轴向放置的位置须参照转子的第一阶振型曲线,使在第一阶振型平衡转速下的振动或力的示值产生明显的变化。

如果未做低速平衡,对相对于跨度中央基本对称的转子,试验质量组通常只需一个质量块,将它放置在靠近转子跨度的中央。

若已完成了低速平衡,试验质量组通常由位于三个不同校正平面上的质量块构成,在这种情况下,这些质量块的量应成一定的比例,使之不扰乱已完成的低速平衡。

④ 将转子升速至与②相同的转速和在相同的工况条件下,测量并记录轴承座的不平衡振动或动反力。

⑤ 根据步骤②和④两次记录的振动或动反力,作矢量运算(具体有关计算可参见第 2 章 2.5.3 节,此略),求解出一组平衡校正质量的大小及其角度位置,用它来减小或消除转子的一阶振型不平衡量;接着以此对转子进行平衡校正作业。

平衡校正要求使转子-轴承系统的不平衡振动或动反力减小到允许范围内,确保转子能平稳安全地通过第一阶临界转速。

如果不能这样,须纠正校正质量组或选用尽可能靠近第一阶挠曲临界转速的某一个新的平衡测试转速,重复本节①~⑤步骤。

⑥ 将转子升速至靠近第二阶挠曲临界转速的某个安全转速,它被称之为第二阶振型平衡转速。测量并记录轴承座的不平衡振动或动反力。

⑦ 在转子上加一组试验质量块。试验质量块大小的选择及其沿转子轴向放置的位置须参照转子的第二阶振型曲线,使在第二阶振型平衡转速下的振动或力的示值产生明显的变化,并且对已完成的第一阶振型平衡和低速平衡无明显影响。

⑧ 将转子升速至与⑥相同的转速,测量并记录轴承座的不平衡振动或动反力。

⑨ 根据步骤⑥和⑧两次记录的振动,作矢量运算,求解出一组平衡校正质量的大小及其角度位置,用以减小或消除转子的二阶振型不平衡量;接着以此对转子进行平衡校正作业。

平衡校正要求使转子-轴承系统的不平衡振动或动反力减小到允许范围内,确保转子能平稳、安全地通过第二阶临界转速。

此后，转子应能顺利升速通过第二阶挠曲临界转速，而且轴承座的振动或轴承的动压力已在允许的范围内；若不是这样的话，则必须纠正校正质量块组，或者选用尽可能靠近第二阶挠曲临界转速的某一个新的平衡测试转速，重复⑥～⑨的步骤。

⑩ 在允许的转速范围内，依次由低到高地在靠近每一个挠曲临界转速的平衡转速下继续上述平衡测试和校正操作。每次选择的新试验质量块组应对相应振型有明显影响，而对在较低转速下已经达到的平衡无明显影响。试验质量块的轴向分布可以由经验或计算机模拟得到。用每次计算出的一组校正质量对转子进行平衡校正作业，以减小当前平衡转速下的振型不平衡量。

⑪ 如果在所有振型平衡转速下经平衡测试和校正后，在工作转速范围内仍然存在明显的振动或动反力，应在靠近最大允许试验的转速下重复⑨的步骤。例如在最高工作转速下重复⑨步骤，以减小剩余的高阶振型不平衡量的可能影响。不过，因不可能靠近高阶的挠曲临界转速运转，剩余的高阶振型不平衡量的影响可能不太明显。

上述仅为高速平衡的一般操作过程，详细可参见本章 8.2《振型平衡法》一节。

在挠性转子的多速平衡实际操作过程里，可借助于现有的挠性转子计算机辅助平衡(CAB)软件，以便使得整个平衡过程便捷、高效。

——方法 H　工作转速平衡　通过一个或多个临界转速至工作转速的某些挠性转子，在特殊情况下可以只在一个转速（通常为工作转速）下作平衡；但是，工作转速接近临界转速的转子以及与其他挠性转子连接的转子除外。

通常只在一个转速下作平衡的转子应符合下列诸条件中的一项或几项：

a) 升速至工作转速和从工作转速降速的加速度都很大，以致过临界转速时的振动来不及增大并超出允许的限制值；

b) 系统的阻尼足够高，足以在临界转速下的振动仍能保持在允许的限制值内；

c) 转子的支承方式能避免不适宜的振动；

d) 在过临界转速时允许有较高的振动量级；

e) 转子长期运行在工作转速下，允许在其启动和降速的过程中的振动适度超过允许值。

符合上述任何一项条件的转子，可在高速平衡机或相应的平衡试验台上，在转子允许的一个转速下进行平衡。

如果转子属于上述c)类，特别重要的是平衡机的支承刚度必须足够地接近工作现场条件，以保证转子在平衡设备上运行在它的工作转速时的主要振型与工作现场相同。

仔细考虑不平衡量沿轴向上的分布，有否可能选择两个校正平面的最佳轴向位置，既可使较低阶振型的剩余不平衡量最小，同时，在过临界转速时的振动也较小。

——方法Ⅰ　固定转速平衡　如果转子的主轴和本体结构可以采用低速平衡或高速平衡，但它又有一个或多个挠性的或挠性安装的零部件，以致整个转子的不平衡量可能随转速而改变，则此类转子大致上可归纳成下述两种类型：

a) 不平衡量随转速连续变化的转子，例如橡胶叶片的风扇；

b) 在某个转速以下，不平衡量随转速而改变，当超出这个转速，不平衡量保持不变的转子，例如具有离心式启动开关的单相感应电机转子。

针对这两种转子，有时可采用与它相类似特性的平衡校正质量块给予补偿，以平衡转子。如果不行，还可使用下述方法予以平衡：

属于a)类的转子可在平衡机上按规定的平衡转速进行平衡；

属于b)类的转子应在不平衡量不再变化的转速以上的某一个转速下进行平衡。

8.4　挠性转子最终不平衡状态的评定准则

国家标准GB/T 6557-2009/ISO 11342:1998/cor.1:2000《挠性转子机械平衡的方法和准则》提出了两个挠性转子平衡品质的评定准则：

① 在平衡设备或试验台上，考核轴承座或轴的同频振动的幅值；

② 考核转子的剩余不平衡量的量值。

需要明确地指出，通常转子的不平衡量与工作条件下的机器振动两者间没有一个简单的量值关系。振动幅值受很多因素影响，例如机器的机体及其基础的振动质量、轴承及基础的刚度、工作转速与各共振频率的接近程度以及阻尼等。因此，在这两个评定准则之间，亦即平衡设备上的同频振动的幅值与转子的剩余不平衡量的量值之间无法建立直接的换算关系。

8.4.1 平衡设备上的振动允许值

采用在平衡设备或试验台上的同频振动的幅值来评定挠性转子的最终不平衡状态，那么，必须保证选用的相关振动允许值能满足转子在现场工作的振动要求。为此，一方面要求评定用的平衡设备或试验台的支承条件与现场条件相接近，如若不能严格模仿现场条件，需要根据经验调整振动允许值；另一方面，由于在平衡设备或试验台上测得的振动与总装后机器在现场测得的振动之间的关系十分复杂，它与许多因素有关，例如在现场和其他转子相联结的影响等等，而机器在现场的验收通常是依据国家标准 GB/T 11348.1 或 GB/T 6075.1 中给出的振动允许值，所以，在大多数情况下，对于一台具体的机器，需要根据在相同的平衡设备上典型转子的平衡经验，对相应标准所给出的振动允许值加以适当调整，以此经验作为确定平衡设备上的振动允许值的基础。

平衡设备上的振动允许值可采用两种方法表示：

① 由现场的轴承座振动标准计算出平衡设备或试验台上的轴承座的振动允许值；

② 由现场的轴的振动标准计算出平衡设备或试验台上的轴的振动允许值。

它们都可以用下式进行相关的计算：

$$Y = X \cdot K_0 \cdot K_1 \cdot K_2。$$

式中，X——在工作转速范围内，现场工作轴承座或轴在其径向平面内沿水平方向或垂直方向上的总振动的允许值，由产品说明书或相关标准如 GB/T 11348 或 GB/T 6075 给出。

Y——平衡设备或试验台上的轴承座或轴的同频振动允许值。

K_0——同频振动与总振动两者允许值之比，$K_0 \leqslant 1$。

K_1——由于平衡设备上转子的支承条件和联轴器不同于现场条件而采用的换算因子，其定义为在平衡设备或试验台上测得轴承座或轴的同频振动与在现场安装后的机器上同样测得的振动量值之比（若不适用，则 $K_1 = 1$）。

K_2——在平衡设备上，轴振动的测量位置不同于本公式中的 X 的规定测量位置而采用的换算因子。其值取决于转子的振型。如果两个测量位置相同，则 $K_2 = 1$；如果两个测量位置不能做到相同，则 K_2 可根据转子的动力学模型加以确定。

K_1 和 K_2 的值对于不同的安装可能变化很大，并与转速有关。K_0 和 K_1 的某些推荐值见表 8-5。如果转子-轴承系统的实际临界转速与工作转速相接近，则有关的换算因子必须选用较大值。

一般地，由于转子与定子之间的间隙或应力是给定的，基于这样一个原因，在转子升速的过程中要求关注转子的挠曲变形，特别是当转速通过转子的工作转速以下所包含的临界转速时，转子挠曲变形可能的最大位移必须小于间隙，则以此间隙来确定轴的振动允许值即 X 值。

表 8-5　换算因子 K_0，K_1 推荐值

机器分类	典型机器	K_0	K_1		
			轴承座（绝对）	轴（绝对）	轴（相对）
Ⅰ	增压机	1.0	0.6～1.6	1.6～5.0	1.0～3.0
	15 kW 以下的小型电机	1.0			
Ⅱ	造纸机	0.7～1.0			
	15 kW～75 kW 的中型电机	0.7～1.0			
	在专门基础下的 300 kW 以下的电机	0.7～1.0			
	压缩机	0.7～1.0			
	小型透平	1.0			
Ⅲ	大型电机	0.7～1.0			
	泵	0.7～1.0			
	两极发电机	0.8～1.0			
	透平及多极发电机	0.9～1.0			
Ⅳ	燃气透平	1.0			
	两极发电机	0.8～1.0			
	透平及多极发电机	0.9～1.0			

注：① K_0 为同频振动与总振动两者允许值之比（$K_0 \leqslant 1$）；

② K_1 为在平衡设备或试验台上测得轴承座或轴的同频振动值与在现场安装后的机器上同样测得的振动值之比(若不适用，则 $K_1 = 1$)

③ “绝对”是指相对于一个惯性参考坐标系统的测量，“相对”是指相对于一个合适的结构例如轴承座的测量。详细参见 GB/T 11348.1

④ 机器分类的说明：

Ⅰ——在正常运行状态下，发动机和机器单个整体地或整机相连接；

Ⅱ——无专门基础的中等尺寸机器及在专门基础上刚性安装的发动机或机器(300 kW 以下)；

Ⅲ——安装在振动测量方向相对较硬的刚性重型基础上，具有旋转质量的大型原动机和其他大型机器；

Ⅳ——安装在振动测量方向相对较软的基础上，具有旋转质量的大型原动机和其他大型机器。

8.4.2 许用剩余不平衡量

国家标准还规定可采用转子的许用剩余不平衡量评定挠性转子的不平衡最终状态。这里就提出了两个概念：在低速下平衡的挠性转子的平衡品质，用在规定的平衡校正平面上的许用剩余不平衡量来评定，在高速下平衡的挠性转子的平衡品质，则用许用的剩余振型不平衡量来评定。

1. 低速平衡的许用剩余不平衡量

低速下平衡的任何挠性转子，其许用的剩余不平衡量应不超过国家标准 GB/T 9239.1-2006 中所推荐的同类刚性转子的许用剩余不平衡量。此外，对于按照方法 C、方法 D 或方法 E 平衡的转子(见表 8-3)，其每个部件或组合件应平衡到基于经验或国家标准 GB/T 9239.1-2006 中所推荐的许用剩余不平衡量。

2. 多速平衡的许用剩余不平衡量

(1) 对于仅受其第一阶振型不平衡量显著影响的挠性转子，不论其不平衡量分布如何，其许用的剩余不平衡量应不超过下列量值：

该值为国家标准 GB/T 9239.1-2006 中的同类机器的刚性转子基于转子最高工作转速所推荐的许用剩余不平衡量的百分比数：

——许用的等效第一阶振型不平衡量不超过其 60%；

——若在作高速平衡之前需作低速平衡的转子，则低速平衡的许用剩余不平衡量为同类机器的刚性转子的许用不平衡量的 100%。

(2) 对于仅受其第一、二阶振型不平衡量显著影响的挠性转子，不论其不平衡量分布如何，其许用的剩余不平衡量应不超过下列量值：

该值为国家标准 GB/T 9239.1-2006 中的同类机器的刚性转子基于转子最高工作转速所推荐的许用剩余不平衡量的百分比数：

——许用的等效第一阶振型不平衡量不超过其 60%；

——许用的等效第二阶振型不平衡量不超过其 60%；

——若在作高速平衡之前需作低速平衡的转子，则低速平衡的许用剩余不平衡量为同类机器的刚性转子的许用不平衡量的 100%。

(3) 对于受其第一阶和第二阶更多的振型不平衡量显著影响的转子，目前还没有可适用的标准和建议。

[示例]：许用等效振型剩余不平衡量计算例：

转子——透平压缩机转子；

转子质量——1 000 kg；

工作转速——15 000 r/min；

平衡要求——按国家标准 GB/T 9239.1-2006 平衡品质等级 G2.5。

转子在其两轴承座附近设置有两个校正平面，作低速平衡时许用剩余不平衡量——按照国家标准 GB/T 9239.1-2006 中的同类机器的刚性转子的许用剩余不平衡量。即

$e_{per} = 1.60 \times 10^{-3}$ mm；

$U_{per} = e_{per} \cdot m = 1.60 \times 10^{-3} \times 1\,000 \times 10^{3} = 1\,600$(g·mm)。

转子作低速平衡时，转子的总许用剩余振型不平衡量：1 600 g·mm（每个校正平面 800 g·mm）。

转子作高速平衡时的许用剩余振型不平衡量：

许用第一阶振型不平衡量(60%)——960 g·mm；

许用第二阶振型不平衡量(60%)——960 g·mm。

[**注释**]关于"第 n 阶振型不平衡量"，"等效第 n 阶振型不平衡量"，"振型不平衡量允差"的概念：

1）第 n 阶振型不平衡量

只能激励起转子-轴承系统的转子挠曲变形的第 n 阶主振型的不平衡量。转子的第 n 阶振型不平衡量可用一个单一的不平衡矢量 $\boldsymbol{U}_n$ 来度量，即

$$\boldsymbol{U}_n = \int_0^l \rho A(z) e(z) \phi_n(z) \mathrm{d}z = e_n m_n 。$$

式中：ρ——转子的材质的密度；

l——转子的长度；

$A(z)$——转子的截面积；

$e(z)$——沿转子的轴线方向纵坐标 z 点处的单元轴段的质心偏心距；

$\phi_n(z)$——第 n 阶振型函数；

m_n——第 n 阶模态质量，它是一个具有质量量纲的系数，可表示为

$$m_n = \int_0^l \rho A(z) \phi_n^2(z) \mathrm{d}z ;$$

e_n——第 n 个振型偏心距，它系第 n 阶振型不平衡量除以第 n 阶模态质量的值，即

$$e_n = \frac{U_n}{m_n} 。$$

然而，挠性转子的第 n 阶振型不平衡量不是一个单一的不平衡量，而是一个按第 n 阶振型分布的分布量，即

$$u_n = e_n \cdot \rho \cdot A(z) \cdot \phi_n(z) = \frac{U_n}{m_n}\rho \cdot A(z) \cdot \phi_n(z)。$$

2）等效第 n 阶振型不平衡量

对转子-轴承系统的转子挠曲变形的第 n 阶主振型的激励效果相当于第 n 阶振型不平衡量的最小单一不平衡量 U_{ne}。

所以 $$U_n = U_{ne} \cdot \phi_n(z_e)。$$

式中，$\phi_n(z_e)$ —— $z = z_n$ 处的振型函数；

z_e——施加 U_{ne} 的径向平面的轴向坐标。

若在 n 个平衡校正平面，按一定比例分布以影响第 n 阶振型的一组分布不平衡量，称为等效第 n 阶振型不平衡量组。

等效第 n 阶不平衡量除了影响第 n 阶振型外，还影响其他某些振型。

3）振型不平衡允差

对应于某一振型所规定的等效振型不平衡量的最大值。低于此值的不平衡状态认为合格。

8.5 挠性转子最终不平衡状态的检测方法

国家标准 GB/T 6557-2009 还制定了评定挠性转子最终不平衡状态的检测方法，即根据转子的类型和用途，可按照规定的测量点（平面）处的同频振动或剩余不平衡量来评定转子最终不平衡状态。

8.5.1 基于振动允许值的检测方法

1. 在高速平衡设备上或试验台上检测振动

首先，用于评定转子的高速平衡设备或试验台的轴承座的支承条件要和现场轴承支承条件相接近或相类似；其次，振动的测量系统具有选频滤波能力，以便能从振动的信号中检测出不平衡振动量，即同频振动的幅值；再次，转子的驱动环节如联轴器对转子振动产生的约束要小，且驱动环节产生的附加不平衡量也应要小，若驱动环节如联轴器产生的不平衡量已知的话，那么在评定振动时应予以补偿。

当上述条件满足时，转子以低加速率升速至最高工作转速，以保证不抑制振动峰值。若不能在整个转速范围内作振动测量，则应观测从第一阶临界转速的 70%至最高工作转速之间所有明显的振动峰值，也

可以在从最高工作转速的降速过程中观测这些振动的峰值。这里指的振动的观测是指测量转子的同频振动，即不平衡振动的测量。

转子应在最高工作转速下保持足够长的时间以消除任何的瞬态影响，然后做振动测量。

当在试验台上评定振动时，如果转子组装成有自己的动力驱动的整机，或者只能在全速下获得读数，如感应电机，或者轴承处不能安装振动传感器，或者转子的不平衡状态决定于工作负载，那么需要寻求其他的方法予以评定。

2. 在工作现场评定振动

安装在工作现场的挠性转子，在评定其最终不平衡量状态时可能会遇到许多不平衡以外的影响机器振动的因素和各种干扰。限于篇幅此处从略，详细可参阅国家标准的文本。

8.5.2 基于许用剩余不平衡量的检测方法

许用剩余不平衡量的检测有三种不同的方法，概述如下。

1. 低速下检测方法

低速下评定方法依据国家标准 GB/T 9239.1-2006 对刚性转子的剩余不平衡量的评定方法进行。

通常在一般的通用低速平衡机上评定仅作低速平衡的挠性转子的平衡品质。平衡机应符合 GB/T 4201-2006 规定和要求，评定剩余不平衡量的方法和注意事项参见 GB/T 9239.1-2006 和 GB/T 9239.2-2006。

当上述条件满足时，转子应在平衡转速下运转，并由平衡机直接显示出每个校正平面上剩余不平衡量的量值和角度。

对于已控制原始不平衡量的挠性转子，应说明装配后的原始不平衡量及测得的剩余不平衡量。对于边装配边平衡的挠性转子或由已经平衡过的组合件装成的转子(方法 E)，应说明每一级达到的剩余不平衡量。

2. 在多转速下基于振型不平衡量的检测方法

为了评定振型不平衡状态，应计算相应振型的许用剩余的等效振型不平衡量。此等效第 n 阶振型不平衡量为某一单独平面上的最小不平衡量，它具有与振型不平衡量一样的效果(参见本章 8.4 节中的注释)。这意味着应先计算出各阶相应振型在它最灵敏的径向平面(可为校正平面)上的剩余不平衡量。其检测方法如下：

a) 将转子安装在高速动平衡机或其他试验台上。

b) 若需评定低速下的转子的平衡品质，可由平衡机直接测量并评定刚性平衡的剩余不平衡量。若转子在试验台上，则可用响应矢量法测量和评定刚性转子状态下的剩余不平衡。

c) 将转子启动并升速至第一阶临界转速附近某一个安全转速，测量并记录轴承座的振动或动反力的幅值及其相位角。

d) 在转子上附加一试验质量块，其量值大小足以引起振动测量示值的明显变化。其放置的位置应在对第一阶振型具有最大影响的轴向位置，在与 c)中相同的转速下测量并记录轴承座的振动或动反力的幅值及其相位角。

e) 由 c)和 d)测得的数据作矢量运算，求出等效第一阶振型不平衡量。例如在由单个试验质量块构成的试验质量块组的情况下，可用矢量作图的方法(见本章 8.2 节)，从而求得等效第一阶振型不平衡量的量值。

f) 取下试验质量块。

g) 将转子升速至第二阶临界转速附近的某一个安全转速，测量并记录轴承座的振动或动反力的幅值及其相位角。

h) 在转子上附加上一个试验质量块，其量值大小足以引起振动测量示值的明显变化，其放置的位置应在对第二阶振型具有最大影响的轴向位置。在与 g)中相同的转速下测量并记录轴承座的振动或动反力的幅值及其相位角。

i) 由 g)和 h)测得的数据作响应矢量运算，求出等效第二阶振型不平衡量的量值。

j) 取下试验质量块。

k) 逐阶地对 N 个振型继续上述操作，直至转子最高工作转速下所包含的 N 个振型的等效振型不平衡量都得测量，并能加以确定。

若按本章 8.3 节挠性转子的平衡方法中的方法 G(多速平衡)之后，转子还保持在平衡设备上，则平衡过程中所获得的数据可直接用来评定，无须再作评定测试。

3. 工作转速下在两个规定的试验平面上检测方法

若在转子的工作转速下评定转子的剩余不平衡量，则需选择两个评定用的试验平面，通过不平衡振动的测试，计算出转子在两个试验平面上的等效剩余不平衡量，用它来评定转子的最终不平衡状态是否达到国家标准所规定的许用值。

[示例]检测等效振型剩余不平衡量方法举例

转子——透平转子；

转子质量——1 625 kg；

工作转速——10 125 r/min。

透平转子设有四个平衡校正平面 P_1，P_2，P_3 和 P_4。见图 8-6。以左、右轴承座的振动测量为不平衡量计算用数据。图 8-7 为转子在升速过程中的振动记录。

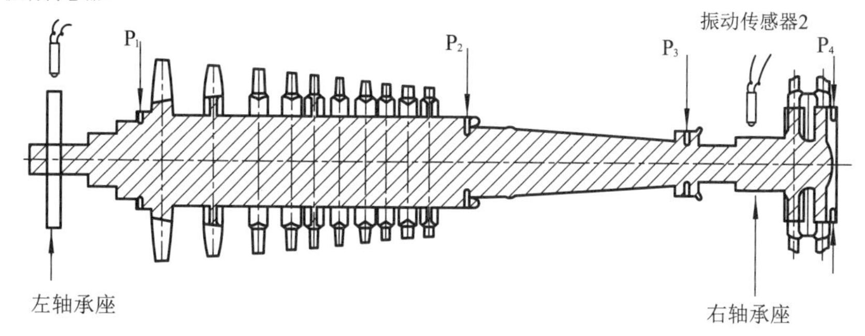

图 8-6 透平转子

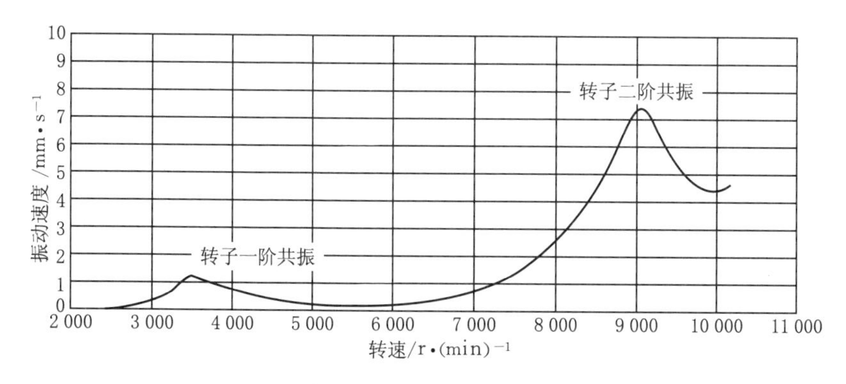

图 8-7 平衡前升速过程中轴承座的振动曲线

此例转子为透平转子，根据国家标准 GB/T 9239.1-2006 查得透平转子(刚性转子)的平衡品质等级要求 G2.5。又据其最高工作转速 10 125 r/min，转子的许用剩余不平衡量为 $e_{per}=2.37\ \text{g}\cdot\text{mm/kg}$。

转子作低速平衡时，总的许用剩余不平衡量为

$$u_{per}=e_{per}m=2.37\times 1\ 625=3\ 851\ \text{g}\cdot\text{mm}$$

转子作高速平衡时，许用的等效剩余振型不平衡量为

许用等效第一阶振型不平衡量(60%)—— 2 310.6 g · mm；

许用等效第二阶振型不平衡量(60%)—— 2 310.6 g · mm。

对于刚性转子(低速平衡)，总的许用剩余不平衡量为 3 851 g · mm(每个低速平衡用校正平面 P_1 和 P_3 上为 1 925.5 g · mm)。

测定方法：

(1) 计算响应系数　在转子上逐次地加试验质量块，在转速 1 000 r/min(低速平衡转速)，3 400 r/min(第一阶振型平衡转速)，9 000 r/min(第二阶振型平衡转速)下作不平衡振动测量，并计算得诸响应系数。见表 8-6。

表 8-6　响应系数

转速/r · (min)$^{-1}$	振动测量点	校正平面			
		P_1	P_2	P_3	P_4
1 000	左轴承座 右轴承座	* 0.059 4/3° * 0.002 16/ 35°	0.033 0/1° 0.022 7/ 14°	* 0.009 12/ 333° * 0.033 4/ 11°	0.004 9/ 233° 0.042 5/9°
3 400	左轴承座 右轴承座	0.249/ 82° 0.087/ 107°	0.343/ 94° 0.157/ 87°	0.055/ 222° 0.102/ 34°	* 0.36/ 265° * 0.224/6°
9 000	左轴承座 右轴承座	1.99/ 146° 1.92/ 353°	* 2.29/ 285° * 1.99/ 134°	1.56/ 293° 1.16/ 109°	2.07/ 176° 0.595/ 281°

注：a) 响应系数单位为(mm/s)/(kg · mm)，相位角系数指相对于转子上的某一角度参考标志而给出；

b) 用于计算剩余不平衡量的响应系数带有记号“ * ”，平面 P_1 和 P_3 为低速平衡(即刚性转子平衡)用校正平面，振型平衡则选择最灵敏的校正平面上的数据。

(2) 评定时的振动测量值　经平衡后，用于评定转子不平衡最终状态时，转子左、右两轴承座的振动测定值见表 8-7。

表 8-7　轴承座的最终振动测量示值

转速/r · (min)$^{-1}$	左轴承座 (振动速度/mm · s^{-1})	右轴承座 (振动速度/mm · s^{-1})
1 000	0.01/237°	0.022/147°
3 400	0.55/52°	0.22/125°
9 000	2.35/305°	1.44/139°

(3) 低速平衡(1 000 r/min)后的转子剩余不平衡量评定　根据上述测得的响应系数及转子在转速 1 000 r/min 左右两轴承座的振动测

量值，可计算出低速平衡后的两校正平面 P_1 和 P_3 上的剩余不平衡量的量值。见表8-8。

表8-8　转速在1 000 r/min时的剩余不平衡量计算值

平衡校正平面	剩余不平衡量计算值/g·mm	许用值/g·mm
P_1	246	<1 925.5
P_3	671	<1 925.5

注：a) 剩余不平衡量的计算为 $\begin{cases} A_{左}=\alpha_{11}U_1+\alpha_{13}U_3; \\ A_{右}=\alpha_{21}U_1+\alpha_{23}U_3。\end{cases}$ 式中 A 为轴承座最终的振动测量值；α_{11}，α_{13}，α_{21}，α_{23} 为响应系数；U_1，U_3 为平衡校正平面 P_1 和 P_3 内的剩余不平衡量。

b) 在其他转速下的振型平衡，其等效振型不平衡量则由轴承座的最终振动测量值的幅值除以响应系数的绝对值而得，不必考虑振动的相位信息。

(4) 转速在3 400 r/min下第一阶振型平衡后的等效第一阶振型不平衡量评定　见表8-9。

表8-9　转速在3 400 r/min时的等效第一阶振型不平衡量计算值

轴承座	等效第一阶振型不平衡量计算值/g·mm	许用值/g·mm
左轴承座	$(0.55/0.36)\times1\,000=1\,528$	$<2\,310.6$
右轴承座	$(0.22/0.224)\times1\,000=982$	$<2\,310.6$

(5) 转速在9 000 r/min下第二阶振型平衡后的等效第二阶振型不平衡量评定　见表8-10。

表8-10　转速在9 000 r/min时的等效第二阶振型不平衡量计算值

轴承座	等效第二阶振型不平衡量计算值/g·mm	许用值/g·mm
左轴承座	$(2.35/2.29)\times1\,000=1\,026$	$<2\,310.6$
右轴承座	$(1.44/1.99)\times1\,000=723$	$<2\,310.6$

(6) 检测结论　转子经低速平衡和第一、二阶振型平衡，其最终不平衡状态均小于国家标准规定的许用值。

第9章
高速动平衡机

9.1 高速动平衡、超速试验室

各种大、中型旋转机械的转子，例如汽轮机转子、发电机转子、各种燃气轮机转子和离心机转子，继它们装配完成后的一道必不可少的重要后续工序则是在其最高工作转速下的动平衡及超速试验。高速动平衡的目的在于减小转子在其最高工作转速时的挠曲变形及轴承振动，而超速试验则在于对构成转子的各零件材料强度的考核。一般地，当转子在高速平衡机上经过机械平衡达到了技术规定的轴承座同频振动的允许值后，随即就直接升速至最高工作转速的120%，并连续运转2~3分钟，考核其材料的变形及强度；尔后回到最高工作转速，再测转子在高速动平衡机支承座上的同频振动的幅值。若发现其同频振动已发生变化且超过了规定的允许值，则必须再次对转子进行最高工作转速下的机械平衡，重新恢复到规定的轴承座同频振动的允许值。这样，许多转子的高速动平衡和超速试验常常在同一台高速动平衡机的支承座上连续进行。于是，国内外的大中型汽轮机厂、发电机厂和各种燃气涡轮机及高速离心机制造厂为确保其产品的质量安全和平稳运行，不惜巨资建设有高速动平衡、超速试验室。

转子的高速动平衡、超速试验室以高速动平衡机为核心设备，配以较大功率的驱动主机及传动装置、防爆真空洞体以及相应的辅助技术设备和测量、控制系统，构成了一个集转子的不平衡量的测试、振动、轴承力、转矩、压力、温度、真空度等各种机械量、电量的综合检测试验室，为大中型汽轮机、发电机、各种燃气涡轮机及高速离心机产品的安全运行提供技术保障。

因此，高速动平衡机是国家动力制造业重要的高端技术装备。

高速动平衡机是20世纪50年代末、60年代初为适应挠性转子的高速动平衡而开发的一种新颖平衡装备。它集机械、电子、传感器、计算机（硬件、软件）于一体。它的两个特殊结构设计的支承座不仅具有各（径）向等同的支承刚度（即谓之“各向同性支承”），而且还可以改变其支承刚度的大小（即谓之“变刚度支承”），因而可以使转子-轴承系统的临界转速得以旁移，避免转子在过临界转速时产生剧烈的机械共振现象，可升速到转子的最高工作转速进行机械平衡。它由此而取名为高速动平衡机，以区别于适用于刚性转子的一般动平衡机。应当指出，此处的高速并非为绝对意义上的高转速。

高速动平衡机的主要功能有：①转子的动态校直；②转子的低速平衡测试；③转子的高速平衡测试；④转子的超速试验；⑤转子及其轴承的其他运行试验研究，如热致不平衡测试等。

图9-1为大中型汽轮机转子的高速动平衡、超速试验室的简图。图中的1为主驱动电机；2为齿轮变速箱；3为中间轴；4为万向连轴节；5为左、右支承座；6为防爆真空洞体；7为洞体的大门；8为轨桥翻转机构；9为运输平车。除此之外，试验室还设置有抽真空装置和供油系统，包括大气和真空润滑油系统、应急高位油箱、控制用高、中压力液压油系统等辅助设施以及图中未能画出的各种机电设备的测量、控制系统。

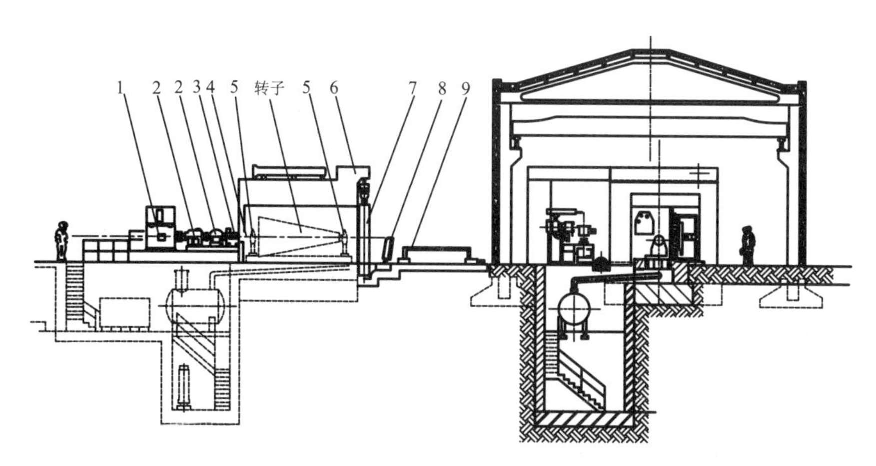

图9-1　大中型汽轮机转子的高速动平衡、超速试验室简示图

1—主驱动电机；2—齿轮变速箱；3—中间轴；4—万向联轴节；5—左、右支承座；6—防爆真空洞体；7—洞体大门；8—桥轨翻转机构；9—运输平车

转子在高速动平衡、超速试验的过程中，需要考虑可能的极端突发事件的发生。例如构成转子的零件断裂成碎片飞出，甚至转子被爆裂成几大块飞出，危及设备和人员生命的安全。为此，转子的高速动平衡测试和超速试验须在一个防爆的洞体内进行，确保其试验运行的安全。同时，对于带有叶轮的各种涡轮机转子和各种离心机转子，还应考虑到它们在高速下运转时有着强烈的风动效应，要求巨大的驱动功率，此外还会引发升温等问题。为了避免这些问题的发生，转子的高速动平衡测试和超速试验需要在一个真空环境里进行，而且要求其真空度接近1～2毫巴(mbar)。所以创造一个真空环境成为实现高速平衡和超速试验的又一必备的条件。这样，一个抽成真空的防爆安全洞体便成为转子高速平衡、超速试验室的必不可少的重要组成部分，随之还需要有抽真空设备装置、真空密封技术、真空润滑油系统，防爆洞体的设计与建设等辅助设施及相应的技术支撑。据查资料得知，国内外的大中型汽轮机制造厂的高速动平衡、超速试验室的防爆真空洞体大多采用钢筋混凝土浇制而成，其内径达十多米，长度可达二三十米，壁厚有一米之多甚至更厚，其防爆能力能满足国际标准 ISO 7475 的 D 级要求；其内表面还铺设有防回弹层，以防止爆裂的碎片在飞出碰击洞壁后又弹回，损坏其他的零部件。对于小、微型的转子，如小型压缩机转子、小型燃气轮机转子等，则采用可轴向移动的防爆洞体。图 9-2(a)、(b)所示，为配有轴向可移动的防爆真空洞体的高速动平衡、超速试验室外观图。图 9-3 为此类试验室的剖面示意图。这种防爆洞体由多层钢板制成的防护层构成，能让爆裂的碎片“嵌”在防护层内而不会穿透防护层，保证试验的绝对安全。

这样，欲待平衡试验的大中型转子通常在装配车间被吊装在平衡机的两支承座上，尔后由运输平车将它们一起送入防爆洞体内，并将它们固定在洞体内的基座导轨上。驱动转子的传动装置中设计有一个中间轴，它介于齿轮变速箱的输出轴与万向联轴节之间。驱动转矩则通过它由防爆洞外的齿轮变速箱的输出轴传递给万向联轴节及试验转子。待运输平车退出洞体后，关闭洞体的大门，即可开始抽真空操作，为启动不平衡测试做准备。

于 20 世纪 70 年代初为配合我国自行设计的核电站工程建设，上海市机电局组织了有关高校、设计院和工厂的科技人员，自行设计研制 200 t 大型汽轮机转子的高速动平衡机。笔者有幸参与了该项目的试验研究及设计研制工作，历经 8 年的试验研究和技术攻关后，终于掌握了它的核心技术，并成功研制出国产第一台 200 t 高速动平衡机。40 年

(a)

(b)

图 9-2　防爆洞体可轴向移动的高速动平衡、超速试验室外观图

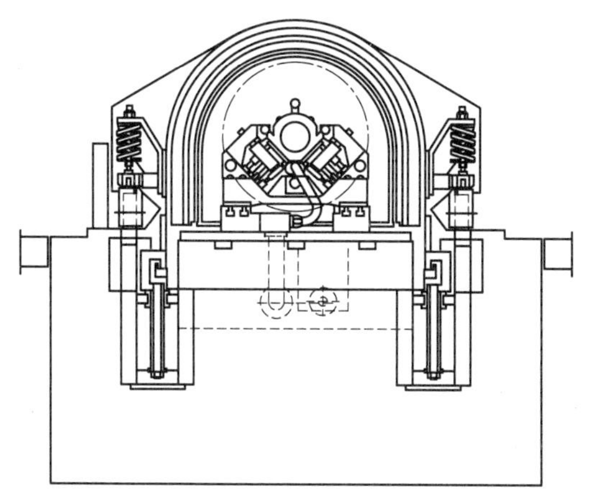

图 9-3　小型高速动平衡、超速试验室的剖面示意图

来，该高速动平衡机至今仍在为国家的大型电站汽轮机转子的高速平衡发挥着不可替代的作用。

改革开放以来，随着我国装备制造业的突飞猛进，高速动平衡、超速试验室的建设越来越为人们所重视，不少动力制造厂、风机和离心机制造厂正在或正计划筹建高速动平衡、超速试验室。与此同时，我国的高速动平衡机设计与制造也有了长足的进步，并已有少量的国产高速动平衡机出口国外。图 9-4 所示为最新的国产大型高速动平衡机的雄姿。可以相信，我国的高速动平衡机制造如同我国的装备制造业一样，必将由规模优势向技术优势不断地迈步向前。

图 9-4　国产大型高速动平衡机 DG-10

为使读者对于高速动平衡机的工作原理、结构及组成、性能参数以及操作运行等有更多的了解和掌握，本章就有关内容作详细介绍。

9.2　高速动平衡机的工作原理及组成

高速动平衡机主要用于挠性转子的不平衡测试和超速试验，它的服务测试对象主要是各种挠性转子，如大中型汽轮机、发电机转子、各种燃气轮机转子、大型压缩机转子等。而典型挠性转子的机械平衡一般包括低速动平衡和高速动平衡两个机械平衡过程。自然，这也就决定了高速动平衡机应该具备实现挠性转子的两个不同的不平衡测试的功能。

首先，挠性转子在其第一阶临界转速的 30%以内的转速范围内进行不平衡测试，亦即挠性转子的低速平衡测试。此时，高速动平衡机在其功能及其工作原理上完全等同于本书第 4、5 章所阐述的一般硬支承动平衡机的功能及其工作原理，两者无甚区别。平衡机最终测量显示出转子存在于左、右两个校正平面上的等效不平衡量的大小及其相位角，供作转子的平衡校正。

尔后，待被测转子升速至转子的第一、二阶临界转速的 70%以上，例如在第一、二阶临界转速的 90%附近，以及直到转子的最高工作转速时，对转子-轴承系统进行第一阶、第二阶振型甚至第三阶振型的不平衡响应的测试，亦谓挠性转子的高速平衡测试。此时，动平衡机的测量显示单元的示值已不再是不平衡量，而是转子-轴承系统的振型不平衡振动响应，需要根据这些测得的不平衡振动响应的幅值及其相位角进行有关振型不平衡量的计算(具体计算方法可参见本书第 7、8 章有关章节)，求得为转子的相应的振型平衡所必要的在相应的校正平面内的平衡校正量的量值及其相位角；尔后对转子作振型平衡校正，最终把转子-轴承系统的同频振动的幅值减小到技术规定的允许范围内。

以上就是高速动平衡机的测试工作原理。

高速动平衡机一般由驱动主机、传动装置、中间轴、万向联轴节、左右支承座、供油系统以及包括传感器在内的测量单元等组成。

(1) 驱动主机　根据挠性转子的高速动平衡测试的需要，转子在多个不同的转速下进行相关的不平衡振型的测试，同时根据转子作超速试验的需要，高速动平衡机的驱动主机常采用可控硅调速的直流电机或三相变频电机，且功率也较大，以便于调速及其控制。当然也有采用工业汽轮机为驱动主机，实施调速驱动。例如国产 200 t 高速动平衡机的驱动主机则为一台 8 000 kW 的工业汽轮机。

(2) 传动装置　传动装置主要用于传递驱动主机的输出转矩和功率，并扩大转速范围。它主要组成是齿轮变速箱。

(3) 中间轴　所谓的中间轴为介于齿轮变速箱的输出轴和万向联轴节之间，并处于真空防爆洞体中轴线上的一根传动轴。它为高速动平衡、超速试验室的特殊需要而专门设置。其主要功用有：①将驱动转矩和功率自驱动主机经齿轮变速箱传递到真空防爆筒体内的万向联轴节及被测试转子；②在结构上，它承载着包括被测转子在内的整个动力及其传动装置轴系的轴向负荷;③在它穿越真空防爆洞体的端面处,设计有一个动密封装置,实现真空防爆洞体内对外界大气的动密封;④中间轴可接入盘车装置,让万向联轴节或连同被测试转子一起作十分缓慢的盘车转动,以利于万向联轴节与被测试转子的连接和对转子进行平衡校正作业;⑤中间轴的本身结构具有轴向伸缩的功能,以便于调节万向联轴节的轴向位置,便于万向联轴节与被测试转子的连接;⑥通常平衡机测试用的光电转速传感器也安置在它附近,以获得与转子转速同步的电脉冲信号,进而处理成转子的测试转速信号和平衡测试用的角度参考信号。

(4) 万向联轴节　高速动平衡机由于转子的平衡测试及超速测试所需的驱动扭矩和功率一般都较大,所以都采用端面驱动的方式,即联轴节驱动。这种驱动方式能传递的功率较大,且能保证转子在两支承座上不会有轴向窜动的现象发生。另外,被测试转子与整个传动装置的主轴没有相对的角位移,启动和停车迅速。然而这种方式也存在有不少弊端,例如由于联轴节对于转子的不平衡测试而言,它构成了一个额外的附加质量,会影响测试的准确度;联轴节本身的不平衡、间隙以及与被测试转子的连接的不同轴度等偏差都会降低平衡测试的准确性。因此,在满足其传递扭矩和功率的前提下,尽量选择质量轻,几何尺寸小,加工装配较好的联轴节。最好是选择采用一种弹性膜片式的联轴节。见图 9-5。它的最大优点是结构简单,而且避免了联轴节本身存在的间隙对平衡测试的不良影响。目前,此类联轴节主要用于平衡转速较高且转子的质量较小的场合。

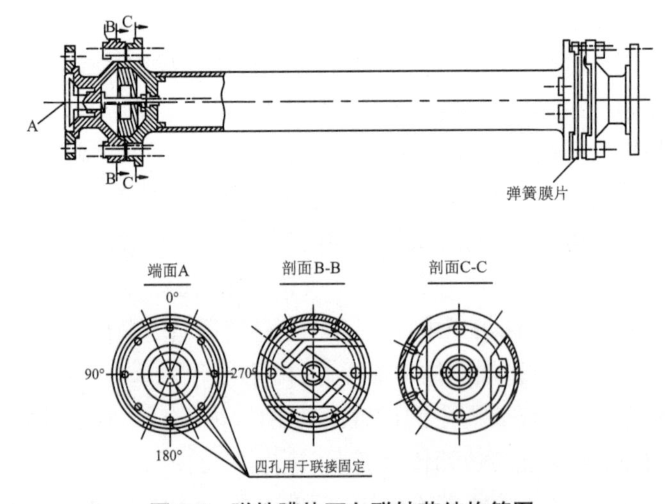

图 9-5　弹性膜片万向联轴节结构简图

(5) 支承座　支承座是动平衡机的核心。高速动平衡机的左右两个支承座既不同于一般动平衡机的软、硬支承座的结构,又区别于常见的汽轮机、发电机的工作轴承座。它具有两个明显的特点:一是轴承在它的各个半径方向上的支承刚度均相等,故称之为各向同性等刚度支承;二是轴承的支承刚度可变可控。支承座的此两大特点完全是为了适应挠性转子高速动平衡测试以及超速试验的需要,因而也成为高速动平衡机的象征和标志。图 9-6 为承载着大型汽轮机转子的高速动平衡机的两个支承座。图 9-7 为支承座的外观图。有关它的结构及其特征将在本章 9.4 节中详细阐述。

(6) 测量显示单元　当今的高速动平衡机的测量显示单元都配备了最新的计算机技术,具有人性化的设计、友好的操作界面、强大的功能、更好的通用性,有完善的接口和更高的可靠性。它的发展和进步如同其他电子仪器产品一样真可谓日新月异。

当今,国内外有着多种不同型号的高速动平衡机,它们的测量显示单元虽各不相同,而且更新很快,然而有关于挠性转子的不平衡测试基本原理又是共同的。这里,仅以目前国内大多数用户正在使用的高速动平衡机的测量显示单元为例,通过对其基本原理的阐述,从中可以获得对其他最新问世的新型的测量显示单元触类旁通的效果。图 9-8 为某型号高速动平衡机的测量显示电箱的正面视图。图 9-9 为某型号的高速动平衡机测量单元的原理方框图。

图 9-6　承载着大型汽轮机转子的高速动平衡机的两个支承座

图 9-7　支承座

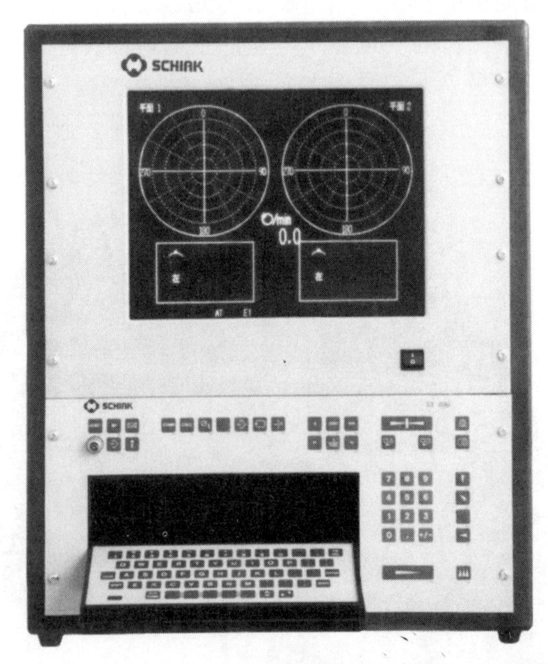

图 9-8　某型号高速动平衡机测量显示电箱的正面视图

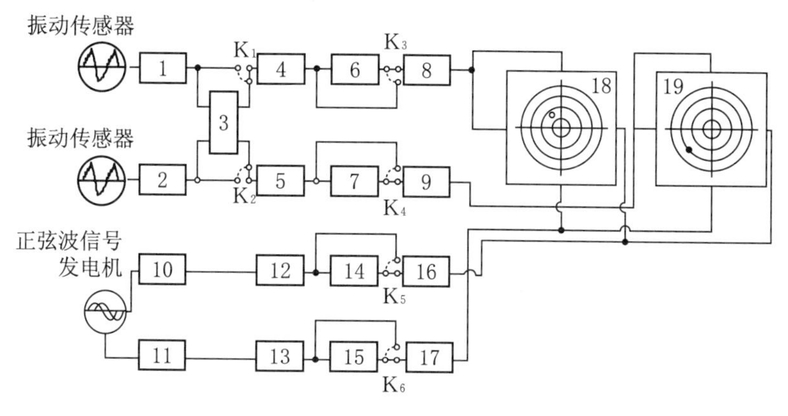

图 9-9 某型号高速动平衡机测量显示单元的原理方框图

测量单元由四个信号通道组成。其中上两个通道为左、右支承座轴承不平衡振动响应的信号通道，它们的信号来自轴承座上的振动速度传感器的输出。其中的有效信号的幅值与转子的不平衡离心力 $\omega^2\boldsymbol{U}$ 成正比，且又与轴承的振动频率 ω 成正比，故该信号与 ω^3 成正比，有效信号的频率与被测转子的旋转频率相同。另两个信号通道为转子的测试运行转速信号通道，它们的信号来自与转子同步转动的一个正弦波发电机的输出。它们是两个相互正交的正弦波信号，幅值与转子的转速 ω 成正比，其信号频率也与转子旋转频率相同。它既可作转速的测量信号，又是不平衡测试中的角度参考信号。由于显示器 18.19 为光电矢量瓦特表，它本身具有滤波的功能，因而在两个振动信号通道中不再另设滤波器，只设有衰减器 1，2，平面分离运算器 3，积分器 4，6 和 5，7，以及放大器 8 和 9 等调理电路。在两个角度参考信号通道中，为了配合振动信号通道及其显示器光点矢量瓦特表的需要，也设有滤波器 10，11，积分器 12，14 和 13，15，以及放大器 16 和 17 等调理电路。

当转子在其第一阶临界转速的 30％以内进行低速平衡测试时，测量显示单元完全适应于刚性转子的一般平衡机的测量单元。来自两个支承座上的振动速度传感器的被测信号经平面分离运算后，又经两次积分和放大，分别馈入两光点矢量瓦特表。而来自正弦波发电机的两相互正交的正弦波信号也经过两次积分和放大，分别加到光点矢量瓦特表的 x 和 y 轴的输入端上。两组信号在光点矢量瓦特表内相乘，其结果显示出光点停留在不同的半径位置及相位角处，它们分别指出了转子在左右校正平面上的等效不平衡校正量 U_1 和 U_2 的量值大小及其相角位置。由于在四个通道中各自对信号进行两次积分，最后相乘的结果中不再含有旋转频率 ω 的因子，换言之，不平衡量量值的示值不会因平衡测试转速的不同而不同，所以，此时测量单元如同一般硬支承动平衡机的测量单元一样，其示值可以在平衡机制造厂里作一次永久性标定。

当转子在其第一阶临界转速的 70%以上进行高速平衡测试——例如转子的第一、二、三阶临界转速的 90%附近进行振型平衡测试时，甚至在最高工作转速下的平衡测试时，测量单元通过面板上的功能键使原理方框图中的开关 $K_1 \sim K_6$ 得以切换，成为测量显示转子-轴承系统的振型不平衡振动响应的幅值及其相位角，为振型平衡提供依据。此时来自左、右两支承座上的振动速度传感器的被测信号不再经过平面分离运算，直接经一次积分和放大，分别馈入两光点矢量瓦特表。而来自正弦波发电机的两相互正交的正弦波信号也经一次积分和放大，分别加到了两光点矢量瓦特表的 x 轴和 y 轴的输入端。两组信号在光点矢量瓦特表内相乘，其结果光点所停留的所在半径和相位角位置，显示了在一定测试转速下的转子-轴承系统在不平衡离心力激励下的振动响应(轴承的振动幅值及其相位角)。以此为原始数据，按照响应矢量运算法，即可计算出被测转子在相应校正平面上所需的校正质量块的量值及相位角。内置有计算机的高速动平衡机测量显示单元，它内存有计算软件，能快速、正确地完成振型平衡法的相关运算。极大地方便了用户，且大大缩短了平衡时间。

根据本书第 7 章对挠性转子的不平衡振动分析可知，在不平衡离心力的激励下，转子-轴承系统的振动响应是转子转速的函数，此时，如果转子的旋转频率 ω 由低到高地连续缓慢地加以调节，则光点矢量瓦特表的光点也会随着转子旋转频率 ω 的变化而缓慢地移动。若将它的移动轨迹描绘成一条连续曲线，这种在极坐标系上描绘矢量随其自变量 ω 而变化的连续曲线即为奈奎斯特(Nyquist)曲线。图 9-10 所示为左、右两支承对应的振动响应的奈奎斯特曲线。从这两幅曲线图上可以看出转子-轴承系统在其第一、二阶临界转速附近的不平衡振动响应的幅值和相位。当转子的转速达到第一临界转速 2 150 r/min 时，左、右轴承的两条曲线都同时空前地离坐标中心原点的半径距离达到最大，且两者的相位角都接近于 90°处，为同相(位)。当转子的转速继续升高接近和达到第二阶临界转速 4 000 r/min 时，两条曲线又再次出现空前地离坐标中心原点的半径距离为最大，但此时两者的相位角不相同，相差 180°左右，为反相(位)。另外，如果以转子的旋转频率 ω 为自变量并取其对数坐标，系统的不平衡振动响应的幅值取其分贝(dB)数，

即分别画出 $20\lg A$-$\lg\omega$ 及其响应的相位角 $\varphi(\omega)-\lg\omega$ 曲线，则此幅频对数曲线和相频对数曲线总称为系统振动响应的伯德(Bode)图。由于高速动平衡机的测量显示单元都配备了计算机，它内存有绘制这两种曲线的软件，故绘制这两种曲线十分方便。此两种不同的曲线能多维地反映和描述出被测转子在直至其最高工作转速范围内的整个不平衡振动响应情况，有助于用户深入研究和分析平衡过程中可能出现和遇到的各种各样的异常和问题，更有助于用户不断提高平衡的质量和效率。

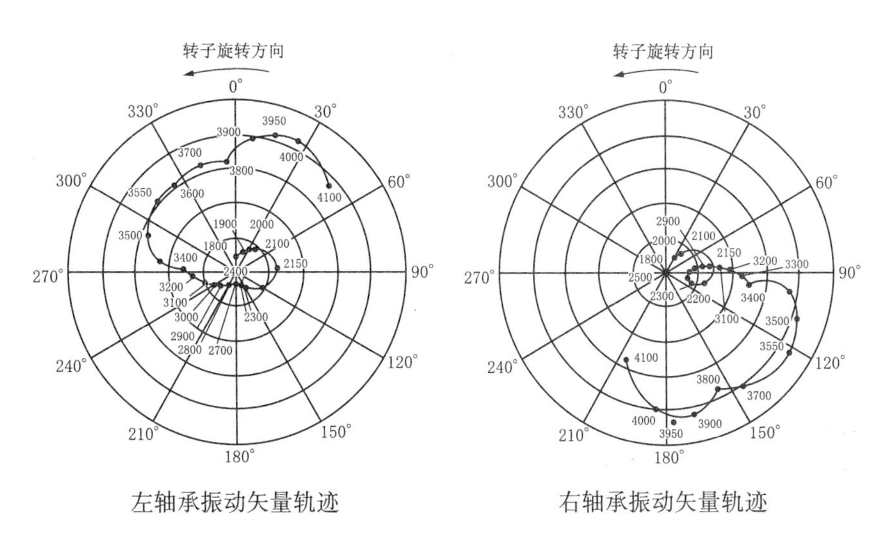

图 9-10　奈奎斯特(Nyquist)曲线图

测量显示单元除了基于响应矢量运算法计算振型平衡校正量的软件外，一般还备有振动分析软件包，以及能够描绘转子在接近其临界转速的挠曲振型曲线的软件等，可为用户进行相应的振动分析和判断。

此外，测量显示单元除了配备有测量不平衡量的振动传感器外，还配备有非接触式振动位移传感器，可测量转轴轴颈的振动和轴心轨迹，用以分析转子在支承座轴承上的运行状态，且还可用来精确计算转子有关点例如外伸端和中间点的挠曲变形位移。

出于安全考虑，在高速动平衡机的两个支承座的轴承座上还需安装有惯性式振动传感器(也称绝对式振动传感器)，用以监控转子-轴承系统在整个不平衡测试过程中的振动大小。

以上仅介绍与转子的不平衡测试直接有关的功能和内容。对于整个高速动平衡、超速试验室而言，出于操作、试验和监控的需要，要求其测试的内容和功能还包括压力、转矩、轴向力的测量，温度、真空度的测量和控制以及各种辅助设施的监控等，限于篇幅的原因，在此不准备作深入的介绍。图 9-11 所示为高速动平衡、超速试验室的测控中心。

图 9-11　高速动平衡、超速试验室的测控中心

（7）供油系统　供油系统包括润滑油系统和液压控制系统。显然，转子的平衡测试与供油系统无直接关系。但挠性转子的平衡测试运转都在其轴承中进行，不能没有润滑油系统，而且它们比一般的润滑油更加复杂，其中包括大气润滑油系统和真空润滑油两个独立的系统，以及还有高压顶轴油系统和应急高位油箱等。此外，为实施轴承的变刚度功能，需要备有遥控的高压油系统以及运输平车的顶升高压油系统和轨桥翻转机构的压力油系统等。

9.3　高速动平衡机的主要技术参数

这里仅以国产 200 t 高速动平衡机的主要技术参数为例予以介绍。

1. 平衡对象的规格

（1）转子的质量范围　8 000～200 000 kg（单个支承座的静态承载能力可达 130 000 kg）；

（2）转子的轴颈范围　ϕ300～900 mm；

（3）转子的最大外径　ϕ6 100 mm；

（4）转子的长度　18 000 mm；

（5）转子的两轴承最大跨距　16 000 mm。

2. 平衡测试转速范围和超速试验转速

（1）8 000～80 000 kg 转子

表 9-1 上海辛克试验机有限公司 DG10 系列高速动平衡机主要技术参数表

型　　号	DG10-3	DG10-4	DG10-5	DG10-6	DG10-7	DG10-8	DG10-9	DG10-10	DG10-11	DG10-12	DG10-13
转子量范围/t	0.06～1.25	0.125～2.5	0.25～4.5	0.4～8	0.6～12.5	1.6/1～32/20	4/2.5～80/50	6～125/80	10～200/125	16～320/200	25～450/320
轴承座孔径/mm	160	200	250	320	400	550/450	800/900	950/1 050	1 100/1 250	1 320/1 450	1 550/1 700
轴颈/mm	100	125	180	220	280	400/300	560/630	670/750	800/960	1 000/1 100	1 150/1 200
最高转速/r·$(min)^{-1}$	30 000	20 000	20 000	15 000	12 000	8 000	4 500	4 500	4 500	4 500	4 500
驱动功率/kW	150	220	300	500	700	1 000	3 000	4 000	5 000	8 000	10 000
中心高(不含垫箱)/mm	450	520	630	800	900	1 250	1 600	1 800	1 950	2 050	2 200

表 9-2 德国 SCHENCK 公司 DH 系列高速动平衡机主要技术参数表

型　　号	DH 2	DH 3	DH 30	DH 4	DH 5	DH 50	DH 6	DH 7	DH 70	DH 8	DH 9	DH 90	DH 10	DH 11	DH 12	DH 13
最大转子质量/t	0.16	0.32	0.63	1.25	2.5	4.5	8	12.5	20	32	50	80	125	200	320	500
最大外径/mm	900	900	900	900	1 100	1 300	1 700	1 700	2 250	2 800	3 300	4 000	4 400	4 700	5 100	5 500
最高转速/r·$(min)^{-1}$	1 500～63 000															
驱动功率/kW	55～8 000															

平衡测试转速范围　180～3 600 r/min；

超速试验转速　最高超速试验转速 4 320 r/min。

(2) 80 000～200 000 kg 转子

平衡测试转速范围　180～1 800 r/min；

超速试验转速　最高超速试验转速 2 160 r/min。

3. 轴承支承刚度

3 000/5 400 N/μm。

4. 性能指标

(1) 单校正平面的最高指示灵敏度：(低速平衡测试)

当转速为 180～500 r/min 时　光点偏移 1 mm=1 000 g；

380～1 000 r/min 时　光点偏移 1 mm=100 g；

820～2 000 r/min 时　光点偏移 1 mm=10 g；

1 800～5 000 r/min 时　光点偏移 1 mm=1 g。

(2) 高速平衡测试最高指示灵敏度　0.1 μm/格。

(3) 读数精度　1 mm。

(4) 平衡精度　取决于转子的设计(刚性或挠性)以及它的安装，在最高指示灵敏度和读数精度的前提下约为 0.5 μm。

(5) 主驱动功率　8 000 kW。

在此，向读者介绍有关国内外高速动平衡机产品的主要技术参数。表 9-1 为上海辛克试验机有限公司生产的 DG10 系列高速动平衡机的主要技术参数；表 9-2 为德国 SCHENCK 公司生产的 DH 系列高速动平衡机的主要技术参数。

9.4　高速动平衡机支承座的结构及其特征

高速动平衡机共设计有左、右两个完全对称结构的支承座，用以支承被测转子的测试运转。其特别的结构设计不仅满足了挠性转子的低速平衡测试和高速平衡测试的要求，而且实现了力学上的各向同性和支承刚度可变的结构形式，成为高速动平衡机的标志和象征，更是高速动平衡机核心技术的集中表现所在。

根据本书第 7 章对挠性转子的振型分析可以得知，轴承及其支承的动力特性对挠性转子的振型曲线的形状及转子-轴承系统的不平衡振动响应有着很大的影响。在不考虑阻尼影响的情况下，如果转子被支承在径向支承刚度各向等同的轴承上，那么转子的各阶挠曲振型将是一条绕其旋转轴旋转着的平面曲线。而在很多情况下，即使有阻尼，转子的各阶挠曲振型也可近似地视为一条绕其旋转轴旋转着的平面曲线。这对挠性转子-轴承系统的不平衡振动响应的测量以及对其振型的判断创造了极为有利的条件，也为高速运动平衡的支承座的设计指明了正确的方向。于是，高速动平衡机支承座的轴承在其径向平面内沿其所有径向上的支承刚度均应相等即各向同性等刚度要求，便成为它们的设计原则。

在支承座的具体结构设计上，对轴承采用了支承杆与水平线成 45°的对称支承的支承方式，见图 9-12，从而在力学上实现了各向同性的等刚度效果。

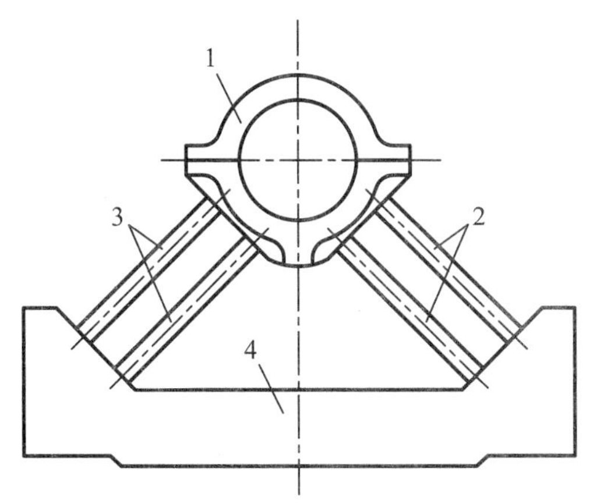

图 9-12　各项同性支承座结构简图

1—轴承壳体；2，3—支承杆；4—底座

需要指出，在实际上，滑动轴承的油膜刚度在各径向上是不可能相等的，所以严格地讲，上述轴承还不能认为是完全的各向同性的等刚度支承座。然而，实践又告诉我们，对于多油楔滑动轴承，其油膜因素的影响并不大，因此，即使多油楔滑动轴承，支承座扔不失为各向同性的等刚度支承座。

设计采用各向同性等刚度支承座，给挠性转子的不平衡测试带来了两大有利条件：其一，由转子不平衡而引发的作用在轴承上的动压力所产生的轴承振动位移在其所有径向上可认为是接近相等，所以在有关的计算其不平衡量的效应矢量时，在所有径向上也为相同，即无径向上的差别；其二，轴子-轴承系统的动力特性也变得简单，各阶的挠曲临界转速与轴承的径向无关，变成为单一值。

高速动平衡机支承座不仅为各向同性的等刚度结构，而且轴承的支承结构中除了主支承杆外还设计有辅助支承，通过遥控的液压夹紧机构可控制辅助支承对轴承的支承与否。当辅助支承对轴承产生支承作用时，轴承的支承刚度可骤然得以较大幅度的增大。这种可变刚度的结构设计思想也完全为适应挠性转子的高速平衡测试和超速试验的需要。

大家知道，挠性转子在高速动平衡机上进行高速平衡测试的过程中，需频繁地启动、升速和停车，其中还要多次反复地通过转子的第一、二阶临界转速。为了避免转子在过其临界转速时出现激烈的机械共振现象，采用可变支承刚度的结构，可视转子在升速或停车减速过程中即将接近临界转速的时刻，迅即改变轴承的支承刚度值，从而使得系统的临界转速得以旁移。这是因为转子的临界转速不仅决定与转子本身的结构，还与轴承的支承刚度密切相关。在其他条件都不变的情况下，轴承的支承刚度减小，临界转速下降；反之，支承刚度增大，临界转速上升。这样，通过遥控液压夹紧机构，瞬间改变轴承的支承刚度使得系统的临界转速得以旁移，从而可以避免转子的转速在通过系统原有的临界转速时可能出现的共振现象，确保了转子完全平稳地通过其原来的固有临界转速。此外，当转子进行超速试验时，也采取加大支承刚度的办法和措施，以限制因轴承振幅过大而导致事故。

为了弥补图 9-12 所示结构中的轴承在其主轴线方向上的刚度不足，在轴承的水平直径方向的两侧和铅垂直径方向的下方共三点处，专门设置有轴向弹簧及阻尼装置，既赋予了轴承的自位对中能力，又增强了轴承在其主轴线方向上的支承刚度，并当轴承绕其中心的摆动超过某一程度后，它又能产生非线性的摩擦阻尼力，衰减轴承的摆动，从而成为高速动平衡机支承座又一个独具的特征。

图 9-13 为国产 200 t 高速动平衡机的支承座结构图。支承座主要由轴承及其壳体 5，支承杆组 3，辅助支承 2，轴向弹簧及阻尼装置 4，底座 7 和罩壳及平台扶梯 6，以及润滑及液压油管路系统等构成。图 9-14 为小吨位的高速动平衡机的支承座结构图。

(1) 轴承及其轴承壳体　高速动平衡机支承座的轴承及其壳体主要由轴承盖、过渡套、滑动轴承及轴承壳体等组成。见图 9-15。其中的滑动轴承都采用转子的实际工作轴承，常用椭圆瓦滑动轴承或三油楔滑动轴承等。为了使平衡机能适用于一定直径范围内的转子轴颈，在轴承与轴承壳体(包括轴承盖)之间设置有过渡套，视被测转子的轴颈大小选择或设计相应的过渡套。由于支承座在整体设计上已赋予了轴承壳体能自位对中心的自由度，所以过渡套的内外圆表面均采用圆柱面配合，而无须球面配合，从而极大地简化了过渡套的加工工艺，给用户带来了很大方便。

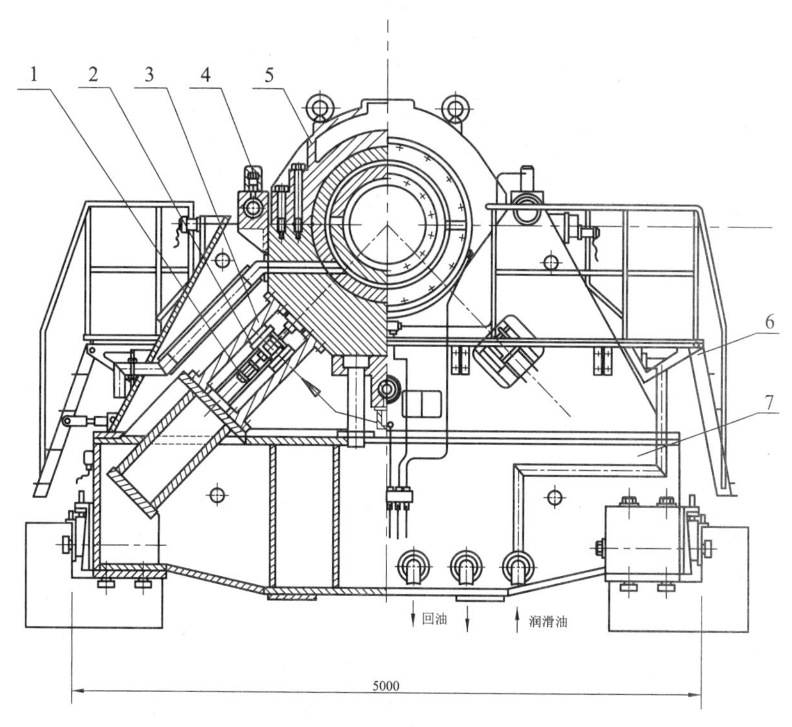

图 9-13　国产 200 t 高速动平衡机的支承座结构图

1—振动传感器；2—辅助支承；3—支承杆；4—轴向刚度阻尼装置；5—轴承壳体；6—机座罩及平台扶梯；7—底座

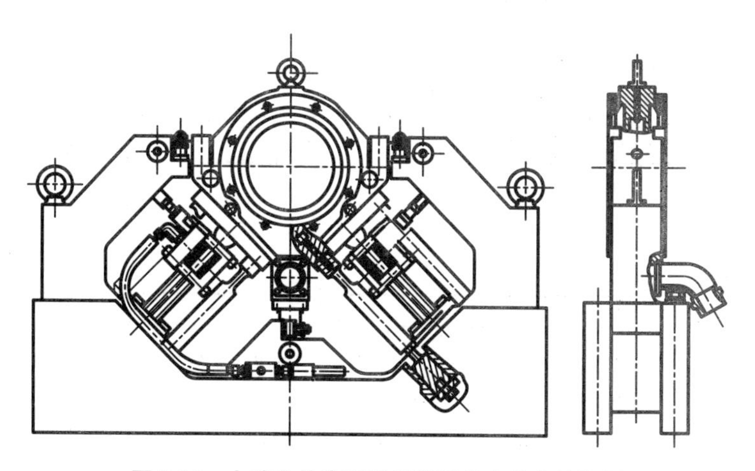

图 9-14　小吨位的高速动平衡机的支承座结构图

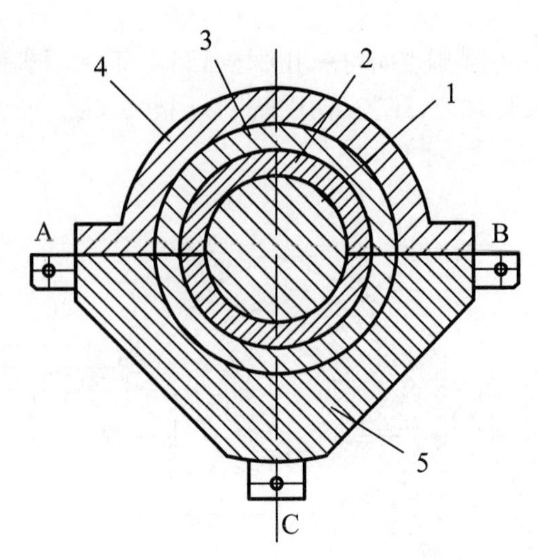

图 9-15　高速动平衡机的轴承结构简图

1—转子轴颈；2—滑动轴承；3—过渡套；4—轴承盖；5—轴承壳体

(2) 轴承的支承杆组　高速动平衡机支承座的轴承在其径向平面内全靠 4 根支承杆支承，它们对称分布在轴承的两侧，且各有相互平行的两根支承杆，与水平线呈 45°，见图 9-12。这样的结构形式实现了轴承在其各径向上具有相同支承刚度，即构成各向同性等刚度支承。

不难看出，此时轴承的支承刚度值由两部分组成，即为一侧支承杆组的拉压刚度和另一侧支承杆组上、下两端作平动的弯曲刚度两者的叠加。

通常，中、小吨位的高速动平衡机支承座轴承的支承杆常用变截面的圆柱形杆的结构，而大吨位的高速动平衡机则大都采用等截面的圆截面或矩形截面的结构，见图 9-16。

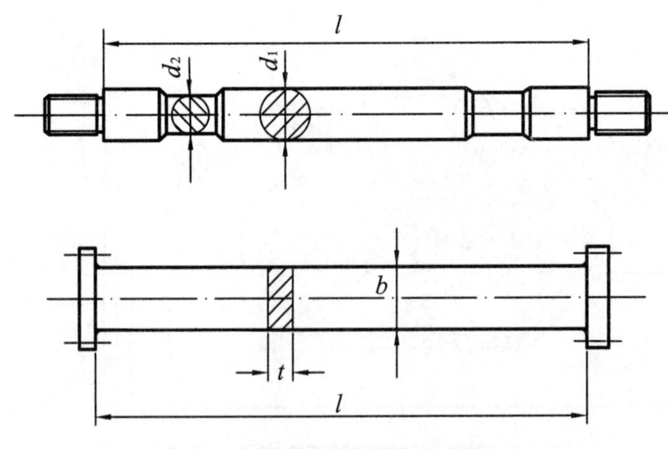

图 9-16　高速动平衡机的支承杆结构

据第7章分析，挠性转子的前几阶临界转速及其相应的振型与轴承的支承刚度有着密切的关系。当轴承支承刚度增大，临界转速就升高；反之则降低。为使挠性转子在其实际工作轴承座上直至其最高工作转速时所包含的第一、二阶临界转速及其相应的振型都能在高速动平衡机的支承座上得到完全复现，从而对它在工作轴承座上可能出现的振型都能加以平衡校正，要求高速动平衡机支承座轴承的支撑刚度值应等于或接近于转子实际工作轴承座的支承刚度，从而保证转子在高速动平衡机上最终获得充分的平衡，待其被安装到现场的工作轴承座上后已有的平衡状态不会有太大的改变。

基于上述理由，用户在选择高速动平衡机的型号及其规格时，应把欲平衡的转子的质量及其工作轴承座的支承刚度作为重要依据加以考量，确保经平衡后转子在其现场工作运行时有良好的实际平衡效果。

当高速动平衡机在对挠性转子进行低速平衡测试时，其本质即成为一台硬支承平衡机。因此，为控制硬支承平衡机的测量原理误差，此时需要根据支承座轴承的支承刚度来为它的 Wn^2 作具体的限制。即

$$Wn^2 \leqslant 1\,800k \cdot \frac{g}{\pi^2} \cdot \frac{\delta}{1+\delta}。$$

式中，W——转子重量(kgf)；

n——转子的平衡测试转速(r/min)；

k——支承座轴承的支承刚度(N/μm)；

g——重力加速度(m/s^2)

δ——支承座设计时所允许的测量误差率，一般取0.02。

有关 Wn^2 具体的限制可参阅高速动平衡机的使用说明书，说明书中都有相关的曲线图，并作了详细的说明。

(3) 轴承的辅助支承　轴承的辅助支承是指在需要时可以与上述的支承杆组一起对轴承担当起支承的作用，骤然增加轴承的支承刚度，平时则一般不起任何支承作用的结构装置。它完全是为了在挠性转子的高速平衡测试过程中起到旁移临界转速和超速试验过程中加固轴承而专门设计。

图9-17为辅助支承的结构示意图。其中，T形构件紧固在轴承壳体上；U形构件紧固在支承座的底座上。两者之间设计有液压夹紧机构，可将T形构件和U形构件夹紧成一体形成对轴承的支承，平时则由复位弹簧使两者分离不相接触，因而不对轴承起任何的支承作用。

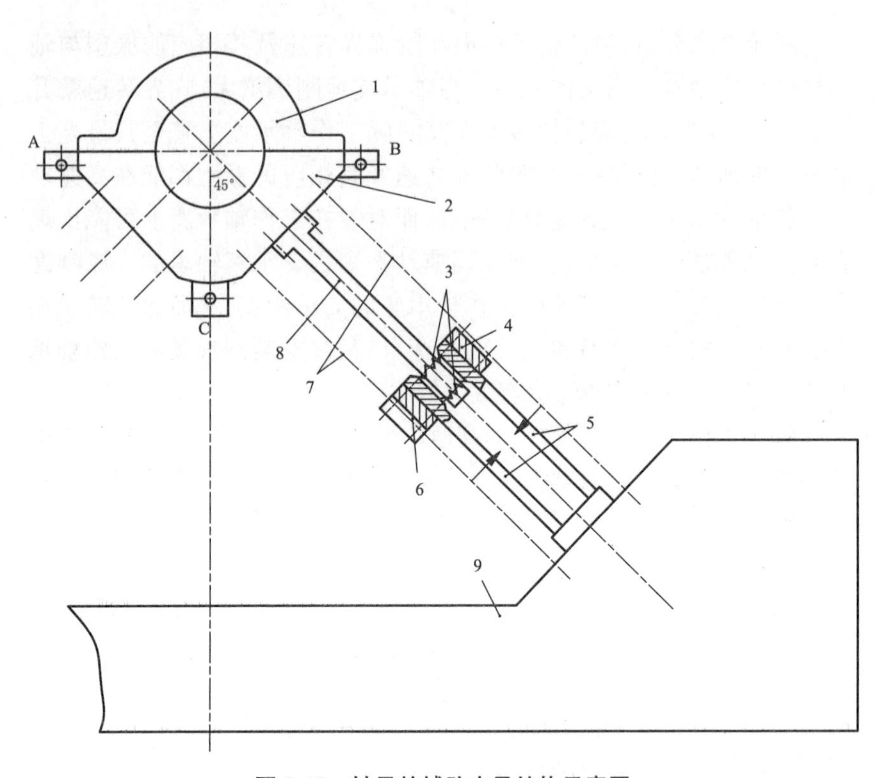

图 9-17　轴承的辅助支承结构示意图

1—轴承盖；2—轴承壳体；3—复位弹簧；4—夹紧机构；5—U 形构件；6—高压油缸；7—主支承杆位置；8—T 形构件；9—底座

辅助支承对轴承的支承作用是通过遥控的液压夹紧机构来实现的。当液压夹紧机构在高压油的作用下，将 T 形构件和 U 形构件紧紧地夹固成一体时，即对轴承起到了(辅助)支承的作用。如果一旦遇到轴承有强烈振动，可使辅助支承出现打滑的现象，即 T 形构件和 U 形构件之间因打滑而产生相对滑动，此时辅助支承变成为轴承振动的摩擦阻尼，使强烈振动因阻尼的加剧而得以衰减。

辅助支承如同轴承的支承杆一样，也分别处于轴承壳体的两侧，且位于两支承杆的中间。当它对轴承起到支承作用时，轴承仍保持着各向同性的等刚度特性。通常辅助支承的支承刚度取值为：对于大吨位的高速动平衡机，辅助支承刚度取值约为轴承支承刚度的 40％～50％；对于中、小吨位的高速动平衡机，辅助支承刚度取值约为轴承支承刚度的 60％～80％。

(4) 轴承的轴向弹簧及阻尼装置　由图 9-12 所示的高速动平衡机

支承座轴承的支承形式可以看出，由于轴承的支承杆(包括辅助支承在内)都处于同一个轴承平面内，并且支承杆的截面形状也决定了在轴承轴线方向上的弯曲刚度较小，因此整个轴承在其轴线方向上的支承刚度相对于径向上的支承刚度要明显地小许多。为此，在轴承壳体外缘的三个不同位置 A，B，C 三点处(见图 9-15)设置有结构完全相同的轴承壳体的轴向弹簧及其阻尼装置，以增强轴承在其轴线方向上的支承刚度，必要时，还可构成为一种振动阻尼装置，使振动得以衰减。

轴向弹簧及阻尼装置的结构示意图见图 9-18。它们分别安装在轴承壳体的 A，B，C 三点处。装置中的螺杆 7 的轴线平行于轴承的轴线，其一端紧固在整个支承座的罩壳壁上，同时又通过弹簧 4 与轴承壳体上的三个凸缘 A、B、C 弹性地相连接。轴承及其壳体的轴线方向上的支承力主要由支承弹簧 4 承载，支承力的大小则可由螺母 6 来调节。支承弹簧 4 的具体结构视轴线方向上支承力的大小程度而定，可采用螺旋弹簧或碟型弹簧两种结构形式。

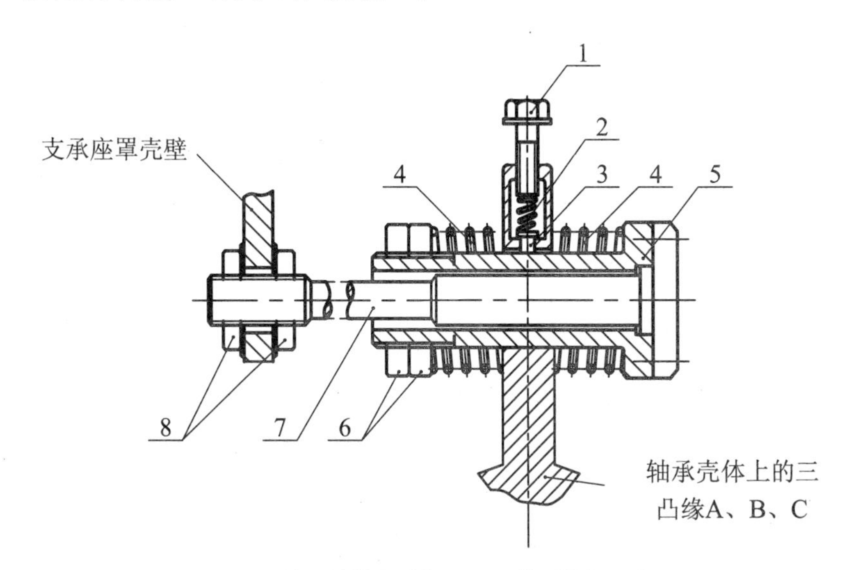

图 9-18　轴承的轴向弹簧及阻尼装置结构示意图

1—调节螺栓；2—压缩弹簧；3—活塞(滑块)；4—轴向支承弹簧；5—套筒；6—调节螺母；7—螺杆；8—紧固螺母及垫圈

轴向弹簧及阻尼装置如此布置在 A，B，C 三点，可以允许轴承及轴承壳体十分灵活地绕其中心作摆动，同时也使左、右支承座的轴承具有了自位对中的能力。

此外,在转子作高速动平衡测试过程中,当轴承受到转子的挠曲变形而使轴承绕其中心作轴向摆动的力矩或轴向力超过了一定的限制值后,迫使活塞 3 与套筒 5 之间产生打滑,出现干摩擦,该装置则成了一种非线性的摩擦阻尼装置,使得轴承绕其中心的摆动或轴向振动得以衰减。活塞 3 和套筒 5 之间干摩擦力的大小可通过调节螺栓 1 和压缩弹簧 2 以增减活塞 3 对套筒 5 的正压力来实现。在一些大吨位的高速动平衡机上,为了实现遥控摩擦力,则改用遥控的油压缸来调节活塞 3 与套筒 5 之间的正压力,从而达到调控摩擦力的设计目的。

附　录

机械振动-平衡词汇

1　力学	Mechanics
1.1　质心	centre of mass
1.2　主惯性轴	principal inertia axes
1.3　临界转速	critical speed
共振转速	resonant speed
1.4　旋转轴	axis of rotation
2　转子系统	Rotor Systems
2.1　转子	rotor
2.2　刚性转子	rigid rotor
2.3　挠性转子	flexible rotor
2.4　轴颈	journal
2.5　轴颈中心线	journal axis
2.6　轴颈中心	journal centre
2.7　(转子)轴线	shaft(rotor) axis
2.8　内质心转子	inboard rotor
2.9　外质心转子	outboard rotor
2.9.1　外悬	overhung
2.10　完全平衡的转子	perfectly balanced rotor
2.11　质量偏心距	mass eccentricity
2.12　局部质量偏心距	local mass eccentricity
2.13　轴承支架	bearing support
2.14　基础	foundation
2.15　准刚性转子	quasi-rigid rotor

2.16 平衡转速	balancing speed
2.17 工作转速	service speed
2.18 慢转速偏差	slow speed run-out
2.19 电测偏差	electrical run-out
2.20 总偏差示值	total indicated run-out
2.21 配合件	fitment
2.22 各向同性轴承支架	isotropic bearing support
2.23 定心接口	spigot
定位接口	rabbet
同心接口	pilot
2.24 半键	half-key
3 不平衡	Unbalance
3.1 不平衡	unbalance
3.2 不平衡质量	unbalance mass
3.3 不平衡量	amount of unbalance
3.4 不平衡相角	angle of unbalance
3.5 不平衡矢量	unbalance vector
3.6 静不平衡	static unbalance
3.7 准静不平衡	quasi-static unbalance
3.8 偶不平衡	couple unbalance
3.9 动不平衡	dynamic unbalance
3.10 剩余不平衡	residual unbalance
最终不平衡	final unbalance
3.11 初始不平衡	initial unbalance
3.12 合成不平衡	resultant unbalance
3.13 合成矩(偶)不平衡	resultant moment unbalance
3.14 不平衡力偶	unbalance couple
3.15 不平衡度	specific unbalance
3.16 平衡品质等级	balance quality grade
3.17 受控初始不平衡	controlled initial unbalance
4 平衡	Balancing
4.1 平衡	balancing
4.2 单面平衡	single-plane balancing

	静平衡	static balancing
4.3	双面平衡	two-plane balancing
	动平衡	dynamic balancing
4.4	转位不平衡	indexing unbalance
4.5	校正方法	method of correction
4.6	分量校正	component correction
4.7	极坐标校正	polar correction
4.8	校正平面	correction plane
	平衡平面	balancing plane
4.9	测量平面	measuring plane
4.10	参考平面	reference plane
4.11	试验平面	test plane
4.12	合格界限	acceptability limit
4.13	平衡允差	balance tolerance
	许用剩余不平衡量	permissible residual unbalance
4.14	现场平衡	field balancing
4.15	转位	indexing
4.16	质量定心	mass centring
4.17	校正质量	correction mass
4.18	标定质量	calibration mass
4.19	试加质量	trial mass
4.20	试验质量	test mass
4.21	差分试验质量	differential test masses
4.22	差分不平衡	differential unbalance
4.23	转位平衡	index balancing
4.24	振动传感器平面	vibration transducer plane
4.25	逐步平衡	progressive balancing
4.26	平面转换	plane transposition
4.27	精细平衡	trim balancing
4.28	四分之一点	quarter points
5	平衡机及其装备	Balancing Machines and Equipment
5.1	平衡机	balancing machine
5.2	重力式平衡机	gravitational balancing machine

	非旋转式平衡机	non-rotation balancing machine
5.3	离心式平衡机	centrifugal balancing machine
	旋转式平衡机	rotation balancing machine
5.4	单面平衡机	single-plane balancing machine
	静平衡机	static balancing machine
5.5	双面平衡机	two-plane balancing machine
	动平衡机	dynamic balancing machine
5.6	硬支承平衡机	hard bearing balancing machine
	测力平衡机	force-measuring balancing machine
	低于共振平衡机	below resonance balancing machine
5.7	谐振式平衡机	resonance balancing machine
5.8	软支承平衡机	soft bearing balancing machine
	高于共振平衡机	above resonance balancing machine
5.9	补偿式平衡机	compensating balancing machine
	零力式平衡机	null-force balancing machine
5.10	直读式平衡机	direct reading balancing machine
5.11	回转直径	swing diameter
5.12	现场平衡设备	field balancing equipment
5.13	量值指示器	amount indicator
5.14	实用校正单位	practical correction unit
5.15	配重	counterweight
5.16	补偿器	compensator
5.17	相位角指示器	angle indicator
5.18	灵敏度开关	sensitivity switch
5.19	相位角参考发生器	angle reference generator
5.20	相位角参考标志	angle reference marks
5.21	矢量测量装置	vector measuring device
5.22	分量测量装置	component measuring device
5.23	平衡机最小响应	balancing machine minimum response
5.24	平衡机准确度	balancing machine accuracy
5.25	校正平面干扰	correction plane interference
	相互影响	cross-effect
5.26	校正平面干扰比	correction plane interference ratios

5.27	偶不平衡干扰比	couple unbalance interference ratio
5.28	平面分离	plane separation
5.29	平衡机灵敏度	balancing machine sensitivity
5.30	平面分离电路	plane separation network
	节点网络电路	nodal network
5.31	寄生质量	parasitic mass
5.32	永久性标定	permanent calibration
4.33	不平衡量减少率	unbalance reduction ratio(URR)
5.34	标定	calibration
5.35	设定	setting
5.36	机械调整	mechanical adjustment
5.37	自动平衡装置	self-balancing device
5.38	最小可达剩余不平衡量	minimum achievable residual unbalance
5.39	最小可达剩余不平衡度	minimum achievable residual specific unbalance
5.40	标称的最小可达剩余不平衡量	claimed minimum achievable residual unbalance
5.41	测量操作	measuring run
5.42	平衡操作	balancing run
5.43	工序时间	floor-to-floor time
5.44	周期律	cycle rate
5.45	生产率	production rate
5.46	测定试验	traverse test
5.47	垂直轴线自由度	vertical axis freedom
5.48	摆重	bob weight
5.49	虚假不平衡示值	phantom unbalance indication
5.50	二次补偿器	double compensator
5.51	平衡轴承	balancing bearings
	辅助轴承	slave bearings
6	挠性转子	Flexible Rotors
6.1	(转子)挠曲临界转速	(rotor)flexural critical speed
6.2	刚性转子振型临界转速	rigid-rotor-mode critical speed

6.3 (转子)挠曲主振型 (rotor) flexural principal mode
6.4 多平面平衡 multi-plain balancing
6.5 振型平衡 modal balancing
6.6 第 n 阶振型不平衡量 n^{th} modal unbalance
6.7 等效第 n 阶振型不平衡量 equivalent n^{th} modal unbalance
6.8 振型不平衡允差 modal unbalance tolerance
6.9 倍频振动 multiple-frequency vibration
6.10 热致不平衡 thermally induced unbalance
6.11 低速平衡 low speed balancing
6.12 高速平衡 high speed balancing
6.13 不平衡敏感度 susceptibility to unbalance
6.14 不平衡灵敏度 sensitivity to unbalance
6.15 局部灵敏度 local sensitivity
6.16 振型函数 mode function
6.17 模态质量 modal mass
6.18 振型放大系数 modal amplification factor
6.19 振型灵敏度 modal sensitivity
6.20 无量纲转速(第 n 阶振型) non-dimensional speed(n^{th}-mode)
6.21 模态阻尼比 modal damping ratio
6.22 振型偏心距 modal eccentricity
振型不平衡度 specific modal unbalance
7 旋转刚性自由体 Rotating Rigid Free-body
7.1 刚性自由体 rigid free-body
7.2 旋转刚性自由体 rotating rigid free-body
7.3 主轴位置 principal axis location
7.4 设计轴 design axis
7.5 刚性自由体不平衡 rigid free-body unbalance
7.6 刚性自由体平衡 rigid free-body balancing
8 平衡机工艺装备 Balancing Machine Tooling
8.1 仿真转子 dummy rotor
8.2 心轴 mandrel
平衡心轴 balancing arbor
8.3 心轴不平衡偏置 unbalance bias of mandrel

	平衡心轴不平衡偏置	unbalance bias of a balancing arbor
8.4	偏置质量	bias mass
8.5	主转子	master rotor
8.6	节杆	nodal bar
8.7	标定转子	calibration rotor
8.8	校验转子	proving rotor
	试验转子	test rotor

摘自国家标准 GB/T 6444—2008/ISO 1925:2001 机械振动　平衡词汇

Mechanical vibration-Balancing-Vocabulary

参考文献

[1] (美)Timoshenko S, Young DH, Weaver W:工程中的振动问题[M](4 版)胡人礼译.北京:人民铁道出版社,1978.

[2] 洪嘉振,杨长俊:理论力学[M].北京:高等教育出版社,1999.

[3] 叶能安,余汝生:动平衡原理与动平衡机[M].武汉:华中工学院出版社,1985.

[4] 王汉英,张再石,徐锡林:平衡技术与平衡机[M].北京:机械工业出版社,1988.

[5] 胡正荣:平衡机的设计与应用[M].北京:国防工业出版社,1988.

[6] (日)玄明石和彦,浅羽正三,下村玄:动平衡实验[M].长春:吉林出版社,1980.

[7] (日)三轮修三,下村玄:旋转机械的平衡[M].朱晓农译.北京:机械工业出版社,1992.

[8] 徐锡林:浅析我国平衡机的发展方向[J].试验技术与试验机,2003(1):6—22.

[9] 虞烈,刘恒:轴承-转子系统动力学[M].西安:西安交通大学出版社,2000.

[10] 唐锡宽,金德闻:机械动力学[M].北京:高等教育出版社,1993.

[11] 徐竑:高性能的开关电容滤波器 LMF100[J].电声技术,1994(11):12—18.

[12] 涂水林,张景海:多通道多输入范围 12 位 ADC MAX197 及其应用[J].电测与仪表,2001, 38(3):37—39.

[13] 王丽:乘法器 AD633 在动平衡机设计中的应用[J].空军工程

大学学报,2007, 8(7):84—86.

[14] 薛宇飏:基于MDAC的硬支承动平衡机测试技术研究[D].上海:上海交通大学,2010.

[15] 陶利民,肖定邦,温熙森:用于动平衡测试的MDAC窄带跟踪滤波器[J].国防科学技术大学学报,2006, 28(2):102—106.

[16] 程佩青:数字信号处理教程[M].2版. 北京:清华大学出版社,2004.

[17] 杨晓婕,周云利,成明胜:智能传感器数据预处理方法的研究[J].测控技术,2005, 24(3):4—6.

[18] 刘健,潘双夏,杨克己,等:动平衡机用数字跟踪滤波器实现方法研究[J].仪器仪表学报,2005, 26(4):433—436.

[19] 曾庆勇:微弱信号检测[M].杭州:浙江大学出版社,1986.

[20] 朱麟章,蒙建波:检测理论及其应用[M].北京:机械工业出版社,1996.

[21] 高晋占:微弱信号检测[M].北京:清华大学出版社,2004.

[22] 赵鼎鼎:高精度高效率硬支承平衡机测量系统关键技术研究[D].上海:上海交通大学,2012.

[23] (德)伽西 R,菲茨耐 H:转子动力学导论[M].周仁睦,译.北京:机械工业出版社,1986.

[24] 周仁睦:转子的动平衡[M].北京:化学工业出版社,1992.

[25] 徐锡林:大型高速动平衡机轴承支承刚度设计研究[J].仪器仪表学报,1980,1(4):83—93.

[26] 寇胜利:汽轮发电机组的振动及现场平衡[M].北京:中国电力出版社,2007.

[27] 杨国安:转子动平衡技术[M].北京:中国石化出版社,2012.

[28] 中华人民共和国国家标准:GB/T 6444—2008/ISO 1925:2001 机械振动 平衡词汇[S].北京:中国标准出版社,2009.

[29] 中华人民共和国国家标准:GB/T 9239.1—2006/ISO1940-1:2003 机械振动 恒态(刚性)转子平衡品质要求 第1部分:规范与平衡允差的检验[S].北京:中国标准出版社,2007.

[30] 中华人民共和国国家标准:GB/T 9239.2—2006/ISO1940-2:1997 机械振动 恒态(刚性)转子平衡品质要求 第2部分:平衡误差[S].北京:中国标准出版社,2007.

[31] 中华人民共和国国家标准:GB/T 6557—2009/ISO11342:1998/cor.1:2000 机械振动 挠性转子平衡机械平衡的方法和准则[S].北京:中国标准出版社,2009.

[32] 中华人民共和国国家标准:GB/T 4201—2006/ISO 2953:1999 机械振动 平衡机的描述和评定[S].北京:中国标准出版社,2007.